高等学校“十三五”规划教材
河南科技大学教材出版基金资助

分析化学

时清亮　潘炳力　主　编
吴峰敏　郑英丽　副主编

化学工业出版社
·北京·

《分析化学》是编者根据多年的教学经验并结合当前高等教育教学改革实际编写而成。全书共十一章，以化学分析为主，介绍部分光度分析（分光光度法）的内容。按照读者的认知规律，内容安排如下：绪论、定量分析的一般步骤、定性分析、误差及分析结果的数据处理、滴定分析、酸碱滴定法、配位滴定法、氧化还原滴定法、重量分析法和沉淀滴定法、可见分光光度法和分离与富集方法等。为了提高读者的学习效率和分析解决问题的能力，每章附有思考题和习题。

《分析化学》可作为高等院校化学、化工、制药、材料、环境、药学、医检、食品、生物和冶金等专业的教材，也可作为从事与分析化学相关人员的参考书。

图书在版编目（CIP）数据

分析化学/时清亮，潘炳力主编. —北京：化学工业出版社，2016.9（2025.1重印）
高等学校“十三五”规划教材
ISBN 978-7-122-27336-9

Ⅰ.①分…　Ⅱ.①时…②潘…　Ⅲ.①分析化学-高等学校-教材　Ⅳ.①O65

中国版本图书馆CIP数据核字（2016）第131944号

责任编辑：徐雅妮　　文字编辑：刘志茹
责任校对：宋　玮　　装帧设计：王晓宇

出版发行：化学工业出版社（北京市东城区青年湖南街13号　邮政编码100011）
印　　装：北京科印技术咨询服务有限公司数码印刷分部
787mm×1092mm　1/16　印张15¼　字数412千字　2025年1月北京第1版第7次印刷

购书咨询：010-64518888　　售后服务：010-64518899
网　　址：http://www.cip.com.cn
凡购买本书，如有缺损质量问题，本社销售中心负责调换。

定　　价：45.00元

前言

Foreword

为适应新形势下分析化学学科的发展趋势和分析化学课程教学特点，结合国家和学校教材建设的“十三五”规划，我们组织具有多年教学经验的教师团队，编写这本《分析化学》教材。本教材可供化学、化工、制药、材料、环境、药学、医检、食品、生物和冶金等专业使用，并可供其他相关专业和相关科研人员、教师参考。

为了充分体现教材的先进性、适用性和完整性，我们在总结现有大量相关教材的编写体系和内容的基础上，对内容进行了增减和重新编排，对有关概念和理论进行了深入浅出的提炼。本教材的主要特点在于：针对化学分析的逻辑顺序将分析的一般步骤提到内容的前半部分（第 2 章），并补充了绝大多数分析化学教材中没有的定性分析的内容（第 3 章），在第 4 章误差及分析数据的统计处理中增加了 Excel 在实验数据处理中的应用。

本书由时清亮和潘炳力任主编，吴峰敏和郑英丽任副主编。第 1 章、第 2 章、第 4 章、第 10 章、第 11 章由吴峰敏编写，第 5 章、第 6 章、第 9 章由郑英丽编写，第 3 章、第 7 章、第 8 章、附录由潘炳力编写，由时清亮通读全文并审阅定稿。参与本书编写、图表整理、校对工作的还有魏风军、张春飞、赵菁、徐华、朱常宝、高振昊等。

本书在编写过程中得到河南科技大学教材出版基金、河南省高等学校青年骨干教师培养计划（2015GGJS-051）和河南省科技攻关计划（162102310086）的支持，在此表示感谢。本书参考了同类教材和有关文献，在此对相关作者表示由衷的感谢。

由于编者的水平有限，书中难免有不当之处，敬请读者批评指正。

编者

2016 年 3 月

目录

Contents

第1章 绪论

1.1 分析化学的任务和作用

1.1.1 什么是分析化学

分析化学（analytical chemistry）是化学的一个分支学科，是人们获得物质的化学组成和结构信息的科学，它所要解决的问题是物质中含有哪些组分，各个组分的含量是多少以及这些组分是以怎样的形态构成物质的。要解决这些问题，就要依据反映物质运动、变化的理论，制定分析方法，创建有关的实验技术，研制新的仪器设备，因此分析化学是人们获取物质的化学组成、形态、含量和结构等信息的方法论，是化学研究中最基础、最根本的领域之一。

1.1.2 分析化学与其他学科的关系

建立新的分析方法和开发新的分析技术都需要以化学基础理论和实验技术为基础。其中，化学和生命科学的知识为我们进行分析鉴定提供了依据；而物理学、材料科学、计算机科学、精密仪器制造学和自动化技术等则是开拓新分析方法核心技术强有力的保证。现在，分析化学需要进行大量的信息处理和数据分析，因此数学、统计学和信息学等方面的知识不可或缺。可见，分析化学需要与其他学科交叉融合才能相互促进。

一方面，受益于其他学科的发展成就，分析化学的新原理、新方法、新技术和新仪器层出不穷，并已在实践中获得应用。例如，由于激光技术的发展，激光诱导荧光分析法、共振增强拉曼光谱和共聚焦显微分析法等一系列新的光学分析法得以建立；而扫描隧道显微镜（STM）技术的问世催生了电化学 STM，极大地促进了分析化学的发展。

另一方面，分析化学也为其他学科提供了关于物质组成、形态、结构和含量的必需信息，从而成为这些学科发展的数据源。因为新兴的研究领域和学科，如生命科学、环境科学、材料科学、能源科学、医药科学以及地球和空间科学等，均需要大量的现代分析数据做为支撑。例如，始于 20 世纪 90 年代初期的人类基因组计划被认为是一项像人类登月一样的伟大工程。在计划进行的最艰难时刻，是分析化学工作者对毛细管电泳分析方法进行了重大革新，使人类基因组计划于 2001 年完成，并提前 5 年进入到后基因组时代，因此有人认为是分析化学家“拯救了人类基因组计划”。目前，蛋白质组计划已经启动，高通量、低丰度蛋白质的分离和分析关系到该计划能否顺利进行，解决这一难题还需要分析工作者的不懈努力，并与来自不同领域的科学家们通力合作。

1.1.3 分析化学的作用

人类赖以生存的环境（大气、水质和土壤）需要监测；三废（废气、废渣、废液）需要治理，并加以综合利用；工业生产中工艺条件的选择、生产过程的质量控制是保证产品质量的关键；对食品的营养成分、农药残留和重金属污染状况的了解，是有关人们生活和生存的大事；在人类和疟疾的斗争中，临床诊断、药理研究、药物筛选，以致进一步研究基因缺陷；登陆月球后的岩样分析，火星、土星的临近观测…… 大至宇宙的深层探测，小至微观物质结构的认识，在这些人类活动的广阔天地内几乎都离不开分析化学。因此，分析化学的重要性可关系到国计民生、科技发展、社会稳定和国家安全。以下仅从几方面简要说明。

1999 年，比利时布鲁塞尔发生的二噁英污染中毒事件引起全球消费者恐慌，并且导致了当时的比利时内阁被迫宣布集体辞职。最后是根特大学（Ghent University）的分析化学家 P. Sandra 教授弄清了实践中二噁英与多氯联苯的关系并提出了解决办法，因而有“分析工作者拯救了比利时”这一说法。又如，在细胞分析化学中，对细胞内容物 DNA、蛋白质和糖类等的含量进行检测，可以实现对癌症等疾病的早发现、早诊断和早治疗。这些都是当今多学科合作造福于人类的典型事例。

分析化学在保障人们身体健康、提高生活质量和改善生存环境等方面也发挥了重要作用。食品卫生、医药质量控制、免疫分析、临床检验、法医证供和仲裁分析等是一些典型的分析化学服务领域，例如亲子鉴定、刑事侦查、交通肇事和兴奋剂检测等就是具体例证。近年来我国医药和食品行业事故频发，就是在于分析测试和质量控制水平还没有满足人们日益增长的需求所致。例如 2005 年的苏丹红事件和孔雀石绿事件，2008 年的三聚氰胺事件等的起因和解决都涉及分析测试与质量控制的问题。

随着科学技术尤其是遗传工程和生物战剂释放系统的不断发展，生物战和生物恐怖的可能性与日俱增。生物恐怖具有突发性、隐蔽性、传染性和生物专一性的特点，其危害作用面大、危害时间长并难以消除。因此，面对生物恐怖和新发传染病，社会同时也需要分析工作者实现现场快速准确检测病原。

据统计，在已经颁布的所有物理学、化学奖中，有约四分之一的项目和分析化学直接有关。

1.2 分析方法的分类

分析化学一般可分为两大类，即化学分析方法与仪器分析方法。从分析化学的任务可以分为以下三个方面：定性分析是为了鉴定试样中的各个组分是什么，即确定试样是由哪些元素、离子、原子或化合物组成；定量分析是测定试样中有关组分的含量是多少；结构分析是确定各组分的结合方式以及对物质化学性质的影响。如果按照不同的分析对象对分析工作进行分类，还可以分成无机分析、有机分析、生化分析和医药分析等。

按分析对象（试样）的质量大小进行分类，试样的质量大于 0.1g 的属于常量分析，0.01～0.1g 属于半微量分析，0.001～0.01g 属于微量分析，而试样质量小于毫克级的属于超微量分析或痕量分析。此外，按试样中待测组分相对含量的多少，又可以分为常量分析（1.0%～100%）、半微量组分分析（0.01%～1.0%）、痕量分析（<0.01%）或超痕量分析（$<10^{-4}\mu g \cdot g^{-1}$）。通常情况下，化学分析法涉及的试样质量或组分含量在常量分析范畴，而其他含量的分析通常都需要用仪器分析法才能完成。仪器分析课程会在后面的专业基础课程学习过程中专门开设。

1.2.1 化学分析方法

化学分析法是以化学反应为基础的分析方法，如滴定分析法和重量分析法。

通过化学反应及一系列操作步骤使试样中的待测组分转化为另一种纯粹的、固定化学组成的化合物，再称量该化合物的质量，从而计算出待测组分的含量或者质量分数，这样的分析方法称为重量分析法。

将已知浓度的试剂溶液，滴加到待测物质溶液中，使其与待测组分发生反应，而加入的试剂量恰好为按化学计量关系完成反应所必需的，根据试剂的浓度和加入的准确体积，计算出待测组分的含量，这样的分析方法称为滴定分析法（旧称容量分析法）。根据不同的反应类型，滴定分析法又可分为酸碱滴定分析法（又称中和法）、配位滴定法（又称络合滴定法）、氧化还原滴定法和沉淀滴定分析法（又称容量沉淀法）。

重量分析法和滴定分析法通常用于高含量或中等含量组分的测定，即待测组分的质量分数在1%以上。重量分析的准确度比较高，至今还有一些组分的测定是以重量分析法为标准方法，但其分析速度慢，耗时较多。滴定分析法臻于成熟，操作简便，省时快速，测定结果的准确度也较高（在一般情况下相对误差为±0.2%左右），所用仪器设备又很简单，在生产实践和科学实验中是重要的例行测试手段之一。因此，在当前仪器快速发展的情况下，滴定分析法仍然具有很高的实用价值。

1.2.2 仪器分析方法

借助光电仪器测量试样的光学性质（如吸光度或谱线强度）、电学性质（如电流、电位、电导）等物理或物理化学性质来求出待测组分的含量的方法称为仪器分析法，也称为物理或物理化学分析方法。使用专门的仪器进行检测，只要物质的上述某种性质所表现出来的测量信号与它的某种参量之间存在简单的函数关系，就可能据此建立相应的分析方法。随着光电技术和计算机技术的不断革新，各种新的仪器分析方法相继建立，主要包括光谱分析法、电化学分析法和色谱分析法以及各种联用技术。近年来，迅速发展起来的质谱法、核磁共振波谱法和电子显微镜分析法等为分析化学增添了强大的分析手段，仪器分析法已成为现代分析化学的主题和发展方向。

1.3 分析化学的发展简史

分析化学的发展经历了三次重大的变革。

第一次变革发生在20世纪初，基于精密天平的发展和使用，促进了物理化学和溶液理论（酸碱、沉淀、配位、氧化还原四大平衡理论）的发展，分析化学从一门技术发展成一门科学。在这个阶段，化学分析的工作占据了分析化学任务的绝大部分。

第二次变革发生在第二次世界大战前后，物理学和电子技术的发展促进了仪器分析的建立和发展，使分析化学从以化学分析为主的时代发展到以仪器分析为主的时代。

第三次变革从20世纪70年代开始，基于数学和计算机的发展，通过使用数学处理方法和计算机，特别是化学计量学的使用及计算机控制的分析数据的采集和处理，可以对物质进行快速、全面和准确的分析和测量。

当前，随着科学技术的不断发展和进步，推动着仪器分析在方法和实验技术方面发生了深刻的变化，新的仪器分析法不断出现，应用日益广泛，获得信息越来越多。仪器分析法已成为现代实验化学的重要支柱，是分析化学未来的发展方向。

1.4 分析化学的发展

分析化学已不再局限于测定物质的组成和含量，随着生命科学、物理科学、材料科学的发展和生物技术、计算机技术的引入，分析化学无论是研究对象还是研究层次都进入到了一个崭新的时代。

1.4.1 分析化学的发展趋势

过去的分析化学课题可以归纳为“有什么”和“有多少”两类，但是随着生产的发展、科技的进步和人类探索领域的不断延伸，给分析化学提出了越来越多的新课题，除了传统的工农业生产和经济部门提出的任务外，许多其他学科如生命科学、环境科学、材料科学、宇航和宇宙科学等都提出了大量更为复杂的课题，而且要求也更高。从分析研究的对象看，分析化学已经由原来的无机分析、有机分析发展到DNA、蛋白质、手性药物和环境有害物质等与生命活性相关物质的分析；从分析对象的数量级来看，不仅能测定常量、微量和痕量进入到单细胞和单分子水平；分析研究区间已由主体分析延伸至薄层、表面、界面微区及形态分析；不仅要求做静态分析，还要求做动态分析，对快速反应做连续自动分析；除了破坏性取样做离线（off line）的实验室分析外，还要求做在线（on line）、实时（real time），甚至是活体内（on vivo）的原位分析。从分析研究体系看，已经从简单体系转向生物和环境等复杂体系；从分析仪器看，已由人工操作、大型和离线检测向智能化、小型化、仪器联用和在线实时监测转化；从对分析对象的损伤程度来看，已由破坏性检测转向无损检测及遥测。总之，新技术和新方法的引入，多数都是为了实现高灵敏度、高选择性和高通量的分析目标。

1.4.2 分析化学的研究热点

目前，分析化学的研究热点主要体现在以下几个方面：极端条件下的分析测试，如单分子和单细胞的分析与操纵；痕量活性物质的在线、原位和实时分析；功能性纳米材料在分析化学中的应用，如通过对纳米材料进行功能化，获取新分析信号，建立多种分析新方法；联用技术与联用仪器的使用等。

第2章 定量分析的一般步骤

定量分析大致包括以下几个步骤：①试样的采取和制备；②试样的预处理；③干扰组分的掩蔽与分离；④测定；⑤数据处理及分析结果的评价。在定量分析之前，先要进行定性分析，以确定样品中含有哪些组分，各个组分是以哪种形态存在。关于各类测定方法的原理和特点，分析结果的计算和处理，以及干扰组分的掩蔽和分离等问题，后面各章将分别讨论。本章仅就试样的采取和处理，分析试样的制备和分解，测定方法的选择以及分析结果准确度的保证和评价，进行讨论。

2.1 分析试样的采取和制备

定量分析所称取的试样通常只有零点几克至几克，其分析结果常常要代表数吨甚至数千吨物料的真实情况。分析的对象多种多样，包括各种无机试样、有机试样、生物试样和环境试样等，存在的形态包括固态、液态和气态，组成通常不均匀且可能极不均匀。这就要求进行分析测定时必须保证所使用的试样具有代表性，即试样的组成能够代表被分析整体物料的平均组成，否则得到的分析结果不可靠，甚至可能得出错误的结论。因此在进行测定之前，试样的采取和制备必须保证具有代表性，即分析试样的组成能代表整批物料的平均组成。否则，无论分析工作做得多么认真、准确，所得结果也无实际意义；更有害的是提供了无代表性的分析数据，会给实际工作造成严重的混乱。因此，慎重地审查试样的来源，使用正确的取样方法是非常重要的。

取样大致可分为三步：①收集粗样（原始试样）；②将每份粗样混合或粉碎、缩分，减少至适合分析所需的数量；③制成符合分析用的试样。

根据原始试样的物理性质不同，取样和处理的细节会有很大差异。为了保证取样有足够的准确性，又不致花费过多的人力、物力，应该了解取样过程所依据的基本原则、方法。至于各类物料取样的具体操作方法可参阅有关的国家标准或行业标准。

2.1.1 取样的基本原则

对于组成不均匀的物料，试样采取的误差常常大于测定误差对分析结果的影响。正确取样应满足以下几个要求：

① 大批试样（总体）中所有组成部分都有同等的被采集的概率；

② 根据给定的准确度，有次序地和随机地取样，使取样的费用尽可能低；

③ 将几个取样单元（如车、船、袋或瓶等容器）的试样彻底混合后，再分成若干份，每份分析一次，这样比采用分别分析几个取样单元的办法更优化。

例如取 10 瓶（或袋）随机样本采用不同分析方案进行测定：①分别分析每份样本，即分析 10 次；②混合后取 1/10 测定一次；③混合后再分成三份，各测定一次。由数理统计可知，第③种分析方案与第①种所得的精密度相当，但前者分析次数只是后者的 1/3。即混合后再分成若干份分别测定，是最经济最准确的方法。

2.1.2 取样操作方法

试样种类繁多，形态各异，试样的性质和均匀程度也各不相同。因此，首先将被采取的物料总体分为若干单元。它可以是均匀的气体或液体，也可以是车辆或船装载的物料。其次，了解各取样单元间和各单元内的相对变化。如煤在堆积或运输中出现的偏析，即颗粒大的会滚在煤堆边上，颗粒小或密度大的会沉在煤堆下面，细粉甚至可能飞扬。正确划分取样单元和确定取样点是十分重要的。以下针对不同种类的物料简略讨论一些采样方法。

(1) 组成比较均匀的物料

这一类试样包括气体、液体和某些固体，取样单元可以较小。对于大气试样，根据被测组分在空气中存在的状态（气态、蒸气或气溶胶）、浓度以及测定方法的灵敏度，可用直接法或浓缩法取样。对于贮存于大容器（如贮气柜或槽）内的物料，因密度不同可能影响其均匀性时，应在上、中、下等不同处采取部分试样混匀。对于水样，其代表性和可靠性，首先决定于取样面和取样点的选择，例如江河、湖泊、海域、地下水等取样点的布法就很不一样；其次决定于取样方法，例如表层水、深层水、废水、天然水等水质不同，应采用不同的取样方法，同时还要注意季节的变化；对于含有悬浊物的液槽，在不断搅拌下于不同深度取出若干份样本，以补偿其不均匀性。如果是较均匀的粉状固体或液体，且分装在数量较大的小容器（如桶、袋或瓶）内，可从总体中按有关标准规定随机地抽取部分容器，再采取部分试样混匀即可。

(2) 组成很不均匀的物料

如矿石、煤炭、土壤等，颗粒大小不等，硬度相差也大，组成极不均匀。若是堆成锥形，应从底部周围几个对称点对顶点画线，再沿底线按均匀的间隔按一定数量的比例取样。若物料是采用输送带运送的，可在带的不同横断面取若干份试样。如是用车或船运的，可按散装固体随机抽样，再在每车（或船）中的不同部位多点取样，以克服运输过程中的偏析作用。取出份数越多，试样的组成越具有代表性，但处理时所耗人力、物力将大大增加。因此采样的数量可按统计学处理，选择能达到预期的准确度最节约的采样量。

根据经验，平均试样采取量与试样的均匀度、粒度、易破碎度有关，可按切乔特采样公式估算：

$$Q=Kd^2 \tag{2-1}$$

式中，Q 为采取平均试样的最低质量，kg；d 为试样中最大颗粒的直径，mm；K 为表征物料特性的缩分系数，可由实验求得，如均匀铁矿，K 值为 0.02～0.3，不均匀铁矿 K 值为 0.5～2.0，煤矿 K 值取 0.3～0.5。

例如，有一铁矿石最大颗粒直径为 10mm，取 $K=0.1$，则应采集的原始试样最低质量（Q）为：

$$Q\geqslant 0.1\times 10^2=10\text{kg}$$

显然，此试样不仅量大且颗粒极不均匀，必须通过多次破碎、过筛、混匀、缩分等手续，制成量小（约 100～300g）且均匀的分析试样。

固体试样加工的一般程序是：先用颚式破碎机或球磨机进行粗碎，使试样能通过 4～6 号筛；再用盘式破碎机进行中碎，使试样能过 20 号筛，然后再经过细磨至所需的粒度。不同性质的试样要求磨细的程度不同，一般要求分析试样能过 100～200 号筛。我国标准筛的筛号与相应的孔径见表 2-1。

表 2-1 标准筛的筛号和孔径

筛号①/目	10	20	40	60	80	100	120	200
筛孔直径/mm	2.00	0.83	0.42	0.25	0.177	0.149	0.125	0.074

① 筛号是指每平方英寸内的孔数。

试样过筛时未通过的粗粒，应再碎至全部通过，绝不能随意弃去，否则会影响试样的代表性，因为不易粉碎的粗粒往往具有不同的组成。试样每经破碎至一定细度后，都需将试样仔细混匀进行缩分。缩分目的是使破碎试样的质量减小，并保证缩分后试样中的组分含量与原始试样一致。缩分方法很多，常用的是所谓四分法。即将试样混匀后，堆成圆锥形，略为压平，由锥中心划分成四等份，弃去任意对角的两份，收集留下的两份混匀。每次缩分后保留的试样，其最低质量也应符合式（2-1）的要求，如此反复处理至所需的分析试样为止。

将制好的试样分装成两瓶，贴上标签，注明试样的名称、来源和采样日期。一瓶作为正样供分析用，另一瓶备查作副样。试样收到后，一般应尽快分析，否则也应妥善保存，避免试样受潮、风干或变质等❶。

2.1.3 湿存水的处理

一般固体试样往往由于其表面及孔隙中吸附了空气中的水分含有湿存水（亦称吸湿水），湿存水的含量随试样的粉碎程度和放置时间而改变，因而试样各组分的相对含量也随湿存水的多少而变化。为了便于比较，试样各组分相对含量的高低常用干基表示。干基是不含湿存水的试样的质量。因此在进行分析之前，必须先将试样在 100～105℃烘干（对于受热易分解的物质采用风干或真空干燥的方法干燥）。湿存水的含量，根据烘干前后试样的质量即可计算。

例 2-1 称取 10.000g 工业用煤试样，于 100～105℃烘 1h 后，称得其质量为 9.460g，此煤样含湿存水为多少？如另取一份试样测得含硫量为 1.20%，用干基表示的含硫量为多少？

解：

$$w_{湿存水}=\frac{10.000-9.460}{10.000}\times100\%=5.40\%$$

$$w_{硫}=\frac{1.20}{100.00-5.40}\times100\%=1.27\%\text{（以干基表示）}$$

湿存水的含量也是决定原料的质量或价格的指标之一。

2.2 试样的分解

在一般分析工作中，除干法分析（如光谱分析、差热分析等）外，通常都用湿法分析，即先将试样分解制成溶液再进行分析，因此试样的分解是分析工作的重要步骤之一。它不仅直接关系到待测组分是否转变为适合的测定形态，也关系到以后的分离和测定。如果分解方法选择不当，就会增加不必要的分离步骤，给测定造成困难和增大误差，有时甚至使测定无法进行。

分解试样时，带来误差的原因很多。如分解不完全，分解时与试剂和反应器皿作用导致待测组分的损失或沾污，这种现象在测定微量成分时尤应注意。另外，分解试样时应尽量避免引入干扰成分。

选择分解方法时，不仅要考虑对准确度和测定速度的影响，而且要求分解后杂质的分离和测定都易进行。所以，应选择那些分解完全、分解速度快，分离测定较顺利，同时对环境没有污染或很少污染的分解方法。

湿法是用酸或碱溶液来分解试样，一般称为溶解法。干法则用固体碱或酸性物质熔融或

---

❶ 食品检验中常在理化检验前或同时进行感官检验，这时就应在感官检验后再混合均匀取样进行理化检验。

烧结来分解试样，一般称为熔融法。此外，还有一些特殊分解法，如热分解法、氧瓶燃烧法、定温灰化法、非水溶剂中金属钠或钾分解法等。在实际工作中，为了保证试样分解完全，各种分解方法常常配合使用。例如，在测定高硅试样中少量元素时，常先用 HF 分解加热除去大量硅，再用其他方法完成分解。

另外，在分解试样时总希望尽量少引入盐类，以免给测定带来困难和误差，所以分解试样尽量采用湿法。在湿法中选择溶剂的原则是：能溶于水的先用水溶解，不溶于水的酸性物质用碱性溶剂，碱性物质用酸性溶剂，还原性物质用氧化性溶剂，氧化性物质用还原性溶剂。

除在常温和加热溶解外，近来也有采用在封闭容器内微波溶解技术。利用试样和适当的溶（熔）剂吸收微波能产生热量加热试样，同时微波产生的交变磁场使介质分子极化，极化分子在高频磁场中交替排列导致分子高速振荡，使分子获得高的能量。由于这两种作用，试样表层不断地被搅动破裂，促使试样迅速溶（熔）解，方法可靠和易控制。总之，分解试样时要根据试样的性质、分析项目要求和上述原则，选择一种合适的分解方法。

2.2.1 无机物的分解

无机试样最常用的分解方法有溶解法、熔融法和烧结法。

（1）溶解法

采用适当的溶剂将试样溶解后，制成溶液的方法叫做溶解法。溶解试样常用的溶剂有水、酸和碱等。

① **水溶法** 对于可溶性的无机盐直接用水溶解制成试液。

② **酸溶法** 利用酸性溶剂的酸性、氧化还原性和形成配合物的作用使试样溶解，常用的酸性溶剂如下。

盐酸：利用酸中 H^+、Cl^- 的还原性及 Cl^- 与某些金属离子的配位作用，主要用于弱酸盐（如碳酸盐、磷酸盐等）、一些氧化物（如 Fe_2O_3、MnO_2 等）、一些硫化物（如 FeS、Sb_2S_3 等）及电位次序在氢以前的金属（如 Fe、Zn 等）或合金的溶解，还可溶解灼烧过的 Al_2O_3、BeO 及某些硅酸盐。盐酸加 H_2O_2 或 Br_2 等氧化剂，常用来分解铜合金和硫化物矿等，同时还可破坏试样中的有机物，过量的 H_2O_2 和 Br_2 可加热除去。在溶解钢铁时，也常加入少量 HNO_3 以破坏碳化物。用盐酸分解试样和蒸发其溶液时，必须注意 Ge(Ⅳ)、As(Ⅲ)、Sn(Ⅳ)、Se(Ⅳ)、Te(Ⅳ) 和 Hg(Ⅱ) 等氯化物的挥发损失。

硝酸：硝酸具有强氧化性，除铂、金和某些稀有金属外，浓硝酸能分解几乎所有的金属试样。但铁、铝、铬等在硝酸中由于生成氧化膜而钝化，锑、锡、钨则生成不溶性的酸（偏锑酸、偏锡酸和钨酸），这些金属不宜用硝酸溶解。几乎所有硫化物及其矿石皆可溶于硝酸，但宜在低温下进行，否则将析出硫黄；欲使硫氧化成 SO_4^{2-}，可用 HNO_3+KClO_3 或 HNO_3+Br_2 等混合溶剂。浓硝酸和浓盐酸按 1∶3（体积比）混合的王水，或 3∶1 混合的逆王水，以及二者按其他比例混合形成的混合酸，可用来氧化硫和分解黄铁矿及铬-镍合金钢、钼-铁合金、铜合金等。试样中有机物的存在常干扰分析，可用浓硝酸加热氧化破坏，也可加入其他酸如 H_2SO_4 或 $HClO_4$ 来分解。用硝酸溶解试样后，溶液中往往含有 HNO_2 和氮的低价氧化物，它们常能破坏某些有机试剂而影响测定，应煮沸除去。

硫酸：除碱土金属和铅等硫酸盐外，其他硫酸盐一般都易溶于水，所以硫酸也是重要溶剂之一。其特点是沸点高（338℃），热的浓硫酸还具有强的脱水和氧化能力，用它分解试样较快。在高温下可用来分解萤石（CaF_2）、独居石（稀土和钍的磷酸盐）等矿物和某些金属及合金（如铁、钴、镍、锌等）。当加热至冒白烟（产生 SO_3）时，可除去试样中低沸点的 HF、HCl、HNO_3 及氮的氧化物等，并可破坏试样中的有机物。

高氯酸：浓热的高氯酸具有强的脱水和氧化能力，常用于不锈钢、硫化物的分解和破坏有机物。由于 $HClO_4$ 的沸点高（203℃），加热蒸发至冒烟时也可驱除低沸点酸，所得残渣加水很易溶解。

在使用高氯酸时应注意安全。有强脱水剂（如浓硫酸）或有机物、某些还原剂等存在一起加热时，就会发生剧烈的爆炸。所以对含有机物和还原性物质的试样，应先用硝酸加热破坏，然后再用高氯酸分解，或直接用硝酸和高氯酸的混合酸分解，在氧化过程中随时补加硝酸，待试样全部分解后，才能停止加硝酸。一般来说，使用高氯酸必须有硝酸存在，这样才较安全。

氢氟酸：常与 H_2SO_4 或 $HClO_4$ 等混合使用，分解硅铁、硅酸盐及含钨、铌、钛等试样。这时硅以 SiF_4 形式除去，用 H_2SO_4 或 $HClO_4$ 是为了除去过量的氢氟酸。如有碱土金属和铅时，用 $HClO_4$，有 K^+ 时用 H_2SO_4。用氢氟酸分解试样，需用铂坩埚或聚四氟乙烯器皿（温度低于 250℃）在通风柜内进行，并注意防止氢氟酸触及皮肤，以免灼伤（不易愈合）。

③ 碱溶法　碱溶法的主要溶剂为 NaOH 和 KOH 溶液。氢氧化钠溶液（20%～30%）可用来分解铝、铝合金及某些酸性氧化物（如 Al_2O_3）等。分解应在银或聚四氟乙烯器皿中进行。

（2）熔融法

熔融法是将试样与固体熔剂混合，在高温下加热，利用试样与熔剂发生的复分解反应，利用熔剂与试样在高温下进行分解反应，使试样的全部组分转化成溶于水或酸的化合物，如钠盐、钾盐和氯化物等。熔融法分解能力强，但熔融时要加入大量的熔剂（一般为试样的6～12倍），故将带入熔剂本身的离子和其中的杂质，熔融时因坩埚材料的腐蚀也会引入其他组分。根据所用的熔剂性质，可分为酸熔法和碱熔法两种。

① 酸熔法　常用焦硫酸钾（$K_2S_2O_7$）或硫酸氢钾（$KHSO_4$）作熔剂。$KHSO_4$ 加热脱水亦生成 $K_2S_2O_7$。这类熔剂在 300℃以上可分解一些难溶于酸的碱性或中性氧化物、矿石，如 Fe_2O_3、刚玉（Al_2O_3）、金红石（TiO_2）等，生成可溶性的硫酸盐。例如：

$$TiO_2 + 2K_2S_2O_7 \longrightarrow Ti(SO_4)_2 + 2K_2SO_4$$

熔融常在瓷坩埚中进行，熔融温度不宜过高，时间也不要太长，以免硫酸盐再分解成难溶氧化物。熔块冷却后用稀硫酸浸取，有时还加入酒石酸或草酸等配合剂，抑制某些金属离子［如 Nb(Ⅴ)、Ta(Ⅴ) 等］水解。

此外，可用 KHF_2 分解稀土和钍的矿物，用它的铵盐可分解一些硫化物及硅酸盐。

② 碱熔法　常用的碱性熔剂有碳酸钠、碳酸钾、氢氧化钠、氢氧化钾、过氧化钠或它们的混合熔剂等。Na_2CO_3（或 K_2CO_3）可分解一些硅酸盐、酸性炉渣等。例如，钠长石和重晶石的分解：

$$NaAlSi_3O_8 + 3Na_2CO_3 \longrightarrow NaAlO_2 + 3Na_2SiO_3 + 3CO_2\uparrow$$

$$BaSO_4 + Na_2CO_3 \longrightarrow BaCO_3 + Na_2SO_4$$

经高温熔融后均转化为可溶于水和酸的化合物。

为了降低熔融温度，可用 1∶1 Na_2CO_3 与 K_2CO_3 混合熔剂（熔点约 700℃）。Na_2CO_3 加少量氧化剂（如 KNO_3 或 $KClO_3$）的混合熔剂，常用于分解含 S、As、Cr 等的试样，使它们分别分解并氧化为 SO_4^{2-}、AsO_4^{3-}、CrO_4^{2-}。Na_2CO_3 加入硫，常用于分解含 As、Sb、Sn 等的氧化物、硫化物和合金试样，使它们转变为可溶性硫代酸盐。例如锡石的分解：

$$2SnO_2 + 2Na_2CO_3 + 9S \longrightarrow 2Na_2SnS_3 + 3SO_2\uparrow + 2CO_2\uparrow$$

NaOH 和 KOH 是低熔点强碱性熔剂，常用于分解硅酸盐、铝土矿、黏土等试样。在分解难熔物质时，可加入少量 Na_2O_2 或 KNO_3。

熔融时为了使分解反应完全，通常加入6～12倍的过量熔剂。由于熔剂对坩埚腐蚀较严重，所以注意选择适宜的坩埚，以保证分析的准确度。例如以$K_2S_2O_7$进行熔融时，可以在铂、石英甚至瓷坩埚中进行，但若在瓷坩埚中进行，会引入陶瓷中的组分，如少量铝等，这在分析含有这些元素的试样时就不宜选用。又如，用碳酸钠或碳酸钾作熔剂熔融时可使用铂坩埚；但用氢氧化钠作熔剂时会腐蚀铂器皿，应改用银坩埚或镍坩埚。此时银或镍亦将进入溶液中，但进入溶液的银易以不溶性氯化物形式除去。当用碱性熔剂例如Na_2O_2熔融时，还常用价廉的刚玉坩埚。

(3) 半熔法（烧结法）

将试样和熔剂在低于熔点的温度下进行反应，若试样磨得很细（如粒径为0.074mm），分解时间长一些也可分解完全，又不致侵蚀器皿。烧结可在瓷坩埚中进行。例如，常用Na_2CO_3+MgO（或ZnO）（1∶2）作熔剂，分解煤或矿石中的硫。其中Na_2CO_3作熔剂，MgO或ZnO起疏松和通气作用，使空气中氧将硫氧化为硫酸盐，用水浸出即可测定。为了促使硫定量地氧化，也可在烧结剂中加入少量氧化剂，如$KMnO_4$等。

用$CaCO_3+NH_4Cl$可分解硅酸盐，测定其中的K^+和Na^+。例如用它分解钾长石：

$$2KAlSi_3O_8+6CaCO_3+2NH_4Cl \xlongequal{} 6CaSiO_3+Al_2O_3+2KCl+6CO_2\uparrow+2NH_3\uparrow+H_2O$$

烧结温度为750～800℃，反应产物仍为粉末状，但K^+、Na^+已转变为氯化物，可用水浸取之。

2.2.2 有机物的分解

(1) 溶解法

低级醇、多元酸、糖类、氨基酸、有机酸的碱金属盐，均可用水溶解。许多有机物不溶于水，可溶于有机溶剂。例如，酚等有机酸易溶于乙二胺、丁胺等碱性有机溶剂；生物碱等有机碱易溶于甲酸、冰醋酸等酸性有机溶剂。根据相似相溶原理，极性有机化合物易溶于甲醇、乙醇等极性有机溶剂，非极性有机化合物易溶于$CHCl_3$、CCl_4、苯、甲苯等非极性有机溶剂。有关溶剂的选择可参考有关资料，此处不详述。表2-2列出几种溶解高聚物的有机溶剂。

表2-2 工业高聚物的溶剂

高聚物	溶剂
聚苯乙烯，醋酸纤维，醋酸-丁酸纤维素	甲基异丁基酮
聚丙烯腈，聚氯乙烯，聚碳酸酯	二甲基甲酰胺
氯乙烯-乙烯共聚物	环己酮
聚酰胺	60%甲酸
聚醚	甲醇

(2) 分解法

欲测有机物中的无机元素，分解试样的方法可分为湿法和干法两类。

① 湿法 常用硫酸、硝酸或混合酸分解试样，在克氏烧瓶中加热，试样中有机物即被氧化成CO_2和H_2O，金属元素则转变为硝酸盐或硫酸盐，非金属元素则转变为相应的阴离子。此法适用于测定有机物中的金属、硫、卤素等元素。

② 干法 典型的分解方式有两种。一种是在充满O_2的密闭瓶内，用电火花引燃有机试样，瓶内可盛适当的吸收剂以吸收其燃烧产物，然后用适当方法测定，这种方式叫氧瓶燃烧法。它广泛用于有机物中卤素、硫、磷、硼等元素的测定，也可用于许多有机物中部分金属元素，如Hg、Zn、Mg、Co和Ni等的测定。

另一种方式是将试样置于敞口皿或坩埚内，在空气中一定温度范围（500～550℃）内，加热分解，灰化，所得残渣用适当溶剂溶解后进行测定，这种方式叫定温灰化法。灰化前加入一些添加剂（如 CaO、MgO、Na_2CO_3 等），可使灰化更有效。此法常用于测定有机物和生物试样中的无机元素，如锑、铬、铁、钼、锶及锌等。近来使用低温灰化操作及装置，如高频电激发的氧气通过试样，温度仅 150℃即可使试样分解，这适用于生物试样中 As、Se、Hg 等易挥发元素的测定。

近年来有人提出用 V_2O_5 作熔剂。它的氧化力强，可用于含 N、S、卤素的有机物的分解，释放出的气体可检测出 N、S、卤素等。

2.3 测定方法的选择

随着工农业生产和科学技术的发展，对分析化学不断提出了更高的要求和任务，同时也为分析化学提供了更多、更先进的测定方法，而且一种组分（无机离子或有机官能团等）可用多种方法测定，因此必须根据不同情况和要求选择一两种方法。选择测定方法应考虑的一些问题如下。

（1）测定的具体要求

首先应明确测定的目的及要求，其中主要包括需要测定的组分、准确度及完成测定的速度等。一般对标准物和成品分析的准确度要求较高，微量成分分析则对灵敏度要求较高，而中间控制分析则要求快速简便。例如在无机非金属材料（如黏土、玻璃等）的分析中，二氧化硅是主要测定项目之一。测定二氧化硅的含量较多采用重量分析法，在试样分解后，在盐酸溶液中蒸干脱水两次，使二氧化硅呈硅酸胶凝状沉淀析出，然后过滤，灼烧至恒重。但得到的二氧化硅往往含有少量杂质，如 Fe^{3+}、Al^{3+}、Ti^{4+} 等使结果偏高。若是标准样或管理样，准确度要求更高，应用 HF 和 H_2SO_4 进一步处理，使 SiO_2 转化为 SiF_4 挥发除去，再灼烧至恒重，由减差法求得二氧化硅含量。此法具有干扰少、准确度高、滤液可用于其他组分测定等优点；但操作繁复，时间冗长。如果是成品分析，可只脱水两次，或改用动物胶-盐酸脱水一次，这样分析时间就大大缩短。如果是生产过程中的例行分析，则要求更快，就宜采用氟硅酸钾滴定法，参阅第 6.8 节（5）氟硅酸钾法测定 SiO_2 含量。

（2）欲测组分的含量范围

在选择测定方法时应考虑欲测组分的含量范围。常量组分多采用滴定分析法（包括电位、电导、库仑和光度等滴定法）和重量分析法，它们的相对误差为千分之几。由于滴定法简便、快速，因此当两者均可应用时，一般选用滴定法。对于微量组分的测定，则应用灵敏度较高的仪器分析法，如分光光度法、原子吸收光谱法、色谱分析法等。这些方法的相对误差一般是百分之几，因此用这些方法测定常量组分时，其准确度就不可能达到滴定法和重量法的那样高；但对微量组分的测定，这些方法的准确度已能满足要求了。例如钢铁中硅的测定，不能用重量法和滴定法，而应用分光光度法或原子吸收光谱法。

（3）待测组分的性质

了解待测组分的性质常有助于测定方法的选择。例如大部分金属离子均可与 EDTA 形成稳定的螯合物，因此配位滴定法是测定金属离子的重要方法。对于碱金属，特别是钠离子等，由于它们的配合物一般都很不稳定，大部分盐类的溶解度较大，又不具有氧化还原性质，但能发射或吸收一定波长的特征谱线，因此火焰光度法及原子吸收光谱法是较好的测定方法。又如溴能迅速加成于不饱和有机物的双键，因此可用溴酸盐法测定有机物的不饱和度。再如生物碱大多数具有一定的碱性，可用酸碱滴定法测定。

（4）共存组分的影响

选择测定方法时，必须同时考虑共存组分对测定的影响。例如测定铜矿中的铜时，用 HNO_3 分解试样，选用碘量法测定，其中所含 Fe^{3+}、Sb(V)、As(V) 及过量 HNO_3，都能

氧化 I^- 而干扰测定；若选用配位滴定法，Fe^{3+}、Al^{3+}、Zn^{2+}、Pb^{2+} 等能与 EDTA 配位，也干扰测定；若用原子吸收光谱法，则一般元素 Fe、Zn、Pb、Al、Co、Ni、Ca、Mg 等均不干扰，但 H_2SO_4（或 SO_4^{2-}）存在时可使吸收值降低，产生负干扰。因此，如果没有合适的直接测定法，应改变测定条件，加入适当的掩蔽剂或进行分离，排除各种干扰后再行测定。

（5）实验室条件

选择测定方法时，还要考虑实验室是否具备所需条件。例如，现有仪器的精密度和灵敏度，所需试剂和水的纯度以及实验室的温度、湿度和防尘等实际情况。有些方法虽能在很短时内分析成批试样，很适合于例行分析，但需要昂贵的仪器，一般实验室不一定具备，也只能选用其他方法。

一个理想的分析方法应该是灵敏度高、检测限低、精密度佳、准确度高及操作简便，但在实际中往往很难同时满足这些要求，所以需要综合考虑各个指标，对选择的各方法进行综合分析。最近邓勃提出一个综合评价分析方法的函数，它主要包括了表征分析方法特征的各参数：标准偏差（S）、检出限（q_L）、灵敏度（b）、测定次数（n_p）、系统误差（δ）及置信概率（t_f）等。

选择分析方法时，首先查阅有关文献，然后根据上述原则判定切实可行的分析方案，通过实验进行修改完善，最好应用标准样或管理（合成）样判断方法的准确度和精密度，确认能满足分析的要求后，再进行试样的测定。

2.4 分析结果准确度的保证和评价

众所周知，任何测定都会产生误差，要使分析的准确度得到保证，必须使所有的误差，包括系统误差、偶然误差甚至过失误差，减小到预期的水平。因此，一方面要采取一系列减小误差的措施，对整个分析过程进行质量控制；另一方面要采用行之有效的方法对分析结果进行评价，及时发现分析过程中的问题，确保分析结果的可靠性。

对分析结果的评价，就是对分析结果是否“可取”做出判断。质量评价方法通常可分为“实验室内”和“实验室间”两种。实验室内的质量评价包括：通过多次重复测定确定偶然误差；用标准物质或其他可靠的分析方法检验系统误差；用互换仪器以发现仪器误差，交换操作者以发现操作误差；绘制质量控制图以便及时发现测量过程中的问题。实验室间的质量评价由一个中心实验室指导进行。它将标准样（或管理样）分发给参加的各实验室，可考核各实验室的工作质量，评价这些实验室间是否存在明显的系统误差。

在国家标准 GB 4471—1989 中规定了化工产品试验方法精密度、室间试验方法的重复性和再现性的计算方法及判断原则。有关产品的技术指标及分析方法允许差的规定值可参阅相关的国家标准或行业标准。

例如，在 GB 4553—1984 中，有关硝酸钠的各项技术指标及平行两次的允许差如下：

技术指标		$NaNO_3$≥	水分≤	水不溶物≤	NaCl≤	$NaCO_3$≤
规格/%	一级	99.2	2.0	0.08	0.40	0.10
	二级	98.3	2.0	—	—	—
允许差/%		0.3①/0.5①	0.1	0.008	0.03	0.01

① 平行测定两次结果之差≤0.3%，不同实验室结果之差≤0.5%。

假设测定一级品含量的平行结果为 99.15%和 99.30%，它们之差小于 0.3%，可取平均值 99.2%；如果平行结果为 99.15%和 99.50%，表明已超差，应重做。

对于一种新的试验方法，要检查其准确度和精密度，可用标准样（或管理样）与未知样作平行测定，将测定标准样的结果与标准值比较，检验是否存在显著性差异。如无显著差异，可认为新方法是可靠的。也可采用回收试验，即在试样中加入一定量的待测组分，在最佳条件下测定，平行测定 10 次计算各次的回收率$\left(\frac{测得值}{加入量}\times100\%\right)$，如微量组分的平均回收率达 95%～105%，认为测定可靠，同时在相同条件下，测定该组分检测下限的精密度，其相对标准偏差为 5%～10%，即可认为此法的准确度和精密度均符合要求。

另外，在工业生产的质量控制和日常分析测试数据的有效性检验时，常用质量控制图。它是一种最简单、最有效的统计技术。控制图通常由一条中心线（如标准值或平均值）和对应于置信概率 95%或 99.7%的 2σ 或 3σ（在一定条件下，σ 或 S 是已知的）的上下控制限组成。

例如，某室每天测定组成大体一致的试样中的组分（A），在分析的同时可插入一个或几个标准样，然后将标准样的测定值按时间顺序点在图上。图中用一条中心（实）线代表标样中 A 的标准值（μ），在此中心线的上下分别画出$\pm2\sigma$ 的虚线作上下警告限，$\pm3\sigma$ 的实线作为上下控制限，如图 2-1 所示。图中的点表明落在$\pm3\sigma$ 控制限外的测定值出现的机会是 0.3%。显然，在第 3、5 两日出现了较大的偏差，这表明精密度已失控。就是说这两天的分析结果不可靠，可能存在过失误差或仪器失灵，试剂变质，环境异常等，应查明原因后重新测定。

如重新测定，其值仍在 $\mu\pm3\sigma$ 以外，那就表明当日的产品质量有了问题，应进一步查清处理。

以平均值绘控制图，应用最广（也有用标准偏差或极差来绘图的）。它是检验测量过程是否存在过失误差、平均值漂移及数据缓慢波动的有效方法。

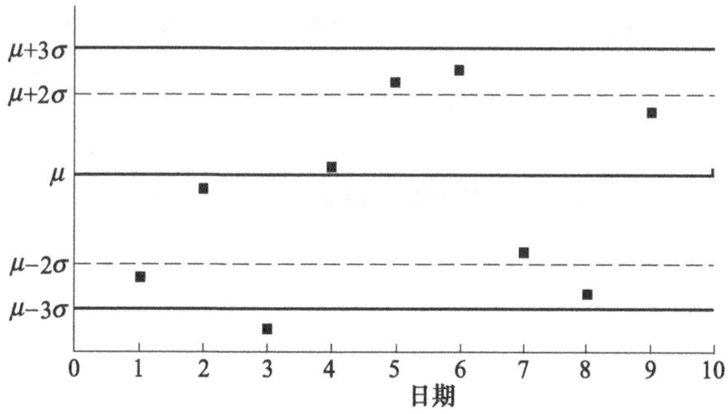

图 2-1　质量控制图

当试样中所有组分都已测定时，还可用求和法和离子平衡法来检验分析结果的准确度。求和法是求算各组分的百分含量总和，当总和在 99.8～100.2 范围内时，可认为测定结果是相当满意的。如总和显然低于 100，则表示可能漏测 1～2 个组分或测定结果偏低（存在系统误差）。离子平衡法是指检验无机试样中阴离子和阳离子的电荷总数，如果电荷总数相等，或相差甚小，可认为分析结果是满意的。

一般实验室提供的分析测试结果，并不一定具有法律效力，只有该实验室经过计量认证合格并报请主管质量技术监督的部门进行实验室资格认证认可考查，获准认可的实验室才具有能够公正、科学和准确地为社会提供相关信息服务的资格。

计量认证是按我国的“计量法”规定对产品质量检验机构的计量检定、测试能力和可靠性、公正性进行考核。考核合格的质检机构所出示的数据具有法律效力，计量认证是一种资格认证，是强制性的认证。

计量认证的重要目的：①保证全国计量单位制的统一和量值的准确可靠；②提高质检机构的管理能力，检测技术水平和第三方公正性，使提供的测量数据具有法律效力和法律保护。

计量认证的重要内容：①计量检定、测试设备的配备情况与测试能力的符合程度、仪器设备的准确度、量程等重要技术指标必须达到计量认证的要求；②计量检定、测试设备的工作环境，包括温度、湿度、防尘、防震、防腐蚀、防干扰等条件，均应适应测试工作的要求；③操作人员的专业理论知识和操作技能必须考核合格；④分析测试机构应具有保证测试数据公正可靠的管理制度。

认证工作坚持专家评审原则，评审组是由专业技术人员经培训、考试合格并获得中华人民共和国计量认证评审员资格的人员组成，以保证评审结果的权威性、科学性和客观公正性。评审时坚持技术考核与管理工作考核相结合的原则，坚持非歧视性原则和坚持采取考核与帮促相结合的工作方法。

思考题与习题

[2-1] 在进行农业试验时，需要了解微量元素对农作物栽培的影响。某人从试验田中挖一小铲泥土试样，送化验室测定。试问由此试样所得分析结果有无意义。如何采样才正确？

[2-2] 为了探讨某江河地段底泥中工业污染物的聚集情况，某单位于不同地段采集足够量的原始试样，混匀后取部分试样送分析室。分析人员用不同方法测定其中有害化学组分的含量。这样做对不对？为什么？

[2-3] 怎样溶解下列试样：锡青铜（Cu80%，Sn15%，Zn5%）、高钨钢、纯铝、银币、玻璃（不测硅）、方解石。

[2-4] 欲测石灰石（$CaCO_3$）和白云石［$CaMg(CO_3)_2$］中钙、镁的含量，怎样测定才能得到较准确的结果？

[2-5] 当试样中 Fe^{3+}、Al^{3+} 含量较高时怎样用配位滴定法测定其中 Ca^{2+}、Mg^{2+} 的含量？还可采用什么方法快速测定？

[2-6] 某连续生产的控制分析结果为：11.7，10.9，11.3，11.5，11.1，11.3，11.8，11.5，11.2，10.7，11.2，10.8，11.3，11.4，10.4，10.4，10.9，10.6，10.7。根据现有数据和95%置信限绘制控制图。试判断生产和测定是否有问题？

第 3 章 定性分析

3.1 导言

定性分析（qualitative analysis）的任务是确定物质体系的化学组分，主要解决“有没有”的问题。就无机定性分析来说，通常研究元素或离子；对于有机定性分析则讨论元素和官能团（本章不重点讨论，可参考相关教材）。

定性分析也可按照测定原理分为化学定性分析法和仪器定性分析法。化学定性分析法的依据是物质间的化学反应。反应在溶液中进行的称为湿法，此方法最为常用；在固体之间进行的称为干法，例如焰色反应等，此法在定性分析中作为湿法的重要补充，但此法不够完善，一般只起辅助作用。

3.1.1 反应进行的条件

定性分析中所涉及的化学反应可分成两大类，第一种为分离或掩蔽反应，第二种为鉴定反应。对分离或掩蔽反应，要求反应能够进行完全、迅速和使用方便；而鉴定反应大都是在水溶液中进行的离子反应，要求反应灵敏、迅速，而且具有明显的外观特征：如沉淀有关反应、溶液颜色变化、气体生成等，否则不能用于鉴定。

分离和鉴定反应的过程中，必须注意其反应条件，具体如下。

（1）浓度

只有当溶液中离子的浓度足够大时，分离和鉴定反应才能显著进行，并产生明显的现象。以沉淀反应为例，不仅要求参加反应的离子浓度的乘积大于该温度下的溶度积，使沉淀反应发生，而且还要使沉淀析出的量足够多，以便观察；实际鉴定过程中要求被测离子的浓度比理论计算的浓度大若干倍才能得到肯定结果。

（2）酸度

分离和鉴定反应通常都要求在一定酸度下进行。例如，采用 $Na_3Co(NO_2)_6$ 试剂对 K^+ 进行鉴定时，强酸和强碱的存在都会使试剂受到破坏，因此反应只能在中性或弱酸性溶液中进行，适宜的溶液的酸度条件可通过加入酸碱来调节，必要时可使用缓冲溶液来维持。

（3）温度

溶液的温度对许多沉淀的溶解度及许多反应进行的速率都有明显影响。例如，向 AsO_4^{3-} 的稀盐酸溶液中通 H_2S 气体时，在低温下不易得到 As_2S_3 沉淀，加热后会加快 As_2S_3 沉淀的生成。又如，在 100℃时，$PbCl_2$ 沉淀的溶解度为 20℃时的 3 倍多，所以当以沉淀形式分离它时，应注意降低试液的温度，尽量在低温下进行。

（4）溶剂

通常的定性分析所涉及的化学反应都是在水溶液中进行的，若出现沉淀产物在水中的溶解度较大或不够稳定的情况，可加入可增加溶解性或改善稳定性的有机试剂。比如，当采用生成醋酸铀酰锌钠沉淀的形式鉴定 Na^+ 时，可加入乙醇使沉淀易产生。

有机物分析过程中，要求选择适当的有机溶剂，该溶剂应尽可能地同时溶解试样、试剂及其反应产物，并且要求所选溶剂不干扰鉴定反应和不影响判断鉴定结果。

(5) 干扰物质

除上述四种因素外，某一鉴定反应能否准确地鉴定某离子，还应考虑干扰物质的影响。例如，以 NH_4SCN 法鉴定 Fe^{3+} 时，F^- 不应存在，因为 F^- 与 Fe^{3+} 生成稳定的配合物离子(FeF_6^{3-})，从而使鉴定反应无效。

另外，大多数有机化合物在溶剂中难以解离，常以分子状态存在。由于试剂与被测物之间的反应常在分子间进行，故反应速率较慢，并伴有复杂的副反应。因此设法提高它们之间的反应速率，缩短分析测试时间并避免副反应的发生是必要的。此外，反应是否需要催化剂，试剂是否变质，反应要在何种器皿中进行等，也需要注意。

3.1.2 鉴定方法的灵敏度和选择性

(1) 灵敏度问题

通常来说，不同的鉴定方法检出同一种离子的灵敏度并不相同。表征定性分析的灵敏度常用最低浓度（最小检测浓度）和检出限。

① 最低浓度　最低浓度是指在一定条件下，使某鉴定方法能得出肯定结果的该离子的最低浓度，以 ρ_B 或 $1:G$ 表示。G 是含有 1g 被鉴定离子的溶剂的质量；ρ_B 则以 $\mu g \cdot mL^{-1}$ 为单位，因此两者有确定的关系。

反应的灵敏度不是从理论上得出的，而是通过逐步降低被测离子浓度得到的实验值。例如，采用 $Na_3Co(NO_2)_6$ 为试剂鉴定 K^+ 时，在中性或弱酸性溶液中得到黄色沉淀，表示有 K^+ 存在。获得该反应灵敏度方法如下：将已知浓度的 K^+ 试液逐级稀释，每次稀释后均平行取出数份含 K^+ 试液（每份 1 滴，约 0.05mL）进行鉴定试验，直到 K^+ 的浓度稀至 1∶12500（1g K^+ 溶在 12500mL 水中）时，平行进行的实验中只有半数能获得肯定结果。再稀释下去，得到肯定结果的概率小于半数，此时鉴定反应已不可靠。因此，1∶12500 所对应的浓度就是该鉴定方法所能检出 K^+ 的浓度极限，称为这个鉴定方法的最低浓度。

② 检出限　检出限是指在一定条件下某鉴定方法所能检出的某种离子的最小质量。通常以 μg 为单位，记为 m。

鉴定方法检出某离子的灵敏度除与该离子的浓度有关外，还与该离子的绝对质量有关。在上述鉴定 K^+ 的反应中，每次取出试液一滴约为 0.05mL，其中所含 K^+ 的绝对质量 m（即检出限）为：

$$1g : 12500mL = m : 0.05mL$$

计算得：

$$m = 4 \times 10^{-6} g = 4\mu g$$

显然，检出限越小，则此鉴定方法越灵敏。

总的来说，要表示某鉴定方法的灵敏度时，要同时指出其最低浓度（相对量）和检出限（绝对量），而不用指明试液的体积。在定性分析中，最低浓度不应大于 $1mg \cdot mL^{-1}$（1∶1000），检出限不应大于 50μg。

(2) 选择性问题

定性分析对鉴定反应的要求不只是灵敏，而且希望鉴定某种离子时不受其他共存离子的干扰。此类灵敏且不受干扰的反应称为特效反应，所用试剂则称为特效试剂。例如，样品中的 NH_4^+，在 NaOH 溶液中加热，便会有 NH_3 气放出。所得气体有特殊气味，可通过使湿润的红色石蕊试纸变蓝等方法加以鉴定。通常认为这是鉴定 NH_4^+ 的特效反应，NaOH 则为鉴定 NH_4^+ 的特效试剂。

通常使用限界比率（即鉴定反应仍然有效时，待鉴定离子与最高量的某种共存离子的质量比）来表示鉴定反应的特效性。很明显，此比值越小，鉴定反应的选择性越高。鉴定反应的特效性是相对的，原因是一种试剂往往能同若干种离子起作用。能与为数不多的离子发生反应的试剂称为选择性试剂，相应的反应叫做选择反应。参与某一选择反应的离子数目越少，则反应的选择性越强。

对于选择性高的反应，则易于创造条件使其成为特效反应。其主要方法如下。

① 调节溶液的酸度　这是最常用的方法之一。例如，$BaCl_2$在中性或弱碱性溶液中可同SO_4^{2-}、SO_3^{2-}、$S_2O_3^{2-}$、PO_4^{3-}、CO_3^{2-}和SiO_3^{2-}等多种阴离子生成白色沉淀。试液经HNO_3酸化后，仅有白色晶形沉淀$BaSO_4$生成，因而成为鉴定SO_4^{2-}的特效方法。

② 掩蔽干扰离子　使干扰离子形成配合物是掩蔽干扰离子的重要方法之一。例如，以NH_4SCN鉴定Co^{2+}时，最严重的干扰来自Fe^{3+}，因为它同SCN^-生成血红色的配离子，掩盖了$[Co(SCN)_4]^{2-}$的天蓝色。此时如在溶液中加入NaF，使Fe^{3+}生成更稳定的无色配离子$[FeF_6]^{3-}$，就可避免Fe^{3+}的干扰。

③ 分离干扰离子　若无消除干扰的方法时，分离干扰离子最常用的分离方法是使干扰离子或待测离子生成沉淀，然后进行分离，或使干扰物质分解挥发。

（3）有机分子结构对鉴定反应的影响

分子结构会影响有机物官能团的反应活性，即同一种官能团，在不同结构的有机分子中，会显示出不同的反应活性。例如，溴的四氯化碳溶液能与烯烃发生加成反应，使溴的颜色褪去，这是检验烯烃常用的定性反应。但是当双键上具有电负性取代基时，双键的活性明显减弱，溴的加成反应就难以进行。因此进行有机分析时，应考虑到有机化合物的结构特点。

3.1.3 空白试验和对照试验

较高的鉴定反应的灵敏度，是使某一种待检物质可被准确检出的必要条件。但下述两方面因素会对鉴定反应产生影响。

一方面，溶剂、辅助试剂或器皿等均可能引入某些离子，它们被当作待检离子而被鉴定出来，此种情况称为过检；另一方面，试剂失效或反应条件控制不当，因而使鉴定反应的现象不明显或得出否定结论，此种情况称为漏检。

过检可通过空白试验予以避免。即在鉴定反应的同时，另取一份蒸馏水代替试液，以相同方法进行操作，看是否仍可检出。例如，在试样的HCl溶液中用NH_4SCN法鉴定Fe^{3+}时，得到了浅红色溶液，表示有微量铁存在。为弄清这微量Fe^{3+}是否为原试样所有，可另取配制试液的蒸馏水，加入同量的HCl和NH_4SCN溶液，如仍得到同样的浅红色，说明试样中不含Fe^{3+}，如所得红色更浅或无色，则试样中存在微量Fe^{3+}。

对可能漏检时，即当鉴定反应不够明显或现象异常，特别是在怀疑所得到的否定结果是否准确时，往往需要作对照试验。即以已知离子的溶液代替试液，用同法进行鉴定。如果也得出否定结果，则说明所用试剂已失效，或操作过程中存在问题。

空白试验和对照试验可以避免定性分析中的过检和漏检现象，可用于判断分析结果的正确性，以便纠正分析错误。

3.1.4 系统分析和分别分析

系统分析是指按一定的程序向试液中加入某种试剂（主要是沉淀剂），使性质相近的离子分离开来，然后继续进行组内分离，直至彼此不再干扰鉴定反应。过程中所用的试剂称为组试剂。

而分别分析与上述情况不同，在多种离子共存时，不经过分组分离，利用特效反应及某些选择性高的反应直接鉴定某一离子。此类方法具有准确、快速、灵敏和机动的特点，不受鉴定顺序的限制。

在阳离子分析中一般采用系统分析法，也兼有部分分别分析的内容；在阴离子分析中，则一般采用分别分析法。

3.2 阳离子分析

3.2.1 常见阳离子的分组

常见的阳离子有 28 种，在这儿要讨论的是下列 24 种常见阳离子：Ag^+、Hg^{2+}、Hg_2^{2+}、Pb^{2+}、Bi^{3+}、Cu^{2+}、Cd^{2+}、As（Ⅲ，Ⅴ）、Sb（Ⅲ，Ⅴ）、Sn（Ⅱ，Ⅳ）、Al^{3+}、Cr^{3+}、Fe^{3+}、Fe^{2+}、Mn^{2+}、Zn^{2+}、Co^{2+}、Ni^{2+}、Ba^{2+}、Ca^{2+}、Mg^{2+}、K^+、Na^+ 和 NH_4^+。

硫化氢系统分组方案是目前较为完善的一种，其应用最广，主要依据各离子的硫化物溶解度的显著差异，将常见的阳离子分成五组。在这儿采用简化的分组方案，将上述 24 种阳离子分为四组，见表 3-1。

表 3-1 硫化氢系统分组方案（简化）

组试剂	HCl	0.3mol·L^{-1} HCl,H_2S 或 0.2～0.6mol·L^{-1} HCl,TAA,加热		氨水+NH_4Cl $(NH_4)_2S$ 或 TAA,加热		—	
组的名称	Ⅰ组 银组 盐酸组	Ⅱ组 铜锡组 硫化氢组		Ⅲ组 铁组 硫化铵组		Ⅳ组 钙钠组 可溶组	
组内离子	Ag^+ Hg_2^{2+} Pb^{2+}	ⅡA Pb^{2+} Bi^{3+} Cu^{2+} Cd^{2+}	ⅡB Hg^{2+} As(Ⅲ,Ⅴ) Sb(Ⅲ,Ⅴ) Sn(Ⅱ,Ⅳ)	Al^{3+} Cr^{3+} Fe^{3+} Fe^{2+}	Mn^{2+} Zn^{2+} Co^{2+} Ni^{2+}	Ba^{2+} Ca^{2+} Mg^{2+}	K^+ Na^+ NH_4^+

此外，还有应用两酸两碱系统分析的方案。

3.2.2 第一组阳离子的分析

(1) 分析特性

此组包括 Ag^+、Hg_2^{2+}、Pb^{2+} 三种离子，称为银组。这些离子都能与盐酸作用生成氯化物沉淀而分离出来，通常称为第一组，又称为盐酸组。

① 离子的存在形式　本组三种离子都为无色。银和铅主要以 Ag^+、Pb^{2+} 形式存在，亚汞离子以共价键结合的双聚离子 $^+Hg:Hg^+$ 存在，记为 Hg_2^{2+}。在水溶液中有如下平衡：

$$Hg_2^{2+} \rightleftharpoons Hg^{2+} + Hg\downarrow$$

若在水溶液中加入能与 Hg^{2+} 反应的试剂时，则平衡会向正反应方向移动，生成二价汞的化合物和黑色的金属汞。

② 难溶化合物　本组离子都有较强的极化作用和变形性，能同易变形的阴离子生成难溶化合物。本组离子的难溶化合物中具有分析意义的是氯化物、硫化物和铬酸盐等。氯化物中 AgCl 和 Hg_2Cl_2 的溶解度都很小，可以沉淀完全；但 $PbCl_2$ 的溶解度比较大，并随着温度的升高而显著增大，因而，在组内可作进一步分离。

③ 配合物　此组中 Ag^+ 具有较强的配合能力。加入氨水可以使 Ag^+、Hg_2^{2+} 两种离子

分离，所涉反应可作为 Hg_2^{2+} 的鉴定反应。此外，$[Pb(Ac)_4]^{2-}$ 离子的形成可用于分离 $PbSO_4$ 与 $BaSO_4$ 沉淀。

第一组离子所涉及的反应见表 3-2。

表 3-2 银组离子与常用试剂的反应

试剂＼离子		Ag^+	$Hg_2^{2+}(NO_3^-)$	Pb^{2+}
HCl		$AgCl\downarrow$（白色），溶于氨水生成 $[Ag(NH_3)_2]^+$	$Hg_2Cl_2\downarrow$（白色），与氨水作用生成 $HgNH_2Cl\downarrow$（白色）$+Hg\downarrow$（黑色）	$PbCl_2\downarrow$（白色）溶于热水
H_2S（酸性、碱性）		$Ag_2S\downarrow$（黑色），溶于热稀 HNO_3，不溶于 Na_2S	$HgS\downarrow+Hg\downarrow$（黑色），溶于王水，HgS 溶于 Na_2S 生成 HgS_2^{2-}	$PbS\downarrow$（黑色），溶于热稀 HNO_3，不溶于 Na_2S
$(NH_4)_2CO_3$		$Ag_2CO_3\downarrow$（白色），溶于过量试剂生成 $[Ag(NH_3)_2]^+$	$HgO\cdot Hg(NH_2)NO_3\downarrow$（白色）$+Hg\downarrow$（黑色）	$Pb_2(OH)_2CO_3\downarrow$（白色）
NaOH	适量	$Ag_2O\downarrow$（褐色）	$Hg_2O\downarrow$（黑色）$\longrightarrow HgO+Hg\downarrow$	$Pb(OH)_2\downarrow$（白色）
	过量	不溶	不溶	PbO_2^{2-}
氨水	适量	$Ag_2O\downarrow$（褐色）	$HgO\cdot Hg(NH_2)NO_3\downarrow$（白色）$+Hg\downarrow$（黑色）	$Pb(OH)_2\downarrow$（白色）或碱式盐（白色）
	过量	$[Ag(NH_3)_2]^+$	不溶	不溶
H_2SO_4		$Ag_2SO_4\downarrow$（白色），溶解度较大	$Hg_2SO_4\downarrow$（白色）	$PbSO_4\downarrow$（白色），溶于 NH_4Ac 生成 $[Pb(Ac)_4]^{2-}$，溶于 NaOH 生 PbO_2^{2-}
K_2CrO_4		$Ag_2CrO_4\downarrow$（砖红色），不溶于 HAc，溶于 HNO_3、NH_3	$Hg_2CrO_4\downarrow$（红褐色），不溶于 HAc，溶于 HNO_3，但较难	$PbCrO_4\downarrow$（黄色），不溶于 HAc，溶于 HNO_3、NaOH

（2）组试剂与分离条件

第一组离子与组试剂 HCl 的反应为：

$$Ag^+ + Cl^- \rightleftharpoons AgCl\downarrow \quad \text{（白色凝乳状，遇光变紫、变黑）}$$

$$Hg_2^{2+} + 2Cl^- \rightleftharpoons Hg_2Cl_2\downarrow \quad \text{（白色粉末状）}$$

$$Pb^{2+} + 2Cl^- \rightleftharpoons PbCl_2\downarrow \quad \text{（白色针状或片状结晶）}$$

在控制合适的沉淀条件中，要注意以下几点。

① 控制溶解度 沉淀形成过程中，根据同离子效应，加入过量的盐酸有利于降低沉淀的溶解度。但沉淀剂也不可过量太多，以免高浓度的 Cl^- 与沉淀物发生配位反应，并防止盐效应的影响，因为此两个因素都会增大沉淀的溶解度。

实验结果表明，在沉淀本组离子时，Cl^- 的浓度应控制在 $0.5mol\cdot L^{-1}$。尽管如此，$PbCl_2$ 也难以完全沉淀，当试液中 Pb^{2+} 的浓度小于 $1mg\cdot mL^{-1}$ 时，就需要在第二组中再去检出。

② 防止 Bi^{3+} 和 Sb^{3+} 的水解 第二组离子的 Bi^{3+} 和 Sb^{3+} 两种离子易水解，当溶液酸度不够高时，它们会生成白色的碱式盐沉淀而混入第一组中。要防止水解，应使溶液中 H^+ 的浓度达到 $2.0\sim2.4mol\cdot L^{-1}$，一般通过补充适量的 HNO_3 调节酸度。

③ 防止生成胶体沉淀 氯化银易形成难以分离的胶体沉淀，可加入适当过量的沉淀剂，以提供使胶体凝聚的电解质，从而避免氯化银胶体产生。

总之，使本组离子以氯化物形式沉淀的条件是：在室温下的酸性溶液中（补充适量 HNO_3）加入适当过量的 HCl 溶液，使 Cl^- 的浓度达到 $0.5mol\cdot L^{-1}$，溶液中 H^+ 的浓度为 $2.0\sim2.4mol\cdot L^{-1}$。此时如有白色沉淀生成，表明有本组离子存在。离心管以流水冷却后离心沉降，沉淀经 $1mol\cdot L^{-1}$ HCl 溶液洗涤后作本组离子的分析。而在系统分析中，离心液用作后面三组阳离子的分析。

(3) 系统分析

① Pb^{2+}的鉴定　取本组离子的氯化物沉淀，加水并用水浴加热，使$PbCl_2$溶解于热水之中。过滤分离，以 HAc 酸化离心液，加 K_2CrO_4试剂鉴定，若有黄色沉淀产生则说明存在 Pb^{2+}。

② Ag^+与 Hg_2^{2+}的分离及 Hg_2^{2+}的鉴定　将分离出 $PbCl_2$后的沉淀以热水洗涤干净，然后加入氨水。此时 AgCl 溶解，生成 $[Ag(NH_3)_2]^+$，分出后另行鉴定。Hg_2Cl_2与氨水反应会生成 $HgNH_2Cl$ 和 Hg，残渣变黑，则说明存在 Hg_2^{2+}。

③ Ag^+的鉴定　取步骤②中分出的经氨水处理的溶液用 HNO_3酸化，如重新得到白色沉淀，说明存在 Ag^+。

3.2.3 第二组阳离子的分析

(1) 分析特性

此组包括 Pb^{2+}、Bi^{3+}、Cu^{2+}、Cd^{2+}、Hg^{2+}、As(Ⅲ，Ⅴ)、Sb(Ⅲ，Ⅴ) 和 Sn(Ⅱ，Ⅳ) 离子，称为铜锡组。此组离子的特点是不被 HCl 溶液沉淀，但在 0.3mol·L^{-1}的 HCl 溶液中，可与 H_2S 反应生成硫化物沉淀。按照本组所用的组试剂，称为硫化氢组；通常按照本组分出的顺序，称为第二组。

① 离子的存在形式　在本组的八种元素的离子中，大部分是无色的，只有铜离子是蓝色。铅、铋、铜、镉和汞具有显著的金属性质，在水溶液中主要以金属离子形式存在；而砷、锑和锡三种元素则表现出不同程度的非金属性质，它们在溶液中的主要存在形式随酸碱环境而不同，当泛指该元素的离子时，只标出其氧化值。

② 氧化还原性质　砷、锑和锡三种元素的离子具有两种比较稳定的价态，它们在分析中都比较重要。比如，以 H_2S 沉淀本组离子时，As(Ⅴ) 的反应速率较慢，必须先将其还原为 As(Ⅲ)。为了在组内更好的分离 [将 Sn(Ⅱ) 归于ⅡA 组而 Sn(Ⅳ) 归于ⅡB 组]，一般在进行沉淀之前加入氧化剂将 Sn(Ⅱ) 全部氧化为 Sn(Ⅳ)，并加热将剩余的氧化剂除去。又因锑的罗丹明 B 试法只对 Sb(Ⅴ) 有效，若溶液中的锑为三价，则必须事先氧化。需要指出，将 Bi^{3+}还原为金属铋，是铋的重要鉴定反应之一。

③ 配合物　本组离子一般都能生成多种配合物。例如，Cu^{2+}和 Cd^{2+}能生成氨或氰配离子；Bi^{3+}与 I^-生成黄色的碘配离子 $[BiI_4]^-$；Cu^{2+}、Pb^{2+}和 Bi^{3+}能与甘油生成配离子；Hg^{2+}与 I^-生成无色的 $[HgI_4]^{2-}$等，均可用于分析鉴定。

第二组离子所涉及的反应见表 3-3。

(2) 组试剂与分离条件

第二组与第三、四组离子分离的依据是其硫化物的溶解度有显著的差异。由于 H_2S 是弱酸，可以通过调节酸度来控制溶液中 S^{2-}的浓度，从而使沉淀反应分步进行。

分离第二组与第三组最适宜的试剂是 0.3mol·L^{-1} HCl。如果酸度过高，第二组中溶解度较大的 CdS、SnS 和 PbS 将沉淀不完全或者完全而进入第三组溶液；若酸度过低，则第三组中溶解度最小的 ZnS 可能析出沉淀而混入第二组中。并且酸度过低不利于形成砷、锑和锡的硫化物，原因在于这些元素只有在强酸性溶液中才能提供生成硫化物所必需的离子形态；在中性或碱性溶液中，上述三种物质与 S^{2-}反应将生成可溶性的硫代硫酸盐而不析出硫化物沉淀。因此，控制合适的酸度使第二、三组阳离子成功分离。

另外，在形成硫化物的过程中，有 H^+不断释放出来，会增高溶液的酸度。为了防止某些硫化物不能沉淀完全，后期要将溶液稀释 1 倍。

很多硫化物，特别是本组离子中ⅡB 组的硫化物形成胶体的倾向很大，而控制溶液维持合适的酸度，并在热液中通入 H_2S 气体进行沉淀，可以起到促进胶体凝聚的作用；同时加

表 3-3 铜锡组离子与常用试剂的反应

试剂＼阳离子		$Bi^{3+}(Cl^-)$	Cu^{2+}	Cd^{2+}	$Hg^{2+}(NO_3^-)$	As(Ⅲ)	As(Ⅴ)	Sb(Ⅲ)(Cl^-)	Sb(Ⅴ)(Cl^-)	Sn(Ⅱ)(Cl^-)	Sn(Ⅳ)(Cl^-)
HCl		—	—	—	—	—	—	—	—	—	—
(0.3mol·L^{-1} HCl)H_2S		$Bi_2S_3\downarrow$（黑褐色）	$CuS\downarrow$（黑色）	$CdS\downarrow$（黄色）	$HgS\downarrow$（黑色）	$As_2S_3\downarrow$（淡黄色）	$As_2S_3\downarrow$ + $S\downarrow$	$Sb_2S_3\downarrow$（橙红色）	$Sb_2S_5\downarrow$（橙红色）	$SnS\downarrow$（棕色）	$SnS_2\downarrow$（黄色）
硫化物＋硫化钠		不溶	不溶	不溶	$[HgS_2]^{2-}$	AsS_3^{3-}	AsS_4^{3-} ①	SbS_3^{3-}	SbS_4^{3-}	不溶	SnS_3^{2-}
过量$(NH_4)_2S$		$Bi_2S_3\downarrow$（黑褐色）	$CuS\downarrow$（黑色）	$CdS\downarrow$（黄色）	$HgS\downarrow$（黑色）	AsS_3^{3-}	AsS_4^{3-} ①	SbS_3^{3-}	SbS_4^{3-}	不溶	SnS_3^{2-}
$(NH_4)_2CO_3$		$Bi(OH)CO_3\downarrow$（白色）	$Cu_2(OH)_2CO_3\downarrow$（浅蓝色）	$Cd_2(OH)_2CO_3\downarrow$（白色）	$HgO\cdot Hg(NH_2)NO_3\downarrow$（白色）	—	—	$HSbO_2\downarrow$（白色）	$HSbO_3\downarrow$（白色）	$Sn(OH)_2\downarrow$（白色）	$Sn(OH)_4\downarrow$（白色）
NaOH	适量	$Bi(OH)_3\downarrow$（白色）	$Cu(OH)_2\downarrow$（浅蓝色）	$Cd(OH)_2\downarrow$（白色）	$HgO\downarrow$（黄色）	—	—	$HSbO_2\downarrow$（白色）	$HSbO_3\downarrow$（白色）	$Sn(OH)_2\downarrow$（白色）	$Sn(OH)_4\downarrow$（白色）
	过量	不溶	部分溶解 CuO_2^{2-}	不溶	不溶	—	—	SbO_2^-	SbO_3^-	SnO_2^{2-}	SnO_3^{2-}
氨水	适量	$Bi(OH)_3\downarrow$（白色）	$Cu(OH)NO_3\downarrow$（蓝绿色）	$Cd(OH)_2\downarrow$（白色）	$HgO\cdot Hg(NH_2)NO_3\downarrow$（白色）	—	—	$HSbO_2\downarrow$（白色）	$HSbO_3\downarrow$（白色）	$Sn(OH)_2\downarrow$（白色）	$Sn(OH)_4\downarrow$（白色）
	过量	不溶	$[Cu(NH_3)_4]^{2+}$（深蓝色）	$[Cd(NH_3)_4]^{2+}$（无色）	不溶	—	—	不溶	不溶	不溶	不溶
H_2SO_4		—	—	—	—	—	—	—	—	—	—
加水稀释		$BiOCl\downarrow$（白色）	—	—	—	—	—	$SbOCl\downarrow$（白色）	$SbO_2Cl\downarrow$（白色）	$Sn(OH)Cl\downarrow$（白色）	$SnO(OH)_2\downarrow$（白色）

① 指 Na2S 对 As_2S_5 的溶解。

热亦可促进 As(Ⅴ) 被 NH_4I 还原。然而，因加热会降低 H_2S 的溶解度，从而降低热液中 S^{2-} 的浓度，将使 CdS 和 PbS 不能沉淀完全，故在沉淀后期应将溶液冷却至室温后再稀释 1 倍，最后通 H_2S 使此组离子完全形成沉淀。

所用试剂 H_2S 毒性较大，制备也不方便，因此常以硫代乙酰胺（通常简写为 TAA）的水溶液代替 H_2S 作沉淀剂。TAA 在酸碱度不同的介质中加热时，发生不同的水解反应，可以分别代替 H_2S、$(NH_4)_2S$ 或 Na_2S 用作沉淀剂。

用 TAA 作为组试剂具有如下优点。

① 由于 TAA 的沉淀反应属于均相作用，因而所得硫化物一般具有良好的晶形，容易分离和洗涤，几乎无共沉淀现象。

② TAA 在 90℃及酸性溶液中，可在沉淀时将 As(Ⅴ) 还原为 As(Ⅲ) [此时 Sb(Ⅴ) 也同时被还原为 Sb(Ⅲ)]，无需加 NH_4I 试剂。

③ TAA 在碱性溶液中加热时，可生成 S^{2-} 和一部分多硫化物。多硫化物具有氧化性，可将 Sn(Ⅱ) 氧化为 Sn(Ⅳ)。因此，若以 TAA 代替 Na_2S 作为ⅡA 与ⅡB 的分组试剂时，则可不加 H_2O_2 作预氧化处理。

④ 因为在相同的条件下，TAA 所能提供的 S^{2-} 浓度比 H_2S 能提供的要低，所以分离第二、三组阳离子时的适宜酸度为 0.2mol·L^{-1} HCl 溶液。但在此酸度下砷的沉淀反应不完全，为了解决这个问题，可先将试液中 H^+ 的浓度调至 0.6mol·L^{-1}，将砷沉淀完全，然后再将溶液稀释一倍。因 TAA 在酸性条件下水解消耗 H^+，故此时溶液中 H^+ 的浓度会接近 0.2mol·L^{-1}。

总之，以 TAA 作为沉淀剂时，使第二组离子沉淀的条件如下：第一，用氨水和盐酸调节试液中 H^+ 的浓度为 0.6mol·L^{-1}（在系统分析中，由于分出第一组阳离子的氯化物沉淀后，溶液的酸性较强，故需先用氨水中和，再用盐酸调至所需酸度），加 TAA 并在沸水浴上加热 10min。第二，冷却后将试液稀释 1 倍，再加 TAA 并加热 10min，直至本组离子沉淀完全。第三，离心分离，沉淀经 NH_4Cl 的稀溶液洗涤后作本组分析用。若需要分析第三、四组阳离子，则需要将离心液留用。

注意事项如下：分析中使用的试剂如 $(NH_4)_2S$ 和氨水等都需要新配制（不应在空气中久置），这是因为 S^{2-} 被氧化和氨水吸收 CO_2 会导致某些离子（特别是第四组的阳离子）形成沉淀而损失，会造成漏检。

(3) 铜组与锡组的分离

铜组与锡组的沉淀中包括由八种元素所形成的硫化物，为了方便起见，还可以根据硫化物的酸碱性不同再进行分组。

其中，铅、铋、铜和镉的硫化物属于碱性硫化物，它们不溶于 NaOH、Na_2S 和 $(NH_4)_2S$ 等碱性试剂，这些离子属于铜组（ⅡA）；而砷、锑、锡（Ⅳ）的硫化物属于两性硫化物，而且其酸性更为明显，因而能溶于上述几种碱性试剂中，属于锡组（ⅡB）。相比来说，汞的硫化物酸性较弱，只能溶解在含有高浓度 S^{2-} 的试剂中，由于采用 Na_2S 溶液处理第二组阳离子硫化物的沉淀，因此 HgS 属于ⅡB 组，也可用 TAA 的碱性溶液加热水解来代替 Na_2S。ⅡB 组硫化物与 Na_2S 的反应为：

$$HgS + S^{2-} \rightleftharpoons HgS_2^{2-}$$

$$As_2S_3 + 3S^{2-} \rightleftharpoons 2AsS_3^{3-}$$

$$Sb_2S_3 + 3S^{2-} \rightleftharpoons 2SbS_3^{3-}$$

$$SnS_2 + S^{2-} \rightleftharpoons SnS_3^{2-}$$

离心分离得到的离心液留作锡组离子的分析鉴定，沉淀则用于铜组的分析。

(4) 铜组的分析

① 铜组硫化物的溶解 在分离出锡组后的沉淀中会含有 PbS、Bi_2S_3、CuS 和 CdS。将沉淀用含 NH_4Cl 的水溶液洗涤干净后，加入 6mol·L^{-1} HNO_3溶液并加热溶解：

$$3PbS + 2NO_3^- + 8H^+ \rightleftharpoons 3Pb^{2+} + 3S\downarrow + 2NO\uparrow + 4H_2O$$

$$Bi_2S_3 + 2NO_3^- + 8H^+ \rightleftharpoons 2Bi^{3+} + 3S\downarrow + 2NO\uparrow + 4H_2O$$

CuS 与 CdS 的溶解反应与 PbS 的相似。

② 镉的分离和鉴定 在上述的硝酸溶液中加入甘油（1∶1），并加入过量的浓 NaOH 溶液，此时只有 Cd（OH）$_2$形成沉淀。离心分离，得到的离心液留作铜、铅和铋的鉴定。沉淀经稀甘油-碱溶液洗涤后，溶于 3mol·L^{-1} HCl 溶液中，用水稀释试液至 H^+ 的浓度约为 0.3mol·L^{-1}，加 TAA 并于沸水浴上加热，若有黄色沉淀（CdS）析出，表示有 Cd^{2+} 存在。

由于共沉淀现象，在 $Cd(OH)_2$ 中往往夹带有 $Bi(OH)_3$ 和 $Cu(OH)_2$，因而所得的沉淀不是纯黄色，有时甚至呈暗棕色。此时可将不纯的 $Cd(OH)_2$ 溶解，并重新加入甘油-碱溶液，使 $Cd(OH)_2$ 再次形成沉淀，将沉淀分离溶解后使用 TAA 再进行鉴定。另外，也可将分离出的不纯沉淀洗净后，加入 1mol·L^{-1} HCl 溶液数滴并加热，此时 CdS 溶解，而 CuS 和 Bi_2S_3 不溶。离心分离得到的离心液以水稀释 3 倍（相当于 H^+ 的浓度为 0.3mol·L^{-1}），加入 TAA 并加热，若出现黄色沉淀则说明存在 Cd^{2+}。

③ 铜的鉴定 Cu^{2+}、Pb^{2+} 和 Bi^{3+} 都能与甘油发生反应。其中若生成甘油铜则所得溶液显蓝色，而铅和铋的甘油化合物无色，此现象可初步证明存在 Cu^{2+} 离子。若蓝色不明显或无色，则取少许离心液以 HAc 酸化后，加入鉴定试剂 $K_4[Fe(CN)_6]$，如有红棕色沉淀产生，则表示存在 Cu^{2+} 离子：

$$2Cu^{2+} + [Fe(CN)_6]^{4-} \rightleftharpoons Cu_2Fe(CN)_6\downarrow$$

④ 铅的鉴定 将一定量的溶液，以 6mol·L^{-1} HAc 酸化后，加入鉴定试剂 K_2CrO_4，如有黄色沉淀（$PbCrO_4$）生成，则表示存在 Pb^{2+} 离子。

⑤ 铋的鉴定 取一部分溶液滴加至新配制的 Na_2SnO_2 溶液中，如有黑色物质生成（金属铋），表示存在 Bi^{3+} 离子：

$$2Bi^{3+} + 3SnO_2^{2-} + 6OH^- \rightleftharpoons 2Bi\downarrow + 3SnO_3^{2-} + 3H_2O$$

铜组离子的系统分析步骤见图 3-1。

(5) 锡组的分析

① 形成沉淀 取用 Na_2S 或碱性 TAA 溶液溶出的ⅡB 组硫代酸盐溶液，逐滴加入 3mol·L^{-1} HCl 溶液至呈酸性，这时硫代酸盐会分解，生成相应的硫化物沉淀。与此同时，通常还会析出一些单质硫（硫离子易于被空气氧化），但对锡组分析影响不大。离心分离，锡组硫化物沉淀用 NH_4Cl 稀溶液洗涤后用作后续分析，可弃去离心液。

② 分离汞、砷与锑、锡 取上述硫化物沉淀，滴加 8mol·L^{-1} HCl 溶液并加热，此时 HgS 与 As_2S_3 不溶解，而锑和锡的硫化物则溶解：

$$Sb_2S_3 + 6H^+ + 12Cl^- \rightleftharpoons 2[SbCl_6]^{3-} + 3H_2S\uparrow$$

$$SnS_2 + 4H^+ + 6Cl^- \rightleftharpoons [SnCl_6]^{2-} + 2H_2S\uparrow$$

③ 砷与汞分离和鉴定 在剩下的沉淀（分出含有锑和锡的离心液后）上加水数滴洗涤一次，然后加入过量的 12%（NH_4）$_2CO_3$ 微热，此时 HgS（包括 S）不溶，而 As_2S_3 溶解：

$$As_2S_3 + 3CO_3^{2-} \rightleftharpoons [AsS_3]^{3-} + AsO_3^{3-} + 3CO_2\uparrow$$

在溶液中小心地加入 3mol·L^{-1} HCl 溶液（防止大量气泡把溶液带出）使呈酸性，若有黄色 As_2S_3 沉淀析出，则说明存在砷。

④ 汞的鉴定 经上述步骤将砷分离后，如果有黑色残渣剩余，则初步说明存在 Hg^{2+}。

将此洗涤后的残渣用王水溶解：

$$3HgS+2NO_3^-+12Cl^-+8H^+ \rightleftharpoons 3HgCl_4^{2-}+3S\downarrow+2NO\uparrow+4H_2O$$

加热除去过量的王水后，再以 $SnCl_2$ 鉴定：

$$SnCl_2+2Cl^- \rightleftharpoons [SnCl_4]^{2-}$$

$$2[HgCl_4]^{2-}+[SnCl_4]^{2-} \rightleftharpoons Hg_2Cl_2\downarrow+[SnCl_6]^{2-}+4Cl^-$$

$$Hg_2Cl_2+[SnCl_4]^{2-} \rightleftharpoons 2Hg\downarrow+[SnCl_6]^{2-}$$

若沉淀由白变黑，表示有汞存在。但若王水有残留，有可能不能得到明确结果，原因是 $SnCl_2$ 可被王水氧化。

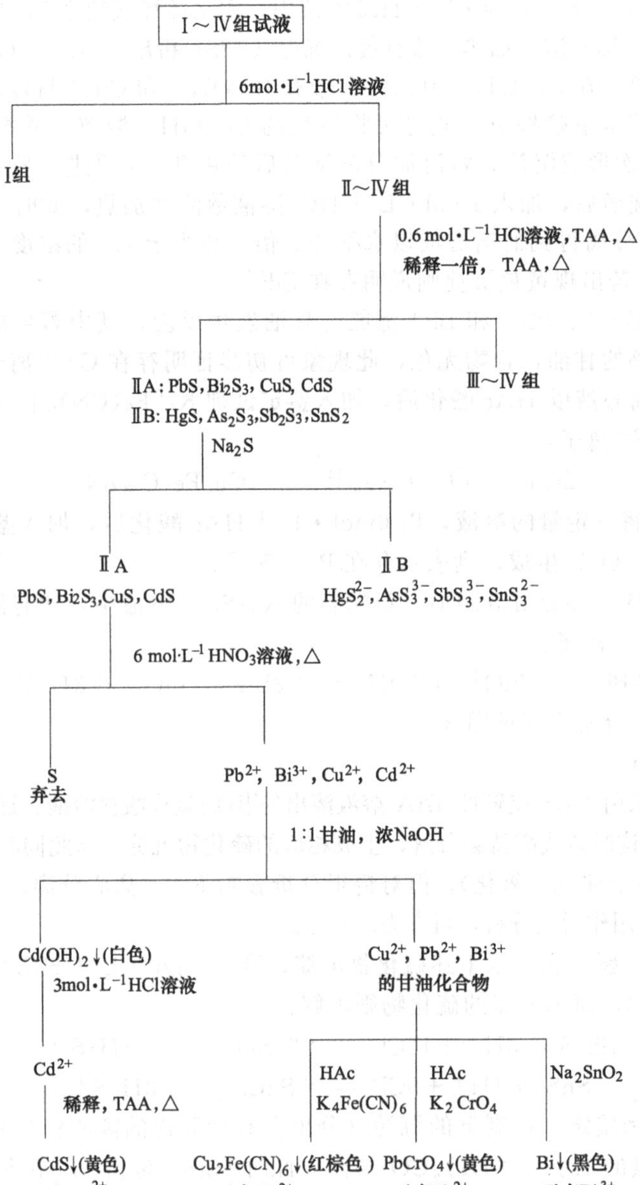

图 3-1 铜组的分析

⑤ 锡的鉴定 取分离出汞和砷的溶液（可能含有锡和锑），用无锈的铁丝（或铁粉）将 Sn(Ⅳ) 还原为 Sn(Ⅱ)：

$$[SnCl_6]^{2-} + Fe \rightleftharpoons [SnCl_4]^{2-} + Fe^{2+} + 2Cl^-$$

加入氯化汞，可发生如下反应：

$$[SnCl_4]^{2-} + 2HgCl_2 \rightleftharpoons Hg_2Cl_2\downarrow + [SnCl_6]^{2-}$$

$$[SnCl_4]^{2-} + Hg_2Cl_2 \rightleftharpoons 2Hg\downarrow + [SnCl_6]^{2-}$$

若出现灰色的（Hg_2Cl_2+Hg）或黑色的（Hg）沉淀，表示存在 Sn。

⑥ 锑的鉴定　在浓盐酸溶液中，锑(Ⅴ)以$[SbCl_6]^-$形式存在，它能与红色的罗丹明B溶液（产生有机阳离子）生成离子缔合物，析出蓝色或紫色的细微沉淀。所得沉淀可被苯萃取，使苯层显紫红色。如果溶液中锑的存在形式是低价态Sb(Ⅲ)，则需事先用少许$NaNO_2$晶粒进行预氧化处理。

本鉴定反应可在大量Sn(Ⅳ)存在下检出Sb(Ⅴ)，因此，可取部分可能含有锑和锡的HCl溶液用此反应检验，以鉴定锑。

此组离子分析步骤见图3-2。

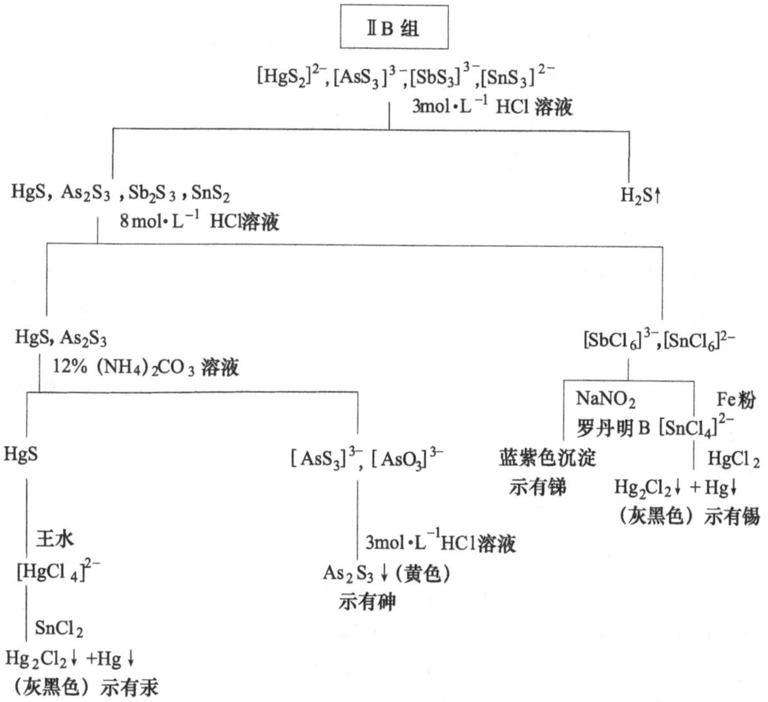

图3-2　锡组的分析

3.2.4　第三组阳离子的分析

（1）分析特性

本组称为铁组，包括八种离子（七种元素）：Al^{3+}、Cr^{3+}、Fe^{3+}、Fe^{2+}、Mn^{2+}、Zn^{2+}、Co^{2+}和Ni^{2+}。此组离子的氯化物溶于水，在0.3mol·L^{-1} HCl溶液中不生成硫化物沉淀，而在NH_3-NH_4Cl（pH=9）溶液中与$(NH_4)_2S$或硫代乙酰胺生成硫化物或氢氧化物沉淀，按所用试剂称为硫化铵组，按分组顺序称为第三组。

此组离子具有如下特点：

① 离子的颜色见表3-4所示，本组离子的不同形态大都呈现一定颜色，但Al^{3+}和Zn^{2+}例外。

表 3-4 第三组离子不同存在形式的颜色

存在形式元素	Fe	Al	Cr	Mn	Zn	Co	Ni
水合离子	Fe^{2+}淡绿色 Fe^{3+}黄棕色①	Al^{3+} 无色	Cr^{3+} 灰绿色	Mn^{2+} 浅粉色	Zn^{2+} 无色	Co^{2+} 粉红色	Ni^{2+} 翠绿色
氧配离子(有特征颜色者)	$[FeCl]^{2+}$ 黄色		$[CrCl]^{2+}$绿色 $[CrCl_2]^{+}$绿色			$[CoCl_4]^{2-}$ 蓝色	
含氧酸根		AlO_2^- 无色	CrO_4^{2-}黄色 $Cr_2O_7^{2-}$橙色	MnO_4^{2-}绿色 MnO_4^-紫红色	ZnO_2^{2-} 无色		

① $[Fe(OH)(H_2O)_5]^{2+}$为黄棕色，$[Fe(H_2O)_6]^{3+}$为淡紫色。

② 离子的价态大都易于改变　本组离子中，除 Al^{3+} 和 Zn^{2+} 之外，本组其他离子都能改变价态，可应用于分离和鉴定反应之中。比如，Mn^{2+}在稀溶液中几近无色，而 MnO_4^- 却有鲜明的紫红色，因此可将 Mn^{2+} 氧化为 MnO_4^- 而加以鉴定，灵敏度很高；还可将 Fe^{2+} 氧化为 Fe^{3+}；Cr^{3+} 氧化为 CrO_4^{2-} 甚至 CrO_5；$Mn(OH)_2$氧化为 $MnO(OH)_2$；$Co(OH)_2$氧化为 $Co(OH)_3$等，均可用于初步鉴定。

③ 离子大都具有形成配离子的能力　本组离子形成配合物的能力较强。比如，在一定条件下，Fe^{3+} 和 Co^{2+} 与 NH_4SCN 形成有色配合物，这一性质可用于相应离子的鉴定；Zn^{2+}、Co^{2+}、Ni^{2+} 与 NH_3 生成配离子的性质可用于与其他离子的分离。另外，Al^{3+}、Cr^{3+} 和 Zn^{2+} 所具有的酸碱两性可用于组内分离。

第三组离子的反应见表 3-5。

(2) 组试剂与分离条件

第三组组试剂为 NH_3-NH_4Cl 存在下的 $(NH_4)_2S$ 或 TAA（加热）。加入组试剂后，第三组离子部分生成硫化物，部分则会产生氢氧化物：FeS（黑）、Fe_2S_3（黑）（仅少量）、MnS（肉色）、ZnS（白）、CoS（黑）、NiS（黑）、$Al(OH)_3$（白）、$Cr(OH)_3$（灰绿）。

由于 $Al(OH)_3$和 $Cr(OH)_3$的溶解度很小，若体系呈现微碱性时，铝和铬的离子就会以氢氧化物形式形成沉淀。

要使第三组离子沉淀完全，并与第四组离子有效分离，且所得沉淀便于离心沉降，在操作过程中需控制酸度并避免硫化物形成胶体，具体如下。

① 控制酸度　$Al(OH)_3$ 和 $Cr(OH)_3$ 都具有两性，当 Al^{3+} 和 Cr^{3+} 的浓度都低于 $0.01mol \cdot L^{-1}$时，$Al(OH)_3$沉淀在 pH 接近 4 时开始形成，pH 为 10～12 时沉淀溶解；而铬离子的沉淀在 pH 接近 5 时开始产生，pH 为 12～14 时沉淀溶解。由于第四组的 Mg^{2+} 在 pH 约为 10.7 时也开始析出 $Mg(OH)_2$沉淀，因此沉淀本组离子合适的 pH 约为 9.0，过程中需加入氨水和 NH_4Cl 进行调节，从而使 Al^{3+} 和 Cr^{3+} 沉淀完全同时避免析出氢氧化镁。

② 避免硫化物形成胶体　多数硫化物都易于形成胶体。为了防止硫化物形成胶体（特别是 NiS），在加入 NH_4Cl 的同时，还需将溶液加热，从而使胶体凝聚形成沉淀。

总之，第三组的沉淀条件是：在 NH_3-NH_4Cl（pH 约为 9.0）存在下将试液加热后，加入 $(NH_4)_2S$ 或 TAA 溶液，再加热 10min，使本组离子全部沉淀析出。

(3) 本组离子的分别鉴定

就系统分析来说，因为分出第二组阳离子硫化物的沉淀后试液呈酸性，所以应先用氨水将其调至碱性，并加入适量 NH_4Cl，然后再加 $(NH_4)_2S$ 或 TAA，并加热至本组离子全部沉淀析出。离心分离，得到的沉淀经含 NH_4Cl 的水洗涤后用作第三组分析，而离心液可用于系统分析中鉴定第四组阳离子。

第三组离子形成硫化物或氢氧化物沉淀析出后，应立即加入热的稀 HNO_3 溶解（原因是经过放置后，CoS 和 NiS 的沉淀晶型改变，会难以溶解）。但此时 Fe^{2+} 将被氧化为 Fe^{3+}，

表 3-5 第三组离子与常用试剂的反应

试剂 \ 离子		Al^{3+}	Cr^{3+}	Fe^{3+}	Fe^{2+}
$(NH_4)_2S$		$Al(OH)_3\downarrow$（白色）	$Cr(OH)_3\downarrow$（灰绿色）	$Fe_2S_3\downarrow$（黑色）	$FeS\downarrow$（黑色）
$(NH_4)_2CO_3$	适量	$Al(OH)_3\downarrow$（白色）	$Cr(OH)_3\downarrow$（灰绿色）	$Fe(OH)CO_3\downarrow$（红棕色）$\xrightarrow{\Delta}$ $Fe(OH)_3\downarrow$（红棕色）	$FeCO_3\downarrow$（白色）$\rightarrow$ $Fe(OH)_3\downarrow$（红棕色）
	过量	不溶	不溶	不溶	不溶
NaOH	适量	$Al(OH)_3\downarrow$（白色）	$Cr(OH)_3\downarrow$（灰绿色）	$Fe(OH)_3\downarrow$（红棕色）	$Fe(OH)_2\downarrow$（白色）$\xrightarrow{\text{（绿色）}}$ $Fe(OH)_3\downarrow$（红棕色）
	过量	AlO_2^-	CrO_2^-（亮绿色）	不溶	不溶
氨水	适量	$Al(OH)_3\downarrow$（白色）	$Cr(OH)_3\downarrow$（灰绿色）	$Fe(OH)_3\downarrow$（红棕色）	$Fe(OH)_2\downarrow$（白色）$\xrightarrow{\text{（绿色）}}$ $Fe(OH)_3\downarrow$（红棕色）
	过量	不溶	部分溶解	不溶	不溶
$K_2Fe(CN)_6$		—	—	$KFe[Fe(CN)_6]\downarrow$（蓝色）	$Fe_2[Fe(CN)_6]\downarrow$（白色）
$K_3Fe(CN)_6$		—	—	$FeFe(CN)_6$（棕色溶液）	$KFe[Fe(CN)_6]\downarrow$（蓝色）
试剂 \ 离子		Mn^{2+}	Zn^{2+}	Co^{2+}	Ni^{2+}
$(NH_4)_2S$		$MnS\downarrow$（肉色）	$ZnS\downarrow$（白色）	$CoS\downarrow$（黑色）	$NiS\downarrow$（黑色）
$(NH_4)_2CO_3$	适量	$MnCO_3\downarrow$（白色）	$Zn_5(OH)_2(CO_3)_4\downarrow$（白色）	$Co_2(OH)_2CO_3\downarrow$（紫红色）	$Ni_5(OH)_6(CO_3)_2\downarrow$（绿色）
	过量	不溶	$Zn(NH_3)_4^{2+}$	$[Co(NH_3)_6]^{2+}$	$[Ni(NH_3)_6]^{2+}$
NaOH	适量	$Mn(OH)_2\downarrow$（白色）$\rightarrow MnO(OH)\downarrow$（棕色）	$Zn(OH)_2\downarrow$（白色）	$Co(OH)NO_3\downarrow$（蓝色）$\rightarrow$ $Co(OH)_3\downarrow$（棕黑色）	$Ni(OH)_2\downarrow$（浅绿色）
	过量	不溶	ZnO_2^{2-}	不溶	不溶
氨水	适量	$Mn(OH)_2\downarrow$（白色）$\rightarrow MnO(OH)_2\downarrow$（棕色）	$Zn(OH)_2\downarrow$（白色）	$Co(OH)NO_3\downarrow$（蓝色）加热时 $Co(OH)_2\downarrow$（粉红色）	$Ni(OH)NO_3\downarrow$（浅绿色）
	过量	不溶	$[Zn(NH_3)_4]^{2+}$	$[Co(NH_3)_6]^{2+}$（粉红色）$\rightarrow[Co(NH_3)_6]^{3+}$（土黄色）	$[Ni(NH_3)_6]^{2+}$（淡紫色）
$K_4Fe(CN)_6$		$Mn_2[Fe(CN)_6]\downarrow$（白色）	$K_2Zn_3[Fe(CN)_6]_2\downarrow$（白色）	$Co_2[Fe(CN)_6]\downarrow$（浅灰绿色）	$Ni_2[Fe(CN)_6]\downarrow$（浅绿色）
$K_3Fe(CN)_6$		$Mn_3[Fe(CN)_6]_2\downarrow$（棕色）	$Zn_3[Fe(CN)_6]_2\downarrow$（淡黄色）	$Co_3[Fe(CN)_6]_2\downarrow$（暗红色）	$Ni_3[Fe(CN)_6]_2\downarrow$（黄棕色）

若需要确定铁的价态，则鉴定过程应取原试液进行。

由于第三组离子通常具有合适的鉴定方法，而且特效性也较好，因此组内不必进行过多分离，甚至鉴定过程可以不进行分离而直接进行。

① 铁（Ⅱ）的鉴定

普鲁士蓝 $K_3[Fe(CN)_6]$ 试法： Fe(Ⅱ) 与 $K_3[Fe(CN)_6]$ 在酸性溶液（非氧化性酸）中生成深蓝色沉淀：

$$Fe^{2+}+K^{+}+[Fe(CN)_6]^{3-} \rightleftharpoons KFe[Fe(CN)_6]\downarrow$$

所产生的沉淀不溶于稀酸，但可被强碱分解：

$$KFe[Fe(CN)_6]+3OH^{-} \rightleftharpoons Fe(OH)_3\downarrow+[Fe(CN)_6]^{4-}+K^{+}$$

虽然许多阳离子与试剂生成沉淀，但颜色较浅，不会掩盖普鲁士蓝的深蓝色。

邻二氮菲试法： Fe^{2+} 可与邻二氮菲生成稳定的橙红色可溶性配合物，一些阳离子虽与试剂生成配合物，但都不是红色，若有必要多加些鉴定试剂即可。

② 铁（Ⅲ）的鉴定

NH_4SCN 试法： Fe^{3+} 与 SCN^- 生成血红色的配离子：

$$[Fe(SCN)_x]^{3-x}\ (x=1,2,\cdots,6)$$

碱能破坏此类红色配合物，故反应要在酸性溶液中进行。另外，HNO_3 有氧化性，可使 SCN^- 受到破坏，因此酸化试液应使用稀 HCl。

$K_4[Fe(CN)_6]$ 试法： Fe^{3+} 在酸性溶液中与 $K_4[Fe(CN)_6]$ 生成普鲁士蓝（又名滕氏蓝）蓝色沉淀。

$$Fe^{3+}+K^{+}+[Fe(CN)_6]^{4-} \rightleftharpoons KFe[Fe(CN)_6]\downarrow$$

通常情况下，其他阳离子不干扰鉴定。但 Co^{2+}、Ni^{2+} 等与试剂生成淡绿色至绿色沉淀，会有一定程度的干扰。

③ 锰（Ⅱ）的鉴定　Mn^{2+} 在强酸性溶液中可被强氧化剂如 $NaBiO_3$、$(NH_4)_2S_2O_8$ 或 PbO_2 等氧化为 MnO_4^-，形成紫红色溶液，此类反应比较灵敏：

$$2Mn^{2+}+5NaBiO_3+14H^{+} \rightleftharpoons 2MnO_4^{-}+5Bi^{3+}+5Na^{+}+7H_2O$$

若存在还原性物质，则会干扰鉴定，消除干扰的方法是多加一些试剂。

④ 铬（Ⅲ）的鉴定　在强碱性条件下，Cr^{3+} 以 CrO_2^- 的形式存在，使用 H_2O_2 可使之氧化为铬酸根离子而显黄色：

$$Cr^{3+}+4OH^{-} \rightleftharpoons CrO_2^{-}+2H_2O$$

$$2CrO_2^{-}+3H_2O_2+2OH^{-} \rightleftharpoons 2CrO_4^{2-}(\text{黄色})+4H_2O$$

若溶液呈现黄色，即可初步说明试液中存在 Cr^{3+}。进一步确认方法如下：用硫酸酸化试液，使 CrO_4^{2-} 转化为 $Cr_2O_7^{2-}$，然后加一些戊醇（或乙醚），再加 H_2O_2，此时若在戊醇层中有蓝色的过氧化铬 CrO_5 生成，证明存在 Cr^{3+}：

$$2CrO_4^{2-}+2H^{+} \rightleftharpoons Cr_2O_7^{2-}+H_2O$$

$$Cr_2O_7^{2-}+4H_2O_2+2H^{+} \rightleftharpoons 2CrO_5+5H_2O$$

$$Cr_2O_7^{2-}+4H_2O_2+2H^{+} \rightleftharpoons 2H_2CrO_6+3H_2O$$

注意，因 CrO_5 溶于水生成蓝色的过铬酸 H_2CrO_6。但其在水溶液中很不稳定，很容易发生分解。故在鉴定铬时要在过铬酸生成之前（加 H_2O_2 之前）加入戊醇，防止对三价铬离子的漏检。

上述反应几乎无其他离子干扰。

⑤ 镍（Ⅱ）的鉴定　Ni^{2+} 与丁二酮肟生成鲜红色螯合物沉淀，但此沉淀可被强酸、强碱和很浓的氨水所分解，因此应控制好试验条件。

Fe^{2+} 能与试剂生成红色可溶性螯合物，可加 H_2O_2 将其氧化而消除干扰。大量 Fe^{3+} 和 Mn^{2+} 等能与氨水生成深色沉淀，消除方法是加柠檬酸或酒石酸掩蔽或使用纸上分离法（在滤纸上先滴加一滴 $(NH_4)_2HPO_4$，使 Fe^{3+} 和 Mn^{2+} 等生成磷酸盐沉淀留在斑点中心。镍的磷酸盐溶解度较大，Ni^{2+}可扩散到斑点的边缘。在边缘处滴加试剂，然后在氨水瓶口上熏，若边缘出现鲜红色说明存在Ni^{2+})。

⑥ 钴（Ⅱ）的鉴定　Co^{2+}与NH_4SCN生成蓝色配离子 $[Co(SCN)_4]^{2-}$。鉴定过程中常用固体NH_4SCN或其饱和溶液，以促进配离子生成。此配离子可以中性分子的形式溶于乙醇或丙酮等有机溶剂中，稳定性增加，大大提高了鉴定反应的灵敏度。可通过加入氟化钠消除Fe^{3+}对鉴定反应的干扰。

⑦ 锌（Ⅱ）的鉴定　Zn^{2+}与$(NH_4)_2[Hg(SCN)_4]$生成白色晶形沉淀，反应条件为弱酸性环境：

$$Zn^{2+} + [Hg(SCN)_4]^{2-} \rightleftharpoons Zn[Hg(SCN)_4]\downarrow(白)$$

若加入微量的Co^{2+}，则会生成含$Co[Hg(SCN)_4]$的混晶而呈现天蓝色。鉴定过程中向试剂及很稀（0.02%）的Co^{2+}溶液中加入试液，用玻璃棒不断摩擦器壁，如迅速得到天蓝色混晶沉淀，说明试液中存在Zn^{2+}；若出现深蓝色沉淀的间隔时间较长，则是否存在Zn^{2+}无法定论。

可加NH_4F掩蔽三价铁离子。

空白试验或对照试验可避免锌离子的过检或漏检。

⑧ 铝（Ⅲ）的鉴定　Al^{3+}与铝试剂（金黄色素三羧酸铵）生成红色螯合物，反应要用缓冲溶液控制酸度。

试液应以Na_2CO_3-Na_2O_2处理（pH 约为 12)，以避免其他离子的干扰，此时其余离子则沉淀为氢氧化物或碳酸盐，只有Cr^{3+}以CrO_4^{2-}形式与AlO_2^-一起留在溶液中，但不会对Al^{3+}的鉴定产生干扰。

3.2.5 第四组阳离子的分析

(1) 主要特性

第四组离子包括Ba^{2+}、Ca^{2+}、Mg^{2+}、K^+、Na^+和NH_4^+ 6 种，称为钙钠组，按顺序称为第四组。因为没有组试剂，所以又称为可溶组。

第四组离子除了NH_4^+以外都属于周期表中第Ⅰ、Ⅱ主族。由于NH_4^+的性质与本组一价离子有相似之处，因此通常也归属于第四组。

① 价态的稳定性　第四组离子的价态稳定，而且每种离子只有一种价态。通常其离子在水溶液中不发生氧化还原反应，因而可利用还原性金属如 Zn 粉除去干扰本组鉴定的重金属离子。部分第四组离子及其原子都易被激发，且发射光谱的波长都在可见光区，故可采用其他手段如焰色反应进行鉴定。

② 难溶化合物　第四组中的二价离子有较多的难溶化合物，如碳酸盐、铬酸盐、硫酸盐、草酸盐（可用于Ca^{2+}的鉴定）和磷酸盐等；而一价离子的难溶化合物则很少，常见的只有$K_2Na[Co(NO_2)_6]$和$NaAc \cdot Zn(Ac)_2 \cdot 3(UO_2)(Ac)_2 \cdot 9H_2O$，可用于鉴定$K^+$和$Na^+$。

③ 配合物　第四组中的二价离子大部分不易与普通配体生成配合物，其中，Ca^{2+}与SO_4^{2-}生成的配合离子$[Ca(SO_4)_2]^{2-}$，可用于组内分离。另外，一些配合物可以用于鉴定，如Ba^{2+}与玫瑰红酸钠的螯合物、Ca^{2+}与 GBHA 的螯合物。

第四组离子的反应见表 3-6。

表 3-6　第四组离子与常用试剂的反应

试剂离子	Ba^{2+}	Ca^{2+}	Mg^{2+}	K^+	Na^+	NH_4^+
$(NH_4)_2CO_3$	$BaCO_3\downarrow$(白)	$CaCO_3\downarrow$(白)	$(MgOH)_2CO_3$[①]$\downarrow$(白)	—	—	—
$(NH_4)_2CO_3+NH_4Cl$	$BaCO_3\downarrow$(白)	$CaCO_3\downarrow$(白)	—	—	—	—

续表

试剂离子	Ba^{2+}	Ca^{2+}	Mg^{2+}	K^+	Na^+	NH_4^+
K_2CrO_4	$BaCrO_4\downarrow$(黄)	—	—	—	—	—
$(NH_4)_2C_2O_4$	$BaC_2O_4\downarrow$(白)	$CaC_2O_4\downarrow$(白)	—	—	—	—
NaOH	—	$Ca(OH)_2\downarrow$(白)②	$Mg(OH)_2\downarrow$(白)	—	—	$NH_3\uparrow$
氨水	—	—	$Mg(OH)_2\downarrow$(白)	—	—	—
H_2SO_4	$BaSO_4\downarrow$(白)	$CaSO_4\downarrow$(白)②	—	—	—	—
焰色反应	黄绿色	砖红色	—	紫色	黄色	—

① 组成随条件而变，除表中所示外，还有相当于 $Mg(OH)_2\cdot 3MgCO_3$、$Mg(OH)_2\cdot MgCO_3$ 等组成。

② 只在 Ca^{2+} 浓度大时才沉淀。

(2) 分别鉴定

将分出了第三组沉淀后的上清液立即加入醋酸进行酸化。为避免其中部分 S^{2-} 被氧化为 SO_4^{2-}，致使 Ba^{2+} 损失不宜久置，煮沸去除 H_2S，离心分出析出的硫。将试液蒸干并灼烧至不冒白烟，加入适量稀 HCl 溶液溶解后可进行本组鉴定。因为若通过系统分析，已经加入大量氨水和铵盐，所以鉴定 NH_4^+ 应取原试液进行。

对第四组离子的鉴定可直接取原试液进行，常将试液调成氨性（或 HAc 性），再加少许锌粉并搅拌加热，在此反应条件下金属离子可被还原为金属而析出，从而可基本消除其他组离子的干扰作用（若有必要还需采用其他消除干扰的手段），新引入的 Zn^{2+} 不会干扰此组离子的鉴定反应。

① 钡（Ⅱ）的鉴定　K_2CrO_4 试法：在经过酸化且除去 NH_4^+ 的试液中，加入过量 NaAc 溶液使溶液呈弱酸性后加入 K_2CrO_4 试剂，若产生黄色 $BaCrO_4$ 沉淀，则说明存在钡离子。即使溶液中有 Sr^{2+} 存在，也不会产生干扰（以铬酸盐形式分离 Ba^{2+} 与 Sr^{2+} 的最佳酸度为 pH 约为 4）。所得 $BaCrO_4$ 沉淀只溶于强酸不溶于 HAc（与 $SrCrO_4$ 区别）；也不溶于 NaOH（与 $PbCrO_4$ 区别）。

玫瑰红酸钠试法：在中性溶液中 Ba^{2+} 与玫瑰红酸钠试剂反应产生红棕色沉淀，虽然此沉淀不溶于稀 HCl 溶液，但经稀 HCl 溶液处理后，沉淀的颗粒变小，颜色变为鲜红色。因滤纸易于吸附沉淀，会使现象更为明显，因此这一鉴定反应宜在滤纸上进行。

② 钙（Ⅱ）的鉴定　草酸铵试法：Ca^{2+} 与 $(NH_4)_2C_2O_4$ 在 pH>4 时生成白色草酸钙沉淀，此沉淀不溶于弱酸但溶于强酸。

Ba^{2+} 存在会有干扰，可在试液中滴加饱和 $(NH_4)_2SO_4$，使其生成 $BaSO_4$ 沉淀，而钙离子能形成可溶性配合物 $(NH_4)_2Ca(SO_4)_2$。离心分离分出沉淀后，吸取上清液加入草酸铵，若有白色沉淀产生，说明存在 Ca^{2+}。

GBHA 试法：Ca^{2+} 与乙二醛双缩（2-羟基苯胺）（GBHA）在碱性条件下可生成红色螯合物沉淀。用 $CHCl_3$ 进行萃取可提高该反应的选择性，加入硫酸钠可消除钡离子的干扰。通常需要做空白试验，以避免过检。

③ 镁（Ⅱ）的鉴定　Mg^{2+} 与对硝基偶氮间苯二酚（镁试剂）的碱性溶液反应产生天蓝色沉淀。通常认为，所得到的天蓝色沉淀是 $Mg(OH)_2$ 吸附存在于碱性溶液中的试剂而生成的。在酸性条件下镁试剂显黄色，在碱性条件下呈现紫红色，被 $Mg(OH)_2$ 吸附后会呈现天蓝色，变色非常敏锐。

一些重金属离子会干扰鉴定，消除方法为加入 Zn 粉还原去除或形成硫化物沉淀去除。若存在大量铵盐会影响 $Mg(OH)_2$ 沉淀的产生，需提前去除。

④ 铵离子的鉴定（气室法）　苛性碱与 NH_4^+ 反应生成 NH_3，所得到的 NH_3 气体可使用湿润的红色石蕊试纸或 pH 试纸进行鉴定；还可通过使滤纸上的奈氏试剂（$K_2[HgI_4]$）碱性溶液的斑点变为红棕色进行检验。此鉴定反应在一般阳离子中不会产生干扰，但实验室空气中含氨时，可发生过检现象，为此最好进行空白试验。

⑤ 钾（Ⅰ）的鉴定　亚硝酸钴钠试法：亚硝酸钴钠（$Na_3[Co(NO_2)_6]$）与钾离子反应生成黄色晶形沉淀，反应通常在中性或醋酸溶液中进行。沉淀的组成因反应条件改变而变化，但最主要反应如下：

$$2K^+ + Na^+ + [Co(NO_2)_6]^{3-} \rightleftharpoons K_2Na[Co(NO_2)_6]\downarrow$$

但是强酸强碱条件下，试剂会发生如下反应：

$$[Co(NO_2)_6]^{3-} + 3OH^- \rightleftharpoons Co(OH)_3\downarrow + 6NO_2^-$$

$$2[Co(NO_2)_6]^{3-} + 10H^+ \rightleftharpoons 2Co^{2+} + 5NO\uparrow + 7NO_2\uparrow + 5H_2O$$

若存在能与试剂反应的氧化还原性物质，也会干扰鉴定。

若溶液中存在铵离子也会产生干扰，它也能与试剂生成黄色沉淀。为消除干扰先将试液移入微坩埚中蒸发至干，滴加少量浓 HNO_3 灼烧；待冷却后加水煮沸并离心沉降。可取部分上清液，检查是否除去 NH_4^+。若已经除去铵离子，则取上清液以 HAc 酸化后进行鉴定，如生成黄色沉淀说明存在 K^+ 离子。久置后的亚硝酸钠会因氧化而失效，因此应临用新配。

四苯硼化钠试法：四苯硼化钠与钾离子生成白色沉淀，反应条件为中性、碱性或弱酸性：

$$K^+ + [B(C_6H_5)_4]^- \rightleftharpoons K[B(C_6H_5)_4]\downarrow$$

NH_4^+ 有干扰，可预先除去。

⑥ 钠（Ⅰ）的鉴定　醋酸铀酰锌试法：醋酸铀酰锌 $[Zn(UO_2)_3(Ac)_8]$ 与钠离子可生成柠檬黄色晶形沉淀。反应条件为中性、碱性或弱酸性，反应式为：

$$Na^+ + Zn^{2+} + 3UO_2^{2+} + 9Ac^- + 9H_2O \rightleftharpoons NaAc \cdot Zn(Ac)_2 \cdot 3UO_2(Ac)_2 \cdot 9H_2O\downarrow$$

因所得沉淀溶解度稍大，且容易形成过饱和溶液，故为加快沉淀产生，应加入过量试剂和乙醇数滴，同时进行搅拌。强酸强碱环境以及许多离子会产生干扰，消除办法为：取原试液加饱和$Ba(OH)_2$至呈明显的碱性，此时大部分阳离子和 PO_4^{3-}、AsO_4^{3-} 等阴离子已形成沉淀，所加入的 Ba^{2+} 要使用 $(NH_4)_2CO_3$ 去除，再用灼烧法除去铵盐。所得残余物用水加热浸取得到溶液，使用 HAc 酸化，滴加醋酸铀酰锌试剂，同时摩擦管壁，若出现柠檬黄色晶形沉淀，说明存在 Na^+。

3.2.6　两酸两碱系统分组方案

此方案为利用组试剂盐酸、硫酸、氨水和氢氧化钠（故称为两酸两碱），把常见阳离子分为如下五组（见表 3-7）。

表 3-7　两酸两碱系统分组方案

	分别检出 NH_4^+，Na^+，Fe^{3+}，Fe^{2+}				
分组依据	氯化物难溶于水	氯化物易溶于水			
		硫酸盐难溶于水	硫酸盐易溶于水		
			氢氧化物难溶于水和氨水	氨性条件下不生成沉淀	
组试剂	HCl	H_2SO_4 乙醇	NH_3-NH_4Cl H_2O_2	氢氧化物难溶于过量 NaOH	NaOH 过量时不生成沉淀
				NaOH	—
组名和离子	Ⅰ组 盐酸组 Ag^+ Hg_2^{2+} Pb^{2+}	Ⅱ组 硫酸组 Pb^{2+} Ba^{2+} Ca^{2+}	Ⅲ组 氨组 Hg^{2+}，Al^{3+} Bi^{3+}，Cr^{3+} Sn(Ⅱ，Ⅳ)，Fe^{3+}，Fe^{2+} Sb(Ⅲ，Ⅴ)，Mn^{2+}	Ⅳ组 碱组 Cu^{2+}，Ni^{2+} Cd^{2+}，Mg^{2+} Co^{2+}	Ⅴ组 可溶组 As(Ⅲ，Ⅴ)，Na^+ Zn^{2+}，NH_4^+ K^+

3.2.7 阳离子Ⅰ～Ⅳ组 H_2S 系统分析简图

阳离子Ⅰ～Ⅳ组 H_2S 系统分析如图 3-3 所示。

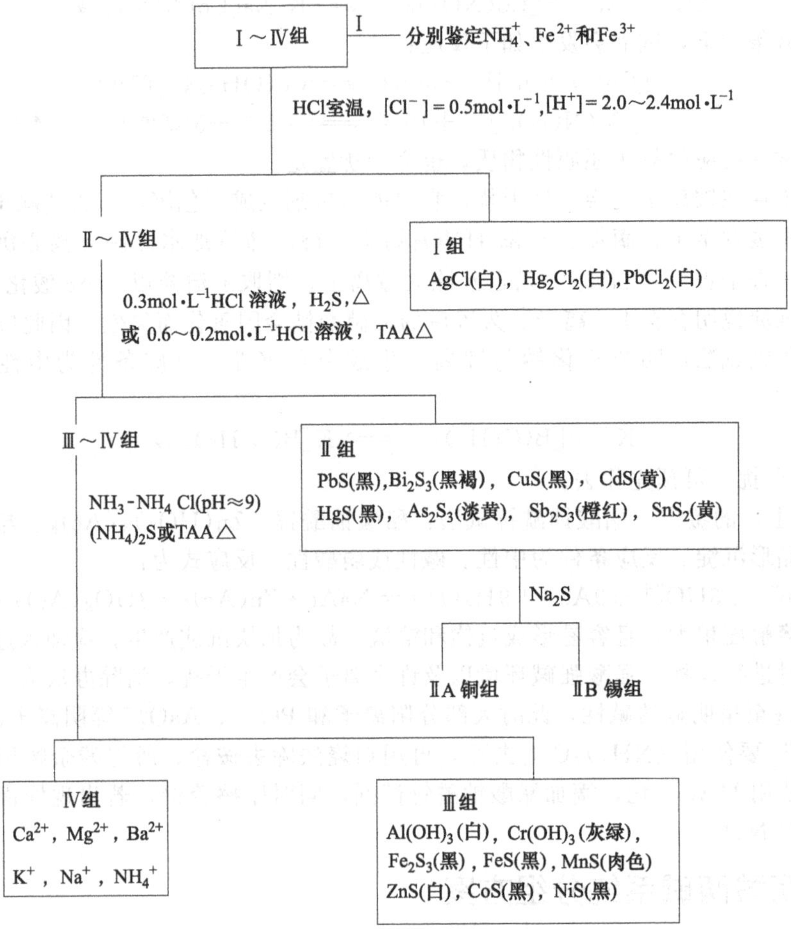

图 3-3 阳离子Ⅰ～Ⅳ组 H_2S 系统分析

3.3 阴离子分析

与阳离子相比，虽然构成阴离子的元素并不算多，但阴离子的数目却很多，原因在于尽管组成元素相同，阴离子能以多种形式存在。例如，由 S 和 O 可以构成 SO_4^{2-}、SO_3^{2-}、$S_2O_3^{2-}$ 和 $S_2O_8^{2-}$ 等常见的阴离子；由 N 和 O 可以构成 NO_3^- 和 NO_2^- 等。

阴离子的数目众多，此部分只讨论下列常见的 13 种阴离子：SO_4^{2-}、SO_3^{2-}、$S_2O_3^{2-}$、SiO_3^{2-}、CO_3^{2-}、PO_4^{3-}、Cl^-、Br^-、I^-、S^{2-}、NO_3^-、NO_2^- 和 Ac^-。

3.3.1 阴离子的分析特性

（1）与酸反应

阴离子与酸反应的过程中，既能放出气体，又能产生沉淀，因此某些阴离子不能存在于酸性溶液中。例如：

$$S_2O_3^{2-}+2H^+ \rightleftharpoons S\downarrow+SO_2\uparrow+H_2O$$

$$SiO_3^{2-} + 2H^+ \rightleftharpoons H_2SiO_3 \downarrow$$

第二个反应中 SiO_3^{2-} 的浓度较大才会产生沉淀。

（2）氧化还原性

多数阳离子可以共存于酸性溶液中，然而有些阴离子却不能共存，表 3-8 进行了总结。不能共存的原因是可能发生氧化还原反应，以致存在形式改变。在碱性条件下阴离子的氧化还原活性较低，所关注的 13 种阴离子可以共存于同一溶液中。

表 3-8 酸性溶液中不能共存的阴离子

阴离子	NO_2^-	I^-	SO_3^{2-}	$S_2O_3^{2-}$	S^{2-}
与上栏阴离子不能共存的阴离子	S^{2-}，$S_2O_3^{2-}$，SO_3^{2-}，I^-	NO_2^-	NO_2^-，S^{2-}	NO_2^-，S^{2-}	NO_2^-，SO_3^{2-}，$S_2O_3^{2-}$

（3）作为配体

某些阴离子如 $S_2O_3^{2-}$、$C_2O_4^{2-}$、PO_4^{3-}、Cl^-、Br^-、F^-、I^-、NO_2^- 等，能作为配体与阳离子形成配合物，会干扰双方的分析鉴定。故在对待鉴定的阴离子试液进行预处理时，要事先除去碱金属以外的阳离子，这些离子通常称为重金属离子。

另外，干扰阴离子鉴定的因素还有重金属离子的颜色、氧化还原性及可能与阴离子生成沉淀等。总之，阴离子在分析过程中容易起变化，不宜进行手续繁多的系统分析；另外，阴离子目前没有合适的组试剂，但共存的机会较少，可以利用的特效反应较多，通常在阴离子分析中进行分别鉴定。

3.3.2 分析试液的制备

根据阴离子特性，制备阴离子分析试液时要符合如下几点：

① 去除重金属离子；

② 把待鉴定的阴离子全部转入溶液；

③ 维持阴离子原来的存在状态。

最合适的方法是以 Na_2CO_3 处理试液，经过复分解反应之后，试样中的阳离子除 K^+、Na^+、NH_4^+ 和 As（Ⅲ，Ⅴ）以外都能形成残渣（碳酸盐、碱式碳酸盐、氢氧化物和氧化物等）而与阴离子分离，同时大部分阴离子也会转入（浓度达0.01mol·L^{-1}即可被检出）。由于 Na_2CO_3溶液呈碱性，而阴离子在碱性条件中比较稳定，因此既可避免挥发性反应，又可防止彼此发生氧化还原反应。经过碳酸钠处理的提取液就可用作阴离子分析试液。

经碳酸钠提取后的残渣中可能存在难以转化的硫化物、磷酸盐和卤化物等（不被 HAc 溶解）。解决方案为：取部分残渣加入稀 H_2SO_4，用 Zn 粉还原，S^{2-} 和卤素离子 X^-（表示 Cl^-、Br^-、I^-）可转入溶液中；另取部分残渣用 HNO_3溶解，用于 PO_4^{3-} 的鉴定。

对于不含重金属离子的试样，可以直接用水溶解，再加入 NaOH 使之呈碱性，便可用于阴离子分析。

3.3.3 阴离子的初步试验

为了缩小鉴定范围，在分别鉴定阴离子前要做一些预实验。这些预实验一般包括分组试验、挥发性试验和氧化性、还原性试验等。

（1）分组试验

使用某些试剂可将上述阴离子分成三个组，见表 3-9。组试剂只起查明该组是否存在的作用。

表 3-9 的分组结果表明，所研究的 13 种阴离子中，属于第一组的都是二价或三价的含氧酸根离子，属于第二组的都是简单阴离子，而属于第三组的都是一价含氧酸根离子。

表 3-9 阴离子的分组

组别	组试剂	组的特性	组中包括的阴离子
Ⅰ	$BaCl_2$① (中性或弱碱性)	钡盐难溶于水	SO_4^{2-},SO_3^{2-},$S_2O_3^{2-}$(浓度大),SiO_3^{2-},CO_3^{2-},PO_4^{3-}
Ⅱ	$AgNO_3$ (HNO_3存在下)	银盐难溶于水和稀 HNO_3	Cl^-,Br^-,I^-,S^{2-}($S_2O_3^{2-}$,浓度小)
Ⅲ	—	钡盐和银盐溶于水	NO_3^-,NO_2^-,Ac^-

① 当试液中有第一组阳离子存在时，应改用 $Ba(NO_3)_2$。

根据分组试验的程序，在试液中加入组试剂，若产生沉淀，说明含有该组离子；如无沉淀，则可排除该组离子。

由于第一组的 $S_2O_3^{2-}$ 与 Ba^{2+} 生成的 BaS_2O_3 沉淀溶解度较大，只有当$S_2O_3^{2-}$ 的浓度较大时才能析出。另外，BaS_2O_3 易形成过饱和溶液，当加入 $BaCl_2$ 后，应以玻璃棒摩擦离心管壁，若沉淀仍不产生，则可认为 $S_2O_3^{2-}$ 含量不大或不存在。

当 $S_2O_3^{2-}$ 浓度较大时，与 Ag^+ 生成 $[Ag(S_2O_3)_2]^{3-}$ 配离子；当$S_2O_3^{2-}$ 浓度较小时，则可能在第二组中检出（白色变成黑色硫化银）。

由于第三组没有组试剂，因此不能通过分组试验进行分析。

(2) 挥发性试验

滴加稀 H_2SO_4 或稀 HCl 溶液，必要时加热，试样若有气体产生，则可能含有 SO_3^{2-}、$S_2O_3^{2-}$、CO_3^{2-}、NO_2^- 或 S^{2-} 等。所得气体的特点如下。

CO_2：由 CO_3^{2-} 生成，无色无臭，使澄清石灰水变浑浊。

SO_2：由 SO_3^{2-}、$S_2O_3^{2-}$（同时析出 S 沉淀）生成，无色，刺激性气味，具有还原性，可使 $Cr_2O_7^{2-}$ 还原为 Cr^{3+}。

NO_2：由 NO_2^- 产生，红棕色气体，能将 I^- 氧化为 I_2。

H_2S：由 S^{2-} 产生，无色，有腐卵臭，可使醋酸铅试纸变黑。

挥发性试验最好取固体试样进行，现象容易观察。若试样中离子浓度很小时，上述现象不易观察，不能确定上述离子的存在。

(3) 氧化性和还原性试验

本部分所讨论的13种阴离子中，其中有氧化性的只有 NO_2^-，能在酸性条件下氧化碘离子（I^-），因而可根据阴离子还原性的大小选择具有不同氧化能力的试剂进行分析。

① $KMnO_4$（酸性） 使用 H_2SO_4 将试液处理，再滴加 0.03% $KMnO_4$ 溶液，反应后若溶液的紫红色褪去，表示存在 SO_3^{2-}、$S_2O_3^{2-}$、Br^-、I^-、S^{2-}、NO_2^- 以及较浓的 Cl^-。

② I_2-淀粉（酸性） 由于 I_2 的氧化能力远较 $KMnO_4$ 为弱，因此它只能氧化强还原性的阴离子，如 SO_3^{2-}、$S_2O_3^{2-}$、S^{2-} 等。分析过程中，在 I_2 溶液中加入淀粉会显蓝色，当 I_2 被还原为 I^- 时则蓝色褪去，说明存在上述三种离子中至少一种。

各项初步试验的结果见表 3-10。

表 3-10 阴离子的初步试验

阴离子 试剂	稀 H_2SO_4	$BaCl_2$(中性或弱碱性)	$AgNO_3$ (稀 H_2SO_4)	KI-淀粉 (稀 H_2SO_4)	$KMnO_4$ (稀 H_2SO_4)	I_2-淀粉 (稀 H_2SO_4)
SO_4^{2-}		↓				
SO_3^{2-}	↑	↓			+	+
$S_2O_3^{2-}$	↑	(↓)①	↓		+	+
SiO_3^{2-}	↓②	↓				
CO_3^{2-}	↑	↓				

续表

阴离子 试剂	稀 H_2SO_4	$BaCl_2$(中性或 弱碱性)	$AgNO_3$ (稀 H_2SO_4)	KI-淀粉 (稀 H_2SO_4)	$KMnO_4$ (稀 H_2SO_4)	I_2-淀粉 (稀 H_2SO_4)
PO_4^{3-}		↓				
Cl^-			↓		(+)①	
Br^-			↓		+	
I^-			↓		+	
S^{2-}	↑		↓		+	+
NO_3^-						
NO_2^-	↑			+	∣	
Ac^-						

① 阴离子浓度大时才发生反应。

② $SiO_3^{2-}+2H^+ \longrightarrow H_2SiO_3\downarrow$ (白色凝胶)。

3.3.4 阴离子的分别鉴定

(1) 硫酸根的个别检出

利用了 SO_4^{2-} 与钡离子生成不溶于酸的 $BaSO_4$ 白色沉淀。需要指出，$S_2O_3^{2-}$ 在酸性溶液中有白色乳浊状的硫缓慢析出，会干扰鉴定；大量 SiO_3^{2-} 存在时会生成 H_2SiO_3 的浑浊物。可通过酸化试液形成沉淀离心去除。

(2) SiO_3^{2-} 的个别检出

NH_4Cl 试法：在含有 SiO_3^{2-} 的试液中加稀氨水至碱性，再加饱和 NH_4Cl 溶液并加热，NH_4^+ 与 SiO_3^{2-} 作用生成白色胶状硅酸沉淀，若有碳酸根存在会干扰，可加硝酸至呈微酸性，加热除去：

$$SiO_3^{2-}+2NH_4^+ \rightleftharpoons H_2SiO_3\downarrow+2NH_3\uparrow$$

其他阴离子不会干扰此鉴定。

钼蓝试法：在弱酸性环境中 SiO_3^{2-} 的试液中滴加 $(NH_4)_2MoO_4$ 生成硅钼酸铵，会得到黄色溶液：

$$SiO_3^{2-}+12MoO_4^{2-}+4NH_4^++22H^+ \rightleftharpoons (NH_4)_4[Si(Mo_3O_{10})_4]+11H_2O$$

加热能促进反应。

产物中的硅钼酸根可将一些不很强的还原剂如联苯胺氧化为联苯胺蓝，本身被还原为钼蓝，其中钼的平均价数在 5～6 之间，所得组成随反应条件而变化。反应比较灵敏，因反应所得到的联苯胺蓝和钼蓝两种产物都为蓝色。

PO_4^{3-} 和 AsO_4^{3-} 也能与 $(NH_4)_2MoO_4$ 生成组成类似的磷钼酸铵和砷钼酸铵沉淀，但它们不溶于 HNO_3 中，借此可以同硅钼酸铵分离。

(3) PO_4^{3-} 的个别检出

PO_4^{3-} 与 $(NH_4)_2MoO_4$ 生成黄色磷钼酸铵 $[(NH_4)_3PO_4\cdot12MoO_3]$ 沉淀。在微酸性溶液中，即使处于沉淀状态，磷钼酸铵也有很强的氧化性，可将联苯胺氧化为联苯胺蓝，本身被还原为钼蓝，反应比较灵敏。

可以加酒石酸消除 AsO_4^{3-} 或 SiO_3^{2-} 的干扰。实验室常用的玻璃器皿中经常含有微量 SiO_3^{2-}，因而在鉴定 PO_4^{3-} 时，通常都要去除 SiO_3^{2-} 的干扰。

(4) SO_3^{2-}、$S_2O_3^{2-}$、S^{2-} 的分别检出

由于 S^{2-} 会干扰 SO_3^{2-} 和 $S_2O_3^{2-}$ 的鉴定，因此通常将这三种离子一起进行讨论。

① S^{2-} 的检出　采用亚硝酰铁氰化钠试法，在碱性溶液中，S^{2-} 与亚硝酰铁氰化钠 $(Na_2[Fe(CN)_5NO])$ 反应生成紫色配合物：

$$S^{2-}+4Na^{+}+[Fe(CN)_5NO]^{2-} \rightleftharpoons Na_4[Fe(CN)_5NOS]$$

为避免 S^{2-} 的干扰，需要将其除去 将试液中加入固体 $CdCO_3$，利用 CdS 的溶解度较 $CdCO_3$ 小的性质，使 $CdCO_3$ 转化为 CdS。

② $S_2O_3^{2-}$ 的检出 将已除去 S^{2-} 的试液，滴加稀 HCl 溶液，若有 $S_2O_3^{2-}$ 存在会产生 SO_2 并出现白色浑浊，产生单质硫：

$$S_2O_3^{2-}+2H^{+} \rightleftharpoons H_2S_2O_3$$

$$H_2S_2O_3 \rightleftharpoons H_2O+SO_2\uparrow+S\downarrow$$

加热可使现象更明显。

S^{2-} 不会干扰此反应，但实际上硫化物溶液中经常含有多硫离子 S_x^{2-}，反应中也会有单质硫析出：

$$S_x^{2-}+2H^{+} \rightleftharpoons H_2S\uparrow+(x-1)S\downarrow$$

检出 $S_2O_3^{2-}$ 前必须除去 S^{2-}。

③ SO_3^{2-} 的检出 SO_3^{2-} 在酸性条件下生成的 SO_2 气体可使碘化钾-淀粉溶液先呈现蓝色（还原为 I_2-淀粉），继而蓝色又会褪去（又将 I_2 还原为 I^-）。试液虽经除 S^{2-} 后，仍有 $S_2O_3^{2-}$ 干扰鉴定。此时可向已除去 S^{2-} 的试液中加入饱和 $Sr(NO_3)_2$，使其与 SO_3^{2-} 生成 $SrSO_3$ 沉淀（由于沉淀生成缓慢，需等候一定时间）。离心分离出沉淀并洗涤后，滴加稀 HCl 溶液使其溶解，然后进行检验，从而判断是否存在 SO_3^{2-}，通常在气室或检气装置中进行鉴定。

（5）CO_3^{2-} 的检出

由于阴离子分析试液通常为 Na_2CO_3 提取液，故欲鉴定 CO_3^{2-} 需取原试样进行。

其鉴定过程为：CO_3^{2-} 与酸作用生成 CO_2，可使 $Ba(OH)_2$ 溶液变浑浊。

SO_3^{2-} 和 $S_2O_3^{2-}$ 也可与酸作用生成 SO_2，会使 $Ba(OH)_2$ 变浑浊，消除干扰的方法是事先加入 3% H_2O_2 氧化此两种离子。

（6）Cl^-、Br^- 和 I^- 的分别检出

在鉴定上述离子的过程中，强还原性阴离子 SO_3^{2-}、$S_2O_3^{2-}$、S^{2-} 等会产生明显干扰，因此要先将此三种离子分离出，通常要向试液中加入 HNO_3 和 $AgNO_3$，使其形成沉淀。

① Cl^- 的鉴定 采用银氨溶液试验法，只有 AgCl 能生成 $[Ag(NH_3)_2]^+$ 而溶解。将离心液酸化，若重新析出白色沉淀（AgCl），表明存在 Cl^-。

② AgBr 和 AgI 的处理 在 AgBr 与 AgI 的沉淀上加锌粉和水并加热处理，溴离子和碘离子会再进入溶液，反应如下：

$$2AgBr+Zn \rightleftharpoons 2Ag\downarrow+Zn^{2+}+2Br^-$$

$$2AgI+Zn \rightleftharpoons 2Ag\downarrow+Zn^{2+}+2I^-$$

③ Br^- 和 I^- 的检出 取上清液加稀 H_2SO_4 酸化，滴加几滴苯（或 CCl_4），再加入新鲜氯水并振荡。若出现 I_2 的紫色表示存在 I^-；继续加入氯水，I^- 被氧化为 IO_3^-，故紫色消失，若呈现 Br_2 的红棕色或 BrCl 的黄色，表明存在 Br^-。

（7）NO_2^- 的检出

可利用 NO_2^- 使对氨基苯磺酸重氮化，后与 α-萘胺生成红色偶氮染料，进行鉴定，也可利用其氧化性采用碘化钾-淀粉试法。

（8）NO_3^- 的检出

方法一：用硫酸处理试液后，加入二苯胺的浓 H_2SO_4 溶液，若溶液变深蓝，说明有 NO_3^- 存在。但过程中 NO_2^- 会干扰鉴定，消除方法是在酸性溶液中加入尿素，并加热：

$$2NO_2^- + CO(NH_2)_2 + 2H^+ \rightleftharpoons CO_2\uparrow + 2N_2\uparrow + 3H_2O$$

方法二：在 HAc 溶液中，可用金属 Zn 将 NO_3^- 还原为 NO_2^-：

$$NO_3^- + Zn + 2HAc \rightleftharpoons NO_2^- + Zn^{2+} + 2Ac^- + H_2O$$

再参照鉴定 NO_2^- 的方法进行，须提前除去存在的 NO_2^-。

（9）Ac^- 的检出

方法一：在含醋酸根的试液中加浓 H_2SO_4 和戊醇，加热，可发生酯化反应，生成乙酸戊酯（$CH_3COOC_5H_{11}$），利用其水果香味来鉴定：

$$2CH_3COONa + H_2SO_4 \rightleftharpoons Na_2SO_4 + 2CH_3COOH$$

$$CH_3COOH + C_5H_{11}OH \rightleftharpoons CH_3COOC_5H_{11} + H_2O$$

方法二：在 Ac^- 或 HAc 存在时，$La(NO_3)_3$ 与 I_2 溶液在氨性溶液中生成暗蓝色沉淀，此颜色的出现可用于鉴定。

在应用方法二的过程中，S^{2-}、SO_3^{2-} 和 $S_2O_3^{2-}$ 等强还原性阴离子以及 SO_4^{2-} 或 PO_4^{3-} 等能与 La^{3+} 生成难溶盐的阴离子，会产生干扰，可分别通过加稀 HCl 溶液以及在中性或弱碱性试液中加入 $BaCl_2$，以消除干扰。

3.4 定性分析的一般步骤

定性分析通常包括以下步骤：①试样的外表观察和准备；②初步试验；③阳离子分析；④阴离子分析；⑤分析结果的判断。

下面分别展开讨论。

3.4.1 试样的外表观察和准备

不同类型的试样的外表观察侧重点不同。拿固体试样来说，要看其组成是否均匀，颜色如何，并用湿润的 pH 试纸检查其酸碱性。对液体试样要注意其颜色，检查其酸碱性。上述观察结果都可为以后的分析提供一些有价值的信息。对用于分析的试样要求如下：易于溶解或熔融；若试样是固体物质，则需要充分研细。而对于组成均匀、易为一般溶剂所溶解的试样，可以不必进行研细程序。

一般的定性分析需要取四份试样，用途分别如下：进行初步试验，作阳离子分析，作阴离子分析，保留备用。

3.4.2 初步试验

通常进行的初步试验有以下几项。

（1）焰色反应试验

此试验是利用有些元素可以使无色火焰呈现出特征的颜色进行初步分析，但此类试验结果仅对于单一化合物的鉴定有帮助。

（2）灼烧试验

在试管中装入少许试样，起初缓缓加热，然后灼热，观察过程中所呈现的现象，如是否放出气体或蒸气，是否有升华现象，颜色有无改变等。

（3）溶剂的作用

选用多种溶剂考察试样的溶解作用，过程中既可以选择出溶解试样的最适合溶剂，又可以提供关于试样组成的某些信息。常用的溶剂有水、盐酸、硝酸和王水等。在溶剂的使用过程中，要遵循如下原则：先稀后浓，先冷后热，先单一酸再混合酸，先非氧化性酸再氧化性酸。

3.4.3 阳离子分析

使用溶剂溶解试样的过程中可能出现下述情况。

(1) 试样溶于水

在这种情况下，可直接取 20～30mg 试样溶于 1mL 水中，按阳离子分析方案进行分析。

(2) 试样不溶于水但溶于酸

硫酸不适于作溶剂，因其易产生沉淀作用。在盐酸和硝酸都可用的情况下，如果需要考虑减小挥发损失，则一般选用硝酸；若在两种酸单独使用时都不能溶解的情况下可使用王水。过程中尽量使用稀酸，以方便后续分析鉴定。

(3) 试样不溶于水也不溶于酸

在定性分析中不溶于水也不溶于酸的物质称为酸不溶物，包括卤化银、难溶硫酸盐、某些氧化物和硅酸盐等，可具体问题具体分析。

阳离子的鉴定可按系统分析法或分别分析法进行。鉴定分析前先用组试剂进行检查，可排除某组离子，减轻分析工作量。

3.4.4 阴离子分析

通常可将阴离子分析放在阳离子之后进行。此时有可能利用阳离子分析中已得出的结论，可推测各种阴离子存在的可能性。比如，综合已鉴定出的阳离子和试样的溶解性等，可确定某些阴离子的存在情况。

3.4.5 分析结果的判断

最后，要把观察、试验、分析得来的信息综合进行考虑，不允许出现信息相互矛盾或发生不合理的情况。因为鉴定过程中通常采用湿法进行分析，鉴定的独立组分是离子，所以在判断原试样的组成时会有一定限制。

比如，若鉴定得到的分析结果是 K^+、Na^+、Cl^- 和 NO_3^-，就无从得知原试样是 $KCl+NaNO_3$，还是 KNO_3+NaCl。在这种情况下，分析报告中只需要填写上述四种离子。若有时分析结果中只显示存在阳离子而没有阴离子，则原试样可能是金属氢氧化物或氧化物。

思考题与习题

[3-1] 影响鉴定反应进行的条件是什么？

[3-2] 对鉴定反应的两大要求是什么？

[3-3] 简述空白试验、对照试验的作用和意义。

[3-4] 简述系统分析、分别分析的意义和各自特点。

[3-5] 常见 24 种阳离子的 H_2S 系统分组方案和两酸两碱系统分组方案，分组的主要依据和组试剂各是什么。

[3-6] 简述采用 H_2S 系统进行阳离子分析时的顺序步骤、硫代乙酰胺的使用方法及其作用。

[3-7] 简述制备阴离子试液的要求、阴离子的初步试验及各离子的鉴定方法。

[3-8] 简述定性分析的一般步骤。

第4章 误差及分析数据的统计处理

定量分析（quantitative analysis）的任务是准确测定组分在试样中的含量，因此要求结果准确可靠。在测定过程中，即使采用最可靠的分析方法，使用最精密的仪器，由技术很熟练的人员进行操作，也不可能得到绝对准确的结果。因为在任何测量过程中，误差总是客观存在的，它可能出现在测定过程中每一步骤中，从而影响分析结果的准确性。因此，分析工作者不仅要对试样进行分析，还应该了解分析过程中误差产生的原因及其出现的规律，以便采取相应措施，尽可能使误差减小。另一方面需要对测试数据进行正确的统计处理，以获得最可靠的数据信息。

4.1 定量分析中的误差

4.1.1 准确度与误差

真值[1]是试样中某组分客观存在的真实含量，测定值 x 与真值 μ 相接近的程度称为准确度。误差大小常用准确度（accuracy）表示。测定值与真值愈接近，误差愈小，测定结果的准确度愈高；反之，误差愈大，准确度愈低。因此误差的大小是衡量准确度高低的标志。

误差（error）是指单次测定值 x_i 与真值 μ 之间的差值。误差的大小可用绝对误差 E（absolute error）和相对误差 E_r（relative error）表示，即

绝对误差 $$E=x_i-\mu \tag{4-1}$$

相对误差 $$E_r=\frac{x_i-\mu}{\mu}\times 100\% \tag{4-2}$$

相对误差表示绝对误差对于真值所占的百分率。

例如分析天平称量两物体的质量各为 1.6380g 和 0.1637g，假定两者的真实质量分别为 1.6381g 和 0.1638g，则两者称量的绝对误差分别为：

$$E=1.6380-1.6381=-0.0001\ (g)$$

$$E=0.637-0.1638=-0.0001\ (g)$$

两者称量的相对误差分别为：

$$E_r=\frac{-0.0001}{1.6381}\times 100\%=-0.006\%$$

$$E_r=\frac{-0.0001}{0.1638}\times 100\%=-0.06\%$$

由此可知，绝对误差相等，相对误差并不一定相同，上例中第一个称量结果的相对误差

---

[1] 所谓真值，有理论真值，例如某化合物的理论组成；约定真值，是由国际计量大会定义的单位，例如目前最新修订的元素的相对原子质量；相对真值，如上所述。此外，某些部门或单位制定的管理试样，其提供的参考值在准确度上虽稍逊于标准参考物质，且未经权威机构认可，但较便宜、易得和实用。

为第二个称量结果相对误差的十分之一。也就是说，同样的绝对误差，当被测定的量较大时，相对误差就比较小，测定的准确度就比较高。因此，用相对误差来表示各种情况下测定结果的准确度更为确切些。

当测定值大于真值时误差为正值，表示测定结果偏高；反之误差为负值，表示测定结果偏低，因此绝对误差和相对误差都有正值和负值。一般来说，真值实际上是无法获得的。随着分析测试技术的发展，测定结果越来越趋近于真值，但它毕竟不等于真值。在实际工作中，人们常常用纯物质的理论值、国家标准局提供的标准参考物质的证书上给出的数值或多次测定结果的平均值当作真值。它是由许多资深的分析工作者，采用原理不同的方法（以消除系统误差），经过多次测定并对数据进行统计处理后得出的结果。它反映了当前分析工作中的最（较）高水平，因而是相当准确的，但也是相对的真值。

4.1.2 精密度与偏差

一组平行测定结果相互接近的程度称为精密度，它反映了测定值的重现性。由于在实际工作中真值通常是未知的，因此精密度就成为人们衡量测定结果的重要因素。精密度的高低通常取决于随机误差的大小，常常用偏差来量度。如果多次平行测定数据彼此接近，则偏差小，测定的精密度高；相反，如数据分散，则偏差大，精密度低，说明随机误差的影响较大。由于平均值反映了测定数据的集中趋势，因此各测定值与平均值之差也就体现了精密度的高低。

(1) 绝对偏差、平均偏差和相对平均偏差

偏差（deviation）是指某次测定结果 x_i 与几次测定结果的平均值 $\overline{x}$ 之间的差值。与误差相似，偏差也有绝对偏差 d 和相对偏差 d_r 之分。测定结果与平均值之差为绝对偏差，绝对偏差在平均值中所占的百分率或千分率为相对偏差。

绝对偏差
$$d_i = x_i - \overline{x} \quad (i=1,2,3,\cdots,n) \tag{4-3}$$

相对偏差
$$d_r = \frac{x_i - \overline{x}}{\overline{x}} \times 100\% \tag{4-4}$$

在单次测定结果中，各偏差值的绝对值的平均值，称为单次测定的平均偏差 $\overline{d}$，又称算术平均偏差（average deviation），即

平均偏差
$$\overline{d} = \frac{1}{n}\sum_{i=1}^{n}|d_i| = \frac{1}{n}\sum_{i=1}^{n}|x_i - \overline{x}| \tag{4-5}$$

单次测定的相对平均偏差 $\overline{d}_r$ 表示为：

相对平均偏差
$$\overline{d}_r = \frac{d_r}{\overline{x}} \times 100\% \tag{4-6}$$

平均偏差和相对平均偏差由于取了绝对值，因而都是正值。

(2) 标准偏差和相对标准偏差

由于在一系列测定值中，偏差小的值总是占多数，这样按总测定次数来计算平均偏差时会使所得的结果偏小，大偏差将得不到充分的反映。因此在数理统计中，一般不采用平均偏差，而是广泛采用标准偏差来衡量数据的精密度。标准偏差（standard deviation）又称为方根偏差，当测定次数 n 趋于无限多时，称为总体[1]标准偏差，用 σ 表示。

在分析化学中，将一定条件下无限多次测定数据的全体称为总体，而随机从总体中抽出的一组测定值称为样本，样本中所含测定值的数目称为样本的大小或容量。例如，欲对某一

[1] 总体：所研究的对象的某特性值的全体，在统计学上称为总体（或母体）。

批煤中硫的含量进行测定，首先按照有关部门的规定进行取样、粉碎和缩分，最后制成一定质量（如 500g）的分析试样，这就是供分析用的总体。如果从中称取 10 份煤样进行测定，得到 10 个测定值，它们就是该总体的一个随机样本，样本容量为 10。

$$\sigma=\sqrt{\frac{\sum_{i=1}^{n}(x_i-\mu)^2}{n}} \tag{4-7}$$

式中，μ 为总体平均值，在校正了系统误差的情况下，μ 即代表真值。

在一般的分析工作中，测定次数是有限的（$n<20$ 次），这时的标准偏差称为样本[1]标准偏差，以 s 表示：

$$s=\sqrt{\frac{\sum_{i=1}^{n}(x_i-\overline{x})^2}{n-1}} \tag{4-8}$$

式中，$f=n-1$ 表示 n 个测定值中具有相对独立偏差的数目，又称为自由度。

s 与平均值之比称为相对标准偏差，以 s_r表示，也可缩写为 RSD。

$$s_r=\frac{s}{\overline{x}} \tag{4-9}$$

s_r如以百分率表示，又称为变异系数 CV（coefficient of variation）。

精密度（precision）是指在确定条件下，将测试方法实施多次，求出所得结果之间的一致程度。精密度的大小常用偏差表示。

精密度的高低还常用重复性（repeatability）和再现性（reproducibility）表示。

重复性（r）：同一操作者，在相同条件下，获得一系列结果之间的一致程度。

再现性（R）：不同的操作者，在不同条件下，用相同方法获得的单个结果之间的一致程度。

在偏差的表示中，用标准偏差更合理，因为将单次测定值的偏差平方后，能将较大的偏差显著地表现出来。

例 4-1 有两组测定值：

甲组（2.9、2.9、3.0、3.1、3.1）和乙组（2.8、3.0、3.0、3.0、3.2）。

判断两组数据精密度的差异。

解： 平均值 $\overline{x}_甲=3.0$　　平均偏差 $d_甲=0.08$　　标准偏差 $s_甲=0.08$

$\overline{x}_乙=3.0$　　$d_乙=0.08$　　$s_乙=0.14$

本例中，两组数据的平均偏差是一样的，但数据的离散程度不一致，乙组数据更分散，说明用平均偏差有时不能反映出客观情况，而用标准偏差来判断，本例中 $s_乙$ 大一些，即精密度差一些，反映了真实情况。因此在一般情况下，对测定数据应表示出标准偏差或变异系数。

4.1.3 准确度与精密度的关系

系统误差影响测定结果的准确度，而随机误差对精密度和准确度均有影响。评价测定结果的优劣，要同时衡量其准确度和精密度。准确度与精密度的关系，如图 4-1 所示。

图 4-1 表示甲、乙、丙、丁四人测定同一试样中铁含量时所得的结果。由图可见：甲所得结果的准确度和精密度均好，乙的结果精密度虽然好，但准确度稍差；丙的精密度和准确

[1] 样本：自总体中随机抽出一组测定值称为样本（或子样）。

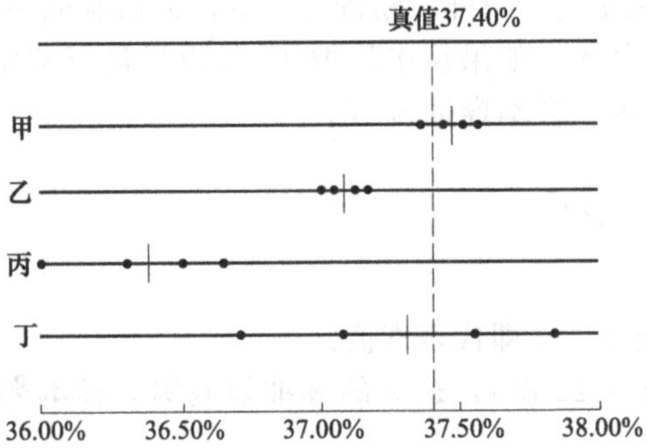

图 4-1 不同工作者分析同一试样的结果
（·表示个别测定，｜表示平均值）

度都很差；丁的精密度很差，虽然平均值接近真值，但带有偶然性，是大的正、负误差抵消的结果，其结果也是不可靠的。

上述情况说明，精密度高表明测定条件稳定，这是保证准确度高的先决条件。精密度低的测定结果是不可靠的，因而是不准确的。但是高精密度的测定值中也可能包含有系统误差的影响，只有在消除了系统误差的前提下，精密度高其准确度必然也高。对于含量未知的试样，由于仅凭测定的精密度难以正确评价测定结果，因此常同时测定一个或数个标准试样，检查标样测定值的精密度，并对照真实值以确定它的准确度，从而对试样测定结果的可靠性作出评价。

由此可知，实验结果首先要求精密度高，才能保证有准确的结果。但高的精密度也不一定能保证有高的准确度（如无系统误差存在，则精密度高，准确度也高）。

例 4-2 分析铁矿中铁含量，得到如下数据：37.45%，37.20%，37.50%，37.30%，37.25%。计算此结果的平均值、平均偏差、标准偏差、变异系数。

解： $\bar{x}=\dfrac{37.45\%+37.20\%+37.50\%+37.30\%+37.25\%}{5}=37.34\%$

各次测量偏差分别是：

$$d_1=+0.11\% \quad d_2=-0.14\% \quad d_3=+0.16\% \quad d_4=-0.04\% \quad d_5=-0.09\%$$

$$\bar{d}=\frac{\sum_{i=1}^{n}|d_i|}{n}=\left(\frac{0.11+0.14+0.16+0.04+0.09}{5}\right)\%=0.11\%$$

$$s=\sqrt{\frac{\sum_{i=1}^{n}d_i^2}{n-1}}=\sqrt{\frac{(0.11)^2+(0.14)^2+(0.16)^2+(0.04)^2+(0.09)^2}{5-1}}\%=0.13\%$$

$$CV=\frac{s}{\bar{x}}=\frac{0.13}{37.34}\times 100\%=0.35\%$$

4.1.4 误差的分类及减免误差的方法

根据误差产生的原因及其性质的不同分为两类[1]：系统误差或称可测误差（determinate error），随机误差（random error）或称偶然误差。

（1）系统误差

系统误差是定量分析误差的主要来源，对测定结果的准确度有较大影响。它是由分析过程中某些确定的、经常性的因素引起的，因此对测定值的影响比较恒定。系统误差的特点是具有“重现性”、“单向性”和“可测性”。即在相同的条件下，重复测定时会重复出现；使测定结果系统偏高或系统偏低，其数值大小也有一定的规律；如果能找出产生误差的原因，

[1] 也有人把由于疏忽大意造成的误差划为第三类，称为过失误差，也叫粗差，此类差错，只要认真操作，是可以完全避免的。

并设法测出其大小，那么系统误差可以通过校正的方法予以减小或消除，因此也称之为可测误差。产生系统误差的原因有以下几种。

① 方法误差（method error）　方法误差来源于方法不完善或者有缺陷。如反应不完全；干扰成分的影响；滴定分析中指示剂选择不当造成的滴定终点与化学计量点不相符合。

② 试剂误差（reagent error）　试剂或蒸馏水纯度不够，带入微量的待测组分，干扰测定等原因造成。

③ 仪器误差（instrumental error）　由于测量仪器不够精准或未经校准而引起仪器误差，如砝码因磨损或锈蚀造成其质量与标明质量不符；滴定分析容量器皿刻度不准又未经校正，电子仪器"噪声"过大等造成。

④ 人为误差（personal error）　由于分析者的实际操作与正确操作规程有所出入而引起的误差。如观察颜色偏深或偏浅，第二次读数总是想与第一次重复等。造成操作误差的大小可能因人而异，但对于同一操作者则往往是恒定的。

其中方法误差有时不被人们察觉，带来的影响也较大，因此在选择方法时应特别注意。校正系统误差的方法：针对系统误差产生的原因，可采用选择标准方法、进行试剂的提纯和使用校正值等办法加以消除。如选择一种标准方法与所采用的方法作对照试验或选择与试样组成接近的标准试样作对照试验，找出校正值加以校正。对试剂或实验用水是否带入被测成分，或所含杂质是否有干扰，可通过空白试验扣除空白值加以校正。

空白试验是指除了不加试样外，其他试验步骤与试样试验步骤完全一样的实验，所得结果称为空白值。

是否存在系统误差，常常通过回收试验加以检查。

回收试验是在测定试样某组分含量（x_1）的基础上，加入已知量的该组分（x_2），再次测定其组分含量（x_3）。由回收试验所得数据可以计算出回收率。

$$回收率=\frac{x_3-x_1}{x_2}\times 100\%$$

由回收率的高低来判断有无系统误差存在。对常量组分回收率要求高，一般为99%以上，对微量组分回收率要求在90%～110%。

（2）随机误差

在平行测定中，即使消除了系统误差的影响，所得数据仍然参差不齐的，这是随机误差影响的结果。与系统误差不同，随机误差是由一些无法控制的不确定因素所引起的，如环境温度、湿度、电压、污染情况等的变化引起试样质量、组成、仪器性能等的微小变化，操作人员实验过程中操作上的微小差别，以及其他不确定因素等所造成的误差。这类误差值时大时小，时正时负，难以找到具体的原因，更无法测量它的值。但从多次测量结果的误差来看，仍然符合一定的规律。实际工作中，随机误差与系统误差并无明显的界限，当人们对误差产生的原因尚未认识时，往往把它当作偶然误差对待，进行统计处理。

对于有限次数的测定，随机误差似乎无规律可言。但是经过相当多次重复测定后，就会发现它的出现符合统计规律，并且可以通过适当增加平行测定的次数予以减小。

4.1.5　随机误差的分布服从正态分布

事实证明，大多数定量分析误差是符合或基本符合正态分布规律的。本节运用统计学的初步知识阐述随机误差的规律性。

如测定次数较多，在系统误差已经排除的情况下，随机误差的分布也有一定的规律，如以横坐标表示随机误差的值，纵坐标表示误差出现的概率，当测定次数无限多时，则得到随机误差正态分布曲线，见图 4-2。

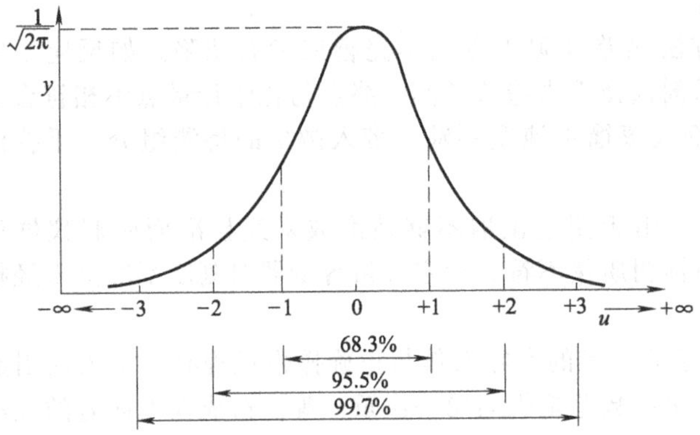

图 4-2　标准正态分布曲线

定义　　$u=\frac{x-\mu}{\sigma}$　　(4-10)

随机误差分布具有以下性质。

① 对称性：大小相近的正误差和负误差出现的概率相等，误差分布曲线是对称的。

② 单峰性：小误差出现的概率大，大误差出现的概率小，很大误差出现的概率非常小。误差分布曲线只有一个峰值。误差有明显的集中趋势。

③ 有界性：仅仅由于偶然误差造成的误差不可能很大，即大误差出现的概率很小。如果发现误差很大的测定值出现，往往是由于其他过失误差造成的，此时，对这种数据应作相应的处理。

④ 抵偿性：误差的算术平均值的极限为零。

$$\lim \sum_{i=1}^{n} \frac{d_i}{n}=0 \tag{4-11}$$

在标准正态分布曲线上，如把曲线与横坐标从$-\infty$～$+\infty$之间所包围的面积（代表所有随机误差出现的概率的总和）定为 100%，通过计算发现误差范围与出现的概率有如下关系，见表 4-1 和图 4-2。

表 4-1　误差在某些区间出现的概率

$x-\mu$	u	概　率
$[-\sigma,+\sigma]$	$[-1,1]$	68.3%
$[-1.96\sigma,+1.96\sigma]$	$[-1.96,+1.96]$	95%
$[-2\sigma,+2\sigma]$	$[-2,+2]$	95.5%
$[-3\sigma,+3\sigma]$	$[-3,+3]$	99.7%

测定值或误差出现的概率称为置信度或置信水平（confidence level），图 4-2 中 68.3%、95.5%、99.7%即为置信度，其意义可以理解为某一定范围的测定值（或误差值）出现的概率。$\mu\pm\sigma$、$\mu\pm2\sigma$、$\mu\pm3\sigma$ 等称为置信区间（confidence interval），其意义为真实值在指定概率下，分布在某一个区间。置信度选得高，置信区间就宽。

4.1.6　有限次测定中随机误差服从 t 分布

在分析测试中，测定次数是有限的，一般平行测定 3～5 次，无法计算总体标准偏差 σ 和总体平均值 μ，而有限次测定的随机误差并不完全服从正态分布，而是服从类似于正态分布的 t 分布，t 分布是由英国统计学家与化学家 W. S. Gosset 提出，以 Student 的笔名发表的。t 的定义与 $u=\frac{x-\mu}{\sigma}$ 一致，只是用 s 代替 σ，即

$$t=\frac{x-\mu}{s} \tag{4-12}$$

也可衍生出：
$$t=\frac{\overline{x}-\mu}{s}\sqrt{n} \tag{4-13}$$

t 分布曲线如图 4-3 所示。

由图可见，t 分布曲线与正态分布曲线相似，t 分布曲线随自由度 f（$f=n-1$）而变，当 $f>20$ 时，二者很近似，当 $f\to\infty$ 时，二者更一致了，t 分布在分析化学中应用很多，将在后面的有关内容中讨论。

t 值与置信度和测定值的次数有关，其值可由表 4-2 中查得。

$$\mu=\overline{x}\pm\frac{ts}{\sqrt{n}} \tag{4-14}$$

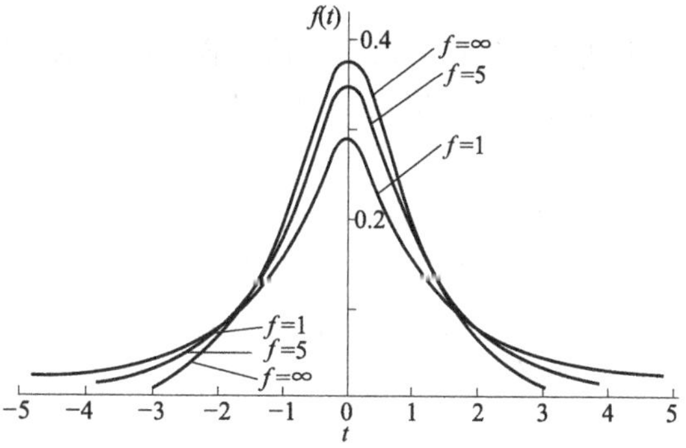

图 4-3 t 分布曲线

置信区间的宽窄与置信度、测定值的精密度和测定次数有关，当测定值精密度愈高（s 值愈小），测定次数愈多（n 值愈大）时，置信区间愈窄，即平均值愈接近真值，平均值愈可靠。

表 4-2 t 值表

测定次数	置信度			测定次数	置信度		
	90%	95%	99%		90%	95%	99%
2	6.314	12.706	63.657	8	1.895	2.365	3.500
3	2.920	4.303	9.925	9	1.860	2.306	3.355
4	2.353	3.182	5.841	10	1.833	2.262	3.250
5	2.132	2.776	4.604	11	1.812	2.228	3.169
6	2.015	2.571	4.032	21	1.725	2.086	2.846
7	1.943	2.447	3.707	∞	1.645	1.960	2.576

式（4-14）的意义：在一定置信度下（如 95%），真值（总体平均值）将在测定平均值 $\overline{x}$ 附近的一个区间即在 $\overline{x}-\frac{ts}{\sqrt{n}}$ 至 $\overline{x}+\frac{ts}{\sqrt{n}}$ 之间存在，把握程度为 95%。式（4-14）常作为分析结果的表达式。

置信度选择越高，置信区间越宽，其区间包括真值的可能性也就越大，在分析化学中，一般将置信度定为 95%或 90%。

例 4-3 测定 SiO_2 的质量分数，得到下列数据（%）：28.62、28.59、28.51、28.48、28.52、28.63，求平均值、标准偏差及置信度分别为 90%和 95%时平均值的置信区间。

解： $\overline{x}=\left(\frac{28.62+28.59+28.51+28.48+28.52+28.63}{6}\right)\%=28.56\%$

$$s=\sqrt{\frac{(0.06)^2+(0.03)^2+(0.05)^2+(0.08)^2+(0.04)^2+(0.07)^2}{6-1}}\%=0.06\%$$

查表 4-2，置信度为 90%，$n=6$ 时，$t=2.015$，因此

$$\mu=\left(28.56\pm\frac{2.015\times0.06}{\sqrt{6}}\right)\%=(28.56\pm0.05)\%$$

同理，对于置信度为 95%，可得：

$$\mu=\left(28.56\pm\frac{2.571\times0.06}{\sqrt{6}}\right)\%=(28.56\pm0.07)\%$$

上述计算说明，若平均值的置信区间取（28.56±0.05)%，则真值在其中出现的概率为 90%，而若使真值出现的概率提高为 95%，则其平均值的置信区间将扩大为（28.56±0.07)%。

例 4-4 测定钢中含铬量时，先测定两次，测得的质量分数为 1.12%和 1.15%；再测定三次，测得的数据为 1.11%、1.16%和 1.12%。试分别按两次测定和按五次测定的数据来计算平均值的置信区间（95%置信度)。

解：两次测定时

$$\overline{x}=\frac{1.12\%+1.15\%}{2}=1.135\%$$

$$s=\sqrt{\frac{0.015^2+0.015^2}{2-1}}=0.021\%$$

查表 4-2 得 $t_{95\%}=12.7(n=2)$，因此

$$w_{\mathrm{Cr}}=\left(1.14\pm\frac{12.7\times0.021}{\sqrt{2}}\right)\%=(1.14\pm0.19)\%$$

五次测定时

$$\overline{x}=\left(\frac{1.12+1.15+1.11+1.16+1.12}{5}\right)\%=1.13\%$$

$$s=\sqrt{\frac{\sum(x_i-\overline{x})^2}{n-1}}\%=0.022\%$$

查表 4-2，得 $t_{95\%}=2.78(n=5)$，因此

$$w_{\mathrm{Cr}}=\left(1.13\pm\frac{2.78\times0.022}{\sqrt{5}}\right)\%=(1.13\pm0.03)\%$$

由上例可见，在一次测定次数范围内，适当增加测定次数，可使置信区间显著缩小，即可使测定的平均值 $\overline{x}$ 与总体平均值 μ 接近。

4.1.7 公差

“公差”是生产部门对于分析结果允许误差的一种表示方法。如果分析结果超出允许的公差范围，称为“超差”，该项分析工作应该重做。

公差的确定与很多因素有关，一般是根据试样的组成和分析方法的准确度来确定。对组成较复杂（如天然矿石）的分析，允许公差范围宽一些，一般工业分析，允许相对误差在百分之几到千分之几，而原子量的测定，要求相对误差很小。对于每一项具体的分析工作，有关主管部门都规定了具体的公差范围，例如对钢中的硫含量分析的允许公差范围如下：

硫的质量分数/%	≤0.020	0.020～0.050	0.050～0.100	0.100～0.200	≥0.200
公差(绝对误差)/%	±0.002	±0.004	±0.006	±0.010	±0.015

目前，国家标准中，对含量与允许公差之间的关系常用回归方程式表示。

4.2 分析结果的数据处理

分析工作者获得了一系列数据后，需对这些数据进行处理，譬如有个别偏离较大的数据称为可疑值或异常值（也叫离群值、极值等）。对于为数不多的测定数据，可疑值是保留还是该弃去，测得的平均值与真值或标准值的差异是否合理，相同方法测得的两组数据或用两种不同方法对同一试样测得的两组数据间的差异是否在允许的范围内，都应作出判断，不能随意舍去。

4.2.1 可疑数据的取舍

对可疑值的取舍实质是区分可疑值与其他测定值之间的差异到底是由过失还是由随机误差引起的。如果已经确认测定中发生过失，则无论此数据是否异常，一概都应舍去；而在原因不明的情况下，就必须按照一定的统计方法进行检验，然后再做出判断。

即判断离群值是否仍在偶然误差范围内，常用的统计检验方法有效果较好的 Grubbs 检验法和使用简便的 Q 值检验法（Q-test），这些方法都是建立在随机误差服从一定的分布规律基础上。

（1）Grubbs 法

具体步骤是：将测定值由小到大排列顺序：$x_1<x_2<\cdots<x_n$，其中 x_1 或 x_n 可疑，需要进行判断。先计算出该组 n 个测量数据的平均值 $\overline{x}$ 和标准偏差 s，再计算统计量 G。

若 x_1 为可疑值
$$G_{计算}=\frac{\overline{x}-x_1}{s} \tag{4-15}$$

若 x_n 为可疑值
$$G_{计算}=\frac{x_n-\overline{x}}{s} \tag{4-16}$$

得出的 $G_{计算}$ 值若大于表中临界值，$G_{计算}>G_{表}$（置信度选 95%），则 x_1 或 x_n 应弃去，反之则保留。$G_{表}$ 见表 4-3。

表 4-3 G 值表

n	置信度(P)			n	置信度(P)		
	95%	97.5%	99%		95%	97.5%	99%
3	1.15	1.15	1.15	10	2.18	2.29	2.41
4	1.46	1.48	1.49	11	2.23	2.36	2.48
5	1.67	1.71	1.75	12	2.29	2.41	2.55
6	1.82	1.89	1.94	13	2.33	2.46	2.61
7	1.94	2.02	2.10	14	2.37	2.51	2.66
8	2.03	2.13	2.22	15	2.41	2.55	2.71
9	2.11	2.21	2.32	20	2.56	2.71	2.88

在运用格鲁布斯法判断可疑值的取舍时，由于应用了平均值 $\overline{x}$ 及标准偏差 s，故判断的准确性较高，因此得到普遍采用。

还需要指出的是，在运用上述方法时，如置信度定得过大，则容易将可疑值保留；反之，则可能将合理的测定值舍去。通常选择 90% 或 95% 的置信度是合理的。

（2）Q 值检验法

该法由迪安（Dean）和狄克逊（Dixon）在 1951 年提出，如果测定次数在 10 次以内，使用 Q 值法比较简便。步骤是将测定值由小到大排列，$x_1<x_2<\cdots<x_n$，其中 x_1 或 x_n

可疑：

当 x_1 可疑时，用 $$Q_{计算}=\frac{x_2-x_1}{x_n-x_1} \tag{4-17}$$

当 x_n 可疑时，用 $$Q_{计算}=\frac{x_n-x_{n-1}}{x_n-x_1} \tag{4-18}$$

算出 Q 值。式中 x_n-x_1 称为极差。

若 $Q_{计算}>Q_{表}$，则弃去可疑值，反之，则保留。$Q_{0.90}$ 表示置信度选 90%，$Q_{表}$ 的数据见表 4-4。

表 4-4　Q 值表

测定次数 n	$Q_{0.90}$	$Q_{0.95}$	$Q_{0.99}$	测定次数 n	$Q_{0.90}$	$Q_{0.95}$	$Q_{0.99}$
3	0.94	0.98	0.99	7	0.51	0.59	0.68
4	0.76	0.85	0.93	8	0.47	0.54	0.63
5	0.64	0.73	0.82	9	0.44	0.51	0.60
6	0.56	0.64	0.74	10	0.41	0.48	0.57

例 4-5　测定某药物中 Co 的质量分数（$\times10^{-6}$）得到结果如下：1.25，1.27，1.31，1.40。用 Grubbs 法和 Q 值检验法判断 1.40×10^{-6} 这个数据是否保留。

解：①用 Grubbs 法：$\overline{x}=1.31\times10^{-6}$，$s=0.067\times10^{-6}$

$$G_{计算}=\frac{1.40-1.31}{0.066}=1.36$$

查表 4-3，置信度 95%，$n=4$，$G_{表}=1.46$，$G_{计算}<G_{表}$，故 1.40×10^{-6} 应保留。

② 用 Q 值检验法：可疑值为 x_n。

$$Q_{计算}=\frac{x_n-x_{n-1}}{x_n-x_1}=\frac{1.40-1.31}{1.40-1.25}=0.60$$

查表 4-4，$n=4$，$Q_{0.90}=0.76$，$Q_{计算}<Q_{表}$，故 1.40×10^{-6} 应保留，两种方法判断一致。

Q 值法由于不必计算 $\overline{x}$ 及 s，故使用起来比较方便。Q 值法在统计上有可能保留离群较远的值。置信度常选 90%，如选 95%，会使判断误差更大。判断可疑值用 Grubbs 法更好。

缺乏经验的人往往喜欢从三次测定数据中挑选两个“好”的数据，这种做法是没有根据的，有时甚至是荒谬的，表面上似乎提高了测定的精密度，但对平均值的置信区间来说，有时得到相反的结果。例如有下列三个测定值：40.12、40.16 和 40.18。表面看来取后两次数据的平均值 40.17 更理想，其实，置信区间更宽了，真值存在的范围更大了。

不舍去 40.12，平均值的置信区间（置信度为 95%）为：

$$\overline{x}\pm\frac{ts}{\sqrt{n}}=40.15\pm\frac{4.3\times0.031}{\sqrt{3}}=40.15\pm0.08$$

即真值范围在 40.07～40.23 之间。

舍去 40.12 后，平均值的置信区间（置信度为 95%）为：

$$40.17\pm\frac{12.71\times0.014}{\sqrt{2}}=40.17\pm0.13$$

即真值存在范围在 40.04～40.30 之间。

总之出现离群数据时，应着重从技术上查明原因，然后再进行统计检验，切忌任意舍弃。

4.2.2 显著性检验

用统计的方法检验测定值之间是否存在显著性差异，以此推测它们之间是否存在系统误差，从而判断测定结果或分析方法的可靠性，这一过程称为显著性检验。定量分析中常用的有 t 检验法和 F 检验法。

(1) 平均值与标准值的比较（检查方法的准确度）

为了检验一个分析方法是否可靠，是否有足够的准确度，常用已知含量的标准试样进行试验，用 t 检验法将测定的平均值与已知值（标样值）比较，按 (4-19) 计算 t 值。

$$t=\frac{|\bar{x}-\mu|}{s}\sqrt{n} \tag{4-19}$$

若 $t_{计算}>t_{表}$，则 $\bar{x}$ 与已知值有显著差别，表明被检验的方法存在系统误差；若 $t_{计算}\ll t_{表}$，则 $\bar{x}$ 与已知值之间的差异可认为是偶然误差引起的正常差异。

例 4-6 一种新方法用来测定试样含铜量，用含量为 11.7mg·kg^{-1} 的标准试样，进行五次测定，所得数据为 10.9、11.8、10.9、10.3、10.0。判断该方法是否可行？（是否存在系统误差）。

解：计算平均值 $\bar{x}=10.8$，标准偏差 $s=0.7$，则

$$t=\frac{|\bar{x}-\mu|}{s}\sqrt{n}=\frac{|10.8-11.7|}{0.7}\sqrt{5}=2.87$$

查表 4-2，$t_{(0.95,n=5)}=2.78$，因此

$$t_{计算}>t_{表}$$

说明该方法存在系统误差，结果偏低。

(2) 两个平均值的比较

当需要对两个分析人员测定相同试样所得结果进行评价，或需对两种方法进行比较，检查两种方法是否存在显著性差异，即是否有系统误差存在，以便于选择更快、更准确、成本更低的一种方法时，可选用 t 检验法进行判断，此法可信度较高。

判断两个平均值是否有显著性差异时，首先要求这两个平均值的精密度没有大的差别。为此可采用 F 检验法进行判断。

F 检验又称方差比检验：

$$F=\frac{s_{大}^2}{s_{小}^2} \tag{4-20}$$

$s_{大}$ 和 $s_{小}$ 分别代表两组数据中标准偏差大的数值和小的数值，若 $F_{计算}<F_{表}$（$F_{表}$ 见表 4-5），再继续用 t 检验判断 $\bar{x}_1$ 与 $\bar{x}_2$ 是否有显著性差异；若 $F_{计算}>F_{表}$，不能用此法进行判断。

表 4-5 置信度 95% 时 F 值

$f_{s小}$ \ $f_{s大}$	2	3	4	5	6	7	8	9	10	∞
2	19.00	19.16	19.25	19.30	19.33	19.36	19.37	19.38	19.39	19.50
3	9.55	9.28	9.12	9.01	8.94	8.88	8.84	8.81	8.78	8.53
4	6.94	6.59	6.39	6.26	6.16	6.09	6.04	6.00	5.96	5.63
5	5.79	5.41	5.19	5.05	4.95	4.88	4.82	4.77	4.74	4.36

续表

$f_{s大}$ \ $f_{s小}$	2	3	4	5	6	7	8	9	10	∞
6	5.14	4.76	4.53	4.39	4.28	4.21	4.15	4.10	4.06	3.67
7	4.74	4.35	4.12	3.97	3.87	3.79	3.73	3.68	3.63	3.23
8	4.46	4.07	3.84	3.69	3.58	3.50	3.44	3.39	3.34	2.93
9	4.26	3.86	3.63	3.48	3.37	3.29	3.23	3.18	3.13	2.71
10	4.10	3.71	3.48	3.38	3.22	3.14	3.07	3.02	2.97	2.54
∞	3.00	2.60	2.37	2.21	2.10	2.01	1.94	1.88	1.83	1.00

注：$f_{s大}$指方差大的数据的自由度；$f_{s小}$指方差小的数据的自由度（$f=n-1$）。

例 4-7 甲乙二人对同一试样用不同方法进行测定，得两组测定值如下。

甲：1.26 1.25 1.22

乙：1.35 1.31 1.33 1.34

问两种方法间有无显著性差异？

解：

$$n_甲=3 \quad \bar{x}_甲=1.24 \quad s_甲=0.021$$

$$n_乙=4 \quad \bar{x}_乙=1.33 \quad s_乙=0.017$$

$$F_{计算}=\frac{s_大^2}{s_小^2}=\frac{(0.021)^2}{(0.017)^2}=1.53$$

查表 4-5，F 值为 9.55，说明两组的方差无显著性差异。进一步用 t 公式进行计算。

$$t=\frac{|\bar{x}_1-\bar{x}_2|}{s_合}\sqrt{\frac{n_1 n_2}{n_1+n_2}} \tag{4-21}$$

式中

$$s_合=\sqrt{\frac{(n_1-1)s_1^2+(n_2-1)s_2^2}{n_1+n_2-2}} \tag{4-22}$$

本例中

$$s_合=\sqrt{\frac{(3-1)\times(0.021)^2+(4-1)\times(0.017)^2}{3+4-2}}\approx 0.020$$

则

$$t=\frac{|1.24-1.33|}{0.020}\sqrt{\frac{3\times 4}{3+4}}=5.90$$

查表 4-2，$f=n_1+n_2-2=3+4-2=5$，置信度 95%，$t_表=2.57$。

由于 $t_{计算}>t_表$，表明甲乙二人采用的不同方法间存在显著性差异，如要进一步查明何种方法可行，可分别与标准方法或使用标准试样进行对照试验，根据实验结果进行判断。

本例中两种方法所得平均值的差为 $|\bar{x}_1-\bar{x}_2|=0.09$，其中包含了系统误差和随机误差。根据 t 分布规律，随机误差允许最大值为：

$$|\bar{x}_1-\bar{x}_2|=ts_合\sqrt{\frac{n_1+n_2}{n_1 n_2}}=2.57\times 0.02\times\sqrt{\frac{3+4}{3\times 4}}\approx 0.04$$

说明可能有 0.04 的值由系统误差产生。

4.3 有效数字及其运算规则

在定量分析中，为了得到可靠的分析结果，不仅要准确测定每个数据，而且还要进行正确的记录和计算。由于测定值不仅表示了试样中被测组分的含量多少，而且还反映了测定的准确度。因此了解有效数字的意义，掌握正确的使用方法，在记录实验数据和计算结果中，保留几位有效数字不是任意确定的，而是应根据测定仪器和分析方法的准确度而定。

4.3.1 有效数字的意义和位数

在测量科学中，所用数字分为两类：一类是一些常数（如 π 等）以及倍数（如 2、$\frac{1}{2}$ 等），系非测定值，它们的有效数字位数可看作无限多位，按计算式中需要而定。另一类是测量值或与测量值有关的计算值，它的位数多少，反映测量的精确程度，这类数字称为有效数字，也可理解为最高数字不为零的实际能测量的数字。有效数字通常保留的最后一位数字是不确定的，称为可疑数字，例如滴定管读数 25.15mL，四位有效数字最后一位数字 5 是估计值，可能是 4，也可能是 6，虽然是测定值，但不很准确。一般有效数字的最后一位数字有±1 个单位的误差。

由于有效数字位数与测量仪器精度有关，实验数据中任何一个数都是有意义的，数据的位数不能随意增加或减少，如在万分之一天平上称量某物质为 0.2501g（分析天平感量为±0.1mg），不能记录为 0.250g 或 0.25010g。50mL 滴定管读数应保留小数点后两位，如 28.30mL 不能记为 28.3mL。

运算中，首位数字≥8，有效数字可多记一位。如 0.834，计 4 位有效数字。

数字“0”在数据中有两种意义，若只是定位作用，它就不是有效数字；若测量所得的普通数字就是有效数字。如称量某物质为 0.0875g，8 前面的两个 0 只起定位作用，故 0.0875 为三位有效数字。又如 HCl 浓度为 $0.2100mol \cdot L^{-1}$ 为四位有效数字。滴定管读数 30.20mL，两个 0 都是测量数据，该数据有四位有效数字。改换单位不能改变有效数字位数。如 1.0L 是两位有效数字，不能写成 1000mL，应写成 1.0×10^3mL，仍然是两位有效数字。

对于 pH、pM、lg$K$ 等负对数和对数值的有效数字位数，按照对数的位数与真数的有效字数位数相等，对数的首数相当于真数的指数的原则来定，即其有效数字的位数取决于小数点后数字的位数，因其整数部分只表示该数据的次方。例如 $[H^+]=6.3\times10^{-12}mol \cdot L^{-1}$，两位有效数字，所以 pH=11.20，不能写成 pH=11.2。对于 10^x 或 e^x 等幂指数，其有效数字的位数只与指数 x 的小数点后的位数相同。例如 $10^{0.0035}$，其有效数字为四位而不是两位，$10^{0.0035}=1.008$；$10^{20.0035}$ 的有效数字为四位而不是六位，$10^{20.0035}=1.008\times10^{20}$。

4.3.2 数字修约规则

在数据处理的过程中，可能涉及不同准确度的器皿或仪器，所得测定数据的有效数字位数可能不同。因此结果的有效数字位数必须能正确表达实验的准确度。运算过程及最终结果，都需要对数据进行修约，即舍去多余的数字，以避免不必要的烦琐计算。舍去某些数据后面多余数字（称为尾数），这个过程称为数字的“修约”。目前，数字修约多采用“四舍六入五留双”方法，即当多余尾数≤4 时舍去尾数，≥6 时进位。尾数正好是 5 时分两种情况，若 5 后数字不为 0，一律进位，5 后无数字或为 0 时，采用 5 前是奇数则将 5 进位，5 前是偶数则把 5 舍弃，简称“奇进偶舍”。数据修约规则可参阅 GB 8170—1987。

例如：下列数字保留四位有效数字，修约如下：

14.2442→14.24

26.4863→26.49

15.0250→15.02

15.0150→15.02

15.0251→15.03

另外修约数字时要一次修约到所需要位数，不能连续多次的修约，如 2.3457 修约到两位，应为 2.3，如连续修约则为 2.3457→2.346→2.35→2.4，这就不对了。

4.3.3 数字运算规则

（1）加减法

当几个数据相加或相减时，运算结果的有效数字位数取决于这些数据中绝对误差最大的数（小数点后位数最少的数）。如 0.0121＋25.64＋1.05782，其中 25.64 的绝对误差为±0.01，是绝对误差最大者（按最后一位数字为可疑数字），故按小数后保留两位报结果为：

$$0.01+25.64+1.06=26.71$$

先修约，后计算，可以使计算简便。

（2）乘除法

对几个数据进行乘除运算时，运算结果的有效数字位数决定于这些数据中相对误差最大的数（即有效数字位数最少的数）。如

$$\frac{0.0325\times5.103\times60.064}{139.82}$$

式中，0.0325 的相对误差最大，其值为$\frac{\pm0.0001}{0.0325}\approx\pm0.3\%$，故结果只能保留三位有效数字，为 0.0713，绝不能记作 0.07125。

在乘除运算中，如果有效数字位数最少的因数的首数是“8”或“9”（称为大数），则积或商的有效数字位数可以比这个因数多取一位。例如，9.0×0.251÷2.53，其中 9.0 的有效数字位数最少，只有两位，但是它的相对误差约为±1%，与 10.0 等三位有效数的相对误差接近，所以最后结果可保留三位，即 9.0×0.251÷2.53＝0.893。

运算时，先修约再运算，或最后再修约，两种情况下得到的结果数值，有时不一样。为避免出现此情况，既能提高运算速度，而又不使修约误差积累，可采用在运算过程中，将参与运算的各数的有效数字位数修约到比该数应有的有效数字位数多一位（这多取的数字称为安全数字），然后再进行运算。

如上例$\frac{0.0325\times5.103\times60.064}{139.82}$先修约再运算，即$\frac{0.0325\times5.10\times60.1}{140}=0.0712$运算后再修约，结果为 0.0712551→修约为 0.0713。

两者不完全一样，如采用安全数字，本例中各数取四位有效数字，最后结果修约到三位，即

$$\frac{0.0325\times5.103\times60.06}{139.8}=0.07130\text{（修约为 0.0713）}$$

这是目前大家常采用的、使用安全数字的方法。

使用计算器进行计算时，为了迅速连续进行，一般先进行修约，不对中间各步的计算结果进行修约，并对最后结果按运算规则进行修约。

分子化学中的计算主要有两大类。一类是各种化学平衡中有关浓度的计算，该过程中一般都要使用有关的平衡常数，如 K_a、K_b、$K_稳$和 K_{sp}等（相对误差约为 5%），此时可依靠平衡常数的位数来确定计算结果有效数字的位数，一般为两至三位。另外一类是计算测定结果，确定其有效数字位数与待测组分在试样中的待测含量有关。一般具体要求如下，对于高含量组分（组分含量≥10%）的测定结果应保留四位有效数字；对于中等含量（含量为 1%～10%）的测定结果应保留三位有效数字；微量组分（含量＜1%）的测定结果常取两位有效数字。

对于各种误差和偏差的计算，一般只需要保留一位有效数字，最多取两位，采用过多的位数是无意义的。误差数据修约时全部进位。

4.4 标准曲线的回归分析

在分析化学中，经常使用标准曲线来获得试样某组分的浓度。如光度分析中的浓度-吸光度曲线；电位法中的浓度-电位值曲线；色谱法中的浓度-峰面积（或峰高）曲线等。

怎样才能使这些标准曲线描绘得最准确，误差最小呢？这就需要找出浓度与某特性值两个变量之间的回归直线及代表此直线的回归方程。以下简介回归方程的计算方法。

设浓度 x 为自变量，某性能参数 y 为因变量，在 x 与 y 之间存在一定的相关关系，当用实验数据 x_i 与 y_i 绘图时，由于实验误差存在，绘出的点不可能全在一条直线上，而是分散在直线周围，为了找出一条直线，使各实验点到直线的距离最短（误差最小）。需要用数理统计方法，利用最小二乘法关系算出相应的方程 $y=a+bx$ 中的系数 a 和 b，然后再绘出相应的直线，这样的方程称为 y 对 x 的回归方程，相应的直线称为回归直线，从回归方程或回归直线上求得的数值误差小，准确度高。式中 a 为直线的截距，与系统误差大小有关；b 为直线的斜率，与方法灵敏度有关。

设实验点为 x_i、$y_i(i=1\sim n)$，则平均值

$$\overline{x}=\frac{\sum_{i=1}^{n}x_i}{n},\quad \overline{y}=\frac{\sum_{i=1}^{n}x_i}{n}$$

由最小二乘法关系得：

$$b=\frac{\sum_{i=1}^{n}(x_i-\overline{x})(y_i-\overline{y})}{\sum_{i=1}^{n}(x_i-\overline{x})^2} \tag{4-23}$$

或

$$b=\frac{\sum_{i=1}^{n}x_iy_i-(\sum_{i=1}^{n}x_i)(\sum_{i=1}^{n}y_i)/n}{\sum_{i=1}^{n}x_i^2-(\sum_{i=1}^{n}x_i)^2/n} \tag{4-24}$$

$$a=\overline{y}-b\,\overline{x} \tag{4-25}$$

如 a，b 值确定，回归方程也就确定了。但这个方程是否有意义呢（因为即使数据误差很大，仍然可以求出一相应方程）？需要判断两个变量 x 与 y 之间的相关关系是否达到一定密切程度，为此可采用相关系数（r）检验法。

当 $r=\pm1$ 时，两变量完全线性相关，实验点全部在回归直线上。

$r=0$ 时，两变量毫无相关关系。

$0<|r|<1$ 时，两变量有一定的相关性，只有当 $|r|$ 大于某临界值时，二者相关才显著，所求回归方程才有意义。

r 的数值按下列公式计算：

$$r=\frac{\sum_{i=1}^{n}(x_i-\overline{x})(y_i-\overline{y})}{\sqrt{\sum_{i=1}^{n}(x_i-\overline{x})^2\sum_{i=1}^{n}(y_i-\overline{y})^2}} \tag{4-26}$$

或
$$r=\frac{\sum_{i=1}^{n}x_iy_i-n\overline{x}\,\overline{y}}{\sqrt{(\sum_{i=1}^{n}x_i^2-n\overline{x}^2)(\sum_{i=1}^{n}y_i^2-n\overline{y}^2)}} \tag{4-27}$$

r 的临界值与置信度及自由度关系见表 4-6。

表 4-6 相关系数 r 的临界值

置信度 \ r \ $f=n-2$	1	2	3	4	5	6	7	8	9	10
90%	0.988	0.900	0.805	0.729	0.669	0.622	0.582	0.549	0.521	0.497
95%	0.997	0.950	0.878	0.811	0.755	0.707	0.666	0.632	0.602	0.576
99%	0.999	0.990	0.959	0.917	0.875	0.834	0.798	0.765	0.735	0.708

例 4-8 分光光度法测定酚的数据如下：

酚含量 x	0.005	0.010	0.020	0.030	0.040	0.050
吸光度 y	0.020	0.046	0.100	0.120	0.140	0.180

解： $n=6$ $\sum_{i=1}^{6}x_i=0.155$ $\sum_{i=1}^{6}y_i=0.606$ $\sum_{i=1}^{6}x_iy_i=0.0208$

$\overline{x}=0.0258$ $\overline{y}=0.101$ $n\overline{x}\,\overline{y}=0.0156$

$\sum_{i=1}^{6}x_i^2=0.0055$ $\sum_{i=1}^{6}y_i^2=0.0789$

则 $\sum x_iy_i-(\sum x_i)(y_i)/n=0.0208-0.155\times0.606/6=0.0015$

$\sum x_i^2-(\sum x_i)^2/n=0.0055-(0.155)^2/6=0.0051$

故
$$b=\frac{0.0051}{0.0015}=3.40$$
$$a=0.101-3.40\times0.0258=0.013$$

回归方程为： $y=0.013+3.40x$

利用此方程只要测得 y（吸光度），即可求得试样中酚含量 x。

检查 x 与 y 的相关系数，代入式（4-27）得，$r=0.996$。查表 4-6，当 $f=6-2=4$ 时，选置信度 95%，$r_{临}=0.811$，因此 $r_{计}>r_{临}$，表明方程是有意义的。

4.5 Excel 在实验数据处理中的应用

Excel 是微软公司办公软件 Office 的重要部分，是目前公认的世界上功能最强大、技术最先进和使用最方便的电子表格软件。几乎分析化学的所有计算和图表都可使用该软件完成。微软公司在研制 Excel 软件时，已提供了较为详细的使用说明，可通过“Excel 帮助”获得常规的需求说明。用鼠标点击 Excel 中的“help/Microsoft/excel help”或者使用“F1”键，在搜索框中键入主题词，即可获得相关信息。美国斯坦福大学终身教授道格拉斯（D. A. Skoog）在新版教材“Fundamentals of Analytical Chemistry”中，详细介绍了微软公司具有强大数据处理和制图功能的 Excel 软件进行数据处理的各种方法。

Excel具有较强的图表功能，编辑和定制图表的过程只需拖拽鼠标就可以实现。Excel的函数库很大，包含数学函数、工程函数和逻辑函数等，可进行某一工作表内单元格及单元格区域的计算，也可进行工作表之间相互引用（绝对引用、相对引用）的计算，还可进行工作表之间的三维计算。充分利用这强大的计算功能，即可对所建立的工作簿文件中的文件表建立计算公式。

运用Excel软件处理实验数据，具有简单明了和数据自动更新等优点，已广泛应用于分析实验数据的处理中。在进行计算前，需将每一个测定数据输入计算机，这一工作是完成数据处理的前提，点击选择合适的函数，即可以获得所需的计算结果。如定量分析中常见的求和、个数、平均值、标准偏差和相对标准偏差等值，都可通过Excel函数库获得，也可通过自编的计算公式在工作表之间相互引用获得所需的计算结果。

例 4-9 现有一组实验数据19.4、19.5、19.6、19.8、20.1和20.3。利用Excel工具，求和并计算平均值、平均偏差、标准偏差和相对标准偏差。

解：步骤一，输入以上数据。打开Excel软件，在所选定的栏目中输入数据19.4、19.5、19.6、19.8、20.1和20.3，见图4-4。为了便于说明，A列键入了汉字，实际工作没有必要键入汉字，直接将数据输入A列中。

步骤二，计算。

(1) 求和：选中以上6个数据，点击工具栏“Σ”中“求和（Sum）”函数，即可在数据下方出现计算结果，为118.7，如图4-4所示。或者B8栏中输入“＝sum（B2∶B7）”，按回车键，也可获得以上数据的和。

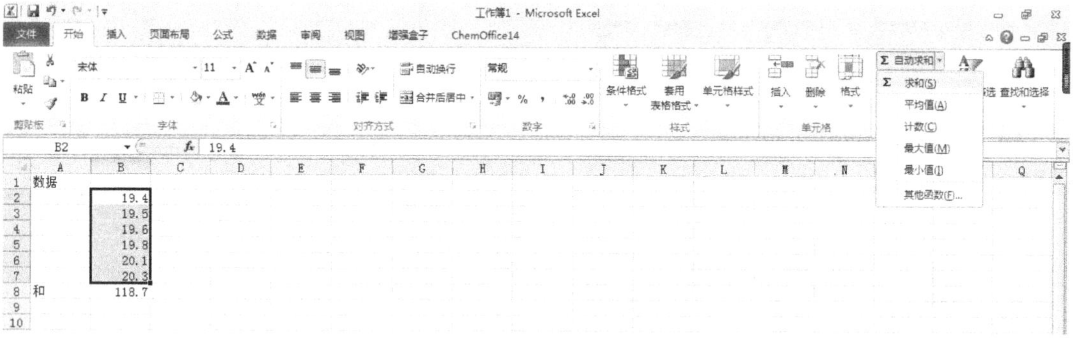

图4-4 求和计算示意图

(2) 计算算术平均值：同上，选择工具栏Σ中“平均值（AVERAGE）”函数，即可在数据下方出现计算结果，如图4-5所示。也可在平均值对应的B9栏输入“＝AVERAGE（B2∶B7）”，按回车键，获得以上数据的平均值为19.783 33，再按有效数字的运算规则，得出计算结果为19.8。

(3) 计算平均偏差：选中B10栏，点击工具栏“Σ”中“其他函数”，出现一“插入函数”的对话框，如图4-5所示，选择所需的计算平均偏差的“AVEDEV”函数，出现一“函数参数”的对话框，如图4-6所示。输入所需要计算数据的地址“B2∶B7”，即可在B10中获得结果；计算平均偏差时也可直接在B10栏中输入“＝AVEDEV(B2∶B7）”，按回车键，获得以上数据的平均偏差为0.3。

(4) 计算标准偏差：选中B11栏，同（3）所选，选择“STDEV”函数，输入所要计算数据的地址“B2∶B7”，即可获得标准偏差为0.4，如图4-7所示。

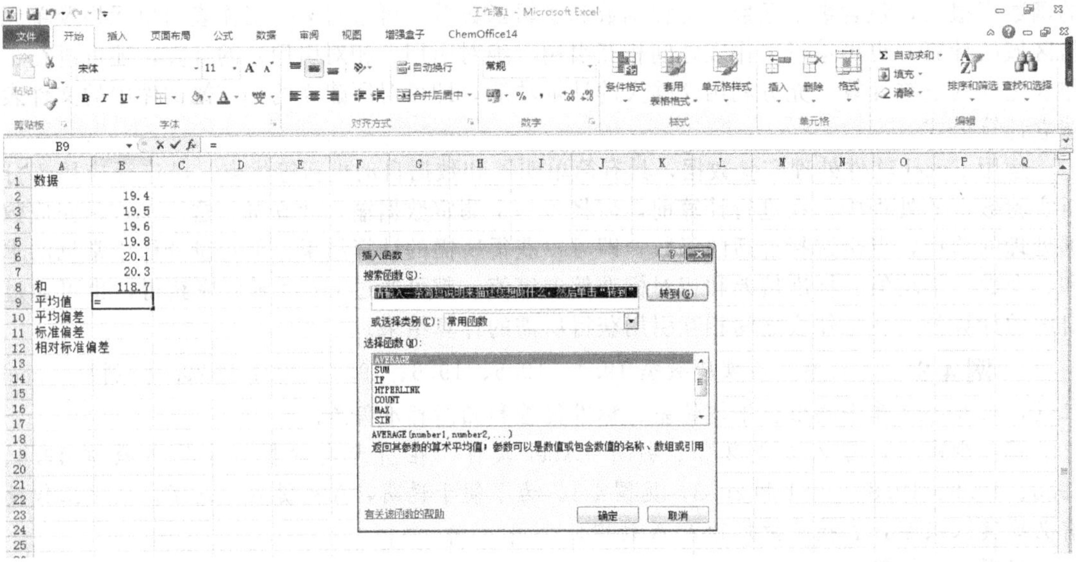

图 4-5 选择函数示意图

图 4-6 选择函数参数示意图

(5) 计算相对标准偏差：引用公式 $s_r = \frac{s}{\bar{x}} \times 100\%$，通过工作表之间的相互引用，在 B12 输出栏中输入“=B11/B9 * 100”，按回车键，即可获得以上数据的相对标准偏差为 2%。计算结果见图 4-7。

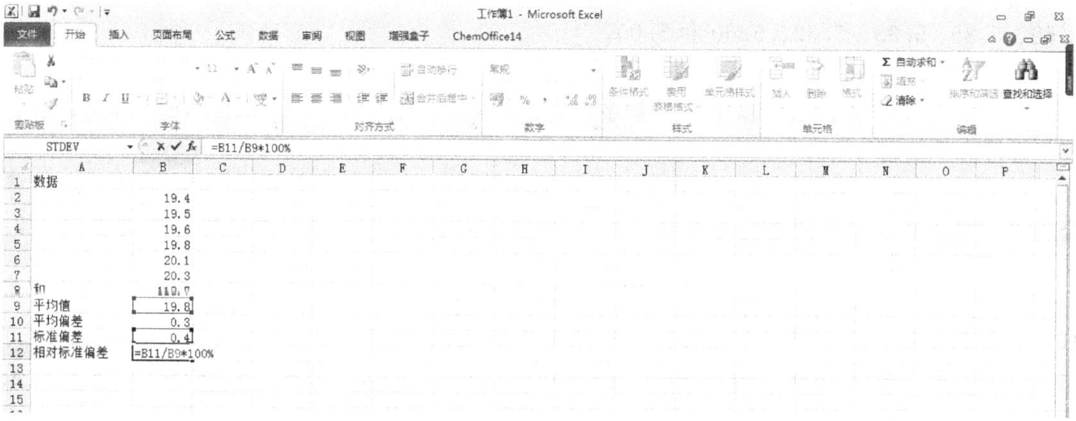

图 4-7 例 9 计算结果示意图

需要说明的是，所求数据有效数字位数的取舍要根据数字的修约规则进行。根据修约规则选定有效数字位数后，可通过在 Excel 中设定需要的位数，如［例 4-9］中 Excel 计算的平均值结果为“19.7833”，若需修约为 3 位有效数字，则选中需要修约的数字“19.7833”，点击工具栏中的“格式/单元格格式”，选择小数位数为 1，可获得 19.8 的结果，见图 4-8 所示。

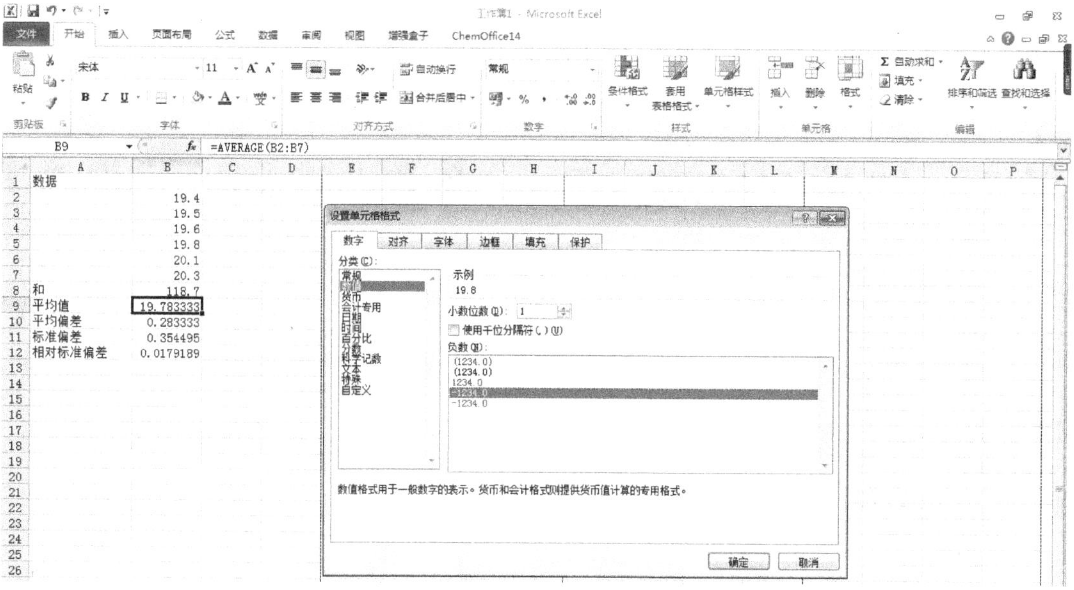

图 4-8 有效数字取舍示意图

例 4-10 水的硬度是水中所含钙、镁离子的总量，它是水质的一个重要指标。可采用将水中钙、镁的总量折算成 CaO 的含量来表示硬度（单位为德国度，1°d=10 $mg \cdot L^{-1}$ CaO）。利用配位滴定法测定某水样中水的总硬度，获得 7 组数据为（°d）：5.12、5.59、5.36、5.35、5.33、5.60 和 5.00，试利用 Excel 软件计算该水样总硬度的分析结果（置信度为 95%）。

解：步骤一，输入以上数据。打开 Excel 软件，在所选定的栏目中输入数据 5.12、5.59、5.36、5.35、5.33、5.60 和 5.00。

步骤二，计算：

(1) 计算平均值：选中以上 7 个数字，选择工具栏"∑"中"AVERAGE"函数，获得 7 个数据的平均值 5.33。

(2) 计算标准偏差：选中 B12 输出栏，点击工具栏"∑"中"其他函数"，选择"STDEV"函数，输入所要计算数据的地址"B2∶B8"，即可在 B12 中获得标准偏差为 0.2。

(3) 计算相对标准偏差：引用公式 $s_r=\frac{s}{\overline{x}}\times100\%$，在输出栏 B13 中输入"=B12/B9 * 100"，按回车键，获得以上数据的相对标准偏差为 5%。

(4) 可疑数据的取舍：选中以上 7 个数字，点击"MAX"函数，可获得 7 个数据的最大值为 $x_7=5.60$；点击"MIN"函数，可获得 7 个数据的最小值为 $x_1=5.00$。引用公式 $G=\frac{|x_{疑}-\overline{x}|}{s}$，计算 $G_1=1.5$，$G_7=1.2$，结果见图 4-9。

(5) 这两个值都小于 $G_{表}$ 值（$G_{表}=1.94$），表明 5.00 和 5.60 不是异常值，可予以保留。

(6) 置信区间的表示：$n=7$ 时，查表得 $t_{0.95,6}=2.45$。根据

$$\mu=\overline{x}\pm\frac{ts}{\sqrt{n}}$$

得

$$\mu=5.34\pm\frac{2.45\times0.2}{\sqrt{7}}=(5.34\pm0.19)°\mathrm{d}$$

有 95% 的把握认为该水样的总硬度为 $(5.34\pm0.19)°\mathrm{d}$。

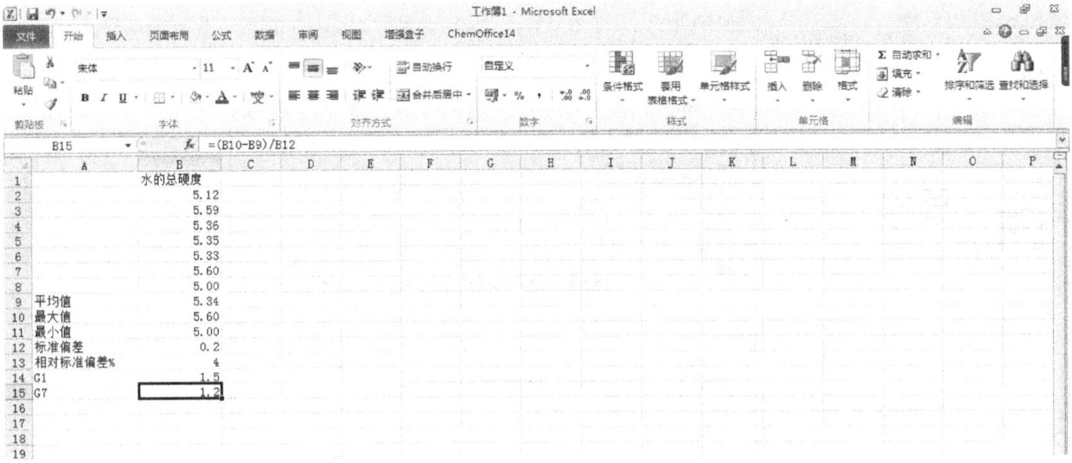

图 4-9 水的硬度的计算示意图

思考题与习题

[4-1] 正确理解准确度和精密度，误差和偏差的概念。

[4-2] 下列情况分别引起什么误差？如果是系统误差，应如何消除？

(1) 砝码被腐蚀；

(2) 天平两臂不等长；

(3) 容量瓶和吸管不配套；

(4) 重量分析中杂质被共沉淀；

(5) 天平称量时最后一位读数估计不准；

(6) 以含量为99%的邻苯二甲酸氢钾作基准物标定碱溶液。

[4-3] 用标准偏差和算术平均偏差表示结果，哪一种更合理？

[4-4] 如何减少偶然误差？如何减少系统误差？

[4-5] 某铁矿石中含铁量39.16%，若甲分析的结果为39.12%、39.15%和39.18%，乙分析的39.19%、39.24%和39.28%。试比较甲、乙两人分析结果的准确度和精密度。

[4-6] 甲、乙两人同时分析一矿物中的含硫量。每次取样3.5g，分析结果分别报告为

甲：0.042%、0.041%。

乙：0.041 99%、0.042 01%。

哪一份报告是合理的？为什么？

[4-7] 已知分析天平能称准至±0.1mg，要使试样的称量误差不大于0.1%，则至少要称取试样多少克？

[4-8] 某试样经分析测得含锰的质量分数（%）为：41.24、41.27、41.23、41.26。求分析结果的平均偏差、标准偏差和变异系数。

[4-9] 某矿石中钨的质量分数（%）测定结果为：20.39、20.41、20.43。计算标准偏差 s 及置信度为95%时的置信区间。

[4-10] 水中 Cl^- 含量，经6次测定，求得其平均值为 $35.2mg \cdot L^{-1}$，$s=0.7mg \cdot L^{-1}$，计算置信度为90%时平均值的置信区间。

[4-11] 用 Q 检验法，判断下列数据中，有无舍去？置信度选为90%。

(1) 24.26，24.50，24.73，24.63；

(2) 6.400，6.416，6.222，6.408；

(3) 31.50，31.68，31.54，31.82。

[4-12] 测定试样中 P_2O_5 的质量分数（%），数据如下：

8.44，8.32，8.45，8.52，8.69，8.38

用Grubbs法及 Q 检验法对可疑数据决定取舍，求平均值、平均偏差 $\overline{d}$、标准偏差 s 和置信度选90%及99%时平均值的置信范围。

[4-13] 有一标样，其标准值为0.123%，今用一新方法测定，得四次数据（%）为：0.112、0.118、0.115和0.119，判断新方法是否存在系统误差（置信度选95%）。

[4-14] 用两种不同方法测得数据如下：

方法Ⅰ：$n_1=6$，$\overline{x}_1=71.26\%$，$s_1=0.13\%$

方法Ⅱ：$n_2=9$，$\overline{x}_2=71.38\%$，$s_2=0.11\%$

判断两种方法间有无显著性差异？

[4-15] 用两种方法测定钢样中碳的质量分数（%）：

方法Ⅰ：4.08，4.03，3.94，3.90，3.96，3.99

方法Ⅱ：3.98，3.92，3.90，3.97，3.94

判断两种方法的精密度是否有显著差别。

[4-16] 下列数据中包含几位有效数字：

(1) 0.025 1　(2) 0.218 0　(3) 1.8×10^{-5}　(4) pH=2.50

[4-17] 按有效数字运算规则，计算下列各式：

(1) $2.187\times0.854+9.6\times10^{-5}-0.0326\times0.00814$

(2) $\dfrac{51.38}{8.709\times0.09460}$

(3) $\dfrac{9.827\times50.62}{0.005164\times136.6}$

(4) $\sqrt{\dfrac{1.5\times10^{-8}\times6.1\times10^{-8}}{3.3\times10^{-6}}}$

第5章 滴定分析

5.1 滴定分析概述

滴定分析法又可称为容量分析法，是最常用的一种化学分析方法。通常将一种已知准确浓度的溶液即标准溶液（standard solution）装入滴定管中，将一定体积的被测物质的溶液置于锥形瓶中，然后从滴定管中滴加标准溶液到被测物质溶液中，待两种物质完全反应，根据被测物质和标准溶液之间的定量关系计算被测物质的浓度或含量，这种方法称为滴定分析法。

将标准溶液从滴定管滴加到待测物质溶液中的操作过程称为滴定。二者恰好完全反应的这一点，称为化学计量点（stoichiometric point，简写为 sp）。一般来说，在化学计量点时，试液的外观并无明显变化，因此需在待测溶液中加入指示剂，当指示剂的颜色发生突变时结束滴定，此时称为滴定终点（end point，简写为 ep）。实际操作过程中，滴定终点与理论上的化学计量点不一定能完全吻合，往往存在很小的差别，由此而引起的误差称为终点误差（end point error）。

5.2 滴定分析法的分类与滴定反应的条件

5.2.1 滴定分析法的分类

化学分析法是以化学反应为基础的，滴定分析法是化学分析中重要的一类分析方法，按照标准溶液和被测物质间化学反应类型的不同，可分为下列四类。

（1）酸碱滴定法

酸碱滴定法是以质子传递为基础的一类滴定分析法，可用来测定酸或碱，其反应实质可用下式表示：

$$H_3O^+ + OH^- \xlongequal{} 2H_2O$$

（2）配位滴定法

配位滴定法是利用配位反应进行滴定的一种分析方法。常采用氨羧类测定金属离子，如用 EDTA（用 Y^{4-}表示 EDTA 的阴离子）滴定 Mg^{2+}：

$$Mg^{2+} + Y^{4-} \xlongequal{} MgY^{2-}$$

（3）沉淀滴定法

沉淀滴定法是利用沉淀反应进行滴定的方法，滴定过程中有沉淀生成，如用 $AgNO_3$标准溶液滴定 Cl^-：

$$Ag^+ + Cl^- \xlongequal{} AgCl$$

（4）氧化还原滴定法

氧化还原滴定法是利用氧化还原反应进行滴定的方法。可采用氧化剂或还原剂作为标准溶液滴定被测物质，如高锰酸钾法：

$$MnO_4^- + 5Fe^{2+} + 8H^+ \longrightarrow Mn^{2+} + 5Fe^{3+} + 4H_2O$$

5.2.2 滴定反应的条件

化学反应很多，但并非所有的化学反应都能用于滴定分析，适用于滴定分析的化学反应必须具备下列三个条件。

① 反应定量地完成，这是定量计算的基础。即反应按一定的反应方程式进行，无副反应发生，而且主反应接近完全，通常要求反应程度达到99.9%以上。

② 反应速率要快。对于反应速率较慢的反应，应采用加热或加入催化剂的方法提高其反应速率。

③ 要有简便可靠的方法确定终点。

凡能满足上述要求的反应，都可以用直接滴定法滴定被测物质。有些反应不能完全符合上述要求，可以采用以下返滴定、置换滴定和间接滴定的方式。

5.2.3 滴定方式

(1) 直接滴定法

符合滴定要求的反应可采用直接滴定法（direct titration）。直接滴定法是滴定分析法中最常用和最基本的滴定方法。例如：

$$2H^+ + Na_2CO_3 \longrightarrow H_2O + CO_2 + 2Na^+$$

$$Zn^{2+} + Y^{4-} \longrightarrow ZnY^{2-}$$

$$Ag^+ + Cl^- \longrightarrow AgCl$$

(2) 返滴定法

返滴定法（back titration）也称回滴定法。即先在待测物中加入一定量过量的滴定剂，待反应完成后，再用另一种标准溶液滴定剩余的滴定剂。最后，根据滴定所消耗的两种标准溶液的浓度和体积，计算被测物质的含量。返滴定法适用于下列情况：

① 被测物质是固体；

② 滴定剂与被测物质反应速率较慢；

③ 没有合适的指示剂。

例如：固体$CaCO_3$的测定，可先加入过量的HCl标准溶液并完全反应后，剩余的HCl溶液用NaOH标准溶液返滴定。又如Al^{3+}与EDTA的配位反应速率很慢，不能直接滴定，可于Al^{3+}溶液中先加入一定量过量的EDTA标准溶液，通过加热使Al^{3+}与EDTA反应完全后，用Zn^{2+}或Cu^{2+}标准溶液滴定剩余的EDTA。

(3) 置换滴定法

当被测物质和滴定剂之间没有定量关系或伴有副反应时，可以先用适当试剂与待测物质反应，使其转换成另一种能被定量滴定的物质，然后再用标准溶液滴定这种物质。例如不能用还原剂$Na_2S_2O_3$直接滴定强氧化剂$K_2Cr_2O_7$，虽然二者可以发生氧化还原反应，但却没有确定的定量关系，因为在酸性溶液中，$K_2Cr_2O_7$不仅能将$S_2O_3^{2-}$氧化成$S_4O_6^{2-}$，还可能氧化成SO_4^{2-}。因此可采用在$K_2Cr_2O_7$的酸性溶液中加入过量KI，定量反应生成I_2，然后再用$Na_2S_2O_3$标准溶液直接滴定。

(4) 间接滴定法

对于本身不能与滴定剂直接起反应的物质，有时可以通过其他化学反应，以间接滴定法进行测定。例如Ca^{2+}没有可变价态，不能直接用氧化还原法滴定。可先加入$C_2O_4^{2-}$使Ca^{2+}沉淀为CaC_2O_4，经过滤、洗涤后溶于硫酸中，然后用$KMnO_4$标准溶液滴定生成的

$H_2C_2O_4$，从而可以间接测定出 Ca^{2+} 的含量。

5.3 标准溶液

在滴定分析中，无论采用什么滴定方式，都离不开标准溶液，最后要通过标准溶液的物质的量来计算待测组分的含量，所以标准溶液的浓度及其在滴定反应中用去的体积都必须定量。因此正确地配制标准溶液并确定其准确浓度，是滴定分析法的一个重要部分。

标准溶液的配制通常有下列两种方法。

(1) 直接配制法

准确称取一定量的物质，溶解于适量水后，定量转入容量瓶中，定容，摇匀。然后算出该溶液的准确浓度。可用直接法配制标准溶液的物质，必须符合下列条件。

① 物质的纯度高，一般要求含量≥99.9%，杂质含量少到可忽略（0.01%～0.02%）。

② 物质的组成与化学式应完全符合。若含结晶水（如 $Na_2B_4O_7 \cdot 10H_2O$），其含量也应与化学式相符。

③ 性质稳定。例如在空气中不吸湿，不与 O_2 或 CO_2 反应等。

但是大多数物质都不满足上述条件，其标准溶液不能用直接法配制，而要用间接配制法。

例如酸碱滴定法中常用的盐酸和 NaOH：一般市售的盐酸，其 HCl 含量有一定的波动；而 NaOH 在空气中不稳定，容易吸收空气中的 CO_2 和水分而变质。因此，对于盐酸和 NaOH，都不能采用直接法配制。

(2) 间接配制法

间接配制法也可称为标定法。即先配制成近似浓度，然后再用基准物或另外一种物质的标准溶液来确定它的准确浓度。这种确定准确浓度的操作过程，称为标定(standardization)。例如 $0.1mol \cdot L^{-1}$ NaOH 标准溶液的配制：先配成近似浓度为 $0.1mol \cdot L^{-1}$ 的溶液，然后用下列标定方法确定其准确浓度。

① 用基准物质标定　准确称取一定量的基准物质［邻苯二甲酸氢钾（$C_6H_4COOHCOOK$）或草酸（$H_2C_2O_4 \cdot 2H_2O$）］，用待标定的溶液滴定，根据消耗的 NaOH 溶液的体积和邻苯二甲酸氢钾或草酸的质量，即可计算出所配制的 NaOH 溶液的准确浓度。显然邻苯二甲酸氢钾和草酸都可称作标定 NaOH 的基准物。但为了降低称量误差，基准物除了要满足上述以直接法配制标准溶液的物质所应具备的三个条件外，在可能的情况下，最好还应符合第四个条件，即具有较大的摩尔质量。邻苯二甲酸氢钾与草酸相比，摩尔质量较大，因此更适合用作标定 NaOH 溶液的基准物。

② 与标准溶液比较　准确移取一定体积的待标定溶液（NaOH），用另一种已知准确浓度的标准溶液（如 HCl）进行滴定，根据两溶液消耗的体积和标准溶液（如 HCl）的浓度可计算出待标定溶液的准确浓度。

5.4 标准溶液浓度表示方法

5.4.1 物质的量浓度

物质的量浓度是指单位体积溶液所含溶质 B 的物质的量 n_B。

如果物质 B 的浓度用 c_B 表示，则

$$c_B=\frac{n_B}{V} \tag{5-1}$$

式中，V 为溶液的体积，常用单位为 L 或 mL；物质的量浓度的常用单位为 $mol \cdot L^{-1}$。

物质的量 n 的单位为摩尔（mol）。它是一系统的物质的量，该系统中所包含的基本单元数目与 $12g\,^{12}C$ 的原子数目相等，则这个系统的物质的量称为 1 摩尔（1mol）。如果物质 B 的基本单元数目与 $30g\,^{12}C$ 的原子数目一样多，则物质 B 的物质的量 n_B 就是 2.5mol。

在计算物质的量浓度时，如果溶质 B 的物质的量没有直接给出，可根据下式求得：

$$n_B=\frac{m_B}{M_B} \tag{5-2}$$

式中，n_B 为溶质 B 的物质的量；m_B 物质 B 的质量；M_B为物质 B 的摩尔质量。

在使用物质的量 n_B 及与物质的量相关的导出量（如物质的量浓度、摩尔质量等）时，必须指明它所对应的基本单元。基本单元可以是自然存在的粒子，如分子、原子、离子、电子以及其他粒子，也可以是这些粒子的特定组合，如 HCl、(1/2)HCl、H_2SO_4、(1/2)H_2SO_4 等。同样质量的物质，由于选取的基本单元不同，其摩尔质量就不同，物质的量也随之改变，浓度随之不同。例如同是 98.08g 硫酸，当用 H_2SO_4作基本单元时，$n_{H_2SO_4}=1mol$，1L 溶液中浓度为 $c_{H_2SO_4}=1mol \cdot L^{-1}$，用（1/2）$H_2SO_4$作基本单元时，$n_{\frac{1}{2}H_2SO_4}$ 为 2mol，1L 溶液中浓度为 $c_{\frac{1}{2}H_2SO_4}=2mol \cdot L^{-1}$，因此可得：

$$n_B=\frac{1}{2}n_{\frac{1}{2}B},\ c_B=\frac{1}{2}c_{\frac{1}{2}B}$$

例 5-1 已知硫酸 H_2SO_4含量约为 95%，相对密度为 1.84，其中求每升硫酸中含有的 $n_{H_2SO_4}$、$n_{\frac{1}{2}H_2SO_4}$、$c_{H_2SO_4}$和 $c_{\frac{1}{2}H_2SO_4}$。

解：$n_{H_2SO_4}=\dfrac{m_{H_2SO_4}}{M_{H_2SO_4}}=\dfrac{1.84\times1000\times0.95}{98.08}=17.8mol$

$$n_{\frac{1}{2}H_2SO_4}=\frac{m_{H_2SO_4}}{M_{\frac{1}{2}H_2SO_4}}=\frac{1.84\times1000\times0.95}{49.04}=35.6mol$$

$$c_{H_2SO_4}=\frac{n_{H_2SO_4}}{V_{H_2SO_4}}=\frac{17.8}{1.00}=17.8mol \cdot L^{-1}$$

$$c_{\frac{1}{2}H_2SO_4}=\frac{n_{\frac{1}{2}H_2SO_4}}{V_{H_2SO_4}}=\frac{35.6}{1.00}=35.6mol \cdot L^{-1}$$

也可以先求出 $n_{H_2SO_4}$和 $c_{H_2SO_4}$，然后根据 $n_{\frac{1}{2}H_2SO_4}=2n_{H_2SO_4}$，$c_{\frac{1}{2}H_2SO_4}=2c_{H_2SO_4}$ 求解。请读者算一算，结果是否一致？

例 5-2 欲配制 500mL 浓度 $c_{H_2C_2O_4 \cdot 2H_2O}$为 $0.1000mol \cdot L^{-1}$的标准溶液，应称取 $H_2C_2O_4 \cdot 2H_2O$ 多少克？

解：
$$\begin{aligned} m_{H_2C_2O_4 \cdot 2H_2O} &= c_{H_2C_2O_4 \cdot 2H_2O}V_{H_2C_2O_4 \cdot 2H_2O}M_{H_2C_2O_4 \cdot 2H_2O} \\ &=0.1000\times500.0\times10^{-3}\times126.07 \\ &=6.304g \end{aligned}$$

5.4.2 滴定度

在实际工作中，特别是在生产部门，通常用滴定度来表示标准溶液的浓度。所谓“滴定度”是指与 1mL 标准溶液相当的待测物质的质量（g），用 $T_{待测物/滴定剂}$ 表示。如：$T_{Fe/K_2Cr_2O_7}=0.005000g \cdot mL^{-1}$，表示 1mL $K_2Cr_2O_7$相当于 0.005000g Fe。也就是说 1mL

$K_2Cr_2O_7$标准溶液能把0.005000g Fe^{2+}氧化成Fe^{3+}。用这一方法的优点是只要将滴定中所用去的标准溶液的体积乘以滴定度，就可以直接计算出被测物质的质量，常常用在大批试样中同一组分含量的测定中。如上例中，如果已知滴定过程中消耗$K_2Cr_2O_7$标准溶液的体积为V，则被测铁的质量$m_{Fe}=TV$。

有时滴定度也可以用1mL标准溶液中所含溶质的质量来表示，如$T_{I_2}=0.01468g \cdot mL^{-1}$，即每毫升碘标准溶液含有碘0.01468g。但这种表示方法不及上一种表示法应用广泛。

滴定度T和物质的量浓度c都可用来表示标准溶液的浓度，它们之间的关系推导如下。

对于一个化学反应：

$$aA+bB=cC+dD$$

A为被测组分，B为标准溶液，若以V_B为反应完成时标准溶液消耗的体积，mL；m_A和M_A分别代表物质A的质量，g和摩尔质量，$g \cdot mol^{-1}$。当反应达到化学计量点时：

$$\frac{m_A}{M_A}=\frac{a}{b}\times\frac{c_BV_B}{1000}$$

$$\frac{m_A}{V_B}=\frac{a}{b}\times\frac{c_BM_A}{1000}$$

由滴定度的定义$T_{a/b}=m_A/V_B$，得到

$$T_{A/B}=\frac{a}{b}\times\frac{c_BM_A}{1000} \tag{5-3}$$

例 5-3 已知NaOH标准溶液的物质的量浓度为$0.1000mol \cdot L^{-1}$，求其对$H_2C_2O_4$的滴定度。

解：反应如下：

$$2NaOH+H_2C_2O_4=Na_2C_2O_4+2H_2O$$

按式(5-3)，其中$a=1$，$b=2$，则

$$T_{H_2C_2O_4/NaOH}=\frac{a}{b}\times\frac{c_{NaOH}M_{H_2C_2O_4}}{1000}=\frac{1}{2}\times\frac{0.1000\times90.04}{1000}=0.004502g/mL$$

5.5 滴定分析结果的计算

在分析化学中，要求计算规范、准确，更加突出量的概念。对于滴定分析结果的计算，是用标准溶液（或称滴定剂）的用量来计算被测物质的物质的量或含量，因此需要找出被测物质和标准溶液之间的化学计量关系，选用合适的算式，再带入相应的数据，按有效数字的概念和运算规则进行计算，结果有单位的，需正确标明其单位。

在计算过程中，根据所选取的基本单元不同，可分为两种不同的算法。当选取分子、离子或原子作为基本单元时，计算依据为：当到达化学计量点时，被测物质和标准溶液之间的计量关系与其化学反应式所表示的化学计量关系恰好一致。

5.5.1 被测组分的物质的量n_A与滴定剂的物质的量n_B的关系

设A为被测组分，B为标准溶液，二者之间的滴定反应如下：

$$aA+bB=cC+dD$$

化学计量点时，$a$mol A与$b$mol B恰好完全反应，即

$$n_A:n_B=a:b$$

也可表示成：

$$n_A=\frac{a}{b}n_B \qquad n_B=\frac{b}{a}n_A \tag{5-4}$$

例如用 Na_2CO_3 作基准物标定 HCl 溶液的浓度时，其反应式是

$$2HCl+Na_2CO_3 = 2NaCl+H_2CO_3$$

则

$$n_{HCl}=2n_{Na_2CO_3}$$

若被测物是溶液，设其体积为 V_A，浓度为 c_A；到达化学计量点时用去标准溶液的浓度为 c_B，体积为 V_B，则

$$c_AV_A=\frac{a}{b}c_BV_B$$

若用已知浓度的 NaOH 标准溶液测定 H_2SO_4 溶液的浓度，其反应式为

$$H_2SO_4+2NaOH = Na_2SO_4+2H_2O$$

滴定到化学计量点时：$c_{H_2SO_4}V_{H_2SO_4}=\frac{1}{2}c_{NaOH}V_{NaOH}$

$$c_{H_2SO_4}=\frac{c_{NaOH}V_{NaOH}}{2V_{H_2SO_4}}$$

上述关系也可用于有关溶液稀释的计算中。依据是：溶液稀释前后，其所包含的溶质的物质的量没有改变，因此：

$$c_1V_1=c_2V_2$$

式中，c_1、V_1 分别为稀释前溶液的浓度和体积；c_2、V_2 分别为稀释后溶液的浓度和体积。

上述被测物质和标准溶液间的计量关系比较简单，容易找出，但有时滴定分析中会涉及多个反应，这时计算的关键是从总的反应式中找出实际参与反应的两物质之间的计量关系，然后再进行计算。例如在酸性溶液中以 $K_2Cr_2O_7$ 为基准物标定 $Na_2S_2O_3$ 溶液的浓度时反应分两步进行。

第一步，在酸性溶液中 $K_2Cr_2O_7$ 与过量的 KI 反应析出 I_2：

$$Cr_2O_7^{2-}+6I^-+14H^+ = 2Cr^{3+}+3I_2+7H_2O \tag{1}$$

第二步，析出的 I_2 用 $Na_2S_2O_3$ 溶液为标准溶液进行滴定：

$$I_2+2S_2O_3^{2-} = 2I^-+S_4O_6^{2-} \tag{2}$$

分析可知：在总的反应中，$K_2Cr_2O_7$ 氧化了 $Na_2S_2O_3$。在反应（1）中 1mol $K_2Cr_2O_7$ 产生了 3mol I_2，而反应（2）中 1mol I_2 和 2mol $Na_2S_2O_3$ 反应，结合反应（1）和（2），$K_2Cr_2O_7$ 和 $Na_2S_2O_3$ 之间物质的量的关系为 1∶6，即

$$n_{Na_2S_2O_3}=6n_{K_2Cr_2O_7}$$

又如 $KMnO_4$ 滴定 Ca^{2+}，经过如下几步：

$$Ca^{2+}\xrightarrow{C_2O_4^{2-}}CaC_2O_4\downarrow\xrightarrow{H^+}C_2O_4^{2-}\xrightarrow{MnO_4^-}2CO_2$$

经分析，1mol Ca^{2+} 最终可产生 1mol $C_2O_4^{2-}$，而 $C_2O_4{}^{2-}$ 与 $KMnO_4$ 的反应如下：

$$5C_2O_4^{2-}+2MnO_4^-+16H^+ = 2Mn^{2+}+10CO_2\uparrow+8H_2O$$

因此 Ca^{2+} 和 $KMnO_4$ 之间的关系为：

$$n_{Ca}=\frac{5}{2}n_{KMnO_4}$$

5.5.2 被测组分质量分数的计算

若测得被测组分的质量为 m，而称取试样的质量为 $m_{试}$，则被测组分的质量分数 w_A 为

$$w_A=\frac{m}{m_{试}}\times 100\% \tag{5-5}$$

若标准溶液的浓度为 c_B、体积为 V_B，结合式（5-4）可得被测组分的物质的量：

$$n_A=\frac{a}{b}n_B=\frac{a}{b}c_BV_B$$

根据式（5-2），可求得被测组分的质量 m_A

$$m_A=\frac{a}{b}c_BV_BM_A$$

于是

$$w_A=\frac{\frac{a}{b}c_BV_BM_A}{m_{试}}\times 100\% \tag{5-6}$$

以上所述都是以一个分子或离子作为基本单元，也是最常用的一种计算方法，在本书中若未注明基本单元，都是以此来进行滴定分析结果的计算。

在实际的分析测试中，也常选取分子、离子或这些粒子的某种特定组合作为反应物的基本单元，此时根据"到达化学计量点时，被测物质的物质的量与标准溶液的物质的量相等"这一原则来进行计算，简单来说就是"等物质的量原则"。

例如在酸碱反应中，其实质是质子传递反应，可选择转移一个质子的特定组合为基本单元。例如 H_2SO_4 与 NaOH 之间的反应

$$2NaOH+H_2SO_4 \xlongequal{} Na_2SO_4+2H_2O$$

在反应中 NaOH 转移 1 个质子，因此选取 NaOH 作基本单元；H_2SO_4 转移 2 个质子，选取（1/2）H_2SO_4 作基本单元，1mol 酸与 1mol 碱将转移 1mol 质子，参加反应的硫酸和氢氧化钠的物质的量分别为

$$n_{\frac{1}{2}H_2SO_4}=c_{\frac{1}{2}H_2SO_4}V_{H_2SO_4}$$

$$n_{NaOH}=c_{NaOH}V_{NaOH}$$

由于反应中酸给出的质子的总数和碱接受质子的总数相等，因此根据质子转移数选取基本单元后，在反应到达化学计量点时，两反应物的物质的量相等。

$$n_{NaOH}=n_{\frac{1}{2}H_2SO_4}$$

$$c_{NaOH}V_{NaOH}=c_{\frac{1}{2}H_2SO_4}V_{H_2SO_4}$$

又如在氧化还原反应中，可选择转移一个或 1mol 电子的特定组合为基本单元，对于 $KMnO_4$ 与 $Na_2C_2O_4$ 的反应：

$$MnO_4^-+8H^++5e^- \xlongequal{} Mn^{2+}+4H_2O$$

$$C_2O_4^{2-}-2e^- \xlongequal{} 2CO_2$$

由两个电子转移的半反应可看出：MnO_4^- 得到五个电子，$C_2O_4^{2-}$ 失去两个电子，因此可选取（1/5）$KMnO_4$ 和（1/2）$Na_2C_2O_4$ 分别作为氧化剂和还原剂的基本单元，这样 1mol 氧化剂和 1mol 还原剂反应时就转移 1mol 电子，由于反应中给出和得到的电子数目相等，所以到达化学计量点时两反应物的物质的量也相等。

5.5.3 计算示例

例 5-4 用 0.2000mol·L^{-1} NaOH 标准溶液来标定 25.00mLH_2SO_4 溶液的浓度，滴定终点时消耗的 NaOH 标准溶液的体积为 25.90mL，求 H_2SO_4 溶液的准确浓度是多少？

解： $2NaOH+H_2SO_4 \xlongequal{} Na_2SO_4+2H_2O$

$$n_{NaOH}=2n_{H_2SO_4}$$

$$c_{H_2SO_4}=\frac{1}{2}\times\frac{c_{NaOH}V_{NaOH}}{V_{H_2SO_4}}=\frac{1}{2}\times\frac{0.2000\times25.90}{25.00}=0.1036\text{mol}\cdot\text{L}^{-1}$$

例 5-5 浓度约为 0.1mol·L^{-1}NaOH 溶液，可选用邻苯二甲酸氢钾（$KHC_8H_4O_4$）或草酸（$H_2C_2O_4\cdot2H_2O$）作基准物来标定。为了减小滴定误差，通常控制消耗的标准溶液（待标定 NaOH 溶液）的体积在 25mL 左右，分别应称取邻苯二甲酸氢钾或草酸多少克？

解：以邻苯二甲酸氢钾作基准物，其滴定反应式为：

$$KHC_8H_4O_4+NaOH═══KNaC_8H_4O_4+H_2O$$

所以

$$n_{NaOH}=n_{KHC_8H_4O_4}$$

$$m_{KHC_8H_4O_4}=n_{KHC_8H_4O_4}M_{KHC_8H_4O_4}=n_{NaOH}M_{KHC_8H_4O_4}=c_{NaOH}V_{NaOH}M_{KHC_8H_4O_4}$$
$$=0.1\times25\times10^{-3}\times204.2\approx0.5\text{g}$$

若以草酸作基准物，反应式为：

$$H_2C_2O_4+2NaOH═══Na_2C_2O_4+2H_2O$$

所以

$$n_{NaOH}=2n_{H_2C_2O_4\cdot2H_2O}$$

$$m_{H_2C_2O_4\cdot2H_2O}=n_{H_2C_2O_4\cdot2H_2O}M_{H_2C_2O_4\cdot2H_2O}=\frac{1}{2}n_{NaOH}M_{H_2C_2O_4\cdot2H_2O}$$
$$=\frac{c_{NaOH}V_{NaOH}M_{H_2C_2O_4\cdot2H_2O}}{2}$$
$$=\frac{1}{2}\times0.1\times25\times10^{-3}\times126.1\approx0.16\text{g}$$

由以上计算可知，由于草酸的摩尔质量较小，而且是二元酸，所以在标定同一浓度的 NaOH 溶液时，其称取的质量要比摩尔质量较大的邻苯二甲酸氢钾少很多。在分析天平的绝对称量误差一定时，称样量越大，相对误差越小。因此标定 NaOH 溶液的浓度时，采用邻苯二甲酸氢钾作基准物可减少称量上的相对误差。

例 5-6 称取含铁试样 0.2718g，溶解后将溶液中的 Fe^{3+} 还原成 Fe^{2+}，然后用 0.02010mol·L^{-1} $KMnO_4$ 标准溶液滴定，用去 26.30mL，试计算：① $T_{Fe/KMnO_4}$ 和 $T_{Fe_2O_3/KMnO_4}$；②试样中 Fe、Fe_2O_3 的质量分数。

解：反应方程式为：

$$5Fe^{2+}+MnO_4^-+8H^+═══5Fe^{3+}+Mn^{2+}+4H_2O$$

所以

$$n_{Fe}=5n_{KMnO_4}$$

$$n_{Fe_2O_3}=\frac{5}{2}n_{KMnO_4}$$

依据式（5-3）得

$$T_{Fe/KMnO_4}=\frac{5}{1}\times\frac{c_{KMnO_4}M_{Fe}}{1000}=\frac{5}{1}\times\frac{0.02010\times55.85}{1000}=0.005613\text{g}\cdot\text{mL}^{-1}$$

同理：

$$T_{Fe_2O_3/KMnO_4}=\frac{5}{2}\times\frac{0.02010\times159.7}{1000}=0.008025\text{g}\cdot\text{mL}^{-1}$$

$$w_{Fe}=\frac{T_{Fe/KMnO_4}V_{KMnO_4}}{m_{试}}=\frac{0.005613\times 26.30}{0.2718}=0.5431=54.31\%$$

$$w_{Fe_2O_3}=\frac{T_{Fe_2O_3/KMnO_4}V_{KMnO_4}}{m_{试}}=\frac{0.008025\times 26.30}{0.2718}=0.7765=77.65\%$$

由此例题可以看出：在处理大批试样时，用滴定度表示标准溶液的浓度，计算起来更加便捷。

例 5-7 称取 0.1500g $Na_2C_2O_4$ 基准物溶解，然后在硫酸溶液中用 $KMnO_4$ 标准溶液滴定，消耗 20.00mL，计算该溶液的浓度。

解：$KMnO_4$ 和 $Na_2C_2O_4$ 的反应如下：

$$5C_2O_4^{2-}+2MnO_4^-+16H^+ = 2Mn^{2+}+10CO_2\uparrow+8H_2O$$

可采用以下两种不同的算法。

(1) 同以上例题，选取一个分子作为基本单元，则化学计量点时：

$$n_{Na_2C_2O_4}=\frac{5}{2}n_{KMnO_4}$$

$$\frac{m_{Na_2C_2O_4}}{M_{Na_2C_2O_4}}=\frac{5}{2}c_{KMnO_4}V_{KMnO_4}$$

$$c_{KMnO_4}=\frac{2}{5}\times\frac{m_{Na_2C_2O_4}}{M_{Na_2C_2O_4}V_{KMnO_4}}=\frac{2}{5}\times\frac{0.1500}{134.0\times 20.00\times 10^{-3}}=0.02239\text{mol}\cdot\text{L}^{-1}$$

(2) 分别选取 $\frac{1}{2}Na_2C_2O_4$ 和 $\frac{1}{5}KMnO_4$ 作基本单元，则反应到达化学计量点时：

$$n_{\frac{1}{2}Na_2C_2O_4}=n_{\frac{1}{5}KMnO_4}$$

$$c_{\frac{1}{5}KMnO_4}=\frac{n_{\frac{1}{5}KMnO_4}}{V_{KMnO_4}}=\frac{n_{\frac{1}{2}Na_2C_2O_4}}{V_{KMnO_4}}=\frac{\frac{m_{Na_2C_2O_4}}{M_{\frac{1}{2}Na_2C_2O_4}}}{V_{KMnO_4}}=\frac{\frac{0.1500}{\left(\frac{134.0}{2}\right)}}{20.00\times 10^{-3}}=0.1119\text{mol}\cdot\text{L}^{-1}$$

由此例题可知，选择基本单元不同，计算方法不同，浓度的表示方法不同，但计算结果是相同的，在实际的分析工作中，可根据需要选用不同的计算方法进行结果计算。

思考题与习题

[5-1] 什么叫滴定分析？主要有哪些方法？

[5-2] 滴定分析法的滴定方式有哪几种？

[5-3] 滴定分析对滴定反应有哪些要求？

[5-4] 什么叫基准物质？基准物质应具备哪些条件？基准物条件之一是要具有较大的摩尔质量，对这个条件如何理解？

[5-5] 标准溶液的标定方法有哪些？

[5-6] 化学计量点、指示剂变色点、滴定终点有何联系？又有何区别？

[5-7] 什么叫滴定度，滴定度与物质的量浓度如何换算？

[5-8] 若将 $H_2C_2O_4\cdot H_2O$ 基准物质不密封，长期置于有硅胶的干燥器中，当用它标定 NaOH 溶液的浓度时，结果是偏低还是偏高？

[5-9] 已知浓硫酸的相对密度为 1.84，其中 H_2SO_4 含量约为 96%。如欲配制 1L 0.20mol·L^{-1} H_2SO_4 溶液，应取这种浓硫酸多少毫升？

[5-10] 欲配制 0.1mol·L^{-1} HCl 溶液 500mL，需 6mol·L^{-1} HCl 多少毫升？

[5-11] 计算密度为 1.05g·mL^{-1} 的冰醋酸（含 HAc99.6%）的浓度，欲配制 0.10mol·L^{-1} HAc 溶液 500mL，应取冰醋酸多少毫升？

[5-12] 欲配制 0.1000mol·L^{-1} Na_2CO_3 溶液 500mL，应称取基准物质无水 Na_2CO_3 多少克？

[5-13] 有一 NaOH 溶液，其浓度为 0.5450mol·L^{-1}，取该溶液 100.0mL，需加水多少毫升方能配成 0.5000mol·L^{-1}的溶液？

[5-14] 中和 20.00mL0.09450mol·L^{-1} H_2SO_4溶液，需用 0.2000mol·L^{-1}NaOH 溶液多少毫升？

[5-15] 假如有一邻苯二甲酸氢钾试样，其中邻苯二甲酸氢钾含量约为 90%，其余为不与碱反应的杂质，今用酸碱滴定法测定其含量；若采用浓度为 1.000mol·L^{-1}NaOH 标准溶液滴定，欲控制滴定时碱溶液体积在 25mL 左右，则：

(1) 需称取上述试样多少克？

(2) 以浓度为 0.01000mol·L^{-1}的碱溶液代替 1.000mol·L^{-1}的碱溶液滴定，重复上述计算。

(3) 通过上述 (1) 和 (2) 的计算结果，说明为什么在滴定分析中通常采用的滴定剂浓度为 0.1～0.2mol·L^{-1}。

[5-16] 以 $K_2Cr_2O_7$为基准物标定浓度约为 0.05mol·L^{-1} $Na_2S_2O_3$标准溶液，采用的方法是将 $K_2Cr_2O_7$溶解后加入适量的 H_2SO_4和过量的 KI，析出的 I_2用 $Na_2S_2O_3$标准溶液滴定，若要将消耗的标准溶液的体积控制在 25mL 左右，试问：(1) 需称取 $K_2Cr_2O_7$为基准物的质量是多少？

(2) 采用什么方法能使称量误差在±0.1%以内？

[5-17] 用同一 $KMnO_4$标准溶液分别滴定体积相等的 $FeSO_4$和 $H_2C_2O_4$溶液，耗去的 $KMnO_4$标准溶液体积相等，试问 $FeSO_4$和 $H_2C_2O_4$两种溶液浓度的比例关系 $c_{FeSO_4}:c_{H_2C_2O_4}$为多少？

[5-18] 已知高锰酸钾溶液浓度为 $T_{Ca_2C_2O_4/KMnO_4}=0.006405g\cdot mL^{-1}$，求此高锰酸钾溶液的浓度及它对铁的滴定度。

[5-19] 计算 0.01135mol·L^{-1}HCl 溶液对 CaO 的滴定度。

[5-20] 计算下列溶液的滴定度，以 g·mL^{-1}表示：

(1) 以 0.1032mol·L^{-1}NaOH 溶液测定 CH_3COOH；

(2) 以 0.2015mol·L^{-1}HCl 溶液测定 $NH_3\cdot H_2O$。

[5-21] 滴定 0.1600g 草酸的试样，用去 0.1100mol·L^{-1}NaOH 22.90mL。求草酸试样中 $H_2C_2O_4\cdot 2H_2O$ 的质量分数。

[5-22] 称取含铝试样 0.2000g，溶解后加入 30.00mL 浓度为 0.02082mol·L^{-1}的 EDTA 标准溶液，控制条件使之充分反应，然后用 0.02012mol·L^{-1}的 Zn^{2+}标准溶液返滴定过量的 EDTA，终点时消耗 Zn^{2+}标准溶液的体积为 7.20mL，计算试样中 Al_2O_3的质量分数。

[5-23] 分析不纯 $CaCO_3$（其中不含干扰测定的组分）时，称取试样 0.2500g，加入 0.2600mol·L^{-1}的 HCl 标准溶液 25.00mL。煮沸除去 CO_2，然后用浓度为 0.2450mol·L^{-1}的 NaOH 溶液返滴过量的酸，消耗 6.50mL。计算试样中 $CaCO_3$的质量分数。

[5-24] 中和 20.00mL 0.2235mol·L^{-1}HCl 溶液需 Ba$(OH)_2$溶液 21.40mL；而中和 25.00mLHAc 溶液需 Ba$(OH)_2$溶液 22.55mL，试计算 HAc 溶液的物质的量浓度。

[5-25] 已知食醋的密度为 1.055g·mL^{-1}，为分析食醋中 HAc 的含量，现取食醋样品 10.00mL，用 0.2570mol·L^{-1}NaOH 标准溶液滴定，终点时用去 23.70mL，求食醋中 HAc 的质量分数。

[5-26] 在 1L 0.2000mol·L^{-1}HCl 溶液中，需加入多少毫升水，才能使稀释后的 HCl 溶液对 CaO 的滴定度 $T_{CaO/HCl}=0.005000g\cdot mL^{-1}$？

[5-27] 含有 SO_3的发烟硫酸试样 1.400g，溶于水，用 0.8050mol·L^{-1} NaOH 标准溶液滴定时消耗 36.10mL，求试样中 SO_3和 H_2SO_4的质量分数（假设试样中不含其他杂质）。

第6章 酸碱滴定法

酸碱滴定法是以酸碱反应为基础建立的一种滴定分析方法，是四大滴定分析法中最基础、最重要的一种分析方法，应用极为广泛。本章首先对酸碱平衡的基础理论进行简要的讨论，然后再介绍酸碱滴定法的有关理论和应用。

6.1 酸碱平衡的理论基础——酸碱质子理论

人类对酸和碱的认识经历了一个由浅入深，由感性到理性的循序渐进过程，起先人们对酸碱的认识仅限于感性认识，如酸有酸味，碱有涩味；酸能使蓝色石蕊变红，碱能使红色石蕊变蓝。1884 年，瑞典化学家阿仑尼乌斯（Arrhenius）提出了酸碱电离理论：凡是在水溶液中电离出的阳离子全部是 H^+ 的是酸，凡是使溶液中电离出的阴离子全部是 OH^- 的物质是碱，酸碱反应生成盐和水。电离理论使人们对酸和碱的认识产生了质的飞跃，是酸碱理论发展的重要里程碑，至今仍被广泛应用。但是电离理论有一定的局限性，它只适用于水溶液，不适用于非水溶液及无溶剂系统，而且也不能解释有的物质（如 NH_3）不含 OH^-，但却具有碱性的事实。为了进一步认识酸碱反应的本质和对所有系统酸碱平衡问题统一加以考虑，现引入酸碱质子理论。酸碱质子理论是 1923 年分别由丹麦物理化学家布朗斯台德（Brönsted）和英国化学家劳里（Lowry）同时提出的，所以又称为布朗斯台德-劳里质子理论。

6.1.1 酸碱定义

酸碱质子理论认为：能给出质子的物质都是酸；能接受质子的物质都是碱。能给出多个质子的物质是多元酸，能接受多个质子的物质是多元碱，既能给出质子又能接受质子的物质是两性物质。酸给出质子后生成相应的碱，而碱接受质子后生成相应的酸，即：

$$酸 \rightleftharpoons 质子 + 碱$$

也可表示为：

$$HA \rightleftharpoons H^+ + A^-$$

酸碱之间这种相互联系、相互依存的关系称为酸碱共轭关系，上式中的 HA 是 A^- 的共轭酸，A^- 是 HA 的共轭碱。这种因一个质子的得失而相互转变的一对酸碱，称为共轭酸碱对。又如：

$$HAc \rightleftharpoons H^+ + Ac^-$$
$$H_2CO_3 \rightleftharpoons H^+ + HCO_3^-$$
$$HCO_3^- \rightleftharpoons H^+ + CO_3^{2-}$$
$$NH_4^+ \rightleftharpoons H^+ + NH_3$$
$$H_3O^+ \rightleftharpoons H^+ + H_2O$$
$$H_2O \rightleftharpoons H^+ + OH^-$$

$$(CH_2)_6N_4H^+ \rightleftharpoons H^+ + (CH_2)_6N_4$$

可见质子理论对酸碱的定义超出了分子的范畴，酸和碱既可以是分子，也可以是阴、阳离子；质子理论中没有“盐”的概念，所谓的“盐”都可以看成是离子酸或离子碱，如 NH_4Cl 中，NH_4^+ 是离子酸，Cl^- 是离子碱；同时盐的水溶液的酸碱性主要由离子酸和离子碱的相对强弱来决定。

6.1.2 酸碱反应

上述的质子得失反应称为酸碱半反应，在溶液中不能单独进行。质子在水溶液中只能瞬时存在，当一种酸给出质子时，必定有一种碱来接受质子。如 HAc 在水中解离时，作为溶剂的水就是接受质子的碱。

$$\underset{酸1}{HAc} \rightleftharpoons H^+ + \underset{碱1}{Ac^-} \qquad \underset{碱2}{H_2O} + H^+ \rightleftharpoons \underset{酸2}{H_3O^+}$$

$$HAc + H_2O \rightleftharpoons H_3O^+ + Ac^-$$

碱2　酸2

酸1　碱1

同样，碱在水溶液中接受质子的过程，必定有溶剂水分子作为酸参加。

$$NH_3 + H_2O \rightleftharpoons OH^- + NH_4^+$$

酸2　碱1

碱2　酸1

由此可见，酸碱体系中必然同时存在两个酸碱半反应，即同时存在两对共轭酸碱对。因此，酸碱反应的实质是两对共轭酸碱对之间的质子传递反应。酸和碱的中和反应是质子的转移过程，如 HCl 与 NH_3 反应：

$$HCl + H_2O \longrightarrow H_3O^+ + Cl^-$$

$$H_3O^+ + NH_3 \rightleftharpoons NH_4^+ + H_2O$$

反应的结果是各反应物转化为它们各自的共轭酸或共轭碱。

电离理论中所说的盐的水解，实质上也是质子的转移过程，如 Ac^- 的水解反应：

$$Ac^- + H_2O \rightleftharpoons HAc + OH^-$$

6.1.3 溶剂的质子自递反应

从上面的酸碱反应可以看出，水是一种两性溶剂，由于水分子的两性作用，一个水分子可以从另一个水分子中夺取质子而形成 H_3O^+ 和 OH^-，即

$$H_2O + H_2O \rightleftharpoons H_3O^+ + OH^-$$

在水分子间存在质子的传递作用，称为质子自递作用。其平衡常数称为质子自递常数，用 K_w 表示，为简单起见，水合质子 H_3O^+ 通常均写为 H^+，因此水的质子自递常数常简写作：

$$K_w = [H^+][OH^-]$$

这个常数也就是水的离子积，在 25℃时等于 10^{-14}。

6.1.4 酸碱解离平衡及相对强弱

酸碱的强弱取决于给出质子或接受质子的能力。给出质子的能力越强，酸性就越强，反之就越弱；接受质子的能力越强，碱性就越强，反之就越弱。这种给出和接受 H^+ 能力的大

小，可以通过酸碱的解离常数 K_a 和 K_b（见附录一）的大小来定量说明。

例如 HAc：

$$HAc+H_2O \rightleftharpoons H_3O^+ + Ac^-$$

$$K_a=\frac{[H^+][Ac^-]}{[HAc]} \qquad K_a=1.8\times10^{-5}$$

HAc 的共轭碱 Ac^- 的解离常数 K_b 为：

$$Ac^- + H_2O \rightleftharpoons HAc+OH^-$$

$$K_b=\frac{[HAc][OH^-]}{[Ac^-]}$$

显然，一对共轭酸碱对的 K_a 和 K_b 有下列关系：

$$K_aK_b=[H^+][OH^-]=K_w=10^{-14}$$

从上式也可看出，在一对共轭酸碱对中，如果酸越容易给出质子，酸性越强，则其共轭碱对质子的结合力就越弱，就越不容易接受质子，碱性越弱。

对于多元酸碱，要注意 K_a 和 K_b 的对应关系，如三元酸 H_3A 在水溶液中：

$$H_3A \overset{K_{a_1}}{\rightleftharpoons} H^+ + H_2A^- \qquad A^{3-}+H_2O \overset{K_{b_1}}{\rightleftharpoons} HA^{2-}+OH^-$$

$$H_2A^- \overset{K_{a_2}}{\rightleftharpoons} H^+ + HA^{2-} \qquad HA^{2-}+H_2O \overset{K_{b_2}}{\rightleftharpoons} H_2A^-+OH^-$$

$$HA^{2-} \overset{K_{a_3}}{\rightleftharpoons} H^+ + A^{3-} \qquad H_2A^-+H_2O \overset{K_{b_3}}{\rightleftharpoons} H_3A+OH^-$$

$$K_{a_1}K_{b_3}=K_{a_2}K_{b_2}=K_{a_3}K_{b_1}=K_w$$

$$pK_{a_1}+pK_{b_3}=pK_{a_2}+pK_{b_2}=pK_{a_3}+pK_{b_1}=pK_w$$

例 6-1 已知 $NH_3\cdot H_2O$ 的 $K_b=1.8\times10^{-5}$，求 $NH_3\cdot H_2O$ 的共轭酸 NH_4^+ 的解离常数 K_a。

解：因为一对共轭酸碱对：$K_aK_b=K_w$，所以

$$K_a=\frac{K_w}{K_b}=\frac{10^{-14}}{1.8\times10^{-5}}=5.6\times10^{-10}$$

例 6-2 试求 $H_2PO_4^-$ 的 K_{b_3} 和 pK_{b_3}。

解：$H_2PO_4^-$ 为两性物质，既可作为酸失去质子（以 K_{a_2} 衡量其强度），也可作为碱获得质子（以 K_{b_3} 衡量其强度），现求 $H_2PO_4^-$ 的 K_{b_3}，所以应查出它的共轭酸 H_3PO_4 的 K_{a_1}，经查表可知 $K_{a_1}=7.6\times10^{-3}$，$pK_{a_1}=2.12$。

由于 $K_{a_1}K_{b_3}=10^{-14}$，

所以

$$K_{b_3}=\frac{K_w}{K_{a_1}}=\frac{10^{-14}}{7.6\times10^{-3}}=1.3\times10^{-12}$$

$$pK_{b_3}=14-pK_{a_1}=14-2.12=11.88$$

例 6-3 已知二元弱碱 S^{2-} 的第一级解离常数 $K_{b_1}=1.4$，求 S^{2-} 的共轭酸的解离常数。

解：S^{2-} 的共轭酸为 HS^-，其解离常数是 H_2S 的第二级解离常数 K_{a2}，因为 $K_{a2}K_{b1}=K_w$，所以

$$K_{a2}=\frac{K_w}{K_{b1}}=\frac{10^{-14}}{1.4}=7.1\times10^{-15}$$

综上所述，质子理论的特点如下：

① 质子理论的酸碱概念较电离理论的概念具有更广泛的意义；

② 质子理论的酸碱理论具有相对性，同一种质子在不同的环境中，其酸碱性发生改变；

③ 应用广，适用于水溶液和非水溶液。

6.2 不同 pH 溶液中酸碱存在形式的分布情况——分布曲线

在弱酸弱碱溶液中，溶质的浓度在分析化学中通常称为分析浓度。它是溶液中该溶质各种型体的浓度的总和，因此也称总浓度，用 c 来表示。当酸碱达到平衡时，溶液中溶质某种型体的实际浓度称为平衡浓度。通常以［ ］为符号。例如在 HAc 溶液中，当质子转移反应达到平衡时，溶质 HAc 以 HAc 和 Ac^- 两种型体存在，两种型体的平衡浓度［HAc］和［Ac^-］和分析浓度之间的关系如下：

$$c_{HAc}=[HAc]+[Ac^-]$$

某一型体的平衡浓度占总浓度的分数，称为该存在型体的分布系数。用 δ 表示。

$$\delta_{HAc}=\frac{[HAc]}{c_{HAc}} \qquad \delta_{Ac^-}=\frac{[Ac^-]}{c_{HAc}}$$

$$\delta_{HAc}+\delta_{Ac^-}=1$$

当溶液的 pH 发生变化时，各种型体的浓度也随之变化，分布系数 δ 也会变化。分布系数 δ 与溶液 pH 间的关系曲线称为分布曲线。讨论分布曲线有助于了解溶液的 pH 对弱酸弱碱型体分布的影响规律，为选择适宜的分析条件提供理论依据。下面分别介绍一元酸、二元酸和三元酸分布系数的计算和分布曲线的规律。

6.2.1 一元酸

一元酸仅有一级解离，其分布比较简单。例如 HAc，设它的总浓度为 c。设 HAc 和 Ac^- 的分布系数分别为 δ_1 和 δ_0，则

$$\delta_1=\frac{HAc}{c}=\frac{[HAc]}{[HAc]+[Ac^-]}=\frac{1}{1+\dfrac{[Ac^-]}{[HAc]}}=\frac{1}{1+\dfrac{K_a}{[H^+]}}=\frac{[H^+]}{[H^+]+K_a} \tag{6-1a}$$

同理可得：

$$\delta_0=\frac{[Ac^-]}{c}=\frac{K_a}{[H^+]+K_a} \tag{6-1b}$$

显然 $\delta_1+\delta_0=1$。

如果以 pH 为横坐标，各存在形式的分布系数为纵坐标，可得如图 6-1 所示的分布曲线。

从图中可以看到：δ_1 随 pH 升高而减小，δ_0 随 pH 升高而增大。

当 $pH=pK_a$ 时，$\delta_0=\delta_1=0.5$，即溶液中 HAc 与 Ac^- 各占 50%；

当 $pH<pK_a$ 时，$\delta_1>\delta_0$，即溶液中以 HAc 为主要型体；

当 $pH>pK_a$ 时，$\delta_0>\delta_1$，即溶液中以 Ac^- 为主要型体。

任何一元弱酸（碱）的分布曲线形状都与图 6-1 相似，只是图中曲线的交叉点会随 pK_a 的不同而不同。

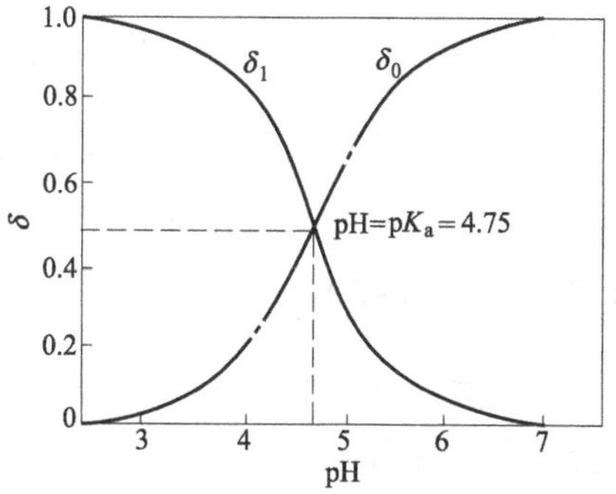

图 6-1 HAc、Ac^- 分布系数与溶液 pH 的关系曲线

6.2.2 二元酸

例如草酸 $H_2C_2O_4$，设其分析浓度为 c，在溶液中有三种型体：$H_2C_2O_4$、$HC_2O_4^-$、$C_2O_4^{2-}$。则三种存在形式的平衡浓度和分析浓度为 c 的关系为：

$$c=[H_2C_2O_4]+[HC_2O_4^-]+[C_2O_4^{2-}]$$

如果以 δ_2、δ_1、δ_0 分别代表 $H_2C_2O_4$、$HC_2O_4^-$、$C_2O_4^{2-}$ 的分布系数，则

$$\delta_2=\frac{[H_2C_2O_4]}{c}=\frac{[H_2C_2O_4]}{[H_2C_2O_4]+[HC_2O_4^-]+[C_2O_4^{2-}]}$$

$$=\frac{1}{1+\frac{[HC_2O_4^-]}{[H_2C_2O_4]}+\frac{[C_2O_4^{2-}]}{[H_2C_2O_4]}}=\frac{1}{1+\frac{K_{a_1}}{[H^+]}+\frac{K_{a_1}K_{a_2}}{[H^+]^2}}$$

$$=\frac{[H^+]^2}{[H^+]^2+K_{a_1}[H^+]+K_{a_1}K_{a_2}} \tag{6-2a}$$

同理可得到

$$\delta_1=\frac{K_{a_1}[H^+]}{[H^+]^2+K_{a_1}[H^+]+K_{a_1}K_{a_2}} \tag{6-2b}$$

$$\delta_0=\frac{K_{a_1}K_{a_2}}{[H^+]^2+K_{a_1}[H^+]+K_{a_1}K_{a_2}} \tag{6-2c}$$

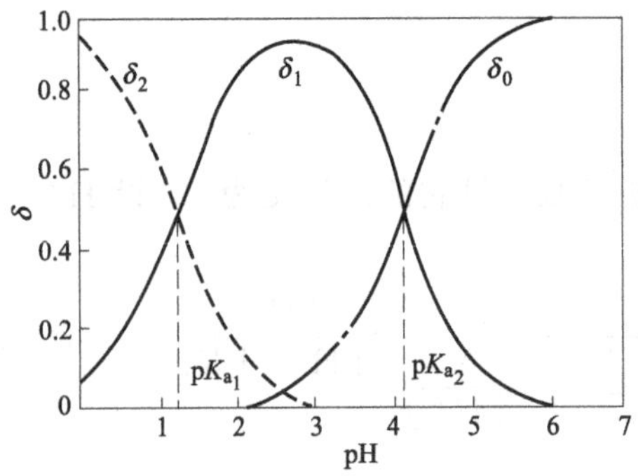

图 6-2 草酸溶液中各种存在形式的分布系数与溶液 pH 的关系曲线

根据以上数据作 δ-pH 关系曲线，见图 6-2。由图可知：

当 pH $<$ pK_{a_1} 时，$\delta_2>\delta_1$，即溶液中以 $H_2C_2O_4$ 为主要型体；

当 p$K_{a_1}<$pH$<$pK_{a_2} 时，$\delta_1>\delta_0$ 和 $\delta_1>\delta_2$，δ_1 最大，即 $HC_2O_4^-$ 的比例最大，为主要型体；

当 pH$>$pK_{a_2} 时，$\delta_0>\delta_1$，即溶液中 $C_2O_4^{2-}$ 为主要型体。

由于草酸的 p$K_{a_1}=1.23$，p$K_{a_2}=4.19$，比较接近，当 $HC_2O_4^-$ 的比例最大时，$H_2C_2O_4$ 和 $C_2O_4^{2-}$ 依然存在，不能忽略。计算表明，在 pH2.71 时，δ_1 达到最大（0.938），但 δ_2 和 δ_0 的数值各为 0.031。

例 6-4 计算酒石酸在 pH 为 3.71 时，三种存在形式的分布系数。

解：酒石酸为二元酸，查表得 p$K_{a_1}=3.04$，p$K_{a_2}=4.37$

$$\delta_2=\frac{(10^{-3.71})^2}{(10^{-3.71})^2+10^{-3.71}\times10^{-3.04}+10^{-3.04}\times10^{-4.37}}=0.149$$

同理可求得 $\delta_1=0.698$，$\delta_0=0.153$。

6.2.3 三元酸

三元酸的情况更复杂些，以磷酸 H_3PO_4 为例，设 H_3PO_4、$H_2PO_4^-$、HPO_4^{2-} 和 PO_4^{3-} 的分布系数分别为 δ_3、δ_2、δ_1、δ_0，同理可推导出：

$$\delta_3=\frac{[H^+]^3}{[H^+]^3+K_{a_1}[H^+]^2+K_{a_1}K_{a_2}[H^+]+K_{a_1}K_{a_2}K_{a_3}} \tag{6-3a}$$

$$\delta_2=\frac{K_{a_1}[H^+]^2}{[H^+]^3+K_{a_1}[H^+]^2+K_{a_1}K_{a2}[H^+]+K_{a_1}K_{a2}K_{a_3}} \tag{6-3b}$$

$$\delta_1=\frac{K_{a_1}K_{a2}[H^+]}{[H^+]^3+K_{a_1}[H^+]^2+K_{a_1}K_{a2}[H^+]+K_{a_1}K_{a2}K_{a_3}} \tag{6-3c}$$

$$\delta_0=\frac{K_{a_1}K_{a2}K_{a_3}}{[H^+]^3+K_{a_1}[H^+]^2+K_{a_1}K_{a2}[H^+]+K_{a_1}K_{a2}K_{a_3}} \tag{6-3d}$$

采用相同的方法绘制 δ-pH 关系曲线，见图 6-3。由图 6-3 可知：

当 pH < pK_{a1} 时，$\delta_3>\delta_2$，即溶液中 H_3PO_4为主要型体；

当 pK_{a1}<pH<pK_{a2} 时，$\delta_2>\delta_3$ 和 $\delta_2>\delta_1$，δ_2 最大，即溶液中以 $H_2PO_4^-$ 为主要型体；

当 pK_{a2}<pH<pK_{a3} 时，$\delta_1>\delta_2$ 和 $\delta_1>\delta_0$，δ_1最大，即溶液中以 HPO_4^{2-} 为主要型体；

当 pH>pK_{a3} 时，$\delta_0>\delta_1$，即溶液中以 PO_4^{3-} 为主要型体。

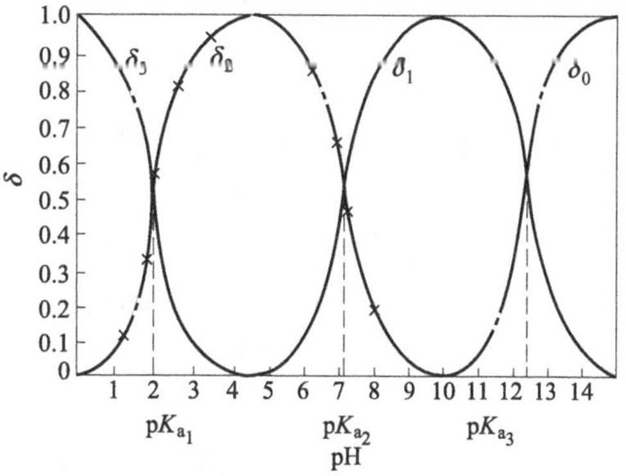

图 6-3　磷酸溶液中各种存在形式的分布系数与溶液 pH 的关系曲线

由于磷酸的 $pK_{a1}=2.12$，$pK_{a2}=7.20$，$pK_{a3}=12.36$，三者相差较大，几种存在形式共存的现象不明显，δ_2 与 δ_1 的最大值近似达到了 100%。在 pH=4.7 时，$H_2PO_4^-$ 占 99.4%，H_3PO_4 和 HPO_4^{2-} 各占 0.3%。同样，当 pH = 9.8 时，HPO_4^{2-} 占绝对优势 (99.5%)，而 $H_2PO_4^-$ 和 PO_4^{3-} 也各占 0.3%。

综上所述，无论是一元酸还是多元酸，其各组分的分布系数 δ 仅与溶液中 $[H^+]$ 和酸本身的特性 K_a 有关，而与酸的总浓度无关。结合分布曲线，可以深入了解酸碱滴定的过程，也有助于分析和判断多元酸能否分步滴定，这将在 6.6 节进行详细讨论。

6.3　酸碱溶液 pH 的计算

酸碱反应的实质是两对共轭酸碱对之间的质子传递反应，随着酸碱滴定的不断进行，溶液的 pH 也随之不断变化。因此在学习酸碱滴定法之前，先讨论各种酸碱溶液 pH 的计算方法。

本节计算溶液 pH 的途径是：①根据酸碱反应，全面考虑影响溶液 pH 的因素；②根据质子转移的平衡关系，得到精确的计算式；③在计算误差允许的范围内，进行合理简化，得到近似计算式或最简式进行求解。

强酸强碱在水溶液中完全解离，一般情况下酸度即为酸的浓度，而弱酸（碱）在水溶液中部分解离，溶液的酸度和其浓度是不相等的。本节仅讨论一元弱酸（碱）和两性物质溶液 pH 的计算，其他类型溶液 pH 的计算不再作详细推导，只用表格形式直接列出。

6.3.1　质子条件

根据酸碱质子理论，达到酸碱平衡时，酸失去的质子数应等于碱得到的质子数。据此列出的能够准确反映整个平衡体系中质子转移的严格的数量关系式，称为质子条件（proton balance equation，PBE）。

质子条件式是处理酸碱平衡计算问题的基本关系式，书写质子条件的步骤如下。

① 选择参考水平：选择溶液中大量存在并且参与质子转移的物质作为参考水平。

② 由参考水平判断得失质子的产物和得失质子数，将得失质子的产物分别写在等式的左右两端。

③ 根据得失质子的物质的量相等列出等式，即为质子条件。

例如，在一元弱酸（HA）的水溶液中，大量存在并参加质子转移的物质是 HA 和 H_2O，选择两者作为参考水平。它们之间的质子转移情况如下：

HA 的解离反应 $HA + H_2O \rightleftharpoons H_3O^+ + A^-$

水的质子自递反应 $H_2O + H_2O \rightleftharpoons H_3O^+ + OH^-$

从参考水平出发，得质子的产物是 H_3O^+（以下简写作 H^+），而失质子的产物是 A^- 和 OH^-。根据得失质子数相等，可写出质子条件如下：

$$[H^+] = [A^-] + [OH^-] \tag{6-4}$$

对于多元酸碱，书写质子条件时要注意平衡浓度前面的系数。如 Na_2CO_3 的水溶液，选择 CO_3^{2-} 和 H_2O 作为参考水平，质子传递反应如下：

$$CO_3^{2-} + H_2O \rightleftharpoons HCO_3^- + OH^-$$

$$CO_3^{2-} + 2H_2O \rightleftharpoons H_2CO_3 + 2OH^-$$

$$H_2O \rightleftharpoons H^+ + OH^-$$

很显然，H^+、HCO_3^- 和 H_2CO_3 是得质子产物，OH^- 为失质子的产物，但需注意，H_2CO_3 是 CO_3^{2-} 得到 2 个质子的产物，因此失去质子的数目是其浓度的 2 倍，在写质子条件式时，应在 $[H_2CO_3]$ 前乘以系数 2，得到质子条件为：

$$[H^+] + [HCO_3^-] + 2[H_2CO_3] = [OH^-] \tag{6-5}$$

另外，质子条件也可以由物料平衡和电荷平衡书写。当水溶液处于平衡状态，某组分的分析浓度等于该组分各种存在形式的平衡浓度之和，其数学表达式称为物料平衡式。而此平衡溶液中正离子的总电荷数等于负离子的总电荷数，其数学表达式称为电荷平衡式。仍以 Na_2CO_3 水溶液为例，设其分析浓度为 c。

物料平衡： $[CO_3^{2-}] + [HCO_3^-] + [H_2CO_3] = c$

$$[Na^+] = 2c$$

电荷平衡： $[H^+] + [Na^+] = [HCO_3^-] + 2[CO_3^{2-}] + [OH^-]$

将上述三式进行整理，也可得到式（6-5）所示的质子条件。

例 6-5 写出 NaH_2PO_4 水溶液的质子条件。

解： 选择 H_2O 和 $H_2PO_4^-$ 为参考水平，质子转移反应如下：

$$H_2PO_4^- + H_2O \rightleftharpoons H_3PO_4 + OH^-$$

$$H_2PO_4^- \rightleftharpoons H^+ + HPO_4^{2-}$$

$$H_2PO_4^- \rightleftharpoons 2H^+ + PO_4^{3-}$$

$$H_2O \rightleftharpoons H^+ + OH^-$$

质子条件为

$$[H^+] + [H_3PO_4] = [HPO_4^{2-}] + 2[PO_4^{3-}] + [OH^-]$$

例 6-6 写出 NH_4HCO_3 水溶液的质子条件。

解： 选择 NH_4^+、HCO_3^- 和 H_2O 为参考水平，溶液中的质子转移反应有

$$HCO_3^- + H_2O \rightleftharpoons H_2CO_3 + OH^-$$

$$HCO_3^- \rightleftharpoons H^+ + CO_3^{2-}$$

$$NH_4^+ \rightleftharpoons H^+ + NH_3$$
$$H_2O \rightleftharpoons H^+ + OH^-$$

质子条件为

$$[H^+]+[H_2CO_3]=[CO_3^{2-}]+[OH^-]+[NH_3]$$

综上所述，在书写质子条件时，应注意以下几点：

① 应考虑溶液中所有参与质子转移的酸碱反应；

② 对于多元酸碱，需注意平衡浓度前的系数；

③ 质子条件式中不应该出现参考水平。

6.3.2 一元弱酸（碱）溶液 pH 计算

对于一元弱酸 HA 的水溶液，质子条件为：

$$[H^+]=[A^-]+[OH^-]$$

该式表明一元弱酸中的 $[H^+]$ 来自两部分：一是弱酸的解离（相当于式中的 $[A^-]$ 项）；二是水的质子自递反应（相当于式中的 $[OH^-]$ 项）。

$[A^-]=K_a[HA]/[H^+]$和$[OH^-]=K_w/[H^+]$代入质子条件式，并整理可得：

$$[H^+]=\sqrt{K_a[HA]+K_w} \tag{6-6}$$

上式为计算一元弱酸溶液中 $[H^+]$ 的精确公式。由于式中的 $[HA]$ 为 HA 平衡浓度，也是未知项，还需利用分布系数的公式求出 $[HA]=c\delta_{HA}$（c 为 HA 的总浓度），再代入上式，则将推导出一元三次方程：

$$[H^+]^3+K_a[H^+]^2-(cK_a+K_w)[H^+]-K_aK_w=0$$

该高次方程的求解较为麻烦，可根据具体情况，进行合理简化。一般来说，计算中采用的解离常数本身就有一定的误差，而且在计算中常忽略离子强度的影响，因此这类 $[H^+]$ 计算通常允许相对误差小于 5%，可据此进行适当简化。

当弱酸的浓度不太低时，解离度一般都不大，此时可以忽略弱酸本身的解离，以总浓度 c 代替平衡浓度 $[HA]$；当 $K_a[HA]\geqslant 10K_w$，则式（6-6）中 K_w可忽略，此时计算误差不大于 5%。为了简便，以 $cK_a\geqslant 10K_w$作为标准讨论如下。

（1）当 K_a较小，$cK_a<10K_w$且 $c/K_a\geqslant 105$ 时，K_w不能忽略，但 $[HA]\approx c$，所以式（6-6）可简化为近似公式：

$$[H^+]=\sqrt{cK_a+K_w} \tag{6-7}$$

（2）当 $cK_a\geqslant 10K_w$且 $c/K_a<105$ 时，水解离出的 $[H^+]$ 可忽略，酸本身的解离较大，$[HA]=c-[H^+]$，因此式（6-6）可简化为：

$$[H^+]=\sqrt{K_a[HA]}=\sqrt{K_a(c-[H^+])}$$

即

$$[H^+]^2+K_a[H^+]-cK_a=0$$

解之，得

$$[H^+]=\frac{1}{2}\times(-K_a+\sqrt{K_a^2+4cK_a}) \tag{6-8}$$

式（6-8）也为近似计算式。

（3）当 $c/K_a\geqslant 105$ 且 $cK_a\geqslant 10K_w$，则式（6-6）可进一步简化为最简式：

$$[H^+]=\sqrt{cK_a} \tag{6-9}$$

例 6-7 求 $0.10mol\cdot L^{-1}$ HAc 溶液的 pH，已知 HAc 的 $pK_a=4.74$。

解：因为 $c/K_a=0.10/10^{-4.74}>105$ 且 $cK_a\geqslant 10K_w$，

所以可采用最简式（6-9）计算：

$$[H^+]=\sqrt{cK_a}=\sqrt{0.10\times 10^{-4.74}}=1.3\times 10^{-3}mol\cdot L^{-1}$$

$$pH=2.87$$

例 6-8 计算 $1.0\times10^{-4}mol\cdot L^{-1}$的 H_3BO_3溶液的 pH。已知 $pK_a=9.24$。

解：因为 $c/K_a=10^{-4}/10^{-9.24}=10^{5.24}>105$

且 $cK_a=10^{-4}\times10^{-9.24}=5.8\times10^{-14}<10K_w$

所以选用式（6-7）：

$$[H^+]=\sqrt{cK_a+K_w}=\sqrt{10^{-4}\times10^{-9.24}+10^{-14}}=2.6\times10^{-7}mol\cdot L^{-1}$$

$$pH=6.59$$

如按最简式（6-9）计算，则

$$[H^+]=\sqrt{cK_a}=\sqrt{10^{-4}\times10^{-9.24}}=2.4\times10^{-7}mol\cdot L^{-1}$$

$$pH=6.62$$

用最简式和用近似公式求得的［H^+］相比较，二者相差约为－8%。

例 6-9 试求 $0.12mol\cdot L^{-1}$一氯乙酸溶液的 pH。已知 $pK_a=2.86$。

解：因为 $c/K_a=0.12/10^{-2.86}=87<105$

且 $cK_a=0.12\times10^{-2.86}>10K_w$

所以应采用近似计算式（6-8）计算：

$$[H^+]=\frac{1}{2}\times(-K_a+\sqrt{K_a^2+4cK_a})=\frac{1}{2}\times(-10^{-2.86}+\sqrt{(10^{-2.86})^2+4\times0.12\times10^{-2.86}})$$
$$=1.2\times10^{-2}mol\cdot L^{-1}$$

$$pH=1.92$$

若按最简式（6-9）计算，则

$$[H^+]=\sqrt{cK_a}=\sqrt{0.12\times10^{-2.86}}=1.3\times10^{-2}mol\cdot L^{-1}$$

$$pH=1.89$$

计算公式不同，计算结果也不相同，因此根据题设条件，正确选择计算公式至关重要，否则将引入较大的误差。

6.3.3 两性物质溶液 pH 的计算

在溶液中既可以给出质子，又可以接受质子的物质，称为两性物质，如 H_2O、$NaHCO_3$、$(NH_4)_2CO_3$、NH_4Ac、Na_2HPO_4、NaH_2PO_4等。这类物质酸碱平衡较为复杂，在计算［H^+］时，需要考虑它们的双重性质，根据具体情况，进行合理简化，以便于计算。

以浓度为 c 的 NaHA 为例，溶液中的质子转移反应有

$$HA^-\rightleftharpoons H^++A^{2-}$$
$$HA^-+H_2O\rightleftharpoons H_2A+OH^-$$
$$H_2O\rightleftharpoons H^++OH^-$$

质子条件为

$$[H_2A]+[H^+]=[A^{2-}]+[OH^-]$$

将平衡常数 K_{a_1}、K_{a_2}和 K_w代入上式，得

$$\frac{[H^+][HA^-]}{K_{a_1}}+[H^+]=\frac{K_{a_2}[HA^-]}{[H^+]}+\frac{K_w}{[H^+]}$$

$$[H^+]=\sqrt{\frac{K_{a_1}(K_{a_2}[HA^-]+K_w)}{K_{a_1}+[HA^-]}} \tag{6-10}$$

式（6-10）为精确计算式。

一般情况下，HA^-给出质子与接受质子的能力都比较弱，可以认为 $[HA^-]\approx c$；在此基础上作如下讨论。

(1) $cK_{a_2}\geqslant 10K_w$时，K_w项可略去，得近似计算式：

$$[H^+]=\sqrt{\frac{cK_{a_1}K_{a_2}}{K_{a_1}+c}} \tag{6-11}$$

(2) $cK_{a_2}\geqslant 10K_w$且 $c/K_{a_1}\geqslant 10$，则分母中的 K_{a_1}可略去，可得最简式：

$$[H^+]=\sqrt{K_{a_1}K_{a_2}} \tag{6-12}$$

当满足 $cK_{a_2}\geqslant 10K_w$和 $c/K_{a_1}\geqslant 10$ 两个条件时，用最简式与用精确式求得的 $[H^+]$ 相比，其误差在允许的5%以内。

例 6-10 计算 0.10mol·L^{-1} $NaHCO_3$溶液的 pH。

解： 查表知 H_2CO_3的$pK_{a_1}=6.38$，$pK_{a_2}=10.25$

所以$pK_{b_2}=14-pK_{a_1}=14-6.38=7.62$

从pK_{a_2}和pK_{b_2}可知，HCO_3^- 的酸性和碱性都比较弱，可以认为 $[HCO_3^-]\approx c$。

因为 $cK_{a_2}=0.10\times 10^{-10.25}>10K_w$

且 $c/K_{a_1}=0.10/10^{-6.38}>10$

所以可用最简式计算：

$$[H^+]=\sqrt{K_{a_1}K_{a_2}}=\sqrt{10^{-6.38}\times 10^{-10.25}}=4.8\times 10^{-9}\text{mol}\cdot\text{L}^{-1}$$

$$pH=8.32$$

例 6-11 计算下列溶液的 pH：(1) 0.05mol·L^{-1} NaH_2PO_4；(2) 0.033mol·L^{-1} Na_2HPO_4。

解： 查表得 H_3PO_4的$pK_{a_1}=2.12$，$pK_{a_2}=7.20$，$pK_{a_3}=12.36$

NaH_2PO_4和 Na_2HPO_4都属于两性物质，它们的酸性和碱性都比较弱，因此可认为$[H_2PO_4^-]\approx c$，$[HPO_4^{2-}]\approx c$。

(1) 对于 0.05mol·L^{-1}的 NaH_2PO_4溶液

因为 $cK_{a_2}=0.05\times 10^{-7.20}>10K_w$

$c/K_{a_1}=0.05/10^{-2.12}=6.59<10$

所以应采用式 (6-11) 计算：

$$[H^+]=\sqrt{\frac{cK_{a_1}K_{a_2}}{K_{a_1}+c}}=\sqrt{\frac{0.05\times 10^{-2.12}\times 10^{-7.20}}{(10^{-2.12}+0.05)}}\text{mol}\cdot\text{L}^{-1}$$

$$=2.0\times 10^{-5}\text{mol}\cdot\text{L}^{-1}$$

$$pH=4.69$$

(2) 对于 0.033mol·L^{-1} Na_2HPO_4溶液

HPO_4^{2-}所涉及的常数为 K_{a_2}和 K_{a_3}，将式 (6-10) 中 K_{a_1}和 K_{a_2}分别对应换成 K_{a_2}和 K_{a_3}，平衡浓度用总浓度 c 来代替，可得：

$$[H^+]=\sqrt{\frac{K_{a_2}(K_{a_3}c+K_w)}{K_{a_2}+c}}$$

因为 $cK_{a_3}=0.033\times 10^{-12.36}\approx K_w$，$K_w$不能忽略；

且 $c/K_{a_2}=0.033/10^{-7.20}>10$，分母中 $c+K_{a_2}\approx c$；

所以

$$[H^+]=\sqrt{\frac{K_{a_2}(K_{a_3}c+K_w)}{K_{a_2}+c}}=\sqrt{\frac{10^{-7.20}\times(10^{-12.36}\times 0.033+10^{-14})}{0.033}}$$

$=2.2\times10^{-10}mol\cdot L^{-1}$

$$pH=9.67$$

本题若使用最简式（6-12）计算，得到的 pH 分别为 4.66 和 9.78，与用近似公式求得的结果存在较大的计算误差。但在某些情况下，虽然计算误差大于 5%，但不影响结论的正确性，此时可不考虑条件，直接代入最简式计算；譬如在选择酸碱指示剂（6.6 节）时，利用最简式计算出的 pH 对指示剂的正确选择就没有影响。

6.3.4 其他酸碱溶液 pH 的计算

其他各种酸碱溶液 pH 的计算都可根据本节所讨论的思路进行。现将几种常用的溶液 $[H^+]$ 计算公式以及使用条件归纳于表 6-1 中。

表 6-1 常用溶液计算 $[H^+]$ 的公式及使用条件

溶液	计算公式	使用条件（允许误差 5%）
一元弱酸	精确式：$[H^+]=\sqrt{K_a[HA]+K_w}$	
	近似式：$[H^+]=\sqrt{cK_a+K_w}$ $[H^+]=\frac{1}{2}(-K_a+\sqrt{K_a^2+4cK_a})$	$c/K_a\geqslant105$ $cK_a\geqslant10K_w$
	最简式：$[H^+]=\sqrt{cK_a}$	$c/K_a\geqslant105$ 且 $cK_a\geqslant10K_w$
两性物质	精确式：$[H^+]=\sqrt{\frac{K_{a_1}(K_{a_2}[HA^-]+K_w)}{K_{a_1}+[HA^-]}}$	$cK_{a2}\geqslant10K_w$
	近似式：$[H^+]=\sqrt{\frac{cK_{a_1}K_{a_2}}{K_{a_1}+c}}$	$cK_{a2}\geqslant10K_w$
	最简式：$[H^+]=\sqrt{K_{a_1}K_{a_2}}$	$cK_{a_2}\geqslant10K_w$ 且 $c/K_{a_1}\geqslant10$
二元弱酸	近似式：$[H^+]=\sqrt{K_{a_1}[H_2A]}$	$cK_{a1}\geqslant10K_w$ 且 $2K_{a2}/[H^+]\ll1$
	最简式：$[H^+]=\sqrt{cK_{a_1}}$	$cK_{a_1}\geqslant10K_w$ 且 $c/K_{a_1}\geqslant105$ 且 $2K_{a_2}/[H^+]\ll1$
缓冲溶液	精确式：$[H^+]=\frac{c_a-[H^+]+[OH^-]}{c_b+[H^+]-[OH^-]}K_a$	
	近似式：$[H^+]=K_a\frac{c_a-[H^+]}{c_b+[H^+]}$	$[H^+]\gg[OH^-]$
	最简式：$[H^+]=K_a\frac{c_a}{c_b}$	$c_a\gg[OH^-]-[H^+]$ 且 $c_b\gg[H^+]$ $-[OH^-]$

表 6-1 中所列是一元弱酸和多元弱酸 $[H^+]$ 的计算公式，当计算一元弱碱、多元弱碱溶液的 pH 时，只需将计算式及使用条件中的 $[H^+]$ 和 K_a 相应地换成 $[OH^-]$ 和 K_b 即可。

例 6-12 室温时，H_2CO_3 的饱和水溶液浓度约为 $0.040mol\cdot L^{-1}$，计算该溶液的 pH。

解： 查表得 $pK_{a1}=6.38$，$pK_{a2}=10.25$。由于 $K_{a1}\gg K_{a2}$，可按一元酸计算，然后再进行验证是否符合条件。

因为 $cK_{a1}=0.040\times10^{-6.38}\gg10K_w$

$c/K_{a1}=0.040/10^{-6.38}\gg105$

所以可代入最简式计算：

$$[H^+]=\sqrt{0.04\times10^{-6.38}}\,\text{mol}\cdot\text{L}^{-1}=1.3\times10^{-4}\,\text{mol}\cdot\text{L}^{-1}$$

$$\text{pH}=3.89$$

此时：$\dfrac{2K_{a_2}}{[H^+]}=\dfrac{2\times10^{-10.25}}{1.3\times10^{-4}}\ll1$

符合表 6-1 所列使用二元弱酸最简式的条件。

例 6-13 计算 0.10mol·L^{-1}丁二酸溶液的 pH。

解： 已知$pK_{a_1}=4.21$，$pK_{a_2}=5.64$，先按一元酸处理。

因为 $cK_{a_1}\gg10K_w$且 $c/K_{a_1}>105$，所以可采用最简式计算：

$$[H^+]=\sqrt{cK_{a_1}}=\sqrt{0.10\times10^{-4.21}}=2.5\times10^{-3}\,\text{mol}\cdot\text{L}^{-1}$$

$$\text{pH}=2.60$$

此时：$\dfrac{2K_{a_2}}{[H^+]}=\dfrac{2\times10^{-5.64}}{2.5\times10^{-3}}\ll1$

符合表 6-1 所列使用二元弱酸最简式的条件。

对于有机酸，如丁二酸、酒石酸等，它们的 K_{a_1}和 K_{a_2}之间相差不大，当浓度较小时，通常不能忽略它们的二级解离，在这样的情况下，若要定量计算 H^+的浓度，可采用迭代法，即先以分析浓度 c 代替平衡浓度，通过最简式或近似式计算 H^+的近似浓度，根据所得 H^+的浓度计算酸的平衡浓度 $c-[H^+]$，将此浓度代入 H^+浓度的计算式，求出 H^+浓度的二级近似值。如此反复，直到 $[H^+]$ 基本不再变化（两次计算结果的相对误差<2.3%），此即该溶液的 $[H^+]$。

例 6-14 计算 0.20mol·L^{-1}Na_2CO_3溶液的 pH。

解： 查表得 H_2CO_3 $pK_{a_1}=6.38$，$pK_{a_2}=10.25$。故

$pK_{b_1}=pK_w-pK_{a_2}=14-10.25=3.75$，同理$pK_{b_2}=7.62$，

由于 $K_{b_1}\gg K_{b_2}$，可按一元碱处理。

$$cK_{b_1}=0.20\times10^{-3.75}\gg10K_w$$

$$c/K_{b_1}=0.20/10^{-3.75}=1125>105$$

$$[OH^-]=\sqrt{cK_{b_1}}=\sqrt{0.20\times10^{-3.75}}\,\text{mol}\cdot\text{L}^{-1}=5.96\times10^{-3}\,\text{mol}\cdot\text{L}^{-1}$$

$$[H^+]=1.7\times10^{-12}\,\text{mol}\cdot\text{L}^{-1}$$

$$\text{pH}=11.77$$

例 6-15 计算 NH_3-NH_4Cl 混合溶液的 pH，其中 NH_3的浓度为 0.20mol·L^{-1}，NH_4Cl 的浓度为 0.10mol·L^{-1}。

解： 查表得 NH_3的 $pK_b=4.74$，则可求得 NH_4^+ 的 $pK_a=9.26$，代入公式：

$$[H^+]=\frac{c_a}{c_b}K_a=\frac{0.10}{0.20}\times10^{-9.26}=2.75\times10^{-10}$$

$$\text{pH}=9.56$$

由于 $c_a\gg[OH^-]-[H^+]$，且 $c_b\gg[H^+]-[OH^-]$，所以采用最简式是允许的。

本题也可由 NH_4^+-NH_3的平衡体系中，从 NH_3出发，根据公式 $[OH^-]=\dfrac{c_b}{c_a}K_b$ 进行计算，亦可得到相同的答案。

例 6-16 10.0mL 0.200mol·L^{-1} 的 HAc 溶液与 5.5mL 0.200mol·L^{-1} 的 NaOH 溶液混合，求该溶液的 pH。已知 HAc 的$pK_a=4.74$。

解： 加入 HAc 的物质的量为：$0.200\times10.0\times10^{-3}=2.0\times10^{-3}$mol

加入 NaOH 的物质的量为：$0.200\times5.5\times10^{-3}=1.1\times10^{-3}$mol

反应后生成的 Ac^- 的物质的量为：1.1×10^{-3}mol

$$c_b=\frac{1.1\times10^{-3}}{(10.0+5.5)\times10^{-3}}=0.071\text{mol}\cdot\text{L}^{-1}$$

剩余 HAc 的物质的量为：$2.0\times10^{-3}-1.1\times10^{-3}=0.9\times10^{-3}$mol

$$c_a=\frac{0.9\times10^{-3}}{(10.0+5.5)\times10^{-3}}=0.058\text{mol}\cdot\text{L}^{-1}$$

$$[H^+]=\frac{c_a}{c_b}K_a=\frac{0.058}{0.071}\times10^{-4.74}=1.5\times10^{-5}\text{mol}\cdot\text{L}^{-1}$$

$$pH=4.83$$

由于 $c_a\gg[OH^-]-[H^+]$ 且 $c_b\gg[H^+]-[OH^-]$，所以采用最简式是允许的。

如果取 c_a/c_b 分别为 10/1 或 1/10 进行计算，可以求得 pH 为 3.7 和 5.7。

在例题中 NH_3+NH_4Cl、HAc-NaAc 体系能把溶液的 pH 控制在一定的范围内，像这样的溶液称为缓冲溶液（buffer solution）。缓冲溶液一般由一对共轭酸碱对组成，能够对抗少量外来的酸、碱或水而保持溶液的 pH 不发生太大的变化。

缓冲溶液的缓冲能力是有限的，超过一定限度，则会失去缓冲作用。常用缓冲容量（β）来衡量缓冲能力的大小，缓冲溶液的浓度越高，溶液中共轭酸碱的浓度比越接近 1，缓冲溶液的缓冲能力（或称缓冲容量）越大，当 $c_a:c_b=1$ 时，缓冲容量最大，缓冲能力最强。当 $c_a:c_b$ 小于 1/10 或大于 10/1 时，缓冲溶液的缓冲能力很弱，甚至丧失缓冲作用。因此一般将 $c_a:c_b$ 控制在 1/10～10/1 之间，此时溶液的 pH 控制在 $pK_a\pm1$ 的范围内，此范围称作缓冲溶液的有效缓冲范围。如例题中所示，HAc 与 NaAc 组成的缓冲液能把 pH 控制在 3.7～5.7（HAc 的 $pK_a=4.75$）之间。表 6-2 列出了常用的缓冲溶液，根据各共轭酸碱对的 pK_a，可知它们最有效的 pH 缓冲范围。

表 6-2 常用的缓冲溶液

缓冲溶液	共轭酸	共轭碱	pK_a
氨基乙酸-HCl	$^+NH_3CH_2COOH$	$^+NH_3CH_2COO^-$	2.35(pK_{a1})
邻苯二甲酸氢钾-HCl	$C_6H_4(COOH)_2$	$C_6H_4COOHCOOK$	2.89(pK_{a1})
甲酸-NaOH	HCOOH	$HCOO^-$	3.76
HAc-NaAc	HAc	Ac^-	4.74
六亚甲基四胺-HCl	$(CH_2)_6N_4H^+$	$(CH_2)_6N_4$	5.15
NaH_2PO_4-Na_2HPO_4	$H_2PO_4^-$	HPO_4^{2-}	7.20(pK_{a2})
$Na_2B_4O_7$-HCl	H_3BO_3	$H_2BO_3^-$	9.24
$Na_2B_4O_7$-NaOH	H_3BO_3	$H_2BO_3^-$	9.24
NH_3-NH_4Cl	NH_4^+	NH_3	9.26
氨基乙酸-NaOH	$^+NH_3CH_2COO^-$	$NH_3CH_2COO^-$	9.60(pK_{a2})
$NaHCO_3$-Na_2CO_3	HCO_3^-	CO_3^{2-}	10.25(pK_{a2})

在分析测定中，通常要根据实际情况来选择不同的缓冲溶液，一般原则如下：

① 缓冲溶液对分析测定过程无干扰；

② 缓冲溶液应有足够的缓冲容量，通常共轭酸碱的浓度在 0.01～1mol·L^{-1}之间；

③ 分析过程需要控制的 pH 应在缓冲溶液的缓冲范围之内，即所选择的缓冲对中共轭酸的 pK_a 应尽量与所需控制的 pH 一致。

如果需要缓冲范围更广的缓冲溶液，也可采用多种酸和碱组成的缓冲体系。例如柠檬酸

和 Na_2HPO_4 溶液按不同比例混合，可得到 pH 为 2～8 的一系列缓冲溶液。

6.4 酸碱滴定终点的指示方法

酸碱滴定中终点的判断方法主要有两种：指示剂法和电位滴定法。指示剂法是利用指示剂（indicator）在某一条件下变色来指示终点；电位滴定法则是通过测量两个电极的电位差，根据电位差的突变来确定终点。

本节重点讨论指示剂法，电位滴定法将作简单介绍，它们的原理对于配位滴定、氧化还原滴定都是适用的。

6.4.1 指示剂法

（1）酸碱指示剂的作用原理

酸碱指示剂一般是有机弱酸或弱碱，该类弱酸（碱）与其共轭碱（酸）的分子结构不同，颜色也不相同，当溶液的 pH 改变时，指示剂得到或失去质子，结构发生改变，从而引起颜色的变化来指示终点的到达。常用的酸碱指示剂有酚酞、甲基橙等。

酚酞是一种有机二元弱酸，在酸性溶液中，酚酞主要以无色的羟式结构存在，当溶液的 pH 渐渐升高时，酚酞逐渐给出质子 H^+，转化成具有共轭体系醌式结构的红色离子，第二步解离过程的 $pK_{a_2}=9.1$。当溶液的碱性很强时，又进一步变为无色的羧酸盐式离子。酚酞的结构变化过程可表示如下：

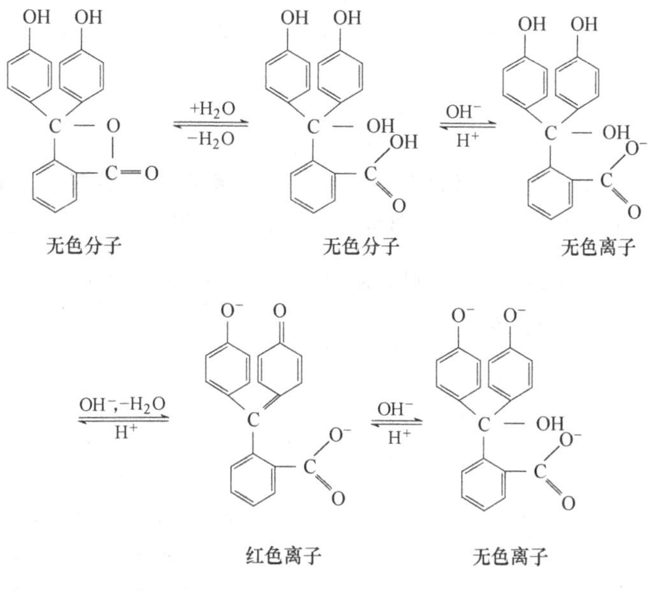

酚酞结构变化的过程也可简单表示为：

$$\text{无色分子}\underset{H^+}{\overset{OH^-}{\rightleftharpoons}}\text{无色离子}\underset{H^+}{\overset{OH^-}{\rightleftharpoons}}\text{红色离子}\underset{H^+}{\overset{\text{强碱}}{\rightleftharpoons}}\text{无色离子}$$

上式表明，这个转变过程是可逆的，当溶液 pH 发生变化，具有不同颜色的共轭酸碱对之间相互转化，这是指示剂变色的依据。

甲基橙是一种有机弱碱，它在溶液中存在着如下式所示的平衡。当溶液的 pH 减小时，黄色的甲基橙分子，在酸性溶液中获得一个 H^+，转变成为红色阳离子。

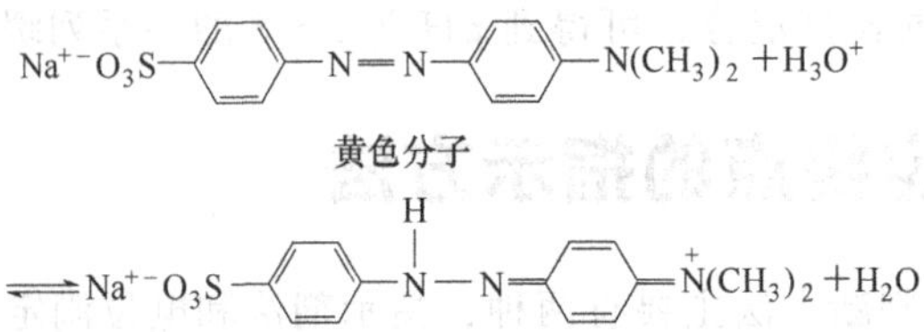

黄色分子

红色离子

(2) 酸碱指示剂的变色范围

实验测定结果表明，酚酞在溶液的 pH＜8 时呈无色，当溶液的 pH＞10 时呈红色，pH＝8～10 是酚酞逐渐由无色变为红色的过程，称为酚酞的“变色范围”。甲基橙的变色范围为 3.1～4.4。表 6-3 列出了几种常用酸碱指示剂的实际变色范围。

从表 6-3 中可以清楚地看出，各种不同的酸碱指示剂，具有不同的变色范围，有的在酸性溶液中变色，如甲基橙、甲基红等；有的在 pH＝7 附近变色，如中性红、苯酚红等；有的则在碱性溶液中变色，如酚酞、百里酚酞等。

酸碱指示剂之所以具有变色范围，可由指示剂在溶液中的平衡移动过程来加以解释。

现以 HIn 表示弱酸型指示剂，它在溶液中的解离平衡如下式：

$$\underset{\text{酸式}}{HIn} + H_2O \rightleftharpoons H_3O^+ + \underset{\text{碱式}}{In^-}$$

达到平衡时：

$$\frac{[H^+][In^-]}{[HIn]} = K_{HIn}$$

式中，K_{HIn} 称为指示剂常数，只随温度的变化而改变。如果将上式改变一下形式，可得

$$\frac{[In^-]}{[HIn]} = \frac{K_{HIn}}{[H^+]}$$

式中，$[In^-]$ 代表碱式颜色的深度；$[HIn]$ 代表酸式颜色的深度。而二者的比值决定了指示剂的颜色，从上式可知，在一定温度下，该比值仅仅是 $[H^+]$ 的函数。

表 6-3 几种常用酸碱指示剂的变色范围（室温）

指示剂	变色范围 pH	颜色变化	pK_{HIn}	浓度	用量/(滴/10mL 试液)
百里酚蓝（第一次变色）	1.2～2.8	红～黄	1.7	$1g \cdot L^{-1}$的 20%乙醇溶液	1～2
甲基黄	2.9～4.0	红～黄	3.3	$1g \cdot L^{-1}$的 90%乙醇溶液	1
甲基橙	3.1～4.4	红～黄	3.4	$0.5g \cdot L^{-1}$的水溶液	1
溴酚蓝	3.0～4.6	黄～紫	4.1	$1g \cdot L^{-1}$的 20%乙醇溶液或其钠盐水溶液	1
溴甲酚绿	4.0～5.6	黄～蓝	4.9	$1g \cdot L^{-1}$的 20%乙醇溶液或其钠盐水溶液	1～3
甲基红	4.4～6.2	红～黄	5.0	$1g \cdot L^{-1}$的 60%乙醇溶液或其钠盐水溶液	1
溴百里酚蓝	6.2～7.6	黄～蓝	7.3	$1g \cdot L^{-1}$的 20%乙醇溶液或其钠盐水溶液	1
中性红	6.8～8.0	红～黄橙	7.4	$1g \cdot L^{-1}$的 60%乙醇溶液	1
苯酚红	6.8～8.4	黄～红	8.0	$1g \cdot L^{-1}$的 60%乙醇溶液或其钠盐水溶液	1
百里酚蓝（第二次变色）	8.0～9.6	黄～蓝	8.9	$1g \cdot L^{-1}$的 20%乙醇溶液	1～4
酚酞	8.0～10.0	无～红	9.1	$0.5g \cdot L^{-1}$的 90%乙醇溶液	1～3
百里酚酞	9.4～10.6	无～蓝	10.0	$1g \cdot L^{-1}$的 90%乙醇溶液	1～2

当 $[In^-]$ 等于 $[HIn]$ 时，溶液中的 $[H^+]$ 等于 K_{HIn} 的数值，此时溶液的颜色应该是酸式色和碱式色的中间颜色。这被称为指示剂的理论变色点，此时溶液的 pH 和指示剂常数的关系为：

$$pH=pK_{HIn}$$

由于各种指示剂的常数 K_{HIn} 不同，因此指示剂的理论变色点也各不相同。

当 $[H^+]$ 发生改变时，$[In^-]$ 和 $[HIn]$ 的比值随之改变，溶液的颜色也随之发生变化。人眼睛辨别颜色的能力有限，一般来讲，当 $[In^-]$ 是 $[HIn]$ 的 1/10 时，人眼能勉强辨认出碱色；如 $[In^-]/[HIn]$ 小于 1/10，则人眼就看不出碱色了。因此变色范围的一边为：

$$\frac{[In^-]}{[HIn]}=\frac{K_{HIn}}{[H^+]}=\frac{1}{10} \qquad [H^+]_1=10K_{HIn}$$

$$pH_1=pK_{HIn}-1$$

当 $[In^-]/[HIn]=10/1$ 时，人眼能勉强辨认出酸色，同理，变色范围的另一边为：

$$pH_2=pK_{HIn}+1$$

上述情况可表示为：

$\frac{[In^-]}{[HIn]}$	<	$\frac{1}{10}$	=	$\frac{1}{10}$	=	1	=	$\frac{10}{1}$	>	$\frac{10}{1}$
		酸色		略带碱色		中间颜色		略带酸色		碱色
		酸色		⟵		变色范围		⟶		碱色
		$pH_1=pK_{HIn}-1$						$pH_2=pK_{HIn}+1$		

综上所述，当 $pH<pK_{HIn}-1$ 时，看到的是酸式的颜色

当 $pH>pK_{HIn}+1$ 时，看到的是碱式的颜色

当 $pK_{HIn}-1\leqslant pH\leqslant pK_{HIn}+1$ 时，看到的是酸式和碱式的混合颜色

所以，$pH=pK_{HIn}\pm1$ 称为指示剂的理论变色范围，不同的指示剂其理论变色范围也不同，但都相差 2 个 pH 单位。在此范围内，随 pH 的逐渐增加，溶液的颜色也逐渐由酸式色变为碱式色。但是和表 6-3 比较可以看出，指示剂的理论变色范围与实际的变色范围之间是有差别的，原因在于实际的变色范围是依靠人眼的观察得到的，由于人眼对于各种颜色的敏感程度不同，而且颜色之间也会相互掩盖造成上述差别。譬如人眼对红色更敏感，当浅黄色中出现红色时很容易看到，但当红色向浅黄色过渡时，只有当黄色所占比重较大时才能被觉察出来；因此甲基橙的理论变色范围为 2.4～4.4，但其实际的变色范围 3.1～4.4，在 pH 小的一边就短些。

关于指示剂的性质，可以总结如下：①指示剂的变色范围不一定恰好位于 pH=7 左右，而是随各种指示剂常数 K_{HIn} 的不同而不同；②各种指示剂的实际变色范围幅度各不相同，一般来说，在 1～2 个 pH 单位之间；③各种指示剂在变色范围内显示出逐渐变化的过程；只有当溶液中 pH 发生突变，指示剂的颜色才会突变。

（3）混合指示剂

酸碱滴定中，在化学计量点附近 pH 发生突跃，指示剂颜色发生突变，结束滴定。但在某些酸碱滴定中，需要将滴定终点限制在很窄的 pH 范围内，以保证滴定的准确度，这时，可使用混合指示剂。混合指示剂是利用颜色之间的互补作用，使变色范围变窄，达到颜色变化敏锐的效果。常用的混合指示剂见表 6-4。

混合指示剂的配制，主要有以下两种方法。

① 由两种或两种以上的指示剂混合而成。例如甲基红（$pK_{HIn}=5.0$）和溴甲酚绿（$pK_{HIn}=4.9$），前者的酸式色呈红色，碱式色呈浅黄色，后者的酸式色为黄色，碱式色为蓝色。当二者混合后，两种颜色相互叠加，共同作用，使得酸式色为橙色（红+黄），碱式色为绿色（蓝+黄）。当 pH≈5.1 时，甲基红呈橙色和溴甲酚绿呈绿色，两者互补而呈浅灰色，这时颜色发生突变，变色敏锐。实验室中常用的 pH 试纸，就是基于此原理而制成的。

表 6-4 几种常用混合指示剂

指示剂溶液的组成	变色时 pH	颜色		备注
		酸色	碱色	
一份 $1g \cdot L^{-1}$ 甲基黄乙醇溶液 一份 $1g \cdot L^{-1}$ 亚甲基蓝乙醇溶液	3.25	蓝紫	绿	pH=3.2,蓝紫色 pH=3.4,绿色
一份 $1g \cdot L^{-1}$ 甲基橙水溶液 一份 $2.5g \cdot L^{-1}$ 靛蓝二磺酸水溶液	4.1	紫	黄绿	
一份 $1g \cdot L^{-1}$ 溴甲酚绿钠盐水溶液 一份 $2g \cdot L^{-1}$ 甲基橙水溶液	4.3	橙	蓝绿	pH=3.5,黄色 pH=4.05,绿色 pH=4.3,浅绿色
三份 $1g \cdot L^{-1}$ 溴甲酚绿乙醇溶液 一份 $2g \cdot L^{-1}$ 甲基红乙醇溶液	5.1	酒红	绿	
一份 $1g \cdot L^{-1}$ 溴甲酚绿钠盐水溶液 一份 $1g \cdot L^{-1}$ 氯酚红钠盐水溶液	6.1	黄绿	蓝绿	pH=5.4,蓝绿色 pH=5.8,蓝色 pH=6.0,蓝带紫 pH=6.2,蓝紫色
一份 $1g \cdot L^{-1}$ 中性红乙醇溶液 一份 $1g \cdot L^{-1}$ 亚甲基蓝乙醇溶液	7.0	紫蓝	绿	pH=7.0,紫蓝色
一份 $1g \cdot L^{-1}$ 甲酚红钠盐水溶液 三份 $1g \cdot L^{-1}$ 百里酚蓝钠盐水溶液	8.3	黄	紫	pH=8.2,玫瑰红 pH=8.4,紫色
一份 $1g \cdot L^{-1}$ 百里酚蓝 50%乙醇溶液 三份 $1g \cdot L^{-1}$ 酚酞 50%乙醇溶液	9.0	黄	紫	黄到绿再到紫
一份 $1g \cdot L^{-1}$ 酚酞乙醇溶液 一份 $1g \cdot L^{-1}$ 百里酚酞乙醇溶液	9.9	无	紫	pH=9.6,玫瑰红 pH=10,紫色
二份 $1g \cdot L^{-1}$ 百里酚酞乙醇溶液 一份 $1g \cdot L^{-1}$ 茜素黄 R 乙醇溶液	10.2	黄	紫	

② 由某种指示剂和惰性染料混合。例如甲基橙和靛蓝混合，靛蓝是一种不随 $[H^+]$ 变化的惰性染料，混合后的指示剂的变色范围仍为 3.1～4.4，但颜色的变化是由紫→绿，比原来的由红→黄更敏锐。

(4) 指示剂的用量

在滴定实验中，指示剂的适量加入可有效减少实验误差。由指示剂的解离平衡可知，对于双色指示剂，如甲基橙等，虽然变色点与指示剂的用量无关，但指示剂本身也是弱酸或弱碱，也要消耗一些滴定剂，加入过多，将引入误差。对于单色指示剂，如酚酞等，其变色点的 pH 取决于其分析浓度，随着分析浓度增大，pH 降低，变色点会酸移。因此，酸碱指示剂适宜的加入量为：在不影响指示剂变色灵敏度的前提下，尽量少加。

6.4.2 电位滴定法

指示剂法操作简便，应用广泛，但由于指示剂颜色的变化是靠人眼睛来辨别的，所以各人有差异，而且对于有色、浑浊溶液，非常弱的酸（碱）滴定，终点变色不敏锐，难以判断。此时可采用电位滴定法（potentiometric titration）。

电位滴定法是通过测量滴定过程中电池电极电位的突变来确定滴定终点，再由滴定终点所消耗的标准溶液的体积和浓度求出待测物质的含量。与指示剂法相比较，其消除了指示剂人为颜色判断的误差，避免待测液颜色的干扰，灵敏度高，但需要使用仪器测定数据，进行数据处理后才能确定标准溶液消耗的体积，因此在化学分析中有一定的局限性，不如指示剂法应用广泛。本书不作详细讨论。

6.5 一元酸碱的滴定

在酸碱滴定过程中，重要的是要了解溶液 pH 的变化规律，以及选择什么样的指示剂来确定滴定终点。由于各种类型的酸碱强度和浓度不同，所以滴定过程中 pH 的变化规律也不尽相同，必须分别加以讨论。

6.5.1 强碱滴定强酸

现以 0.1000mol·L^{-1}NaOH 溶液滴定 0.1000mol·L^{-1}HCl 溶液为例来进行讨论。在滴定过程中，发生的质子转移反应为：$H_3O^+ + OH^- \rightleftharpoons H_2O + H_2O$，可简写为 $H^+ + OH^- \rightleftharpoons H_2O$。

在滴定开始前，HCl 溶液呈强酸性，pH 很低。随着 NaOH 溶液的加入，中和反应不断发生，溶液中的 $[H^+]$ 不断降低，pH 逐渐升高。当加入的 NaOH 与 HCl 的量符合化学计量关系时，滴定到达化学计量点，NaOH 与 HCl 恰好完全反应。溶液变成了 NaCl 溶液，溶液中

$$[H^+]=[OH^-]=10^{-7.0}mol \cdot L^{-1}, pH=7.0$$

化学计量点后再继续加入 NaOH 溶液，溶液中 NaOH 过量，溶液呈碱性，$[OH^-]$ 不断增加，pH 继续升高。因此，整个滴定过程中，溶液的 pH 是不断升高的。但是 pH 的具体变化规律怎样？尤其是化学计量点附近 pH 的变化规律更值得关注，因为它和指示剂的选择，滴定终点的确定密切相关。

根据以上分析，整个滴定过程中溶液有四种不同的组成情况，所以可分为四个阶段进行计算。

(1) 滴定开始前

溶液为一元强酸 HCl 溶液，浓度为 0.1000mol·L^{-1}，因此

$$[H^+]=0.1000mol \cdot L^{-1}, pH=1.00$$

(2) 滴定开始至化学计量点前

由于加入 NaOH，部分 HCl 被中和，溶液组成为 HCl+NaCl，可根据剩余的 HCl 量计算 pH。例如加入 18.00mL NaOH 溶液时，HCl 溶液还剩余 2.00mL 未被中和，这时溶液中的 HCl 浓度为：

$$\frac{0.1000mol \cdot L^{-1} \times 2.00 \times 10^{-3}L}{20.00 \times 10^{-3}L + 18.00 \times 10^{-3}L} = 5.3 \times 10^{-3}mol \cdot L^{-1}$$

$$[H^+]=5.3 \times 10^{-3}mol \cdot L^{-1}, pH=2.28$$

从滴定开始直到化学计量点前的各点都这样计算，当加入的 NaOH 溶液为 19.98mL 时，此时可计算得到溶液的 pH=4.31。

(3) 化学计量点时

当加入 20.00mL NaOH 溶液时，HCl 被 NaOH 全部中和，生成 NaCl 溶液，此时

$$pH=7.00$$

(4) 化学计量点后

过了化学计量点，再加入 NaOH 溶液，溶液组成为 NaOH+NaCl，其 pH 取决于过量的 NaOH。当加入 20.02mL NaOH 溶液时，NaOH 溶液过量 0.02mL，多余的 NaOH 浓度为

$$\frac{0.1000\text{mol}\cdot\text{L}^{-1}\times 0.02\times 10^{-3}\text{L}}{20.00\times 10^{-3}\text{L}+20.02\times 10^{-3}\text{L}}=5.0\times 10^{-5}\text{mol}\cdot\text{L}^{-1}$$

即

$$[\text{OH}^-]=5.0\times 10^{-5}\text{mol}\cdot\text{L}^{-1}, \text{pOH}=4.30, \text{pH}=9.70$$

化学计量点后都这样计算。

如此逐一计算，计算结果如表 6-5 所示。如果以 NaOH 溶液的加入量为横坐标，对应的溶液 pH 为纵坐标作图，所得到的 *V*-pH 关系曲线称为滴定曲线，如图 6-4 所示。

表 6-5　用 0.1000mol·L^{-1}NaOH 溶液滴定 20.00mL 0.1000mol·L^{-1}HCl 溶液

加入 NaOH 溶液		剩余 HCl 溶液的体积 *V*/mL	过量 NaOH 溶液的体积 *V*/mL	pH
mL	%			
0.00	0	20.00	—	1.00
18.00	90.0	2.00	—	2.28
19.80	99.0	0.20	—	3.30
19.98	**99.9**	**0.02**	—	**4.31 *A***
20.00	100.0	0.00	—	7.00
20.02	**100.1**	—	**0.02**	**9.70 *B***
20.20	101.0	—	0.20	10.70
22.00	110.0	—	2.00	11.70
40.00	200.0	—	20.00	12.50

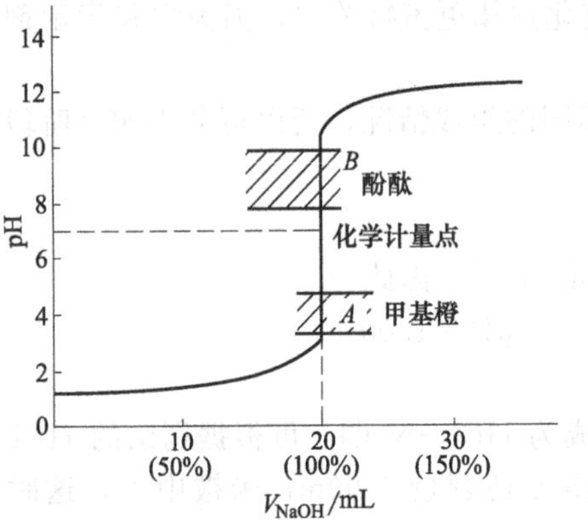

图 6-4　用 0.1000mol·L^{-1}NaOH 滴定 20.00mL 0.1000mol·L^{-1}HCl 的滴定曲线

从表 6-5 可以看出，在滴定开始时，溶液中还存在着较多的 HCl，因此 pH 升高十分缓慢，从滴定开始到加入 NaOH 溶液 19.80mL，溶液的 pH 只改变了 2.3 个单位。再加入 0.18mL NaOH 溶液，pH 改变了 1 个单位，变化速度明显加快。尤其是当滴定接近化学计量点时，pH 升高极快。NaOH 溶液的加入量从 19.98mL 到 20.02 mL，只改变了 0.04mL，不过 1 滴左右，但溶液的 pH 却发生了突跃，从 4.31 突然升高到 9.70，改变了 5.4 个 pH 单位。在化学计量点后，随着 NaOH 溶液的加入，pH 的变化速度又逐渐减慢。

由滴定曲线图 6-4 中可以更直观地看出滴定过程中 pH 的变化情况。滴定开始到化学计量点前，曲线比较平缓，但越接近化学计量点，斜率越大，pH 的变化趋势相同。在这个阶段，虽然中和反应不断进行，但溶液的性质没有发生本质的变化，仍为酸溶液，是一个量变的过程。化学计量点后，溶液呈碱性，随着滴定的进行，溶液中 NaOH 浓度增加，这是一个新的量变过程。在化学计量点前后很小的变化范围内，从曲线上的 *A* 点（加入 NaOH 溶液 19.98mL，相当于−0.1%）变化到 *B* 点（超过化学计量点 0.02mL，相当于+0.1%）），虽然 *A* 与 *B* 之间仅差约 1 滴 NaOH 溶液，但量变的累积引起了溶液质的变化，溶液从酸性突变成了碱性，因此溶液的 pH 也发生了突变，我们把化学计量点前后±0.1%范围内 pH 的急剧变化称为“滴定突跃”。

根据滴定曲线上近似垂直的滴定突跃范围，可以选择适当的指示剂，并且可测得化学计量点时所需 NaOH 溶液的体积。显然，可以选择甲基橙、甲基红、酚酞、溴百里酚蓝、苯酚红等。例如用甲基橙作指示剂，当滴定到甲基橙由红色突然变为黄色时，溶液的 pH 约为 4.4，这时离开化学计量点已不到半滴，终点误差不超过－0.1%，符合滴定分析要求；如果用酚酞作指示剂，当酚酞变微红色时 pH 略大于 8.0。此时超过化学计量点也不到半滴，终点误差也不超过 0.1%，也符合滴定分析要求。实际上凡是在滴定突跃范围内变色的指示剂都可以正确地指示终点。

总之，在酸碱滴定中，指示剂的选择原则是：应根据化学计量点附近的滴定突跃来选择指示剂，应使指示剂的变色范围处于或部分处于化学计量点附近的滴定突跃范围内。

以上讨论的是 $0.1\text{mol}\cdot\text{L}^{-1}$ NaOH 溶液滴定 $0.1\text{mol}\cdot\text{L}^{-1}$ HCl 溶液的情况。如果溶液浓度改变，化学计量点时溶液的 pH 依然是 7，但化学计量点附近的滴定突跃的大小却不相同。从图 6-5 可以清楚地看到，滴定突跃范围和酸碱溶液浓度有关，浓度越大，滴定突跃范围越大；浓度越小，突跃范围越小。滴定突跃越大，指示剂越容易选择；溶液越稀，滴定突跃越小，指示剂的选择越受到限制，当用 $0.01\text{mol}\cdot\text{L}^{-1}$ NaOH 溶液滴定 $0.01\text{mol}\cdot\text{L}^{-1}$ HCl 溶液时，若再用甲基橙指示终点就不合适了。

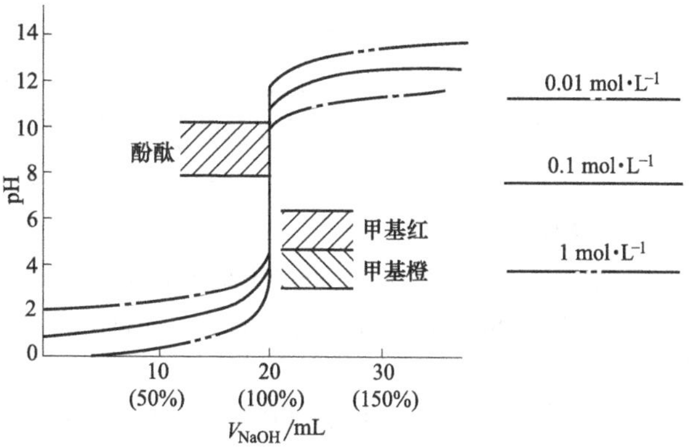

图 6-5 以不同浓度 NaOH 溶液滴定不同浓度 HCl 溶液的滴定曲线

如果用 NaOH 溶液滴定其他强酸溶液，例如 HNO_3 溶液，情况相似，指示剂的选择也相似。如果反过来以 $0.1\text{mol}\cdot\text{L}^{-1}$ HCl 溶液滴定 $0.1\text{mol}\cdot\text{L}^{-1}$ NaOH 溶液，其滴定曲线如何？指示剂的选择呢？请读者自行分析。

6.5.2 强碱滴定弱酸

用强碱滴定弱酸的情况也很常见。现以 $0.1000\text{mol}\cdot\text{L}^{-1}$ NaOH 溶液滴定 20.00mL $0.1000\text{mol}\cdot\text{L}^{-1}$ HAc 溶液为例来进行讨论。滴定过程中的质子转移反应如下：

$$\text{HAc}+\text{OH}^- \rightleftharpoons \text{Ac}^- + \text{H}_2\text{O}$$

与强碱滴定强酸相似，整个滴定过程也可分为四个阶段。对于滴定曲线上各点的 pH 均采用最简式计算，虽然用最简式计算的结果与精确计算结果存在一定的差异，但不影响指示剂的选择。

(1) 滴定开始前

溶液为一元弱酸 HAc 溶液，浓度为 $0.1000\text{mol}\cdot\text{L}^{-1}$，因此

$$[\text{H}^+]=\sqrt{cK_a}=\sqrt{0.1000\times10^{-4.74}}=1.3\times10^{-3}\text{mol}\cdot\text{L}^{-1}$$

$$\text{pH}=2.87$$

(2) 滴定开始至化学计量点前

溶液中有未反应的 HAc 及反应生成的 Ac^-，二者组成缓冲溶液。可根据缓冲溶液 pH 的计算公式，求得各点的 pH。

例如，当加入 NaOH 19.98mL 时（滴定百分比为 99.9%）：

$$c_a=\frac{0.02\times0.1000}{20.00+19.98}=5.0\times10^{-5}\text{mol}\cdot\text{L}^{-1}$$

$$c_b=\frac{19.98\times0.1000}{20.00+19.98}=5.0\times10^{-2}\ \text{mol}\cdot\text{L}^{-1}$$

$$[H^+]=K_a\frac{c_a}{c_b}=10^{-4.74}\times\frac{5.0\times10^{-5}}{5.0\times10^{-2}}=10^{-7.74}$$

$$pH=7.74$$

(3) 化学计量点时

此时 HAc 被全部中和生成 NaAc，由于 Ac^- 为弱碱，按一元弱碱求得解离的 $[OH^-]$ 和相应的 pH。

$$c_{Ac^-}=0.1000\times\frac{1}{2}=0.05000\text{mol}\cdot\text{L}^{-1}$$

$$[OH^-]=\sqrt{cK_b}=\sqrt{c\frac{K_w}{K_a}}=\sqrt{0.05000\times\frac{10^{-14}}{10^{-4.74}}}=5.3\times10^{-6}\ \text{mol}\cdot\text{L}^{-1}$$

$$pOH=5.28, pH=8.72$$

(4) 化学计量点后

溶液由 NaAc 和过量的 NaOH 组成，由于 NaOH 的存在，抑制了 Ac^- 的解离，其产生的 OH^- 可以忽略，故此阶段溶液的 pH 根据 NaOH 过量程度进行计算，与强碱滴定强酸的情况完全相同。

例如，加入 20.02mL NaOH 溶液时，即过量 0.02mL NaOH 溶液（滴定百分比为 100.1%）：

$$[OH^-]=\frac{0.1000\times0.02}{20.00+20.02}=5.0\times10^{-5}\ \text{mol}\cdot\text{L}^{-1}$$

$$pOH=4.30, pH=9.70$$

将计算结果列于表 6-6 中，并据此绘制滴定曲线，得到如图 6-6 中的曲线Ⅰ。该图中的虚线为强碱滴定强酸曲线的前半部分。

表 6-6　用 0.1000mol·L^{-1}NaOH 溶液滴定 20.00mL 0.1000mol·L^{-1}HAc 溶液

加入 NaOH 溶液		剩余 HAc 溶液的体积 V/mL	过量 NaOH 溶液的体积 V/mL	pH
mL	%			
0.00	0	20.00	—	2.87
10.00	50.0	10.00	—	4.74
18.00	90.0	2.00	—	5.70
19.80	99.0	0.20	—	6.74
19.98	**99.9**	**0.02**	—	**7.74*A***
20.00	100.0	0.00	—	8.72
20.02	**100.1**	—	**0.02**	**9.70*B***
20.20	101.0	—	0.20	10.70
22.00	110.0	—	2.00	11.70
40.00	200.0	—	20.00	12.50

将图 6-6 中的曲线Ⅰ与虚线进行比较可以看出，由于 HAc 是弱酸，滴定开始前溶液中 $[H^+]$ 就较低，pH 较 NaOH 滴定 HCl 时高。滴定开始后 pH 较快地升高，这是由于中和生成的 Ac^- 产生同离子效应，使 HAc 更难解离，$[H^+]$ 较快地降低。但在继续滴入 NaOH 溶液后，由于 NaAc 的不断生成，在溶液中形成弱酸及其共轭碱（HAc-Ac^-）的缓冲体系，

pH增加较慢，使这一段曲线较为平坦。当滴定接近化学计量点时，由于溶液中剩余的HAc已很少，缓冲作用大大减弱，于是随着NaOH溶液的不断滴入，溶液的pH变化逐渐加快，直到化学计量点，由于HAc的浓度急剧减少，因此溶液的pH发生突变，形成滴定突跃。这个突跃比强碱滴定强酸的突跃要小，pH变化范围为7.74～9.70，处于碱性范围内，这是由于化学计量点时溶液中存在着大量的Ac^-，它是弱碱，在水中发生下列质子转移反应：

$$Ac^- + H_2O \rightleftharpoons HAc + OH^-$$

溶液显微碱性。

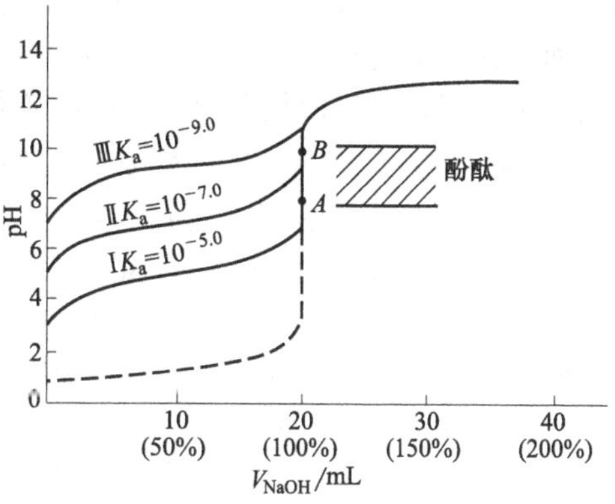

图6-6 用$0.1000mol \cdot L^{-1}$ NaOH溶液滴定不同弱酸溶液的滴定曲线

根据滴定突跃范围和指示剂的选择原则，可以选用酚酞或百里酚蓝作为NaOH滴定HAc的指示剂。但不能选择在酸性范围内变色的指示剂，如甲基橙等，否则误差很大。

根据滴定突跃的计算方法可以得到：强碱滴定弱酸，其滴定突跃范围的大小，与酸的强度和溶液的浓度有关。

当酸的浓度一定时，酸越强，K_a越大，突跃范围越大。醋酸是一种稍强的弱酸，它的解离常数K_a约为10^{-5}。如果滴定K_a为10^{-7}或10^{-9}左右的弱酸，则化学计量点附近的滴定突跃范围随着K_a的减小而减小，如图6-6中的曲线Ⅰ、Ⅱ和Ⅲ。当弱酸的$K_a<10^{-9}$时，已经没有明显的滴定突跃了。

当酸的强度（K_a）一定时，酸的浓度越大，突跃范围越大。用较浓的标准溶液滴定较浓的试液，可使滴定突跃适当增大，滴定终点较易判断。但这一途径也存在着一定的限度，对于$K_a \leqslant 10^{-9}$的酸，即使用$1mol \cdot L^{-1}$的标准碱也难以直接滴定。

当浓度c和解离常数K_a都不固定时，则突跃范围由二者的乘积决定。cK_a越大，突跃范围越大，反之越小。一般来讲，要使人眼能借助指示剂来判断滴定终点，则滴定突跃范围至少为0.3个pH单位，要满足上述条件，则$cK_a \geqslant 10^{-8}$，这样滴定就可以直接进行，而终点误差也在允许的±0.1%以内。

所以，$cK_a \geqslant 10^{-8}$是判断弱酸能否目视直接滴定的条件。

若$cK_a<10^{-8}$，则不宜用强碱直接滴定，否则因滴定突跃范围太小而无法用指示剂的颜色变化来正确地判断终点，易造成较大误差。当然，如果允许的误差可大于±0.1%时，目视直接滴定的条件也可降低。

6.5.3 强酸滴定弱碱

以$0.1mol \cdot L^{-1}$ HCl溶液滴定$0.1mol \cdot L^{-1}$ $NH_3 \cdot H_2O$溶液为例，滴定过程中发生的质子转移反应是：

$$HCl + H_2O \rightleftharpoons H_3O^+ + Cl^-$$

$$NH_3 + H_3O^+ \rightleftharpoons NH_4^+ + H_2O$$

这类滴定和NaOH滴定HAc相似，因此根据溶液组分的不同情况，求出化学计量点时的pH和滴定突跃。化学计量点时的pH=5.28，滴定突跃范围pH=6.25～4.30，在酸性范围内，可选用甲基红、溴甲酚绿等酸性范围内变色的指示剂。

与滴定弱酸的情况相似，只有当弱碱的$cK_b \geqslant 10^{-8}$时，才能用强酸溶液目视直接滴定。

一对共轭酸碱对中，共轭酸的酸性越强（K_a越大），则对应的共轭碱的碱性越弱（K_b

越小)，二者是相互制约的关系。由以上讨论可知，$NH_3 \cdot H_2O$ 可以用强酸溶液目视直接滴定，而其共轭酸 NH_4^+ 的 $pK_a=9.26$，很难满足 $cK_a \geqslant 10^{-8}$ 的要求，所以不能用碱标准溶液直接滴定，但是可以间接测定 NH_4^+ 的含量，在 6.8 节中将要讨论。

例 6-17 下列溶液能否用 $0.1000 mol \cdot L^{-1}$ HCl 或 NaOH 目视直接准确滴定，若能够，请计算化学计量点的 pH，并选择指示剂。

(1) $0.1000 mol \cdot L^{-1}$ 的 H_3BO_3 溶液；

(2) $0.05000 mol \cdot L^{-1}$ 硼砂 ($Na_2B_4O_7 \cdot 10H_2O$) 溶液。

解：(1) H_3BO_3 的 $pK_a=9.24$，$cK_a<10^{-8}$，所以 H_3BO_3 不能被强碱准确滴定；

(2) 硼砂溶于水，发生下列反应：

$$B_4O_7^{2-}+5H_2O \rightleftharpoons 2H_2BO_3^-+2H_3BO_3$$

所得的产物之一 $H_2BO_3^-$ 是弱酸 H_3BO_3 的共轭碱，因此

$$pK_b=14-pK_a=14-9.24=4.76$$

$cK_b>10^{-8}$，硼砂能被强酸准确滴定。

硼砂溶于水后生成 $0.1000 mol \cdot L^{-1}$ H_3BO_3 和 $0.1000 mol \cdot L^{-1}$ $H_2BO_3^-$，化学计量点时 $H_2BO_3^-$ 也被中和成 H_3BO_3，考虑到此时溶液已稀释一倍，因此溶液中 H_3BO_3 浓度为 $0.1000 mol \cdot L^{-1}$。

$$[H^+]=\sqrt{cK_a}=\sqrt{0.1000\times 10^{-9.24}}\ mol \cdot L^{-1}=7.6\times 10^{-6}\ mol \cdot L^{-1}$$

$$pH=5.12$$

应选用甲基红指示终点。

在实际分析工作中，硼砂常作为基准物来标定 HCl 溶液的浓度，标定反应属于强酸滴定弱碱。

6.6 多元酸、混合酸和多元碱的滴定

6.6.1 多元酸的滴定

常见的多元酸一般为弱酸，在水溶液中发生分步解离，H_3PO_4 是三元酸，分三级解离如下：

$$H_3PO_4 \rightleftharpoons H^+ + H_2PO_4^- \quad pK_{a_1}=2.12$$

$$H_2PO_4^- \rightleftharpoons H^+ + HPO_4^{2-} \quad pK_{a_2}=7.20$$

$$HPO_4^{2-} \rightleftharpoons H^+ + PO_4^{3-} \quad pK_{a_3}=12.36$$

现以 NaOH 溶液滴定 H_3PO_4 溶液为例进行讨论。用 NaOH 溶液滴定 H_3PO_4 溶液时，质子传递反应如下：

$$H_3PO_4+NaOH \rightleftharpoons NaH_2PO_4+H_2O \qquad (1)$$

$$NaH_2PO_4+NaOH \rightleftharpoons Na_2HPO_4+H_2O \qquad (2)$$

$$Na_2HPO_4+NaOH \rightleftharpoons Na_3PO_4+H_2O \qquad (3)$$

实际上是否能如上述反应式所示，待全部 H_3PO_4 反应生成 NaH_2PO_4 后，$H_2PO_4^-$ 才开始反应成为 HPO_4^{2-} 呢？从 6.2 节 H_3PO_4 的分布曲线可知，当 pH＝4.7 时，溶液中 $H_2PO_4^-$ 所占比例达到最大，为 99.4%，而同时存在的另外两种形式 H_3PO_4 和 HPO_4^{2-} 各约占 0.3%，这说明当 0.3%左右 H_3PO_4 尚未被中和时，已经有 0.3%左右的 $H_2PO_4^-$ 进一步被中和成 HPO_4^{2-} 了，因此严格地说，两步中和反应是稍有交叉地进行，并未完全按照上述反应式 (1)、(2) 所示分两步完成。同样，第 (2) 步和第 (3) 步反应也是稍有交叉地进

行。因此在图 6-7 所示 NaOH 滴定 H_3PO_4 的滴定曲线上能明显地看到：化学计量点附近曲线倾斜，滴定突跃较为短小。但是在一般的分析测试中，对多元酸的滴定准确度不能要求太高，可认为 H_3PO_4 能被分步滴定。

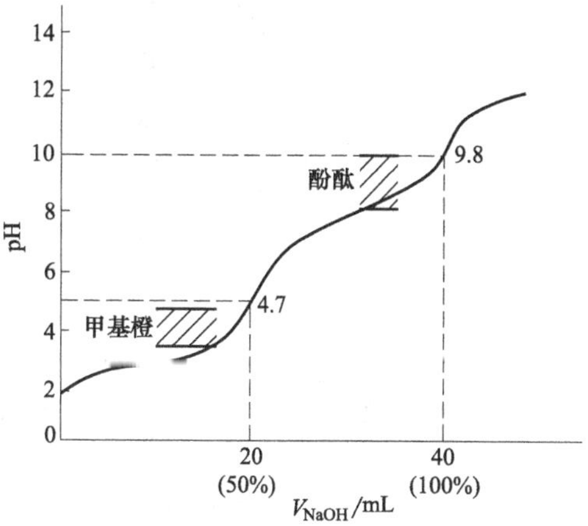

图 6-7 以 NaOH 溶液滴定 H_3PO_4 溶液的滴定曲线

H_3PO_4 这类多元酸的滴定曲线，手工计算比较复杂，通常采用电位滴定法进行绘制。现以 0.1000mol·L^{-1} NaOH 溶液滴定 0.1000mol·L^{-1} H_3PO_4 溶液为例来讨论两个化学计量点时的 pH。

第一化学计量点时，NaH_2PO_4 的浓度为 0.05mol·L^{-1}，第二化学计量点时，Na_2HPO_4 的浓度为 0.033mol·L^{-1}。在 6.3 节中【例 6-11】已求得上述两种溶液的 pH 分别为 4.69 和 9.67。但是对于多元酸滴定，滴定准确度要求不高，通常可用最简式计算。

第一化学计量点：

$$[H^+]_1=\sqrt{K_{a_1}K_{a_2}}=\sqrt{10^{-2.12}\times10^{-7.20}}=10^{-4.66}\text{mol}\cdot L^{-1}$$

$$pH=4.66$$

第二化学计量点：

$$[H^+]_2=\sqrt{K_{a_2}K_{a_3}}=\sqrt{10^{-7.20}\times10^{-12.36}}=10^{-9.78}\text{mol}\cdot L^{-1}$$

$$pH=9.78$$

这两个化学计量点如果分别选用甲基橙、酚酞作指示剂，则终点变色不明显，终点误差很大。如果分别采用混合指示剂溴甲酚绿和甲基橙（变色时 pH4.3）、酚酞和百里酚酞（变色时 pH9.9）（参阅表 6-4），则终点时变色明显，若再提高试液和标准溶液的浓度，就可以获得较好的结果（相对误差仍达 0.5%）。

再比较两个二元酸的情况，顺丁烯二酸（$pK_{a_1}=1.75$，$pK_{a_2}=5.83$）和丙二酸（$pK_{a_1}=2.65$，$pK_{a_2}=5.83$）。它们在不同 pH 时的分布系数列于表 6-7 和表 6-8。

表 6-7 顺丁烯二酸在不同 pH 时的分布系数

pH	2.86	3.60	3.79	4.00	4.72	9.00
δ_2	0.072	0.014	0.009	0.006	0.001	0
δ_1	0.972	0.980	0.982	0.980	0.927	0.001
δ_0	0.001	0.006	0.009	0.014	0.072	0.999

表 6-8 丙二酸在不同 pH 时的分布系数

pH	2.61	3.90	3.97	4.03	5.32	8.50
δ_2	0.522	0.051	0.044	0.038	0.001	0
δ_1	0.477	0.911	0.912	0.911	0.477	0.001
δ_0	0.001	0.038	0.044	0.051	0.522	0.999

比较表 6-7 和表 6-8 可看出，丙二酸与顺丁烯二酸的两步中和反应都是交叉地进行，而且后者两步中和反应交叉进行的情况更为严重，因而在图 6-8 所示的两条滴定曲线上，顺丁

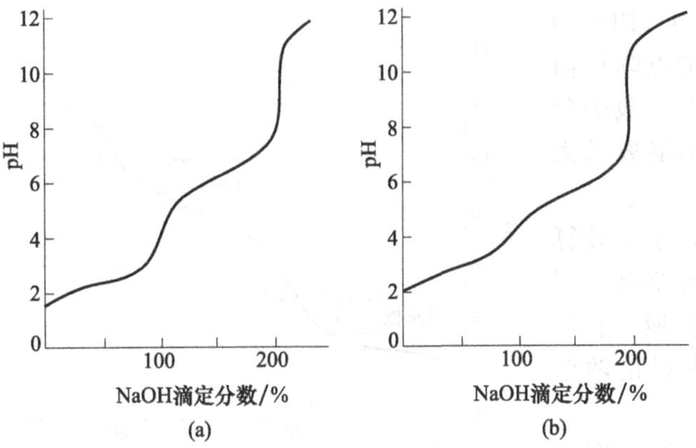

图 6-8 以 NaOH 溶液滴定（a）顺丁烯二酸和（b）丙二酸的滴定曲线

烯二酸有两个滴定突跃，而丙二酸只出现一个较明显的滴定突跃。

综上所述，对于多元酸的滴定，需要考虑两个问题：一是多元酸能否分步滴定；二是每一步能否被准确滴定。前已述及 H_3PO_4能被分步滴定，本质原因是 H_3PO_4 的三步解离常数相差比较大。那么相邻两步解离常数到底相差多少才能分步滴定呢？这与分步滴定要求的准确度和终点误差要求有关。

观察多元酸的滴定曲线，化学计量点附近的滴定突跃都比较小，甚至不出现，因此对多元酸分步滴定的准确度要求不能太高，当允许终点误差为±1%，在滴定突跃≥0.4pH 的情况下，要进行分步滴定必须满足下列条件（其中 c_0为酸的初始浓度）：

$$\begin{cases} c_0 K_{a_1} \geq 10^{-9} \\ K_{a_1}/K_{a_2} > 10^4 \end{cases}$$

此外，分步滴定对 c_0也有一定的要求；K_{a_1}/K_{a_2} 的比值越大，c_0也允许低一些。

例如 $H_2C_2O_4$的$pK_{a_1}=1.23$，$pK_{a_2}=4.19$，当 $H_2C_2O_4$的浓度不太小时，因为

$$\begin{cases} cK_{a_1} > 10^{-9} \\ K_{a_1}/K_{a_2} < 10^4 \end{cases}$$

所以草酸不能分步滴定，所谓的第一化学计量点不产生滴定突跃；但 $cK_{a_2}>10^{-9}$，因此第二步可被准确滴定，出现一个较大的 pH 突跃。可利用草酸在两个 H^+ 都被中和时产生的滴定突跃来测定草酸的总量。

测定某一多元酸的总量应从强度最弱的那一级酸考虑，当准确度的要求（终点误差和滴定突跃）发生改变时，滴定的可行性的条件也会有所不同。当允许的终点误差为±0.1%，滴定突跃≥0.3pH 的情况下，其滴定可行性的条件与一元弱酸相同，即应满足：

$$c_0 K_{a_n} \geq 10^{-8}$$

6.6.2 混合酸的滴定

混合酸有两种情况，一是两种弱酸混合，二是强酸与弱酸混合。

(1) 两种弱酸（HA+HB）混合

这种情况与多元酸相似，设混合酸中强度较大的为 HA，强度较小的为 HB，在允许±1%误差和滴定突跃≥0.4pH 时，用滴定多元酸相同的方法处理。

① 当 $c_{HA}K_{HA}\geq 10^{-9}$ 且 $c_{HA}K_{HA}/(c_{HB}K_{HB})>10^4$，可在较弱酸 HB 的存在下滴定 HA；如果 $c_{HB}K_{HB}\geq 10^{-9}$，则 HB 也可以被准确滴定，可继续滴定 HB。

② $c_{HA}K_{HA}\geq 10^{-9}$，$c_{HB}K_{HB}\geq 10^{-9}$，且 $c_{HA}K_{HA}/(c_{HB}K_{HB})<10^4$，则不能分别滴定，只能滴定混合酸的总量。

(2) 强酸（HX）与弱酸（HA）混合

当弱酸（HA）的强度 K_{HA}足够小时（一般要求 $K_{HA}<10^{-4}$），两种酸可分别滴定。

6.6.3 多元碱的滴定

多元碱的滴定情况与多元酸相似，有关多元酸分步滴定的结论同样适用于强酸滴定多元碱的情况，只是需将 K_a 换成 K_b。

工业用纯碱 Na_2CO_3，是二元弱碱，常用来标定 HCl 标准溶液的浓度。现以 0.1000mol・L^{-1}HCl溶液滴定 20.00mL0.10mol・$L^{-1}$$Na_2CO_3$溶液为例进行讨论。滴定时，发生如下反应：

$$CO_3^{2-}+H_2O \rightleftharpoons HCO_3^-+OH^- \quad (1)$$

$$HCO_3^-+H_2O \rightleftharpoons H_2CO_3+OH^- \quad (2)$$

CO_3^{2-} 是 HCO_3^- 的共轭碱，HCO_3^- 为 H_2CO_3 的共轭碱。由于 H_2CO_3 的 $pK_{a_1}=6.38$，$pK_{a_2}=10.25$，可求得 CO_3^{2-} 的 $pK_{b_1}=3.75$，$pK_{b_2}=7.62$。

因为 $cK_{b_1}>10^{-9}$ 且 $K_{b_1}/K_{b_2}\approx10^4$，所以$Na_2CO_3$可以被分步滴定，且第（1）步反应能被准确滴定，在第一化学计量点时产生一个滴定突跃，可从图 6-9 所示的滴定曲线看到。但由于 Na_2CO_3 的两级解离平衡常数相差不太大，HCO_3^- 又有较大的缓冲作用，这个突跃范围较窄，不够明显。

又因为 $cK_{b_2}>10^{-9}$，第（2）步反应产生的 OH^- 能被 HCl 准确滴定，可产生一个稍明显的滴定突跃。

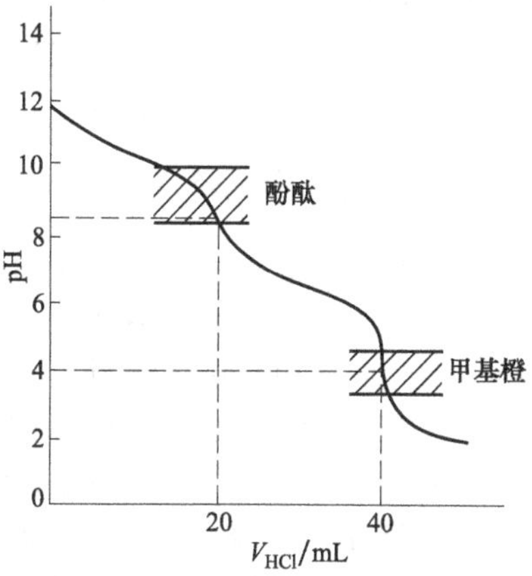

图 6-9 以 HCl 溶液滴定 Na_2CO_3 溶液的滴定曲线

例 6-18 用 0.1000mol・L^{-1} HCl 滴定相同浓度的 Na_2CO_3 溶液，化学计量点时的 pH 是多少？应选用何种指示剂指示终点？

解： 第一化学计量点时生成了 HCO_3^-，浓度为 0.050mol・L^{-1}，因此

$$[H^+]=\sqrt{K_{a_1}K_{a_2}}=\sqrt{10^{-6.39}\times10^{-10.25}}\,mol\cdot L^{-1}=10^{-8.32}\,mol\cdot L^{-1}$$

$$pH=8.32$$

可采用酚酞或混合指示剂“甲酚红＋百里酚蓝”(变色时 pH 为 8.3)，后者终点变色更明显一些。

第二化学计量点时，溶液已成为 H_2CO_3 的饱和溶液，在例 6-12 已求得该溶液的 pH＝3.89。

可用甲基橙或“溴甲酚绿＋甲基橙”为指示剂。但由于滴定时易形成 CO_2 的过饱和溶液，致使终点变色不明显。为了得到较为准确的滴定终点，通常在接近第二个化学计量点时，可采用加热或不断振荡的方法，以加快 H_2CO_3 的分解。

6.7 酸碱标准溶液的配制和标定

酸碱滴定法中常用的标准溶液有 HCl 和 NaOH，标准溶液的浓度通常为 0.01～1 mol・L^{-1}，一般都配成 0.1 mol・L^{-1}。实际工作中应根据实际情况配制浓度合适的标准溶液。

6.7.1 酸标准溶液

酸标准溶液一般用 HCl 溶液配制，HCl 易挥发，其标准溶液常用间接法配制，即先配成近似浓度，然后用基准物进行标定。常用的基准物有无水 Na_2CO_3 和硼砂。标定后的标准

溶液相当稳定，其浓度可以经久不变。

(1) 无水 Na_2CO_3

其优点是容易获得纯品，价格便宜，一般可用市售的“基准物”级 Na_2CO_3试剂作基准物。缺点是 Na_2CO_3易吸湿，因此用前应在 270～300℃干燥 1h，然后置于干燥器中冷却备用。称量时动作要快，以免吸收空气中的水分而引入误差。

用无水 Na_2CO_3标定 HCl 溶液，用甲基橙或甲基红作指示剂，终点时变色不太敏锐。

(2) 硼砂 ($Na_2B_4O_7 \cdot 10H_2O$)

其优点是容易制得纯品，不易吸水，摩尔质量大，称量误差小。但当空气中相对湿度小于 39% 时容易失去结晶水，因此应把它保存在相对湿度为 60%的恒湿器中。

硼砂基准物标定 HCl 溶液的反应为

$$Na_2B_4O_7 \cdot 10H_2O + 2HCl = 4H_3BO_3 + 2NaCl + 5H_2O$$

以甲基红指示终点，变色明显。

6.7.2 碱标准溶液

碱标准溶液最常用的是 NaOH，有时也用 KOH。NaOH 具有很强的吸湿性，也易吸收空气中的 CO_2，以致常含有 Na_2CO_3，而且 NaOH 还可能含有硫酸盐、硅酸盐、氯化物等杂质，因此应采用间接法配制，先配制成近似浓度的碱溶液，然后用基准物进行标定。

用含有 Na_2CO_3的 NaOH 标准溶液滴定强酸时，用甲基橙作指示剂，不会因 Na_2CO_3的存在而引入误差（想一想，为什么？若用酚酞作指示剂，结果又如何?）；如用来滴定弱酸，用酚酞作指示剂，滴到酚酞出现浅红色时，Na_2CO_3仅交换 1 个质子，即作用到生成 $NaHCO_3$，于是就会引起一定的误差。因此应配制和使用不含 CO_3^{2-} 的 NaOH 标准溶液。最常用的配制方法有以下两种。

(1) 浓碱法

取一份纯净 NaOH，加入一份水，搅拌，使之溶解，配成 50% 的浓溶液。在这种浓溶液中 Na_2CO_3的溶解度很小，待 Na_2CO_3沉降后，吸取上层澄清液，稀释至所需浓度。

(2) 漂洗法

由于 NaOH 固体一般只在其表面形成一薄层 Na_2CO_3，因此亦可称取较多的 NaOH 固体于烧杯中，以蒸馏水洗涤二三次，每次用水少许，以洗去表面的少许 Na_2CO_3，倾去洗涤液，留下固体 NaOH，配成所需浓度的 NaOH 标准溶液。为了配制不含 CO_3^{2-} 的碱溶液，所用蒸馏水应不含 CO_2。

最常用的标定 NaOH 溶液的基准物有邻苯二甲酸氢钾和 $H_2C_2O_4 \cdot 2H_2O$。

(1) 邻苯二甲酸氢钾 ($KHC_8H_4O_4$)，易用重结晶法制得纯品，不含结晶水，不吸潮，容易保存，标定时，摩尔质量大，称量误差小，是一种较理想的基准物。

标定反应为：

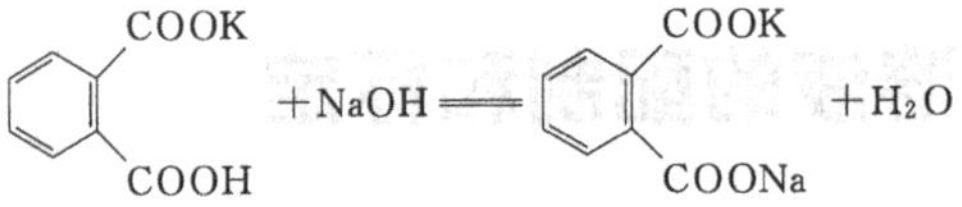

由于邻苯二甲酸的 $pK_{a2} = 5.54$，因而采用酚酞指示终点时，变色相当敏锐。

(2) 草酸 ($H_2C_2O_4 \cdot 2H_2O$)

草酸在相对湿度 50%～95%时不会风化而失水，故将草酸保存在磨口玻璃瓶中即可。草酸固态比较稳定，但溶液状态的稳定性较差。空气能使 $H_2C_2O_4$慢慢地氧化，光线以及某些 Mn^{2+}、催化剂能促使氧化。$H_2C_2O_4$的水溶液久置能自动放出 CO_2与 CO，故 $H_2C_2O_4$溶液不能久存。

草酸（$H_2C_2O_4$）是二元酸，$pK_{a1}=1.23$，$pK_{a2}=4.19$。两个解离常数比较接近，不能分步滴定，所以其两步解离出的 H^+ 一起被准确滴定，生成 $C_2O_4^{2-}$，标定反应如下：

$$2NaOH+H_2C_2O_4 \xlongequal{} Na_2C_2O_4+2H_2O$$

终点呈弱碱性，可选酚酞为指示剂。

6.8 酸碱滴定法的应用和计算示例

酸碱滴定法的应用范围非常广泛，可用直接滴定法测定一些酸碱物质的含量，还可以用间接滴定法测定一些非酸（碱）物质。在工业分析中，譬如化工产品、食品原料、中间产品及成品的分析，凡涉及酸度、碱度项目的，都常采用酸碱滴定法。

6.8.1 应用示例

（1）混合碱的测定

例如烧碱中 NaOH 和 Na_2CO_3 含量的测定。NaOH 俗称烧碱，在生产和贮藏的过程中，常因吸收空气中的 CO_2 而部分转变为 Na_2CO_3。对于烧碱中 NaOH 和 Na_2CO_3 含量的测定，通常有两种方法。

① 氯化钡法 准确称取一定量试样，溶解后分成等量的两份。一份溶液用甲基橙作指示剂，用 HCl 标准溶液滴定至橙色，消耗 HCl 标准溶液的体积为 V_1，此时 NaOH 和 Na_2CO_3 全部被中和，反应如下：

$$NaOH+HCl \xlongequal{} NaCl+H_2O$$

$$Na_2CO_3+2HCl \xlongequal{} 2NaCl+CO_2\uparrow+H_2O$$

另一份溶液中加入稍过量的 $BaCl_2$，使 Na_2CO_3 转化为 $BaCO_3$ 沉淀：

$$Na_2CO_3+BaCl_2 \xlongequal{} BaCO_3\downarrow+2NaCl$$

然后以酚酞（不能用甲基橙，为什么？）作指示剂，用 HCl 标准溶液滴定，消耗 HCl 的体积为 V_2。根据 V_2 可求得 NaOH 的质量分数

$$w_{NaOH}=\frac{c_{HCl}V_2M_{NaOH}}{m_s}\times100\%$$

滴定混合碱中 Na_2CO_3 所消耗的 HCl 的体积为（V_1-V_2），所以

$$w_{Na_2CO_3}=\frac{\frac{1}{2}c_{HCl}(V_1-V_2)M_{Na_2CO_3}}{m_s}\times100\%$$

② 双指示剂法 准确称取一定量试样，溶解后以酚酞为指示剂，用 HCl 标准溶液滴定至红色刚好消失，记下用去 HCl 的体积 V_1。这时 NaOH 全部被中和，而 Na_2CO_3 仅被中和到 $NaHCO_3$。向溶液中加入甲基橙，继续用 HCl 标准溶液滴定至橙红色，又消耗的 HCl 标准溶液的体积为 V_2。显然，V_2 是滴定 $NaHCO_3$ 所消耗 HCl 的体积。

由计量关系可知，Na_2CO_3 被中和到 $NaHCO_3$ 与 $NaHCO_3$ 被中和到 H_2CO_3 所消耗的 HCl 的体积是相等的。所以

$$w_{Na_2CO_3}=\frac{\frac{1}{2}c_{HCl}\times2V_2M_{Na_2CO_3}}{m_s}\times100\%$$

$$w_{NaOH}=\frac{c_{HCl}(V_1-V_2)M_{NaOH}}{m_s}\times100\%$$

在混合碱的测定中，除了上述 NaOH 和 Na_2CO_3 的混合碱样外，还有 Na_2CO_3 和

$NaHCO_3$的混合物，以及 NaOH 、Na_2CO_3、$NaHCO_3$的单一碱样，也可用双指示剂法定性分析未知碱样。根据V_1和V_2的关系可定性分析混合碱的组成：

当$V_1>0$，$V_2=0$时，混合碱的组成为 NaOH；

当$V_1=0$，$V_2>0$时，混合碱的组成为 $NaHCO_3$；

当$V_1=V_2>0$时，混合碱的组成为 Na_2CO_3；

当$V_1>V_2>0$时，混合碱的组成为 NaOH 和 Na_2CO_3；

当$V_2>V_1>0$时，混合碱的组成为 Na_2CO_3和 $NaHCO_3$。

(2) 硼酸的测定

硼酸（H_3BO_3）的 $pK_a=9.24$，不能用碱标准溶液直接滴定。但其可与乙二醇、丙三醇、甘露醇等多羟基化合物反应，生成酸性较强的配合酸。反应如下：

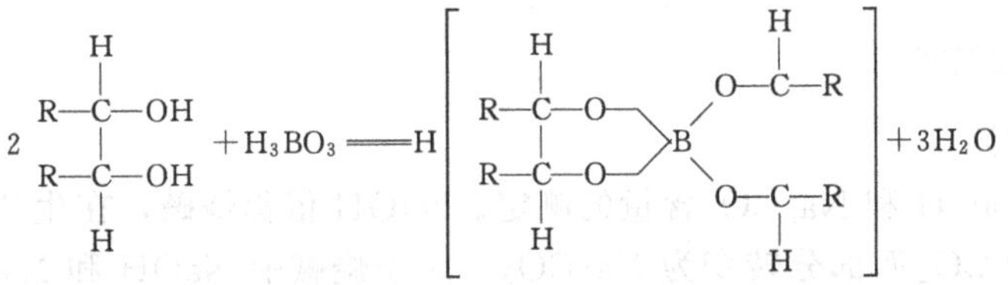

这种配合酸的解离常数为10^{-6}左右，可以用 NaOH 标准溶液准确滴定，可用酚酞或百里酚酞指示终点。

(3) 铵盐的测定

NH_4Cl 、$(NH_4)_2SO_4$都是常见的铵盐，由于 NH_4^+ 的 $pK_a=9.26$，不能用碱标准溶液进行直接滴定，但可采用蒸馏法或甲醛法间接测定。

① 蒸馏法：将铵盐试样置于蒸馏瓶中，加入过量 NaOH 溶液，加热使 NH_4^+ 转变成 NH_3释放出来，用 H_3BO_3溶液吸收，生成的 $H_2BO_3^-$是较强的碱，可用 H_2SO_4或 HCl 标准溶液滴定，用“甲基红＋溴甲酚绿”混合指示剂指示终点。测定过程如下：

$$NH_4^+ + OH^- \xrightarrow{\triangle} NH_3\uparrow + H_2O$$

$$NH_3 + H_3BO_3 \longrightarrow NH_4^+ + H_2BO_3^-$$

$$NCl + H_2BO_3^- \longrightarrow H_3BO_3 + Cl^-$$

除硼酸外，也可用 H_2SO_4或 HCl 标准溶液吸收 NH_3，过量的酸用 NaOH 标准溶液回滴，用“甲基红＋亚甲基蓝”混合指示剂指示终点。很显然，采用硼酸作吸收剂时不需要定量加入，因为 H_3BO_3酸性弱，不影响后续的滴定操作。

② 甲醛法：将铵盐与甲醛反应，定量生成了 H^+和质子化的六亚甲基四胺。反应如下：

$$4NH_4^+ + 6HCHO = (CH_2)_6N_4H^+ + 3H^+ + 6H_2O$$

$(CH_2)_6N_4H^+$是 $(CH_2)_6N_4$的共轭酸，$pK_a=5.15$，可用 NaOH 标准溶液准确滴定。终点产物是六亚甲基四胺（俗称乌洛托品），呈弱碱性，可用酚酞作指示剂。由反应式可以看出：

$$4N \sim 4NH_4^+ \sim 4H^+ \sim 4NaOH$$

被测物质 NH_4^+ 与标准溶液 NaOH 之间的化学计量关系为 1∶1，铵盐中的含氮量为：

$$w(N) = \frac{c_{NaOH}V_{NaOH}M_N}{m_s} \times 100\%$$

蒸馏法准确费时，甲醛法简便迅速，但甲醛法的应用范围不及蒸馏法广泛，只适用于像化肥等单纯含 NH_4^+ 样品的氮含量的测定。

(4) 凯氏（Kjeldahl）定氮法

凯氏定氮法是丹麦化学家 Johan Kjeldahl 创立的。其原理是蛋白质为含氮的有机化合物，将蛋白质试样与 H_2SO_4和催化剂一同加热，消化分解，产生的氨与硫酸结合生成硫酸铵：

$$C_mH_nN \xrightarrow[CuSO_4]{H_2SO_4, K_2SO_4} CO_2\uparrow + H_2O + NH_4^+$$

然后以过量 NaOH 碱化后，再以蒸馏法测定 NH_4^+。

凯氏定氮法可用于测定面粉、谷物、肥料、生物碱、肉类中的蛋白质、土壤、饲料以及合成药等物质中的氮含量，以确定其氨基态氮（NH_2-N）或蛋白质的含量。此方法的优点是操作简单，实验费用低，结果准确，是一种测定蛋白质的经典方法；缺点是最终测定的是总有机氮，而不是蛋白质氮，实验耗时长，所用试剂具有腐蚀性。

（5）SiO_2含量的测定

硅酸盐试样中 SiO_2含量，常用重量法测定。重量法准确度较高，但太费时，因此生产实际中多采用氟硅酸钾滴定法，结果的准确度也能满足一般要求。如 GB 205—1981 规定高铝水泥中的 SiO_2含量即用此法测定。

硅酸盐试样一般难溶于酸，可用 KOH 或 NaOH 熔融，使之转化为 K_2SiO_3等可溶性硅酸盐。K_2SiO_3在钾盐存在下与 HF 作用，生成难溶的氟硅酸钾沉淀。反应式如下：

$$2K^+ + SiO_3^{2-} + 6F^- + 6H^+ = K_2SiF_6\downarrow + 3H_2O$$

将生成的 K_2SiF_6沉淀过滤，用 KCl-乙醇溶液洗涤（因为沉淀的溶解度较大，所以用 KCl 降低其溶解度），并用 NaOH 溶液中和未洗净的游离酸，然后加入沸水，使 K_2SiF_6水解：

$$K_2SiF_6 + 3H_2O = 2KF + H_2SiO_3 + 4HF$$

水解生成的 HF($pK_a=3.46$) 可用 NaOH 标准溶液滴定，用酚酞作指示剂。由反应式可知：

$$1K_2SiF_6 \sim 4HF \sim 4NaOH$$

所以，SiO_2与 NaOH 的计量比为 1∶4。试样中 SiO_2的质量分数为

$$w_{SiO_2} = \frac{\frac{1}{4}c_{NaOH}V_{NaOH}M_{SiO_2}}{m_s} \times 100\%$$

在整个反应过程中有 HF 参加，而 HF 对玻璃有腐蚀作用，因此操作必须在塑料容器中进行。

（6）酸酐、酯类、醛或酮的测定

① 酸酐的测定 一般来说，酸酐与水慢慢地反应生成酸：

$$(RCO)_2O + H_2O = 2RCOOH$$

碱存在时可以加速上述反应。因此在实际测定中，常常采用返滴定法。在试样中加入过量 NaOH 标准溶液，加热回流，促使酸酐完全水解。多余的 NaOH 用 HCl 标准溶液滴定，用酚酞或百里酚蓝作指示剂。

② 酯类的测定 多数酯类和碱共热 1～2h 后，可完成皂化反应，转化成有机酸的共轭碱和醇，如 $CH_3COOC_2H_5$的测定，反应式如下：

$$CH_3COOC_2H_5 + NaOH = CH_3COONa + C_2H_5OH$$

多余的 NaOH 用 HCl 标准溶液滴定，用酚酞作指示剂。

③ 醛和酮的测定 常用的有盐酸羟胺法和亚硫酸钠法。

盐酸羟胺法，也称肟化法，利用醛、酮与盐酸羟胺反应生成肟和游离酸，反应方程式如下：

$$RCHO + NH_2OH \cdot HCl = RCHNOH + H_2O + HCl$$

$$R{-}CO{-}R' + NH_2OH \cdot HCl = R{-}CNOH{-}R' + H_2O + HCl$$

生成的游离酸可用 NaOH 标准溶液滴定。由于溶液中存在着过量的盐酸羟胺，呈酸性，因

此采用溴酚蓝指示终点。

亚硫酸钠法是用过量 Na_2SO_3 与醛、酮反应，生成游离碱：

$$RCHO+Na_2SO_3+H_2O = RCH(OH)(SO_3Na)+NaOH$$

$$R-CO-R'+Na_2SO_3+H_2O = R-CR'(OH)(SO_3Na)+NaOH$$

然后用 HCl 标准溶液滴定，用百里酚酞作指示剂。

这种方法可用来测定较多种醛和少数几种酮。由于测定操作简单，准确度较高，常用这种方法测定甲醛。

6.8.2 计算示例

例 6-19 称取 $CaCO_3$ 0.5000g，先加入 50.00mL HCl 溶液，然后用 NaOH 溶液返滴定多余的酸，消耗 NaOH 溶液 6.20mL。已知：1.000mL NaOH 溶液相当于 1.010mL HCl 溶液。求两种溶液的浓度。

解：设 HCl 溶液和 NaOH 溶液的浓度分别为 c_1 和 c_2，查表得 $M_{CaCO_3}=100.1g\cdot mol^{-1}$。

由已知条件可得：6.20mL NaOH 溶液相当于 6.20mL×1.010=6.26mL HCl 溶液，所以与 $CaCO_3$ 反应的 HCl 溶液的体积为：

$$50.00mL-6.26mL=43.74mL$$

二者反应如下：

$$CaCO_3+2HCl = Ca^{2+}+2Cl^-+CO_2\uparrow+H_2O$$

所以 $CaCO_3$ 与 HCl 的化学计量关系为：

$$n_{HCl}=2n_{CaCO_3}$$

$$c_1\times 43.74\times 10^{-3}=2\times\frac{0.5000}{100.1}$$

$$c_1=0.2284mol\cdot L^{-1}$$

又因为： $$c_2\times 1.000\times 10^{-3}=0.2284\times 1.010\times 10^{-3}$$

所以： $$c_2=0.2307mol\cdot L^{-1}$$

例 6-20 称取混合碱（Na_2CO_3+NaOH 或 Na_2CO_3+$NaHCO_3$ 的混合物）试样 1.200 g，溶于水，用 0.5000mol·L^{-1} HCl 溶液滴定至酚酞褪色，消耗 30.00mL。然后加入甲基橙，继续滴加 HCl 溶液至出现橙色，又用去 5.00mL。试样中有何种组分？其质量分数各为多少？

解：设当酚酞变色时消耗 HCl 的体积为 V_1；此时 NaOH 已完全中和，Na_2CO_3 只获得了一个质子，变为 $NaHCO_3$，即

$$Na_2CO_3+HCl = NaHCO_3+NaCl \quad (1)$$

再加入甲基橙，继续滴定至甲基橙终点时，又消耗的 HCl 溶液的体积为 V_2；此时，$NaHCO_3$ 又获得一个质子，成为 H_2CO_3：

$$NaHCO_3+HCl = NaCl+H_2CO_3 \quad (2)$$

根据 $V_1>V_2$，可定性分析出试样的组成为 Na_2CO_3+NaOH。

很显然，若试样中只含有 Na_2CO_3 一种组分，则第（1）步和第（2）步反应消耗的盐酸的体积相同，因此滴定 NaOH 所耗用的酸应为：

$$30.00mL-5.00mL=25.00mL$$

设 NaOH 的质量分数为 w_{NaOH}，Na_2CO_3 的质量分数为 $w_{Na_2CO_3}$，根据反应式（1）、（2），Na_2CO_3 与 HCl 的总反应式为：

$$Na_2CO_3+2HCl \longrightarrow 2NaCl+H_2O+CO_2\uparrow$$

因此可得：

$$0.5000\times25.00\times10^{-3}=\frac{1.200w_{NaOH}}{40.01}$$

$$w_{NaOH}=0.4168=41.68\%$$

$$0.5000\times10.00\times10^{-3}=2\times\frac{1.200w_{Na_2CO_3}}{106.0}$$

$$w_{Na_2CO_3}=0.2208=22.08\%$$

所以试样中含 NaOH41.68%，含 Na_2CO_3 22.08%。

例 6-21 已知试样可能含有 Na_3PO_4、Na_2HPO_4、NaH_2PO_4 或它们的混合物，以及其他不干扰测定的杂质。现称取试样 2.000g，溶解后用 $0.5000mol\cdot L^{-1}$ HCl 标准溶液滴定，当用甲基橙指示终点时消耗 HCl 标准溶液 32.00mL；当用酚酞指示终点时，消耗 12.00mL，求试样中各组分的质量分数。

解：当滴定到酚酞变色时，发生下述反应：

$$Na_3PO_4+HCl \longrightarrow Na_2HPO_4+NaCl \tag{1}$$

当滴定到甲基橙变色时，则除了上述反应外，还发生下述反应：

$$Na_2HPO_4+HCl \longrightarrow NaH_2PO_4+NaCl \tag{2}$$

设试样中 Na_3PO_4 的质量分数为 $w_{Na_3PO_4}$，则

$$0.5000\times12.00\times10^{-3}=\frac{2.000w_{Na_3PO_4}}{163.9}$$

$$w_{Na_3PO_4}=0.4917=49.17\%$$

当到达甲基橙指示的终点时，用去的 HCl 消耗在两部分：一部分是反应式（1）和（2）所需的 HCl 量，另一部分是中和试样中原有的 Na_2HPO_4 所需的 HCl 量，后者用去的 HCl 溶液的体积为

$$32.00-2\times12.00=8.00mL$$

设试样中原有的 Na_2HPO_4 的质量分数为 $w_{Na_2HPO_4}$，根据反应式（2）可得

$$0.5000\times8.00\times10^{-3}=\frac{2.000w_{Na_2HPO_4}}{142.0}$$

$$w_{Na_2HPO_4}=28.40\%$$

由于 NaH_2PO_4 不能与 Na_3PO_4 共存，故试样中不会含有 NaH_2PO_4。

因此试样中含 Na_3PO_4 49.17%，Na_2HPO_4 28.40%。

例 6-22 称取 0.2500g 食品试样，用凯氏定氮法测定蛋白质的含量，以 $0.1000mol\cdot L^{-1}$ HCl 溶液滴定吸收氨的硼酸溶液至终点，消耗 21.20mL，计算食品中蛋白质的含量。（已知：将氮的质量换算为蛋白质的换算因数为 6.250）

解：$w_{蛋白质}=\dfrac{0.1000\times21.20\times10^{-3}\times14.01\times6.250}{0.2500}\times100\%=74.25\%$

例 6-23 欲标定浓度约为 $0.2mol\cdot L^{-1}$ 的 HCl 溶液，可选用 Na_2CO_3 和硼砂（$Na_2B_4O_7\cdot10H_2O$）为基准物，要使消耗 HCl 溶液的体积为 25mL 左右，选择哪种基准物能更好地减少称量误差？已知天平的称量误差为±0.1mg（0.2mg）。

解：设应称取 Na_2CO_3 和硼砂（$Na_2B_4O_7\cdot10H_2O$）的质量分别为 m_1 和 m_2：

用 Na_2CO_3 为基准物，反应如下：

$$Na_2CO_3+2HCl \longrightarrow 2NaCl+CO_2\uparrow+H_2O$$

$$0.2\times25\times10^{-3}=2\times\frac{m_1}{106.0}$$

$$m_1=0.2650\text{g}\approx0.26\text{g}$$

用硼砂为基准物，滴定反应为：

$$Na_2B_4O_7\cdot10H_2O+2HCl=\!=\!=4H_3BO_3+2NaCl+5H_2O$$

$$0.2\times25\times10^{-3}=2\times\frac{m_2}{381.4}$$

$$m_2=0.9535\text{g}\approx1.0\text{g}$$

由于天平的称量误差为 0.2mg，因此当以 Na_2CO_3 为基准物时，称量误差为：

$$\frac{0.2\times10^{-3}}{0.26}=7.7\times10^{-4}\approx0.08\%$$

同理可得，硼砂为基准物时的称量误差约为 0.02%。可见，标定 HCl 标准溶液，选用硼砂作为基准物的称量误差更小。

6.9 酸碱滴定法终点误差

在酸碱滴定中，通常可利用指示剂的颜色变化来确定滴定终点。若滴定终点与化学计量点不一致，就会产生终点误差（end point error）。它不包括滴定操作本身所引起的误差。终点误差一般以百分数表示。

6.9.1 滴定强酸的终点误差

以 NaOH 标准溶液滴定 HCl 溶液为例来讨论。设 NaOH 标准溶液的浓度为 c，HCl 溶液的体积为 V_0、浓度为 c_0；滴定至终点时，消耗 NaOH 溶液的体积为 V，则过量（或不足）的 NaOH 的量为 $(cV-c_0V_0)$，滴定终点误差（E_t）为：

$$E_t=\frac{n_{NaOH}-n_{HCl}}{n_{HCl}}=\frac{cV-c_0V_0}{c_0V_0}=\frac{(c_{NaOH}^{ep}-c_{HCl}^{ep})V_{ep}}{c_{HCl}^{ep}}=\frac{c_{NaOH}^{ep}-c_{HCl}^{ep}}{c_{HCl}^{ep}}$$

式中，V_{ep} 为终点时的体积；c^{ep} 为终点时的浓度。滴定终点时的溶液相当于 $c_{NaOH}^{ep}\,\text{mol}\cdot\text{L}^{-1}$ NaOH 与 $c_{HCl}^{ep}\,\text{mol}\cdot\text{L}^{-1}$ HCl 的混合溶液，其质子条件式为

$$[Na^+]_{ep}+[H^+]_{ep}=[OH^-]_{ep}+[Cl^-]_{ep}\text{，即 }c_{NaOH}^{ep}-c_{HCl}^{ep}=[OH^-]_{ep}-[H^+]_{ep}$$

所以

$$E_t=\frac{c_{NaOH}^{ep}-c_{HCl}^{ep}}{c_{HCl}^{ep}}=\frac{[OH^-]_{ep}-[H^+]_{ep}}{c_{HCl}^{ep}} \tag{6-13}$$

若终点与化学计量点 pH 的差为 ΔpH，即

$$\Delta pH=pH_{ep}-pH_{sp}=-\lg[H^+]_{ep}-(-\lg[H^+]_{sp})=-\lg\frac{[H^+]_{ep}}{[H^+]_{sp}}$$

则

$$[H^+]_{ep}=[H^+]_{sp}\times10^{-\Delta pH}$$

而

$$\Delta pOH=pOH_{ep}-pOH_{sp}=(pK_w-pH_{ep})-(pK_w-pH_{sp})=-(pH_{ep}-pH_{sp})=-\Delta pH$$

所以

$$\frac{[OH^-]_{ep}}{[OH^-]_{sp}}=10^{\Delta pH}$$

$$[OH^-]_{ep}=[OH^-]_{sp}\times10^{\Delta pH}$$

$$E_t=\frac{[OH^-]_{ep}-[H^+]_{ep}}{c_{HCl}^{ep}}\times100\%=\frac{[OH^-]_{sp}\times10^{\Delta pH}-[H^+]_{sp}\times10^{-\Delta pH}}{c_{HCl}^{ep}}\times100\%$$

而 $$[OH^-]_{sp}=[H^+]_{sp}=\sqrt{K_w}$$

故 $$E_t=\frac{\sqrt{K_w}(10^{\Delta pH}-10^{-\Delta pH})}{c_{HCl}^{ep}}\times 100\%=\frac{10^{\Delta pH}-10^{-\Delta pH}}{\sqrt{\frac{1}{K_w}}\times c_{HCl}^{ep}}\times 100\% \qquad (6\text{-}14)$$

人们通常把这种误差计算式称作林邦误差公式。显然，林邦误差公式的形式会因滴定体系不同而异。

例 6-24 以 0.10mol·L^{-1}NaOH 滴定相同浓度的 HCl 溶液，用甲基橙作指示剂时，计算终点误差。

解： 强碱滴定强酸的化学计量点的 pH=7.0，设终点为甲基橙的变色点，pH 约为 4.0，所以 ΔpH=4.0−7.0=−3.0。而 c_{HCl}^{ep}=0.050mol·L^{-1}，代入式（6-14），得

$$E_t=\frac{10^{\Delta pH}-10^{-\Delta pH}}{\sqrt{\frac{1}{K_w}}\times c_{HCl}^{ep}}\times 100\%=\frac{10^{-3.0}-10^{-(-3.0)}}{(1.0\times 10^{14})^{1/2}\times 0.050}=-0.2\%$$

NaOH 用量不足，结果偏低 0.2%。

例 6-25 同上例，若用酚酞作指示剂，滴定至 pH=9.00 为终点，计算滴定误差。

解： 终点 pH 较化学计量点的 pH 高，NaOH 过量，误差为正。ΔpH=9.0−7.0=2.0；c_{HCl}^{ep}=0.050mol·L^{-1}，代入式（6-14），得

$$E_t=\frac{10^{\Delta pH}-10^{-\Delta pH}}{\sqrt{\frac{1}{K_w}}\times c_{HCl}^{ep}}\times 100\%=\frac{10^{2.0}-10^{-2.0}}{(1.0\times 10^{14})^{1/2}\times 0.050}=0.02\%$$

结果偏高 0.02%。

6.9.2 滴定弱酸的终点误差

以浓度为 c 的 NaOH 溶液滴定体积为 V_0、浓度为 c_0 的一元弱酸 HA 溶液为例来讨论。滴定至终点时，消耗 NaOH 溶液的体积为 V，那么终点时的溶液相当于 c_{NaOH}^{ep} mol·L^{-1} NaOH 与 c_{HA}^{ep} mol·L^{-1} HA 的混合溶液，其质子条件式为

$$[H^+]_{ep}+c_{NaOH}^{ep}=[A^-]_{ep}+[OH^-]_{ep}$$

物料平衡式为

$$c_{HA}^{ep}=[A^-]_{ep}+[HA]_{ep}$$

两式相减后整理得

$$c_{NaOH}^{ep}-c_{HA}^{ep}=[OH^-]_{ep}-[H^+]_{ep}-[HA]_{ep}\approx[OH^-]_{ep}-[HA]_{ep}$$

故 $$E_t=\frac{cV-c_0V_0}{c_0V_0}\times 100\%=\frac{c_{NaOH}^{ep}-c_{HA}^{ep}}{c_{HA}^{ep}}\times 100\%=\frac{[OH^-]_{ep}-[HA]_{ep}}{c_{HA}^{ep}}\times 100\% \qquad (6\text{-}15)$$

若滴定终点与化学计量点 pH 的差为 ΔpH，则

$$[OH^-]_{ep}=[OH^-]_{sp}\times 10^{\Delta pH}\approx\sqrt{\frac{K_w}{K_a}c_{HA}^{sp}}\times 10^{\Delta pH}$$

而 $$K_a=\frac{[H^+][A^-]}{[HA]}=\frac{[H^+]_{sp}[A^-]_{sp}}{[HA]_{sp}}=\frac{[H^+]_{ep}[A^-]_{ep}}{[HA]_{ep}}$$

因为滴定终点与化学计量点一般很接近，故

$$[A^-]_{sp}\approx[A^-]_{ep},[H^+]_{sp}/[H^+]_{ep}=[HA]_{sp}/[HA]_{ep}$$

所以$[HA]_{ep}=[HA]_{sp}\times10^{-\Delta pH}$

而在化学计量点时 $[OH^-]_{sp}\approx[HA]_{sp}$，故$[HA]_{ep}=[OH^-]_{sp}\times10^{-\Delta pH}$。

将上述两式代入误差计算式（6-15），得

$$E_t=\frac{[OH^-]_{ep}-[HA]_{ep}}{c_{HA}^{ep}}\times100\%=\frac{[OH^-]_{sp}\times10^{\Delta pH}-[OH^-]_{sp}\times10^{-\Delta pH}}{c_{HA}^{ep}}\times100\%$$

即
$$E_t=\frac{\sqrt{\frac{K_w}{K_a}c_{HA}^{sp}}\,(10^{\Delta pH}-10^{-\Delta pH})}{c_{HA}^{ep}}\times100\%=\frac{(10^{\Delta pH}-10^{-\Delta pH})}{\sqrt{\frac{K_a}{K_w}c_{HA}^{sp}}}\times100\%(c_{HA}^{ep}\approx c_{HA}^{sp})\quad(6\text{-}16)$$

例 6-26 用 0.10mol·L^{-1} NaOH 滴定相同浓度的 HAc，以酚酞为指示剂（$pK_{HIn}=9.1$），计算终点误差。

解：由题意可知，$pH_{ep}=9.1$，$pH_{sp}=14-\frac{1}{2}(pK'_b+pc)=8.72$，所以 $\Delta pH=9.1-8.72=0.38$。而 $K_a/K_w=10^{9.26}$，$c_{HAc}^{ep}=0.050mol\cdot L^{-1}$。将以上数据代入式（6-16），得

$$E_t=\frac{10^{0.38}-10^{-0.38}}{\sqrt{10^{9.26}\times0.050}}\times100\%=0.02\%$$

例 6-27 用 NaOH 滴定相同浓度的弱酸 HA。已知指示剂变色点与化学计量点完全一致，但由于目测法检测终点时有 $\Delta pH=0.3$ 的不确定性，因而产生误差。若希望终点误差 $E_t\leqslant0.2\%$，则 $c_{HA}^{ep}K_a$ 应大于、等于多少？

解：由（6-16）式，得

$$(c_{HA}^{ep}K_a)^{\frac{1}{2}}\geqslant\frac{10^{\Delta pH}-10^{-\Delta pH}}{E_t}\sqrt{K_w}$$

$$c_{HA}^{ep}K_a\geqslant\left(\frac{10^{0.3}-10^{-0.3}}{0.002}\right)^2\times10^{-14}=5\times10^{-9}$$

由于弱酸 HA 的初始浓度 $c_{HA}=2c_{HA}^{ep}$，所以 $c_{HA}K_a=2c_{HA}^{ep}K_a\geqslant1\times10^{-8}$

这就是一元弱酸 HA 能否被准确滴定的判据。

对于酸滴定碱的终点误差，也可按类似方法进行处理和计算。其林邦误差计算式与碱滴定酸的相似，只需对碱滴定酸的林邦误差计算式稍做变换即可得到。

对于多元酸和多元碱，由于涉及逐级解离，滴定多元弱酸、弱碱的终点误差计算式都较复杂，本书不再一一赘述。

6.10 非水溶液中的酸碱滴定

滴定分析一般都在水溶液中进行，水对许多物质溶解能力强、价廉、安全、挥发小、易于纯化。但是在水溶液中进行滴定有时会遇到这样一些困难：一是解离常数太小的（如小于10^{-7}）弱酸或弱碱，不能满足目视直接滴定的要求；其次是许多有机试样在水中的溶解度小，使滴定无法进行；三是一些酸或碱的混合溶液在水溶液中不能分别滴定。为了解决这些问题，可以采用非水滴定（nonaqueous titration）。除酸碱滴定外，氧化还原滴定、配位滴定和沉淀滴定等，也可在非水溶液中进行，但以酸碱滴定法应用较广。

6.10.1 非水滴定中的溶剂

非水滴定中常用的溶剂种类很多，根据非水溶液酸碱滴定中溶剂性质的差别，可将溶剂

分为两性溶剂和惰性溶剂。

（1）两性溶剂

两性溶剂既能给出质子，也能接受质子，溶剂分子之间也有质子自递作用，按照它们给出或接受质子的能力，又可将两性溶剂细分为中性溶剂、酸性溶剂和碱性溶剂。

① 中性溶剂：给出和接受质子的能力相当，最典型的两性溶剂是水，甲醇、乙醇和异丙醇也属于这一类。

② 酸性溶剂：这类溶剂具有一定的两性，但其酸性显著地较水强，较易给出质子，是疏质子溶剂。冰醋酸、醋酐、甲酸属于这一类。

③ 碱性溶剂：这类溶剂具有一定的两性，但其碱性较水强，对质子的亲和力比水大，易于接受质子，是亲质子溶剂。乙二胺、丁胺、二甲基甲酰胺属于这一类。

（2）惰性溶剂

惰性溶剂不参与质子转移反应，其给出质子或接受质子的能力都非常弱，因此在惰性溶剂中，质子的转移反应直接发生在被滴定物和滴定剂之间。如苯、四氯化碳、氯仿、丙酮、甲基异丁酮等。

应当指出，溶剂的分类是一个比较复杂的问题，目前有多种不同的分类方法，但都各有其局限性。实际上，各类溶剂之间并无严格的界限。

6.10.2 溶剂的性质

在非水滴定中，根据滴定某一类型物质的需要，依据溶剂的酸碱性质、介电常数以及形成氢键的能力来选择合适的溶剂。

溶剂的酸碱性对物质酸碱性的强弱及对滴定反应进行的程度是有影响的。根据酸碱质子理论，一种物质在某种溶剂中所表现出来的酸（或碱）的强度，不仅与物质的本质有关，也与溶剂的酸碱性质有关。这种情况在非水溶液中表现得尤为明显。

同一种酸，溶解在不同的溶剂中时，它将表现出不同的强度，例如苯甲酸在水中是较弱的酸，苯酚在水中是极弱的酸，但当使用碱性溶剂（如乙二胺）代替水时，苯甲酸和苯酚表现出的酸的强度都有所增强。

同理，吡啶、胺类、生物碱以及醋酸根阴离子 Ac^- 等在水溶液中是强度不同的弱碱，但在酸性溶剂中，它们则表现出较强的碱性。

溶质的酸碱性不仅与溶剂的酸碱性有关，而且也与溶剂的介电常数有关，本书限于篇幅，就不详细讨论了。

6.10.3 拉平效应和区分效应

$HClO_4$、H_2SO_4、HCl 和 HNO_3 四种强酸，实验证明，它们的强度顺序为：

$$HClO_4 > H_2SO_4 > HCl > HNO_3$$

可是在水中，看不出它们的强度有什么差异。这是因为这些强酸在水中给出质子的能力都很强。水是两性溶剂，具有一定的碱性，对质子有一定的接受能力，只要这些强酸的浓度不是太大，它们将定量地与水作用，全部解离转化为 H_3O^+：

$$HClO_4 + H_2O \longrightarrow ClO_4^- + H_3O^+$$

$$H_2SO_4 + H_2O \longrightarrow HSO_4^- + H_3O^+$$

$$HCl + H_2O \longrightarrow Cl^- + H_3O^+$$

$$HNO_3 + H_2O \longrightarrow NO_3^- + H_3O^+$$

因此这四种强酸的酸度全部被拉平到水合质子 H_3O^+ 的强度水平。能把各种不同强度的酸拉平到溶剂化质子水平的效应称为“拉平效应”(leveling effect)，具有这种拉平效应的溶剂称“拉平溶剂”。在这里，水是 $HClO_4$、H_2SO_4、HCl 和 HNO_3 的拉平溶剂。很明显，通过水的拉平效应，任何一种比 H_3O^+ 的酸性更强的酸，都被拉平到 H_3O^+ 的水平。也就是说，H_3O^+ 是水溶液中能够存在的最强的酸的形式。

如果是在冰醋酸介质中，由于醋酸的碱性比水弱，在这种情况下，这四种强酸就不能将其质子全部转移给 HAc 分子，在程度上显示出差别：

$$HClO_4 + HAc \rightleftharpoons H_2Ac^+ + ClO_4^- \qquad pK_a = 5.8$$

$$H_2SO_4 + HAc \rightleftharpoons H_2Ac^+ + HSO_4^- \qquad pK_a = 8.2$$

$$HCl + HAc \rightleftharpoons H_2Ac^+ + Cl^- \qquad pK_a = 8.8$$

$$HNO_3 + HAc \rightleftharpoons H_2Ac^+ + NO_3^- \qquad pK_a = 9.4$$

实验证明，从上到下，反应越来越不完全。它们的相对强度是 400 ∶ 30 ∶ 9 ∶ 1，由此可见，在冰醋酸介质中，这四种酸的强度能显示出差别来。这种能区分酸碱强度的作用称“区分效应”（differentiating effect），这类溶剂称“区分溶剂”。

拉平效应和区分效应都是相对的。一般来讲，碱性溶剂对于酸具有拉平效应，对于碱就具有区分效应。水把四种强酸拉平，但它却能使四种强酸与醋酸区分开；而在碱性溶剂液氨中，醋酸也将被拉平到和四种强酸相同的强度。

酸性溶剂对酸具有区分效应，但对碱却具有拉平效应。

惰性溶剂不参与质子转移反应，因而没有拉平效应。在惰性溶剂溶剂中，各物质的酸碱性差别不受影响，所以惰性溶剂具有良好的区分效应。

在非水滴定中，利用溶剂的拉平效应可以测定各种酸（碱）的总量；利用溶剂的区分效应，可以分别测定各种酸或各种碱的含量。

从以上讨论可知，在非水滴定中溶剂的选择是十分重要的问题。

6.10.4 非水溶液滴定条件的选择

在非水介质中首先应根据滴定的要求选择适宜的溶剂。在选择溶剂时，首先要考虑的是溶剂的酸碱性，因为它直接影响滴定反应的完全程度。滴定弱碱时，常先用酸性溶剂，使其成为较强的弱碱；反之，滴定弱酸时，应选用碱性溶剂，使其成为较强的弱酸。另外，选择溶剂时还应考虑以下要求：①溶剂能溶解试样及滴定反应的产物，当其无法被一种溶剂溶解时，可采用混合溶剂；②溶剂应有一定的纯度，黏度小，挥发性低，易于回收，价廉、安全。

其次是选择滴定剂。在非水介质中滴定弱碱时，应选用强酸作滴定剂。通常用 $HClO_4$-冰醋酸。溶剂为冰醋酸，滴定剂采用溶于冰醋酸的高氯酸（其中少量水可通过乙酸酐除去）。滴定弱酸时，应选强碱作滴定剂。通常用甲醇钠的苯-甲醇溶液。

非水滴定终点常用电位法和指示剂法来确定。电位法是通过测量电池电极电位的变化，通过绘制滴定曲线来确定滴定终点。指示剂的选用一般是由实验来确定，即在电位滴定的同时，观察指示剂颜色的变化，选取与电位滴定终点相符的指示剂。常用的指示剂有甲基紫、结晶紫、偶氮紫、百里酚蓝、邻硝基苯胺等。

6.10.5 非水滴定的应用

非水滴定可以测定一些酸类（如磺酸、羧酸、酚类、酰胺等），碱类（如脂肪胺类、芳香胺类、吡啶和吡唑等）以及某些混合酸（或碱）的含量。现举例如下。

（1）高级脂肪酸的测定

某些高级脂肪酸的解离常数较大，可以用 NaOH 标准溶液准确滴定，但产物是肥皂（如硬脂酸钠 $C_{17}H_{35}COONa$），滴定终点因泡沫较多而难以判断。可用非水滴定法，在苯-

甲醇混合溶剂中，用甲醇钠作标准溶液进行滴定，效果较好。

（2）苯胺纯度的测定

苯胺的 K_b 为 10^{-10} 左右，为一极弱的弱碱，在水溶液中不能用强酸标准溶液准确滴定。可在冰醋酸溶剂中，用 $HClO_4$ 标准溶液进行滴定，选择甲基紫为指示剂。

（3）磺胺药的测定

磺胺药的磺酰氨基酸性很弱，在水溶液中无法准确滴定，可在丁胺溶剂中，用季铵碱进行滴定，选择偶氮紫作指示剂。

由于非水滴定法采用的是不同性质的非水溶剂，改善了一些酸碱的溶解性和强度，增加了反应的完全程度，提供了可以直接滴定的条件，因而扩大了酸碱滴定的应用范围，已成为滴定分析中的一种重要方法。

【阅读材料】

本章所述的各种酸碱滴定，都是根据滴定曲线上的滴定突跃选择合适的指示剂，从而确定滴定终点，根据标准溶液的消耗量求得被测物质的含量。但对于极弱的酸或碱，或者解离常数相差较小的多元酸或混合酸，其滴定曲线上无明显的滴定突跃，也就无法利用指示剂确定终点，利用酸碱滴定法无法进行准确测定或分步滴定，这时除了采用 6.10 节中的非水滴定外，还可采用线性滴定法（linear titration）。

线性滴定法是 20 世纪 50 年代瑞典化学家 Gran 在酸碱分析中提出的一种有别于传统分析的函数分析法，是将滴定过程中标准溶液的加入体积 V 和溶液 pH 代入依据滴定过程的化学平衡推导的函数关系式，用函数计算的方式确定终点。如一元酸的滴定，将标准溶液的加入体积 V 和溶液的 pH 之间的关系经过数学处理，导出 (V_e-V) 同 V 的关系式，V_e 为滴定至化学计量点时滴定剂的体积，以 V 为横坐标，(V_e-V) 为纵坐标，可得如图 6-10 所示的两段直线，二直线在横轴上相交，交点处 $V_e-V=0$，即为化学计量点时滴定剂的加入量 V_e，从而可求得被测物质的浓度或含量。

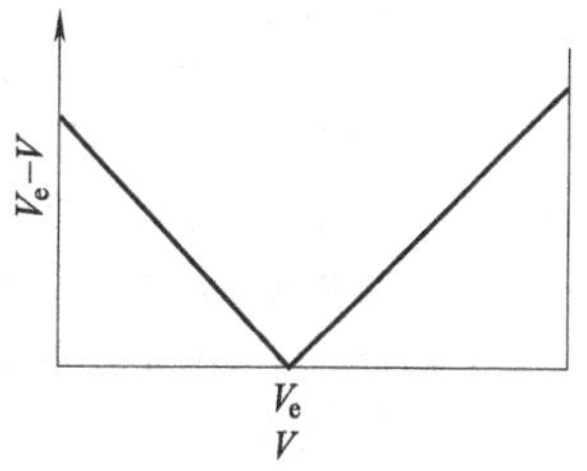

图 6-10 线性滴定曲线

由图 6-10 可看出，线性滴定曲线为两条直线，不同于传统的“S”形滴定曲线，故称“线性滴定法”。线性滴定法不需要选择指示剂，对于 $pK_a=11$ 的一元弱酸和 $\Delta pK_a \geqslant 0.2$ 的多元酸或混合酸都能得到满意的测定结果；因而应用范围在逐步扩大。详细内容请参阅由汪葆浚等主编，高等教育出版社出版的《线性滴定法》。

思考题与习题

［6-1］ 质子理论是如何定义酸和碱的？

［6-2］ 质子理论和电离理论的最主要的不同点是什么？

［6-3］ 写出下列碱的共轭酸：CO_3^{2-}，HS^-，$H_2PO_4^-$，H_2O，NH_3，$HC_2O_4^-$，C_2H_5OH。

［6-4］ 写出下列酸的共轭碱：HCO_3^-，HPO_4^{2-}，NH_4^+，H_2O，HAc，苯酚。

［6-5］ 什么是共轭酸碱对？从下列物质中，找出共轭酸碱对：

HCN，NH_4^+，$H_2PO_4^-$，HCO_3^-，F^-，CN^-，$(CH_2)_6N_4H^+$，

H_3PO_4，Ac^-，$(CH_2)_6N_4$，NH_3，HAc，HF，CO_3^{2-}

［6-6］ HCl 是强酸，HAc 是弱酸，在 $1mol \cdot L^{-1}$ HCl 和 $1mol \cdot L^{-1}$ HAc 溶液中，哪一个的 $[H^+]$ 较高？它们中和 NaOH 的能力哪一个较大？为什么？

［6-7］ 写出下列物质在水溶液中的质子条件：

（1）NH_4Ac　（2）$NaHCO_3$　（3）Na_2CO_3

（4）NH_4HCO_3　（5）$(NH_4)_2HPO_4$　（6）$NH_4H_2PO_4$

[6-8] 什么叫缓冲溶液，缓冲溶液具有哪些特性？配制缓冲溶液时，如何选择缓冲对？

[6-9] 有三种缓冲溶液，它们的组成如下：

(1) $1.0mol \cdot L^{-1} HAc + 1.0mol \cdot L^{-1} NaAc$

(2) $1.0mol \cdot L^{-1} HAc + 0.01mol \cdot L^{-1} NaAc$

(3) $0.01mol \cdot L^{-1} HAc + 1.0mol \cdot L^{-1} NaAc$

在这三种缓冲溶液中加入稍多的酸或稍多的碱时，哪种溶液的 pH 变化较大？哪种溶液仍具有较好的缓冲作用？

[6-10] 欲配制 pH 为 5 左右的缓冲溶液，应选下列何种酸及其共轭碱（括号内为 pK_a）：

二氯乙酸（1.30），一氯乙酸（2.86），甲酸（3.74），HAc（4.74），苯酚（9.95）

[6-11] 什么是滴定突跃？强碱滴定强酸和滴定弱酸时的滴定突跃范围有什么不同？

[6-12] 酸碱滴定中指示剂的选择原则是什么？

[6-13] 与单一指示剂相比，混合指示剂有哪些优点？

[6-14] 下列各种物质能否用酸碱滴定法直接测定？若能滴定，终点时应选什么作指示剂，假设各种酸碱的初始浓度都为 $0.1mol \cdot L^{-1}$。

(1) $CH_2ClCOOH$，HF，苯酚，羟胺，苯胺。

(2) CCl_3COOH，苯甲酸，吡啶，六亚甲基四胺。

(3) NaF，NaAc，苯甲酸钠，盐酸羟胺（$NH_2OH \cdot HCl$）

[6-15] 根据 K_{a1}/K_{a2} 的比值，说明下列多元酸能否分步滴定？用 NaOH 溶液滴定时会出现几个滴定突跃？

$H_2C_2O_4$，H_2CO_3，H_3PO_4，丙二酸，酒石酸，顺丁烯二酸

[6-16] NaOH 标准溶液如吸收了空气中的 CO_2，当以其测定某一强酸的浓度，分别用甲基橙或酚酞指示终点时，对测定结果的准确度各有何影响？当用其测定某一弱酸的浓度时，对测定结果有何影响？

[6-17] 下列情况对分析结果有何影响？标定所得浓度偏高，偏低，还是准确？为什么？

(1) 用在相对湿度为 30% 的容器中保存的硼砂标定 HCl 溶液浓度；

(2) 用在 110℃ 烘过的 Na_2CO_3 标定 HCl 溶液浓度；

(3) 用部分风化的 $H_2C_2O_4 \cdot 2H_2O$ 标定 NaOH 溶液浓度；

(4) 用含有少量中性杂质的 $H_2C_2O_4 \cdot 2H_2O$ 标定 NaOH 溶液浓度。

[6-18] 下列物质能否用酸碱标准溶液直接滴定？为什么？

(1) 醋酸；(2) 醋酸钠；(3) 硼酸；(4) 硼砂。

[6-19] 下列混合酸（碱）中的各组分能否分别直接滴定？如果能够，应如何选择指示剂？

(1) HCl（$0.1mol \cdot L^{-1}$）$+ H_3BO_3$（$0.1mol \cdot L^{-1}$）；

(2) $NaOH + NH_3 \cdot H_2O$；

(3) $NaOH + Na_2CO_3$。

[6-20] 今欲分别测定下列混合物中的各个组分，试拟出测定方案（包括主要步骤、标准溶液、指示剂和含量计算式，以 $g \cdot mL^{-1}$ 表示）。

(1) H_3BO_3 + 硼砂；　(2) $HCl + NH_4Cl$；

(3) $NH_3 \cdot H_2O + NH_4Cl$；　(4) $NaH_2PO_4 + Na_2HPO_4$；

(5) $NaH_2PO_4 + H_3PO_4$；　(6) $NaOH + Na_3PO_4$。

[6-21] 有一碱液，可能是 NaOH、Na_2CO_3、$NaHCO_3$ 或它们的混合物，如何判断其组分，并测定各组分的含量？说明理由。

[6-22] 用蒸馏法测定 NH_4^+ 含量，可用过量的 H_2SO_4 溶液吸收，也可用 H_3BO_3 溶液吸收，试对这两种分析方法进行比较。

[6-23] 在冰醋酸中，最强的碱的存在形式和最强的酸的存在形式分别是什么？

[6-24] 在什么溶剂中醋酸、水杨酸、盐酸、$HClO_4$ 的强度可以区分开？在什么溶剂中它们的强度将被拉平？

[6-25] 对于不能目视直接滴定的弱酸或弱碱，可以通过哪些途径进行测定？

[6-26] 下列各种弱酸的 pK_a 已在括号中注明，求它们的共轭碱的 pK_b。

(1) HCN（9.21）；(2) HCOOH（3.74）；(3) 苯酚（9.95）；(4) 苯甲酸（4.21）

[6-27] 已知 H_3PO_4的$pK_{a1}=2.12$，$pK_{a2}=7.20$，$pK_{a3}=12.36$，求其共轭碱 PO_4^{3-} 的pK_{b1}，$HPO_4{}^{2-}$的pK_{b2}和 $H_2PO_4^-$ 的pK_{b3}。

[6-28] 人体中的 CO_2在血液中以 H_2CO_3和 HCO_3^- 存在，若血液的 pH 为 7.4，求此时 H_2CO_3和 HCO_3^-的分布系数 δ_2和 δ_1。

[6-29] 已知 HAc 的 $pK_a=4.74$，$NH_3 \cdot H_2O$ 的 $pK_b=4.74$。试计算下列各溶液的 pH：

(1) $0.10mol \cdot L^{-1}$ HAc；　(2) $0.10mol \cdot L^{-1}$ $NH_3 \cdot H_2O$；

(3) $0.15mol \cdot L^{-1}$ NH_4Cl溶液；　(4) $0.15mol \cdot L^{-1}$ NaAc溶液。

[6-30] 计算下列溶液的 pH：

(1) $0.10mol \cdot L^{-1}$的邻苯二甲酸氢钾溶液；

(2) $0.1mol \cdot L^{-1}$ NaH_2PO_4；

(3) $0.05mol \cdot L^{-1}$ Na_2HPO_4。

[6-31] 计算 $0.090mol \cdot L^{-1}$酒石酸溶液的 pH。

[6-32] 计算下列水溶液的 pH（括号内为 pK_a）：

(1) $0.10mol \cdot L^{-1}$乳酸和 $0.10mol \cdot L^{-1}$乳酸钠 (3.76)；

(2) $0.01mol \cdot L^{-1}$邻硝基酚和 $0.012mol \cdot L^{-1}$邻硝基酚的钠盐 (7.21)。

[6-33] 下列三种缓冲溶液的 pH 各为多少？如果分别加入 1mL $6mol \cdot L^{-1}$ HCl 溶液，溶液的 pH 各变为多少？

(1) 100mL $1.0mol \cdot L^{-1}$ HAc 和 $1.0mol \cdot L^{-1}$ NaAc 溶液；

(2) 100mL $0.050mol \cdot L^{-1}$ HAc 和 $1.0mol \cdot L^{-1}$ NaAc 溶液；

(3) 100mL $0.070mol \cdot L^{-1}$ HAc 和 $0.070mol \cdot L^{-1}$ NaAc 溶液；

这些计算结果说明了什么问题？

[6-34] 欲配制 pH=4.0 的 HCOOH-HCOONa 缓冲溶液，应在 0.2L $0.20mol \cdot L^{-1}$ HCOOH 溶液中加入多少毫升 $1.0mol \cdot L^{-1}$ NaOH 溶液？

[6-35] 欲配制 500mL pH=5.0 的缓冲溶液，用了 $6mol \cdot L^{-1}$ HAc 34mL，需要 $NaAc \cdot 3H_2O$ 多少克？

[6-36] 已知 $0.10mol \cdot L^{-1}$的一元弱酸 HA 的 pH 为 3.0，求其相同浓度的共轭碱 NaA 的 pH 为多少？（已知：$c/K_a>105$ 且 $cK_a>10K_w$）

[6-37] 用 $0.01000mol \cdot L^{-1}$ HNO_3溶液滴定 20.00mL $0.01000mol \cdot L^{-1}$ NaOH 溶液时，化学计量点 pH 为多少？化学计量点附近的滴定突跃为多少？应选用何种指示剂指示终点？

[6-38] 用 $0.1000mol \cdot L^{-1}$ NaOH 溶液滴定 20.00mL $0.05000mol \cdot L^{-1}$ H_2SO_4溶液时，试计算：①滴定开始前溶液的 pH；②化学计量点 pH？应选用何种指示剂指示终点？

[6-39] 如以 $0.1000mol \cdot L^{-1}$ NaOH 标准溶液滴定 $0.1000mol \cdot L^{-1}$邻苯二甲酸氢钾溶液，化学计量点的 pH 为多少？化学计量点附近的滴定突跃为多少？应选用何种指示剂指示终点？

[6-40] 某弱酸的 $pK_a=9.21$，现有其共轭碱 NaA 溶液 20.00mL，浓度为 $0.1000mol \cdot L^{-1}$，当用 $0.01000 mol \cdot L^{-1}$ HCl 溶液滴定时，化学计量点的 pH 为多少？化学计量点附近的滴定突跃为多少？应选用何种指示剂指示终点？

[6-41] 用 $0.1000mol \cdot L^{-1}$ NaOH 标准溶液滴定 $0.1000mol \cdot L^{-1}$酒石酸溶液时，有几个滴定突跃？在第二化学计量点时的 pH 为多少？应选用何种指示剂指示终点？

[6-42] 有一三元酸，其 $pK_1=2$，$pK_2=6$，$pK_3=12$。用 NaOH 标准溶液滴定时，第一和第二化学计量点的 pH 分别为多少？两个化学计量点附近有无滴定突跃？可选用何种指示剂指示终点？能否直接滴定至酸的质子被全部中和？

[6-43] 吸取 10mL 醋样，置于锥形瓶中，加 2 滴酚酞指示剂，用 $0.1638mol \cdot L^{-1}$ NaOH 标准溶液滴定醋中的 HAc，如需要 28.15mL，则试样中 HAc 浓度是多少？若吸取的 HAc 溶液 $\rho=1.004g \cdot mL^{-1}$，试样中 HAc 的质量分数为多少？

[6-44] 将含某弱酸 HA（摩尔质量为 $75.00g \cdot mol^{-1}$）的试样 0.9000g，溶解成 60.00mL 的溶液，用 $0.1000mol \cdot L^{-1}$ NaOH 标准溶液滴定，酸的一半被中和时 pH=5.00，化学计量点时 pH=8.85，计算试样中 HA 的百分含量。

[6-45] 标定 HCl 溶液时，以甲基橙为指示剂，用 Na_2CO_3为基准物，称取 Na_2CO_3 0.6135g，用去 HCl 溶

液 24.96mL，求 HCl 溶液的浓度。

[6-46] 标定 NaOH 溶液，用 0.6365g 邻苯二甲酸氢钾作基准物，以酚酞为指示剂滴定至终点，用去 NaOH 溶液 30.10mL，求 NaOH 溶液的浓度。

[6-47] 以硼砂为基准物，用甲基红指示终点，标定 HCl 溶液。称取硼砂 0.9854g，用去 HCl 溶液 23.76mL，求 HCl 溶液的浓度。

[6-48] 某试样仅含 NaOH 和 Na_2CO_3，称取 0.3720g 试样用水溶解后，用 0.1500mol·L^{-1} HCl 标准溶液滴定到酚酞变色时，用去 40.00mL，那么还需再加入多少毫升此浓度的 HCl 溶液，可达到以甲基橙为指示剂的终点？

[6-49] 称取混合碱试样 0.9476g，加酚酞指示剂，用 0.2785mol·L^{-1} HCl 溶液滴定至终点，耗去酸溶液 34.12mL，再加甲基橙指示剂，滴定至终点，又耗去酸 23.66mL，求试样中各组分的质量分数。

[6-50] 称取混合碱试样 0.6524g，以酚酞为指示剂，用 0.1992mol·L^{-1} HCl 标准溶液滴定至终点，用去酸溶液 21.76mL，再加甲基橙指示剂，滴定至终点，又耗去酸 27.15mL，求试样中各组分的质量分数。

[6-51] 有一 Na_2CO_3 与 $NaHCO_3$ 的混合物 0.3729g，以 0.1348mol·L^{-1} HCl 标准溶液滴定，用酚酞指示终点时耗去 21.36mL，试求当以甲基橙指示终点时，将需要多少毫升上述浓度的 HCl 标准溶液？

[6-52] 有一 HCl＋H_3BO_3 混合试液，吸取 25.00mL，用甲基红-溴甲酚绿指示终点，需 0.1992mol·L^{-1} NaOH 标准溶液 21.22mL，另取 25.00mL 试液，加入甘露醇后，需 38.74mL 上述碱溶液滴定至酚酞终点，求试液中 HCl 与 H_3BO_3 的含量，以 mg·mL^{-1} 表示。

[6-53] 称取铵盐试样 0.8880g，加入过量碱共热，蒸出的 NH_3 以 20.00mL 0.2133mol·L^{-1} HCl 溶液吸收，剩余的酸再以 0.1962mol·L^{-1} NaOH 溶液滴定至终点，用去 5.50mL，求试样中的含氮量。

[6-54] 称取不纯的硫酸铵 1.000g，以甲醛法分析，加入已中和至中性的甲醛溶液和 0.3638mol·L^{-1} NaOH 溶液 50.00mL，过量的 NaOH 再以 0.3012mol·L^{-1} HCl 溶液 21.64mL 回滴至酚酞终点。试计算 $(NH_4)_2SO_4$ 的纯度。

[6-55] 称取硅酸盐试样 0.1000g，经熔融分解，沉淀 K_2SiF_6，然后过滤，洗净，水解产生的 HF 用 0.1477mol·L^{-1} NaOH 标准溶液滴定，以酚酞作指示剂，耗去标准溶液 24.72mL，计算试样中 SiO_2 的质量分数。

[6-56] 欲检测贴有“3%H_2O_2”的旧瓶中 H_2O_2 的含量，吸取瓶中溶液 5.00mL，加入过量 Br_2，发生下列反应：

$$H_2O_2+Br_2 = 2H^+ + 2Br^- + O_2$$

作用 10min 后，赶去过量的 Br_2，再以 0.3162mol·L^{-1} 碱标准溶液滴定上述反应产生的 H^+。需 17.08mL 达到终点，计算瓶中 H_2O_2 的含量（以 g·100mL^{-1} 表示）。

[6-57] 称取仅含有 K_2CO_3 和 Na_2CO_3 的试样 1.000g，溶于水后，以甲基橙为指示剂，用 0.5000mol·L^{-1} HCl标准溶液滴定至终点，用去 30.00mL，求试样中 K_2CO_3 和 Na_2CO_3 的质量分数。

[6-58] 面粉和小麦中粗蛋白质含量是将氮含量乘以 5.7 而得到的（不同物质有不同系数），2.449g 面粉经消化后，用 NaOH 处理，蒸出的 NH_3 以 100.0mL 0.01086mol·L^{-1} HCl 标准溶液吸收，需用 0.01228mol·L^{-1} NaOH 溶液 15.30mL 回滴，计算面粉中粗蛋白质的质量分数。

[6-59] 为测定牛奶中的蛋白质含量，称取 0.5000g 样品，用浓盐酸消化，加浓碱蒸出 NH_3，用过量 H_3BO_3 吸收后，以 HCl 标准溶液滴定，用去 10.50mL，另取 0.2000g 纯 NH_4Cl，经过同样处理，消耗 HCl 溶液 20.10mL，计算此牛奶中蛋白质的质量分数。（已知在牛奶中，蛋白质的平均含氮量为 15.7%）

[6-60] 一瓶纯 KOH 吸收了 CO_2 和水，称取其混匀试样 1.186g，溶于水，稀释至 500.0mL，吸取 50.00mL，以 25.00mL 0.08717mol·L^{-1} HCl 标准溶液处理，煮沸驱除 CO_2，过量的酸用 0.02365mol·L^{-1} NaOH 标准溶液 10.09mL 滴至酚酞终点。另取 50.00mL 试样的稀释液，加入过量的中性 $BaCl_2$，滤去沉淀，滤液以 20.38mL 上述酸溶液滴至酚酞终点。计算试样中 KOH、K_2CO_3 和 H_2O 的质量分数。

[6-61] 阿司匹林的有效成分是乙酰水杨酸（$HOOCC_6H_4OCOCH_3$，摩尔质量为 180.16g·mol^{-1}），其含

量可用酸碱滴定法测定，反应式为

$$HOOCC_6H_4OCOCH_3 \xrightarrow{NaOH} NaOOCC_6H_4ONa$$

现称取试样 0.2500g，加入 50.00mL 0.1020mol·L^{-1} NaOH 标准溶液，煮沸 10min，冷却后，再以 0.05000mol·L^{-1}的 H_2SO_4标准溶液回滴过量的 NaOH，用去 25.00mL，求试样中乙酰水杨酸的质量分数。

[6-62] 有一 Na_3PO_4试样，其中含有 Na_2HPO_4。称取试样 0.9974g，以酚酞为指示剂，用 0.2648mol·L^{-1} HCl 标准溶液滴定至终点，用去 16.97mL，再加入甲基橙指示剂，继续用 0.2648mol·L^{-1} HCl 标准溶液滴定至终点时，又用去 23.36mL。求试样中 Na_3PO_4、Na_2HPO_4的质量分数。

[6-63] 用 0.10mol·L^{-1}NaOH 溶液滴定 0.10mol·L^{-1} HAc 至 pH=8.00，试计算终点误差。

[6-64] 取某甲醛溶液 10.00mL 于锥形瓶中，向其中加入过量的盐酸羟胺，让它们充分反应，然后以溴酚蓝为指示剂，用 0.1100mol·L^{-1} NaOH 标准溶液滴定反应生成的游离酸，耗去 28.45mL。计算甲醛溶液的浓度。

[6-65] 在非水滴定中，常用苯甲酸来标定甲醇钠标准溶液的浓度。现称取苯甲酸 0.4680g，终点时消耗甲醇钠溶液 25.70mL，求甲醇钠标准溶液的浓度。

[6-66] 鸟嘌呤（2-氨基-6-羟基嘌呤），已知其摩尔质量 $M(C_5H_5N_5O)=151.13g\cdot mol^{-1}$，不溶于水，但溶于酸。试根据下列实验数据计算试样中鸟嘌呤的质量分数：称取 0.1650g 试样，溶于 25.00mL 0.1000mol·L^{-1} HCl 标准溶液中，过量的酸需用 15.32mL 0.1000mol·L^{-1} NaOH 标准溶液滴定，已知鸟嘌呤与 HCl 的化学计量关系为 1∶1。

第7章 配位滴定法

7.1 导言

配位反应是涉及面最广的一类反应之一，几乎所有的水溶液中存在的金属离子都是以配离子的形式存在；以我们习以为常的氯化钠溶解于水（电离）这个简单现象来说，没有配位（水合）反应也是不易发生的（氯化钠的熔点高达801℃）。

配位滴定法（complex-formation titration）是以配位反应为基础的一种滴定分析方法。配位反应虽然具有极大的普遍性，但只有具备滴定反应条件（见第5章滴定分析概论）的配位反应才能用于滴定分析。

例如，人们曾使用 $AgNO_3$标准溶液滴定 CN^-，发生如下反应形成配合物：

$$Ag^+ + 2CN^- \rightleftharpoons [Ag(CN)_2]^-$$

到达化学计量点时，多加1滴硝酸银溶液，Ag^+就与 $[Ag(CN)_2]^-$反应生成白色的 $Ag[Ag(CN)_2]$ 沉淀，以指示终点的到达。终点时的反应为：

$$[Ag(CN)_2]^- + Ag^+ \rightleftharpoons Ag[Ag(CN)_2]\downarrow$$

上述滴定过程主要涉及配位化合物（coordination compound）的配位反应。配位化合物简称配合物，其稳定性以配合物的稳定常数 $K_稳$表示，则上述配位反应的平衡关系如下：

$$K_稳 = \frac{[Ag(CN)_2^-]}{[Ag^+][CN^-]^2} = 10^{21.1}$$

$[Ag(CN)_2]^-$的 $K_稳$为 $10^{21.1}$，这说明此配位反应进行得很完全。各种配合物都有其稳定常数，从配合物稳定常数的大小可以初步判断配位反应进行的完全程度以及能否满足滴定分析的要求。

常用的滴定剂即配位剂（complexing agent）可以分成两类，即无机配位剂和有机配位剂。一般来说，无机配位剂很少用于滴定分析，这是因为：

① 通常来说，无机配位剂与金属离子形成的配合物不够稳定，不符合滴定反应的要求；

② 无机配合物在形成过程中有逐级配位现象，并且各级配合物的 $K_稳$相差较小，故溶液中常常同时存在多种形式的配离子，使滴定突跃不明显，终点难以判断；而且也没有确定的化学计量关系。

例如 Cd^{2+}与 CN^-的配位反应分四级进行，存在下列四种形式：

一级配位产物 $[Cd(CN)]^+$ 　$K_稳 = 3.02\times10^5$

二级配位产物 $Cd(CN)_2$ 　$K_稳 = 1.38\times10^5$

三级配位产物 $[Cd(CN)_3]^-$ 　$K_稳 = 3.63\times10^5$

四级配位产物 $[Cd(CN)_4]^{2-}$ 　$K_稳 = 3.80\times10^5$

由于各级 $K_稳$相差很小，因此滴定过程中所得产物的组成不定，化学计量关系随之不确定，所以通常的无机配位剂在分析化学中的应用受到一定的限制。然而大多数有机配位剂与金属离子的配位反应不存在无机配位剂所呈现的问题，故配位滴定中常用有机配位剂。

自20世纪40年代开始，许多有机配位剂特别是氨羧配位剂被用于配位滴定，使配位滴定得到迅猛发展，成为应用最广泛的滴定分析方法之一。氨羧配位剂中大部分是以氨基二乙酸［$—N(CH_2COOH)_2$］为基体的配位剂［或称螯合剂（chelant）］。它的分子中含有配位能力很强的氨氮和羧氧配位原子。前者易与Co、Ni、Zn、Cu、Hg等金属离子配位，后者则几乎与所有高价金属离子配位。因此氨羧配位剂几乎能与所有金属离子配位。目前研究过的氨羧配位剂有几十种，其中应用最广泛的是以下几种。

乙二胺四乙酸（EDTA）

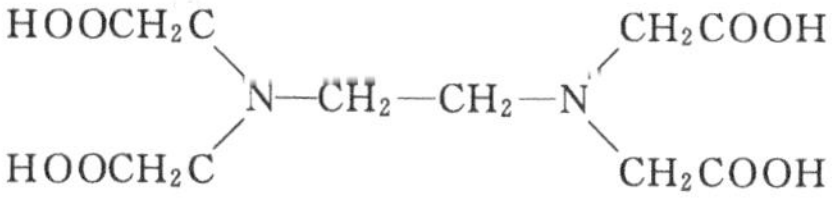

乙二胺四丙酸（EDTP）

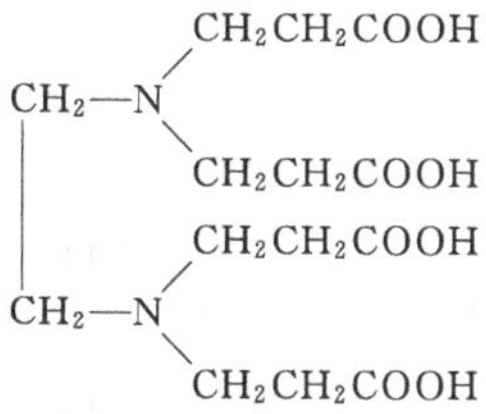

乙二醇二乙醚二胺四乙酸（EGTA）

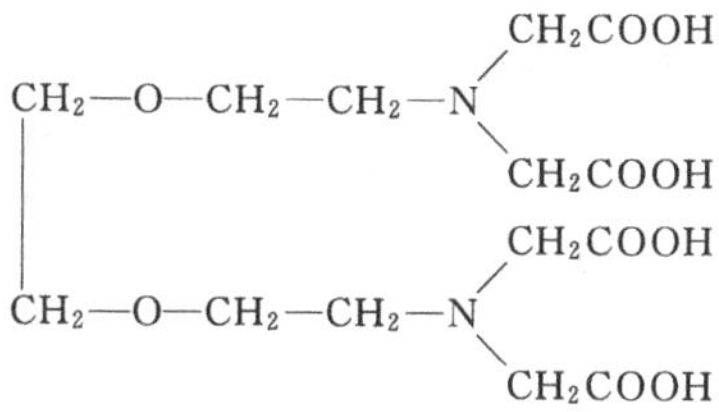

环己烷二胺四乙酸（CyDTA）

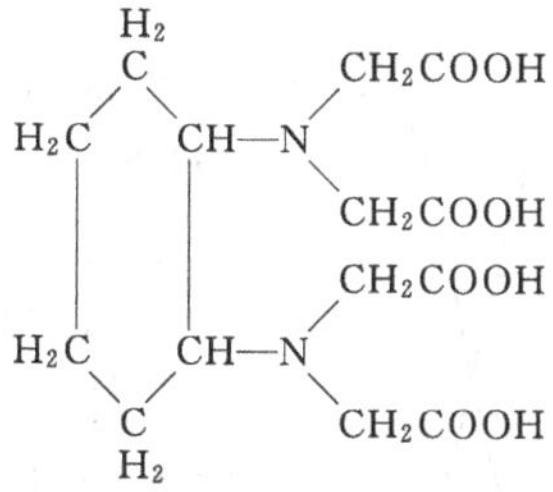

其中，EDTA是应用最为广泛的氨羧配位剂，它可以直接或间接滴定几十种金属离子。在这儿主要讨论涉及EDTA为配位剂的配位滴定法。

7.2 乙二胺四乙酸的配合物及其稳定性

7.2.1 乙二胺四乙酸的性质

乙二胺四乙酸（EDTA）属于一种四元酸，可用符号H_4Y表示，“Y”为EDTA形成配合物的有效部分。EDTA为白色粉状晶体，其溶解度较小，如22℃时，每100mL水中仅能溶解0.02g EDTA。EDTA也难溶于常见的酸和有机溶剂，但易溶于碱性溶液，并生成相应的盐。鉴于此，在实际使用中，常用EDTA的二钠盐，即乙二胺四乙酸二钠（$Na_2H_2Y \cdot 2H_2O$，相对分子质量372.24），为了方便也可简称为EDTA。在22℃时，每100mL水中能溶解EDTA的二钠盐11.1g，pH约为4.5，浓度约为$0.3mol \cdot L^{-1}$。

EDTA 分子结构中的两个羧基上的 H^+ 可转移到 N 原子上，形成如下双偶极离子：

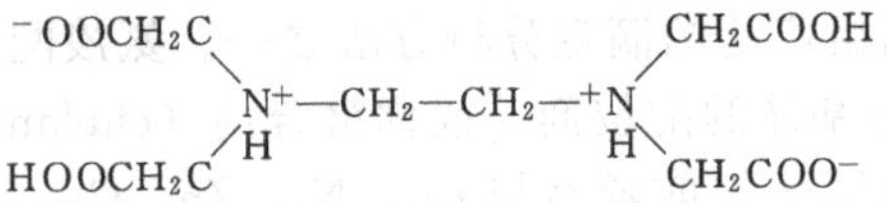

如果把 EDTA 溶于酸度很高的溶液，则它的两个羧基可以再接受两个 H^+ 而形成 H_6Y^{2+}，即形成一分子六元酸，因此 EDTA 在水溶液中可存在六级解离平衡，分别为：

$$H_6Y^{2+} \rightleftharpoons H^+ + H_5Y^+ \qquad K_{a1}=\frac{[H^+][H_5Y^+]}{[H_6Y^{2+}]}=10^{-0.9}$$

$$H_5Y^+ \rightleftharpoons H^+ + H_4Y \qquad K_{a2}=\frac{[H^+][H_4Y]}{[H_5Y^+]}=10^{-1.6}$$

$$H_4Y \rightleftharpoons H^+ + H_3Y^- \qquad K_{a3}=\frac{[H^+][H_3Y^-]}{[H_4Y]}=10^{-2.0}$$

$$H_3Y^- \rightleftharpoons H^+ + H_2Y^{2-} \qquad K_{a4}=\frac{[H^+][H_2Y^{2-}]}{[H_3Y^-]}=10^{-2.67}$$

$$H_2Y^{2-} \rightleftharpoons H^+ + HY^{3-} \qquad K_{a5}=\frac{[H^+][HY^{3-}]}{[H_2Y^{2-}]}=10^{-6.16}$$

$$HY^{3-} \rightleftharpoons H^+ + Y^{4-} \qquad K_{a6}=\frac{[H^+][Y^{4-}]}{[HY^{3-}]}=10^{-10.26}$$

上述六级解离平衡，可建立如下平衡关系：

$$H_6Y^{2+} \underset{+H^+}{\overset{-H^+}{\rightleftharpoons}} H_5Y^+ \cdots\cdots HY^{3-} \underset{+H^+}{\overset{-H^+}{\rightleftharpoons}} Y^{4-} \tag{7-1}$$

由式（7-1）可知，EDTA 在水溶液中是以 H_6Y^{2+}、H_5Y^+、H_4Y、H_3Y^-、H_2Y^{2-}、HY^{3-}、Y^{4-} 七种形式存在的。

从式（7-1）还可以得出结论：EDTA 在水溶液中各种存在形式间的浓度比例取决于溶液的 pH；若溶液酸度增大，pH 减小，上述平衡向左移动；反之，若溶液酸度减小，pH 增大，则上述平衡右移。EDTA 在水溶液中的各种存在形式的分配情况与 pH 之间的分布曲线见图 7-1。

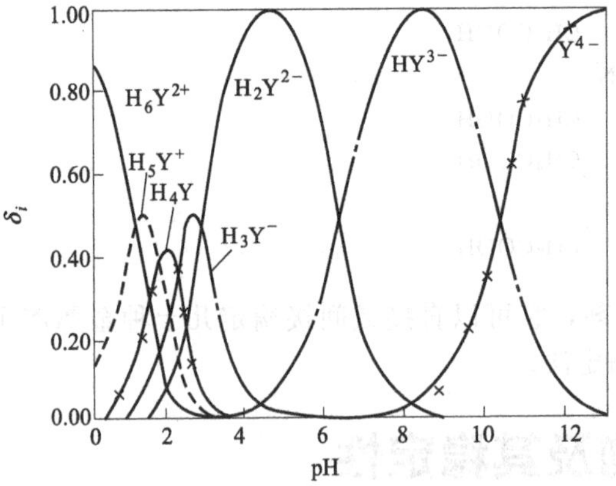

图 7-1 水溶液中 EDTA 的各种存在形式随 pH 改变的分布图

从图 7-1 可以明显看出：在酸度不同时，EDTA 不同存在形式的分布状况。当强酸性溶液（pH<1）时，EDTA 的主要存在形式是 H_6Y^{2+}；当溶液的 pH 为 1～1.6 时，EDTA 主要存在形式是 H_5Y^+；当溶液的 pH 为 1.6～2.0 时，主要存在形式是 H_4Y；当溶液的 pH 为 2.0～2.67 时，EDTA 主要以 H_3Y^- 形式存在；当溶液的 pH 为 2.67～6.16 时，主要以 H_2Y^{2-} 形式存在；当溶液的 pH 为 6.16～10.26 时，主要以 HY^{3-} 形式存在；在 pH >12 时，EDTA 才几乎完全呈现 Y^{4-} 形式。

7.2.2 乙二胺四乙酸与金属离子的配合物

(1) EDTA 与金属离子的配位反应特点

每个 EDTA 分子具有六个可与金属离子形成配位键的原子（两个氨基氮和四个羧基

氧），既可以作为四基配位体，又可以作为六基配位体。然而，EDTA 通常可以与金属离子形成配位数为 6 的稳定的配合物。EDTA 与金属离子的配位反应具有如下的特征。

① EDTA 与许多金属离子形成的配合物的稳定性高。图 7-2 为 EDTA 与 Fe^{3+} 的配合物的结构式（属于螯合物），从结构式可以看出，EDTA 与金属离子配位时形成 5 个五元环，其中一个是金属离子与两个氮原子配位构成，另外四个是由金属离子与一个氮和一个氧原子配位构成。根据配合物的相关理论可知，具有五元环或六元环的螯合物很稳定，而且所形成的环愈多，螯合物愈稳定，而大多数 EDTA 与金属离子的螯合物具有多个五元环，因此 EDTA 与大多数金属离子的配合物具有稳定性较高的特点。

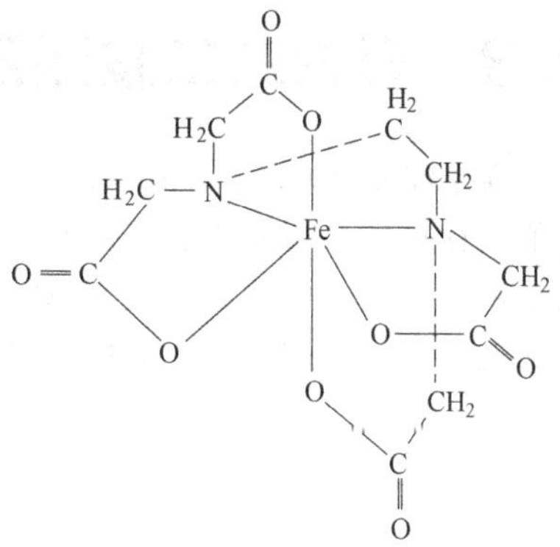

图 7-2 Fe-EDTA 配合物的结构示意

② EDTA 与许多金属离子形成的配合物的配位比简单，通常情况下都是 1∶1，以 EDTA 与 Fe^{3+} 和 Mg^{2+} 的反应为例：

$$Fe^{3+} + Y^{4-} \rightleftharpoons FeY^{-}$$

$$Mg^{2+} + Y^{4-} \rightleftharpoons MgY^{2-}$$

反应中无逐级配位现象，反应的定量关系明确。只有极少数金属离子［如 Zr(Ⅳ) 和 Mo(Ⅵ) 等］例外。

③ 通常金属离子与 EDTA 生成的配合物仍为无色，有利于用指示剂确定滴定终点。但有色的金属离子与 EDTA 形成配合物，其颜色将加深。例如：CuY^{2-} 为深蓝色，FeY^{-} 为黄色，NiY^{2-} 为蓝色。滴定时，如遇有色的金属离子，则试液的浓度不宜过大，否则将影响指示剂的终点显示。

④ EDTA 与金属离子的配合过程大多反应速率较快，并且所得配合物带电荷，水溶性好，便于滴定。

上述特点都给配位滴定分析提供了有利条件，表明 EDTA 和金属离子的配位反应能够符合滴定分析对反应的要求。

(2) EDTA 与金属离子的配合物的配位平衡

常见的金属离子与 EDTA（Y）的配位反应，经简化处理（略去电荷）可写成：

$$M + Y \rightleftharpoons MY$$

当溶液中没有副反应发生且反应达平衡时，用绝对稳定常数 K_{MY} 衡量配位反应进行的程度，表达式为：

$$K_{MY} = \frac{[MY]}{[M][Y]} \tag{7-2}$$

常见金属离子与 EDTA 配合物的稳定常数的对数值（$\lg K$）见表 7-1。从表可见，金属离子与 EDTA 形成配合物的稳定性主要由金属离子的电荷、离子半径和电子层结构等因素决定。碱金属离子的配合物最不稳定；碱土金属离子的配合物次之（$\lg K_{MY}=8\sim11$）。过渡元素、稀土元素、Al^{3+} 的配合物 $\lg K_{MY}$ 介于 15～19 之间；其他三价、四价金属离子和 Hg^{2+} 的配合物 $\lg K_{MY}>20$。

配位滴定反应的完全程度通常由 EDTA 与金属离子形成配合物的稳定性决定，可以用 $\lg K_{MY}$ 衡量在不发生副反应情况下配合物的稳定程度。但是，外部条件如溶液的酸度、其他配位剂、干扰离子等对配位滴定反应的完全程度也都有着较大的影响，尤其是溶液酸度的影响最为显著，一般的配位滴定实验中需要用缓冲溶液控制溶液的酸度。

7.3 影响乙二胺四乙酸配合物稳定性的因素

在 EDTA 的配位滴定中，由于某些干扰离子或分子的存在（如溶液中的 H^+、OH^-，其他共存离子、缓冲剂、掩蔽剂等），常伴随一系列副反应发生，导致所涉及的化学平衡比较复杂。其中，被测金属离子 M 与 Y 配位，生成配合物 MY，此为主反应；除主反应以外的其他反应均为副反应。总的关系式如下：

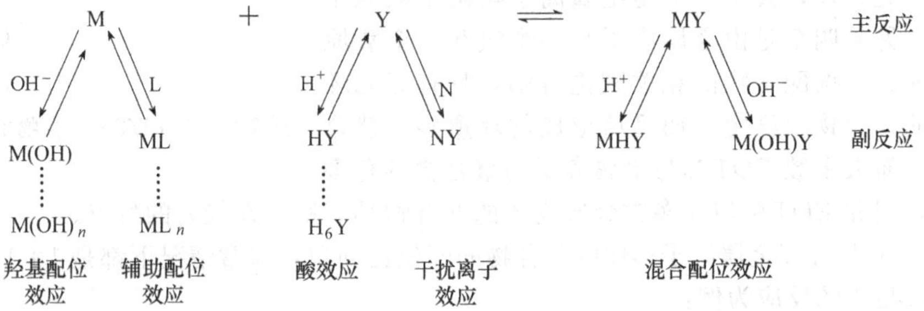

其中，L 为辅助配位剂；N 为干扰离子。

表 7-1 常见金属离子与 EDTA 的配合物的 $\lg K_{MY}$

（溶液离子强度 $I=0.1\text{mol}\cdot\text{L}^{-1}$，温度 293K）

离子	$\lg K_{MY}$	离子	$\lg K_{MY}$	离子	$\lg K_{MY}$
Na^+	1.66	Ce^{4+}	15.98	Cu^{2+}	18.80
Li^+	2.79	Al^{3+}	16.3	Ga^{3+}	20.3
Ag^+	7.32	Co^{2+}	16.31	Ti^{3+}	21.3
Ba^{2+}	7.86	Pt^{2+}	16.31	Hg^{2+}	21.8
Mg^{2+}	8.69	Cd^{2+}	16.46	Sn^{2+}	22.1
Sr^{2+}	8.73	Zn^{2+}	16.50	Th^{4+}	23.2
Be^{2+}	9.20	Pb^{2+}	18.04	Cr^{3+}	23.4
Ca^{2+}	10.69	Y^{3+}	18.09	Fe^{3+}	25.1
Mn^{2+}	13.87	VO_2^+	18.1	U^{4+}	25.8
Fe^{2+}	14.33	Ni^{2+}	18.60	Bi^{3+}	27.94
La^{3+}	15.50	VO^{2+}	18.8	Co^{3+}	36.0

根据平衡移动的原理，主反应的反应物发生的副反应均不利于配位反应的进行，这些副反应包括：金属离子（M）与 OH^- 或辅助配位剂 L 发生的反应，EDTA 与 H^+ 或干扰离子发生的反应。而主反应的产物发生的副反应将有利于配位反应的进行；这些副反应称为混合配位效应，包括如下反应：产物 MY 在酸度较高的情况下，生成酸式配合物 MHY，以及在碱度较高时，生成 M(OH) Y、$M(OH)_2Y$…碱式配合物。虽然混合配位效应有利于主反应的进行，使 EDTA 对金属离子总配位能力增强，但其产物大多数不太稳定，其影响通常可以忽略不计。在大多数情况下，影响配位平衡的主要因素为酸效应和配位效应。下面重点讨论 EDTA 的酸效应和金属离子的配位效应。

7.3.1 乙二胺四乙酸的酸效应

（1）定义

这种由于 H^+ 与 Y 离子作用而使 Y 离子参与主反应能力降低的现象称为 EDTA 的酸效应（acidic effect）。Y 与金属离子的反应本质上是 EDTA 的 Y^{4-} 与金属离子的反应。由 EDTA 的解离平衡可知，Y^{4-} 只是 EDTA 各种存在形式中的一种，只有当 pH≥12 时，EDTA

才全部以 Y^{4-} 形式存在。溶液 pH 减小，将使式（7-1）所示的反应平衡向左移动，产生多种副产物离子，如 HY^{3-}、H_2Y^{2-}…、Y^{4-} 浓度降低，因而使 EDTA 与金属离子的反应能力降低。

（2）酸效应系数

EDTA 的酸效应的大小用酸效应系数 $\alpha_{Y(H)}$ 来衡量。酸效应系数表示在一定 pH 下，EDTA 的各种存在形式的总浓度 $[Y_{总}]$ 与 Y^{4-}（可略去电荷）的平衡浓度之比，即

$$\alpha_{Y(H)}=\frac{[Y_{总}]}{[Y^{4-}]}=\frac{[Y_{总}]}{[Y]} \tag{7-3}$$

已知
$$[Y_{总}]=[H_6Y^{2+}]+[H_5Y^{+}]+[H_4Y]+[H_3Y^{-}]+[H_2Y^{2-}]+[HY^{3-}]+[Y^{4-}]$$

所以

$$\alpha_{Y(H)}=\frac{[H_6Y^{2+}]+[H_5Y^{+}]+[H_4Y]+[H_3Y^{-}]+[H_2Y^{2-}]+[HY^{3-}]+[Y^{4-}]}{[Y^{4-}]}$$

代入六级解离平衡关系：

$$\alpha_{Y(H)}=1+\frac{[H^+]}{K_{a6}}+\frac{[H^+]^2}{K_{a6}K_{a5}}+\frac{[H^+]^3}{K_{a6}K_{a5}K_{a4}}+\frac{[H^+]^4}{K_{a6}K_{a5}K_{a4}K_{a3}}+\frac{[H^+]^5}{K_{a6}K_{a5}K_{a4}K_{a3}K_{a2}}+\frac{[H^+]^6}{K_{a6}K_{a5}K_{a4}K_{a3}K_{a2}K_{a1}}$$

为了简化公式，引入累积稳定常数，令 $\beta_1=\frac{1}{K_{a6}}$，$\beta_2=\frac{1}{K_{a6}K_{a5}}$，$\beta_3=\frac{1}{K_{a6}K_{a5}K_{a4}}$，…则

$$\alpha_{Y(H)}=1+\beta_1[H^+]+\beta_2[H^+]^2+\beta_3[H^+]^3+\beta_4[H^+]^4+\beta_5[H^+]^5+\beta_6[H^+]^6 \tag{7-4}$$

由以上公式可以看出，$\alpha_{Y(H)}$ 与 EDTA 的各级解离常数和溶液的酸度有关。温度确定时，则解离常数通常为定值，此时 $\alpha_{Y(H)}$ 仅随着溶液的酸度而变。溶液酸度越大，$\alpha_{Y(H)}$ 值越大，说明酸效应引起的副反应越明显。若 H^+ 与 Y^{4-} 之间没有发生副反应，即未参加配位反应的 EDTA 全部以 Y^{4-} 形式存在，则 $\alpha_{Y(H)}=1$。不同 pH 时的 $\alpha_{Y(H)}$ 见表 7-2。

7.3.2 金属离子的配位效应

（1）定义

金属离子的配位效应（complex effect）是指其他配位剂与 M 发生副反应，使金属离子与配位剂 Y 进行主反应能力降低的现象。在配位滴定中，通过 7.3.1 节讨论的 EDTA 的酸效应可知，应该保持较低的酸度，使可配位的 Y 离子浓度足够大，但同时造成溶液中 OH^- 浓度较大，使欲测定的金属离子首先与 OH^- 生成各种羟基配离子，例如 Fe^{3+} 在水溶液中能生成 $Fe(OH)^{2+}$、$Fe(OH)_2{}^{+}$ 等，造成金属离子参与主反应的能力下降，这称为金属离子的羟基配位效应，也称金属离子的水解效应。

另外，金属离子还可与辅助配位剂作用。为了防止金属离子在滴定过程中生成沉淀或掩蔽干扰离子，在试液中要加入某些辅助配位剂，使金属离子与辅助配位剂发生反应，从而产生辅助配位效应。比如，当溶液 pH=10 时滴定锌离子，以 $NH_3\cdot H_2O$-NH_4Cl 作缓冲溶液，这样可控制滴定所需要的 pH，同时会使 Zn^{2+} 与 NH_3 配位形成 $[Zn(NH_3)_4]^{2+}$，以避免 $Zn(OH)_2$ 出现沉淀而损失。

（2）金属离子的副反应系数

若金属离子的配位效应采用副反应系数 α_M 表示，则羟基配位效应可用副反应系数

$\alpha_{M(OH)}$表示，辅助配位效应可用副反应系数$\alpha_{M(L)}$表示。下面分别讨论。

羟基配位效应的副反应系数$\alpha_{M(OH)}$为：

$$\alpha_{M(OH)}=\frac{[M]+[MOH]+[M(OH)_2]+[M(OH)_3]+\cdots+[M(OH)_n]}{[M]} \tag{7-5}$$
$$1+\beta_1[OH^-]+\beta_2[OH^-]^2+\beta_3[OH^-]^3+\cdots+\beta_n[OH^-]^n$$

辅助配位效应的副反应系数$\alpha_{M(L)}$为：

$$\alpha_{M(L)}=\frac{[M]+[ML]+[ML_2]+[ML_3]+\cdots+[ML_n]}{[M]} \tag{7-6}$$
$$=1+\beta_1[L]+\beta_2[L]^2+\beta_3[L]^3+\cdots+\beta_n[L]^n$$

综合上述两种情况，则

$$\alpha_M=\frac{[M_{总}]}{[M]} \tag{7-7}$$

式中，[M] 为游离金属离子的浓度。

$$[M_{总}]=[M]+[MOH]+[M(OH)_2]+\cdots+[M(OH)_n]+[ML]+[ML_2]+\cdots+[ML_n]$$

对含辅助配位剂 L 的体系，将上述公式联立可得：

$$\alpha_M=\alpha_{M(OH)}+\alpha_{M(L)}-1 \tag{7-8}$$

7.3.3 条件稳定常数

配位滴定过程中，在没有副反应发生时，金属离子 M 与配位剂 Y 的反应进行程度可用稳定常数K_{MY}表示。K_{MY}值越大，配合物越稳定。然而，由于实际反应中存在许多副反应，会对 EDTA 与金属离子之间的主反应有着不同程度的影响，因此，K_{MY}值已不能反映主反应进行的程度，必须对式（7-2）表示的配合物的稳定常数进行校正。

首先，考虑 EDTA 的酸效应的影响，由式（7-3）可得：

$$[Y]=\frac{[Y_{总}]}{\alpha_{Y(H)}} \tag{7-9}$$

把式（7-9）代入式（7-2）得到：

$$K_{MY}=\frac{[MY]}{[M][Y]}=\frac{[MY]}{[M]\frac{[Y_{总}]}{\alpha_{Y(H)}}}$$

$$\frac{[MY]}{[M][Y_{总}]}=\frac{K_{MY}}{\alpha_{Y(H)}}=K'_{MY}$$

两边取对数得：

$$\lg K'_{MY}=\lg K_{MY}-\lg\alpha_{Y(H)} \tag{7-10}$$

式中，K'_{MY}是考虑了酸效应后 EDTA 与金属离子配合物的稳定常数，称为条件稳定常数；即在一定酸度条件下用 EDTA 溶液总浓度表示的稳定常数。K'_{MY}表示在一定条件下，有副反应发生时主反应进行的程度，其大小说明溶液的酸度对配合物实际稳定性的影响。pH 越大，$\lg\alpha_{Y(H)}$值越小，K'_{MY}越大，配位反应越完全，对滴定越有利；反之，pH 降低，K'_{MY}将减小，不利于滴定的进行。

如果综合考虑 EDTA 的酸效应和金属离子的配位效应，则需要同时考虑酸效应系数$\alpha_{Y(H)}$和副反应系数α_M，则条件稳定常数转化为：

$$\frac{[MY]}{[M_{总}][Y_{总}]}=\frac{K_{MY}}{\alpha_{Y(H)}\alpha_M}=K'_{MY}$$

两边取对数得：

$$\lg K'_{MY}=\lg K_{MY}-\lg\alpha_{Y(H)}-\lg\alpha_M \quad (7\text{-}11)$$

式（7-11）表述的条件稳定常数是以 EDTA 总浓度和金属离子总浓度表示的稳定常数，其大小表明溶液中金属离子的配位效应和酸碱度对配合物实际稳定程度的影响。只有不发生副反应时，α 均为 1，此时 $K'_{MY}=K_{MY}$，而一般情况下，$K'_{MY}<K_{MY}$。采用 K'_{MY}能更准确地判断金属离子和 EDTA 的配位反应进行的程度。影响配位滴定主反应完全程度的因素很多，但一般情况下，若体系中无共存离子干扰，同时也不存在辅助配位剂时，影响主反应的主要因素是 EDTA 的酸效应和金属离子的羟基配位效应；如果金属离子不会形成羟基配合物，则影响主反应的主要因素就是 EDTA 的酸效应。因此，要使配位滴定反应进行完全，需控制好合适的酸度条件，下面将对此展开讨论。

7.3.4 配位滴定中适宜酸度范围的选择

（1）最高酸度

配位滴定中最高酸度条件由 EDTA 的酸效应决定。根据酸效应可确定滴定时允许的最高酸度，即最低 pH。配位滴定时允许的最低 pH 取决于滴定允许的误差和检测终点的准确度。

通常滴定分析允许的相对误差为±0.1%，而配位滴定的目测终点与化学计量点 pM 的差值 ΔpM 一般为±(0.2～0.5)，一般应为±0.2，将金属离子的分析浓度 c 代入终点误差公式可得：

$$\lg(cK'_{MY})\geqslant 6 \quad (7\text{-}12)$$

若能满足式（7-12）的条件，则可得到相对误差小于或等于 0.1%的分析结果，因此通常将式（7-12）作为能否用配位滴定法测定单一金属离子的条件。

将式（7-10）代入式（7-12）可得：

$$\lg c+\lg K_{MY}-\lg\alpha_{Y(H)}\geqslant 6$$

经整理得到：

$$\lg\alpha_{Y(H)}\leqslant \lg c+\lg K_{MY}-6 \quad (7\text{-}13)$$

使用式（7-13）可以计算得出 $\lg\alpha_{Y(H)}$，再查表 7-2，用内插法可求得配位滴定允许的最低 pH，即最高酸度。

由于不同金属离子的 $\lg K_{MY}$不同，因此滴定时允许的最低 pH 也不相同。分析化学家林邦（Ringbom）将各种金属离子的 $\lg K_{MY}$值与其最低 pH 绘成曲线，此曲线称为 EDTA 的酸效应曲线（林邦曲线），见图 7-3。林邦曲线图中金属离子位置所对应的 pH，就是滴定该金属离子时所允许的最高酸度。

具体来说，林邦曲线有如下作用。

① 得到各种离子单独滴定时的最低 pH，如滴定 Fe^{3+}，pH 必须大于 1。

② 可以给出：在一定 pH 范围内，哪些离子可被滴定，哪些离子会产生干扰。例如，在 pH=8 附近滴定 Ca^{2+}时，溶液中若存在 Mn^{2+}、Fe^{2+}等位于 Ca^{2+}下面的离子都会有干扰，这样它们可同时被滴定。

③ 可以得到在同一溶液中连续测定多种离子需要控制的酸度范围。如溶液中含有 Mg^{2+}、Bi^{3+}、Zn^{2+}时，可以用甲基百里酚蓝作指示剂，用 EDTA 在 pH=1 时，滴定 Bi^{3+}，再在 pH5～6 时连续滴定 Zn^{2+}，最后在 pH10～11 时滴定 Mg^{2+}。

例 7-1 用 EDTA 滴定 0.010mol·L^{-1} Zn^{2+}溶液，若 ΔpM=±0.2，要求相对误差为 0.1%时，求允许的最低 pH?

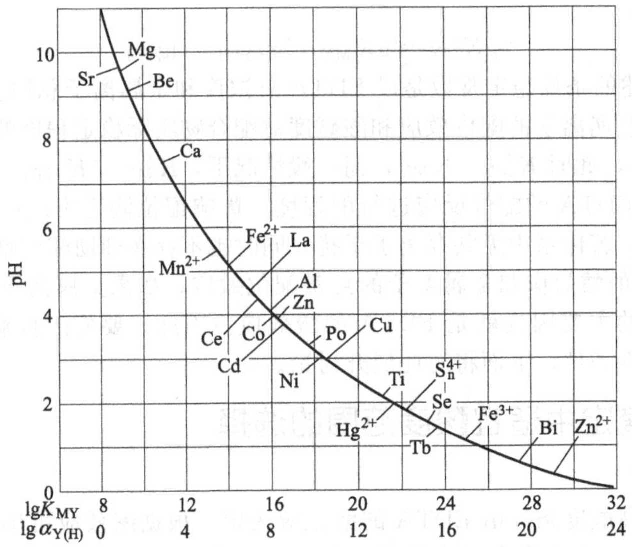

图 7-3 EDTA 的酸效应曲线

（允许的相对误差为±0.1%，金属离子浓度 0.01 mol·L^{-1}）

解： 已知 c=0.010mol·L^{-1}，lgK_{ZnY}=16.50，由式（7-13）可得：

$$\lg\alpha_{Y(H)} \leqslant \lg c + \lg K_{MY} - 6 = \lg 0.010 + 16.50 - 6 = 8.50$$

查表 7-2，用内插法求得 pH_{min}>3.97。

所以，用 EDTA 滴定 0.010mol·L^{-1} Zn^{2+} 溶液允许的最低 pH 为 3.97。

（2）最低酸度

在达到滴定允许的最高酸度的条件下，如果使溶液的 pH 升高，则 lgK'_{MY}增大，配位反应的完全程度也增大。然而，若溶液的 pH 过高，则一些金属离子会形成羟基配合物，致使羟基配位效应增大，会影响滴定的主反应。根据羟基配位效应可大致估计滴定允许的最高 pH，这个允许的最高 pH 通常由金属离子氢氧化物的溶度积常数估计求得，进一步结合最高酸度，从而得出配位滴定的适宜 pH 范围。

例 7-2 用 EDTA 滴定 0.01mol·L^{-1} Pb^{2+} 溶液，若 ΔpM=±0.2，要求相对误差为 0.1%时，求允许的最高 pH？（已知 $K_{sp}[Pb(OH)_2]=10^{-14.92}$）

解： 最低酸度由 K_{sp}关系式表示为：

$$[OH^-]=\sqrt{\frac{K_{sp}}{[Pb^{2+}]}}=\sqrt{\frac{10^{-14.92}}{0.01}}=10^{-6.5}$$

$$pH=14.0-6.5=7.5$$

故滴定 Pb^{2+} 的最高 pH 值是 7.5。

另外，还需要考虑指示剂的颜色变化对 pH 的要求。配位滴定时实际应用的 pH 比理论上允许的最低 pH 要略大，这样可综合考虑其他非主要影响因素。另外，需要指出，不同的情况下，矛盾的主要方面不同。若所加入的辅助配位剂的浓度过大，辅助配位效应就可能变成主要影响因素；如果所加入的辅助配位剂与金属离子形成的配合物比 EDTA 形成的配合物更稳定，将会干扰待测金属离子的测定，甚至无法进行测定。

总之，滴定时溶液的酸度多方面地影响滴定反应进行的过程及终点检测，因此，配位滴定中控制合适的酸度是本章的重点内容之一，应重点掌握。

表 7-2 不同 pH 时 EDTA 的 $\lg\alpha_{Y(H)}$

pH	$\lg\alpha_{Y(H)}$	pH	$\lg\alpha_{Y(H)}$	pH	$\lg\alpha_{Y(H)}$
0.0	23.64	3.8	8.85	7.4	2.88
0.4	21.32	4.0	8.44	7.8	2.47
0.8	19.08	4.4	7.64	8.0	2.27
1.0	18.01	4.8	6.84	8.4	1.87
1.4	16.02	5.0	6.45	8.8	1.48
1.8	14.27	5.4	5.69	9.0	1.28
2.0	13.51	5.8	4.98	9.5	0.83
2.4	12.19	6.0	4.65	10.0	0.45
2.8	11.09	6.4	4.06	11.0	0.07
3.0	10.60	6.8	3.55	12.0	0.01
3.4	9.7	7.0	3.32	13.0	0.00

7.4 配位滴定曲线

与酸碱滴定过程有类似之处，配位滴定中，随着配位剂（如 EDTA）的不断加入，被滴定的金属离子的浓度不断减少，在化学计量点附近 pM（$-\lg[M]$）值发生突变，产生滴定突跃。以 pM 为纵坐标，以滴入的 EDTA 的体积或体积百分数为横坐标作图，可得到一条曲线，称为配位滴定曲线。配位滴定过程中 pM 的变化规律可以用滴定曲线清晰地进行描述。滴定曲线通常可以通过计算得到。

可以采用配位反应平衡关系计算滴定曲线。在配位滴定中，除了主反应外，还有不同程度的副反应存在，而后者对 EDTA 与金属离子的配合物 MY 的稳定性又有着较为明显的影响，因此，在描述 MY 稳定性时，应该使用条件稳定常数 $\lg K'_{MY}$ 对 $\lg K_{MY}$ 进行修正。对于不易水解或不与其他配位剂配位的金属离子（如 Mg^{2+}），只需考虑 EDTA 的酸效应，引入 $\alpha_{Y(H)}$ 对 $\lg K_{MY}$ 进行修正；对于易水解的金属离子（如 Al^{3+}），还应考虑水解效应；而对于易水解又易与辅助配位剂配位的金属离子（如 Zn^{2+} 在 NH_3 缓冲溶液中），还应考虑辅助配位效应，修正 $\lg K_{MY}$。最终，通过平衡关系计算得到在滴定的不同阶段被滴定金属离子的浓度，绘制滴定曲线图。

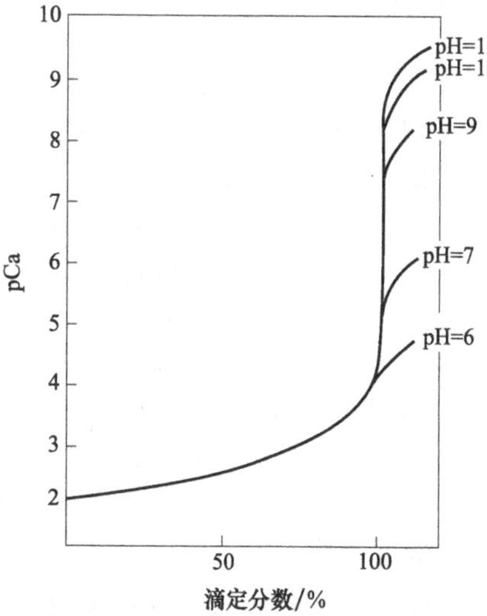

图 7-4 用 EDTA 滴定 $0.100\text{mol}\cdot L^{-1}$ 的 Ca^{2+} 溶液的滴定曲线

图 7-4 为 EDTA 滴定 Ca^{2+} 的滴定曲线图。从图中可以看出，滴定曲线突跃部分的长短随着溶液 pH 大小不同而变化，这是由于配合物的 $\lg K'_{MY}$ 大小随溶液 pH 而改变的缘故。pH 越大，滴定突跃范围越大；pH 越小，滴定突跃范围越小。当 pH=6 时，$\lg K'_{CaY}=6.04$，从滴定曲线图中几乎看不出存在突跃。可见溶液 pH 的选择在 EDTA 配位滴定中的确具有重要意义。

需要指出，第 6 章介绍的酸碱滴定曲线既可以表明滴定过程中 pH 的变化情况，又能在选择酸碱指示剂方面起重要作用；但配位滴定的滴定曲线只是表示在各种酸度时，滴定过程中金属离子浓度（pM）的改变规律，而对选择配位滴定指示剂的作用不大，通常配位滴定用指示剂的选择都是通过实验来进行的。

7.5 配位滴定的金属指示剂

配位滴定也与其他滴定类似，判断滴定终点的方法有多种，最常用的是使用金属指示剂判断滴定终点；除了使用金属指示剂之外，还可以运用电位滴定、光度测定等仪器分析技术确定滴定终点。

7.5.1 金属指示剂

金属指示剂通常是一些具有配位作用的有机染料，可与金属离子形成有色配合物，其颜色与游离金属指示剂的颜色明显不同，因而能指示滴定过程中金属离子浓度的变化情况。反应通式如下：

$$M+In(甲色) \rightleftharpoons MIn(乙色)$$

在这儿对常用的金属指示剂——铬黑 T（EBT）的变色指示原理进行讨论。当 pH 为 8～11 时，铬黑 T 呈蓝色，与 Mg^{2+}、Ca^{2+}、Zn^{2+} 等金属离子形成的配合物呈酒红色。当使用 EDTA 对这些金属离子进行滴定的过程中，若以铬黑 T 作指示剂，铬黑 T 会与少量金属离子配位呈现酒红色，而多数金属离子处于游离状态。逐滴加入 EDTA 后，游离金属离子会发生配位反应而形成 M-EDTA。当大多数游离金属离子反应后，若再加入 EDTA，因 EDTA 与金属离子配合物的稳定性大于铬黑 T 与金属离子配合物（M-铬黑 T）的稳定性，故 EDTA 置换掉 M-铬黑 T 中的铬黑 T，指示剂会游离出来，体系的颜色由酒红色突变为蓝色，呈现 EBT 的颜色，从而指示滴定终点。

EDTA 滴定 Mg^{2+}，用 EBT 作指示剂时的化学反应如下：

滴定开始前 $Mg^{2+} + EBT \rightleftharpoons Mg\text{-}EBT$ （红）

滴定过程中 $Mg^{2+} + EDTA \rightleftharpoons Mg\text{-}EDTA$

化学计量点时 $EDTA + \underset{红色}{Mg\text{-}EBT} \rightleftharpoons Mg\text{-}EDTA + \underset{蓝色}{EBT}$

需要指出，许多金属指示剂不仅具有配位作用，而且本身常是多元弱酸或多元弱碱，能随溶液 pH 变化而显示不同的颜色。就铬黑 T 来说，它是一个三元酸，第一级解离极容易，第二级和第三级解离则较难（$pK_{a_2}=6.3$，$pK_{a_3}=11.6$），不同酸度下存在下列平衡：

$$\underset{\substack{红色 \\ pH<6}}{H_2In^-} \rightleftharpoons \underset{\substack{蓝色 \\ pH\ 8\sim11}}{HIn^{2-}} \rightleftharpoons \underset{\substack{橙色 \\ pH>12}}{In^{3-}}$$

铬黑 T 能与 Mg^{2+}、Ca^{2+}、Zn^{2+}、Cd^{2+} 等许多阳离子形成酒红色的配合物（M-铬黑 T）。可以看出，铬黑 T 在 pH<6 或 pH>12 时，游离指示剂的颜色与 M-铬黑 T 的颜色没有明显的区别。而在 pH 为 8～11 时进行滴定，终点时溶液颜色由金属离子配合物的酒红色变成游离指示剂的蓝色，颜色变化才显著。因此，金属指示剂的使用过程中也必须注意选择合适的酸度条件。

7.5.2 金属指示剂的要求

可用的金属指示剂必须具备下列要求。

① 在配位滴定过程中，指示剂本身和指示剂与金属离子的配合物两者的颜色应有明显的区别，这样才能指示终点。

② 金属指示剂与金属离子形成的配合物要有合适的稳定性，即一方面要求指示剂与金

属离子配合物的稳定性必须小于 EDTA 与金属离子配合物的稳定性，另一方面要求其自身有一定程度的稳定性。只有这样，在滴定到达化学计量点时，指示剂才能被 EDTA 置换出来，从而发生颜色变化，指示终点的到达。

若指示剂与金属离子所形成的配合物不够稳定，则在化学计量点前指示剂有可能释放出来，使终点变色不明显，或造成终点提前出现而产生误差；若指示剂与金属离子形成更稳定的配合物而不能被 EDTA 置换，则也会引入误差。其中，指示剂与金属离子形成更稳定的配合物，则即使加入过量的 EDTA 也达不到终点，此现象称为指示剂的封闭。比如，铬黑 T 能被 Al^{3+}、Fe^{3+}、Cu^{2+} 和 Ni^{2+} 等离子封闭。为了消除指示剂的封闭，可以加入适当的配位剂（掩蔽剂）来掩蔽能封闭指示剂的离子。有时所用的蒸馏水不达标，如含有微量重金属离子，也能引起指示剂封闭，所以配位滴定对蒸馏水有一定的质量要求。若能造成封闭现象的离子量比较多时，需要分离除去。

③ 通常要求指示剂与金属离子形成的配合物易溶于水。如果所得配合物为胶体溶液或沉淀，在滴定过程中指示剂与 EDTA 的置换反应将进行缓慢而使终点拖长，这种现象称为指示剂的僵化。比如用 PAN（见表 7-3）作指示剂，在温度低时，容易产生僵化现象。为了避免指示剂的僵化，可以加入有机溶剂或将溶液加热，以增大有关物质的溶解度。加热还可加快反应速率。针对可能发生僵化的现象，接近终点时应该缓慢滴定，并充分摇动（锥形瓶）。

配位滴定分析中的金属指示剂多数是具有许多双键的有色有机化合物，易受光照、氧化剂、空气等作用而分解，有些在水溶液中不稳定，有些日久会变质。为了防止指示剂变质，有的指示剂可以用中性盐（如 NaCl 固体等）稀释后配成固体指示剂使用，另外，还可在指示剂溶液中加入可以防止指示剂变质的物质，如可在 EBT 溶液中加入三乙醇胺等。通常指示剂都不宜久放，最好是临用时新配。

7.5.3 常用的金属指示剂

配位滴定中一些常用金属指示剂的适用范围、配制和注意事项列于表 7-3。

另外，还存在一类配合物指示剂，如 Cu-PAN 是 CuY 与少量 PAN 的混合物。它可用于滴定许多金属离子，甚至不易显色的金属离子。此类指示剂在含有被测金属离子的溶液中，会产生如下反应：

$$\underset{\text{蓝色}}{CuY} + \underset{\text{黄色}}{PAN} + M \rightleftharpoons MY + \underset{\text{紫红色}}{Cu\text{-}PAN}$$

初始溶液为紫红色。滴定过程中，滴定剂先与游离的金属离子作用，待滴入的 EDTA 使 M 完全配位时，EDTA 将置换 Cu-PAN 中的 PAN，使之呈现游离状态：

$$\underset{\text{紫红色}}{Cu\text{-}PAN} + Y \rightleftharpoons \underset{\text{蓝色}}{CuY} + \underset{\text{黄色}}{PAN}$$

此时，体系由紫红色突变为蓝色与黄色的混合色绿色，从而指示终点。由于滴定前加入的 CuY 与最终产生的 CuY 量相同，因此 CuY 不会对结果产生影响。此类指示剂可在很宽的酸度范围（pH 为 2～12）内使用。但此类指示剂能被 Ni^{2+} 封闭，并且在使用此类指示剂过程中不可同时加入能与 Cu^{2+} 更稳定地配合的其他配体类物质。

7.6 混合离子的配位滴定方法

前面主要讨论涉及单独一种离子的情况，实际的分析对象中可能存在多种金属离子；由于 EDTA 能和多数金属离子形成稳定的配合物，在滴定时很可能存在相互干扰。因此，有必要讨论混合离子的配位滴定中，如何测定某一种离子或者分别测定某几种离子的方法。

7.6.1 控制溶液酸度

根据配位滴定的误差要求（相对误差≤±0.1%），当滴定单一金属离子时，要达到准确滴定目的，需要满足 $\lg(c_M K'_{MY})\geqslant 6$ 的条件。但当溶液中有两种或两种以上的金属离子共存时，情况就变得复杂些。

假设溶液中含有两种金属离子 M 和 N，都可与 EDTA 形成配合物，这时欲测定其中一种 M 的含量，共存的 N 是否对 M 的测定产生干扰，则需考察干扰离子 N 的副反应情况。设离子 N 的副反应系数为 $\alpha_{Y(N)}$。

当 $K_{MY}>K_{NY}$，且 $\alpha_{Y(N)}\gg\alpha_{Y(H)}$ 的情况下，则 $\alpha_{Y(N)}\approx c_N K_{NY}$

根据：
$$\lg K'_{MY}=\lg K_{MY}-\lg\alpha_{Y(N)}$$

可得：
$$\begin{aligned}\lg c_M K'_{MY}&=\lg c_M K_{MY}-\lg\alpha_{Y(N)}\\&\approx\lg c_M K_{MY}-\lg c_N K_{NY}\\&\approx\lg K_{MY}-\lg K_{NY}+\lg(c_M/c_N)\\&\approx\Delta\lg K+\lg(c_M/c_N)\end{aligned}\tag{7-14}$$

由公式可以看出，若两种金属离子配合物的稳定常数差值 $\Delta\lg K$ 越大，被测离子浓度 c_M越大，干扰离子浓度 c_N越小，则准确滴定 M 的可能性就越大。

要比较准确地滴定 M离子（误差≤±0.5%），根据误差图可得：$\lg(c_M K'_{MY})=5$，即
$$\Delta\lg K+\lg(c_M/c_N)\geqslant 5$$

当 $c_M=c_N$时，则
$$\Delta\lg K\geqslant 5\tag{7-15}$$

因此，实现混合离子准确分步滴定的条件是：

① $\lg(c_M K'_{MY})\geqslant 6$；

② $\lg c_M K_{MY}-\lg c_N K_{NY}\geqslant 5$。

这两个公式即为判断能否利用控制酸度进行分步滴定的条件。

表 7-3 常见的金属指示剂

指示剂	适用的pH范围	颜色变化 In	颜色变化 MIn	直接滴定的离子	配制	注意事项
铬黑 T (EBT)	8～10	蓝	红	Mg^{2+}、Zn^{2+}、Cd^{2+}、Pb^{2+}、Mn^{2+}、Hg^{2+}、稀土元素	1∶100NaCl (固体)	Fe^{3+}、Cu^{2+}、Al^{3+}、Co^{2+}、Ni^{2+}等对其有封闭作用
钙指示剂 (NN)	12～13	纯蓝	酒红	Ca^{2+}	1∶100NaCl (固体)	受封闭情况同上，可用 KCN 和三乙醇胺联合掩蔽，消除干扰
二甲酚橙 (XO)	<6	亮黄	红	ZrO^{2+}、Bi^{3+}、Th^{4+}、Zn^{2+}、Ca^{2+}、Pb^{2+}、Hg^{2+}、Cd^{2+}、Tl^{3+}和稀土元素	5g·L^{-1}水溶液	Fe^{3+}、Al^{3+}、Ni^{2+}、Ti(Ⅳ)等对其有封闭作用
酸性铬蓝 K	8～13	蓝	红	Mg^{2+}、Zn^{2+}、Mn^{2+}、Ca^{2+}	1∶100NaCl (固体)	
PAN[1-(2-吡啶-偶氮)-2-萘酚]	2～12	黄	紫红	Bi^{3+}、Hg^{2+}、Cu^{2+}、Pb^{2+}、Cd^{2+}、Ni^{2+}、Th^{4+}、Zn^{2+}、Mn^{2+}、Fe^{3+}	1g·L^{-1}乙醇溶液	显色配合物的水溶性差，变色不敏锐，常需在加入有机溶剂或加热下进行滴定
磺基水杨酸	1.5～2.5	无色	紫红	Fe^{3+}	50g·L^{-1}水溶液	本身无色，FeY^-为黄色

例 7-3 若需考虑当溶液中 Bi^{3+}、Pb^{2+} 浓度皆为 0.01mol·L^{-1} 时，用 EDTA 滴定 Bi^{3+} 有无可能？已知，$\lg K_{BiY}=27.94$，$\lg K_{PbY}=18.04$。

解：

$$\Delta \lg K=\lg c_M K_{MY}-\lg c_N K_{NY}=27.94-18.04=9.9>5$$

符合要求，故可以选择滴定 Bi^{3+}，而 Pb^{2+} 不干扰。

由酸效应曲线可查得滴定 Bi^{3+} 的最低 pH 约为 0.7，但滴定时 pH 不能太大，在 pH≈2 时，Bi^{3+} 将开始水解析出沉淀。因此滴定 Bi^{3+} 的适宜 pH 范围为 0.7～2，通常选取 pH＝1 时进行滴定，以保证滴定时不会析出铋的水解产物。Pb^{2+} 也不会干扰 Bi^{3+} 与 EDTA 的反应。

对溶液中有两种以上金属离子情况下的配位滴定过程，应首先判断各组分在测定时有无相互干扰，若 $\Delta \lg K$ 足够大，则相互无干扰，此时可通过控制酸度依次测定各组分的含量。具体步骤如下：

① 对比各组分离子与 EDTA 形成配合物的稳定常数的大小，得出首先被测定的应是 K_{MY} 最大的那种离子；

② 判断稳定常数最大的金属离子和与其相邻的另一金属离子之间是否会存在干扰；如果无干扰，即可通过计算确定稳定常数最大的金属离子测定的 pH 范围，选择指示剂，按照与单组分测定相同的方式进行测定，其他离子依此类推；如果有干扰，就不能直接测定，需要采用掩蔽、解蔽或分离等方式消除干扰后再进行滴定。

例 7-4 溶液中含有 Fe^{3+}、Al^{3+}、Ca^{2+} 和 Mg^{2+}，设它们的浓度皆为 0.01mol·L^{-1}，能否采用控制溶液酸度分别滴定 Fe^{3+} 和 Al^{3+}。（已知 $\lg K_{FeY}=25.1$，$\lg K_{AlY}=16.3$，$\lg K_{CaY}=10.69$，$\lg K_{MgY}=8.69$）

解： 通过比较已知的稳定常数数值可知，K_{FeY} 最大，K_{AlY} 次之，所以滴定 Fe^{3+} 时，最可能发生干扰的是 Al^{3+}。

$$\Delta \lg K=\lg K_{FeY}-\lg K_{AlY}=25.1-16.3=8.8>5$$

符合要求，故在滴定 Fe^{3+} 时，共存的 Al^{3+} 没有干扰。

从酸效应曲线图查得，测 Fe^{3+} 的最小 pH 约为 1，考虑到 Fe^{3+} 的羟基配位效应，要求 pH＜2.2，则测定 Fe^{3+} 的 pH 范围应在 1～2.2。

查表 7-3 可知，磺基水杨酸在 pH＝1.5～2.0 范围内，与 Fe^{3+} 形成的配合物呈现紫红色，据此可选定 pH 在 1.5～2.0 范围，用 EDTA 直接滴定 Fe^{3+}，终点时溶液颜色由紫红色变为黄色。其余三种离子不干扰。

滴定 Fe^{3+} 后的溶液，继续滴定 Al^{3+}，此时，应考虑 Ca^{2+}、Mg^{2+} 是否会干扰 Al^{3+} 的测定。由于：

$$\Delta \lg K=\lg K_{AlY}-\lg K_{CaY}=16.3-10.69=5.61>5$$

因此 Ca^{2+}、Mg^{2+} 不会造成干扰。

同样可得出应在 pH＝ 4～6 测定 Al^{3+}。

滴定 Al^{3+} 的实验过程中，先调节 pH 为 3，加入过量的 EDTA，煮沸，使大部分 Al^{3+} 与 EDTA 配位；再加六亚甲基四胺缓冲溶液，控制 pH 为 4～6，使 Al^{3+} 与 EDTA 配位完全，然后用 PAN 作指示剂，用 Cu^{2+} 标准溶液回滴过量的 EDTA，即可测出 Al^{3+} 的含量。

在包含混合离子的溶液中进行选择性配位滴定的过程中，控制溶液酸度是途径之一。滴定的 pH 范围是综合了滴定适宜的 pH、指示剂的变色，同时考虑共存离子的存在等情况后确定，通常实际滴定时选取的 pH 范围比上述得到的适宜 pH 范围要窄。通过采用控制溶液 pH 范围对包含混合离子溶液进行分别滴定，是配位滴定的另一重要内容，因此希望读者结合实例掌握这一方法。

7.6.2 掩蔽和解蔽方法的运用

根据含有多种金属离子的溶液配位滴定过程的具体步骤，当待测金属离子的配合物与干扰离子的配合物两者的稳定性差别较小（$\Delta lgK<5$），则不能采用调节酸度的手段进行分别滴定，这种情况下可采用掩蔽（masking）方法，利用掩蔽剂（masking agent）来减小干扰离子的浓度，以防止干扰。一般来说，如果干扰离子的浓度过大将有较大误差，得不到准确结果。根据所用反应类型不同，掩蔽方法通常有配位掩蔽法、沉淀掩蔽法和氧化还原掩蔽法三大类，其中配位掩蔽法最为常用。

（1）配位掩蔽法

配位掩蔽法是利用干扰离子与掩蔽剂形成稳定配合物以消除干扰的方法。比如，通过例 7-4 的讨论，可以得到结论：分步滴定 Fe^{3+} 和 Al^{3+} 时，Ca^{2+}、Mg^{2+} 不会造成干扰；但是，若需要滴定 Ca^{2+}、Mg^{2+}，则 Fe^{3+} 和 Al^{3+} 会对滴定产生干扰，此时可通过加入三乙醇胺掩蔽试样中的 Fe^{3+} 和 Al^{3+}，使此两种离子生成更稳定的配合物，而三乙醇胺不与 Ca^{2+}、Mg^{2+} 作用。这样，滴定 Ca^{2+} 和 Mg^{2+} 时，Fe^{3+} 和 Al^{3+} 被掩蔽，不会对滴定产生干扰。

当 Al^{3+} 与 Zn^{2+} 两种离子共存时，可以使用 NH_4F 掩蔽 Al^{3+}，使其生成稳定的 $[AlF_6]^{3-}$ 配离子；然后，在 pH 为 5～6 时，使用 EDTA 滴定游离的锌离子。

配位掩蔽法是使用最多的掩蔽方法，常见的配位掩蔽剂见表 7-4。使用掩蔽剂时要注意下列事项。

① 干扰离子与所使用的掩蔽剂形成的配合物应远比与 EDTA 形成的配合物稳定。另外，要求形成的配合物应为无色或浅色，不影响滴定终点的判断。

② 掩蔽剂不易与被测离子配位，即使形成配合物，其稳定性也应远小于被测离子与 EDTA 配合物的稳定性。这样，在滴定过程中已经与掩蔽剂发生配位反应的被测离子才能被 EDTA 置换，以减少滴定误差。

③ 掩蔽剂的使用有一定的 pH 范围，且要符合滴定时的 pH 范围。如在 Al^{3+} 与 Zn^{2+} 两种离子共存时，用 NH_4F 掩蔽 Al^{3+}，生成稳定性较高的 $[AlF_6]^{3-}$ 配离子，调节 pH＝5～6，可用 EDTA 滴定 Zn^{2+}。然而，在测定水的硬度时，需要在 pH＝10 时滴定，被测溶液中的 Ca^{2+} 与 F^- 结合，会形成 CaF_2 沉淀，故不能用来掩蔽 Al^{3+}，而应在酸性条件下采用三乙醇胺作掩蔽剂。另外掩蔽剂在使用过程中还要注意其特性以及溶液对应的酸碱度。比如 KCN 作掩蔽剂只能用于低酸度溶液中；如果在高酸度溶液中使用，就会产生 HCN 气体，从而污染环境，危害操作人的健康；反应结束后的溶液也需要处理，避免产生污染。用于掩蔽 Fe^{3+}、Al^{3+} 等离子的三乙醇胺，需要在酸性条件下加入，再用碱处理，以防止 Fe^{3+} 形成氢氧化物沉淀，使配位掩蔽作用失效。

（2）沉淀掩蔽法

通过加入选择性沉淀剂使干扰离子形成沉淀，以降低其浓度，这种消除干扰离子的掩蔽方法称为沉淀掩蔽法。例如，测定 Ca^{2+}、Mg^{2+}，由于 $lgK_{CaY}=10.7$，$lgK_{MgY}=8.7$，其 $\Delta lgK<5$，因此不能通过控制酸度进行分别滴定。此时可根据 Ca^{2+}、Mg^{2+} 的氢氧化物溶解度的差异，加入 NaOH 溶液，使 pH＞12，则 Mg^{2+} 会生成 $Mg(OH)_2$ 沉淀，用钙指示剂可以指示 EDTA 滴定 Ca^{2+} 的配位滴定过程。

可用于沉淀掩蔽法的沉淀反应必须具备如下条件：生成的沉淀溶解度要小，使反应完全；生成的沉淀应是无色或浅色致密型，最好是晶形沉淀（其吸附能力很弱）。然而，实际应用时，不易完全满足上述条件，故沉淀掩蔽法应用较窄。一些沉淀掩蔽剂见表 7-5。

表 7-4 常用的掩蔽剂

名称	pH 范围	被掩蔽离子	备 注
KCN	>8	Co^{2+}、Ni^{2+}、Cu^{2+}、Zn^{2+}、Hg^{2+}、Cd^{2+}、Ag^{+}、Tl^{+} 及铂系元素	
NH_4F	4～6	Al^{3+}、$Ti^{Ⅳ}$、$Sn^{Ⅳ}$、$W^{Ⅵ}$ 等	NH_4F 比 NaF 好，加入后溶液 pH 变化不大
	10	Al^{3+}、Mg^{2+}、Ca^{2+}、Sr^{2+}、Ba^{2+} 及稀土元素	
邻二氮菲	5～6	Cu^{2+}、Co^{2+}、Ni^{2+}、Zn^{2+}、Hg^{2+}、Cd^{2+}、Mn^{2+}	
三乙醇胺（TEA）	10	Al^{3+}、$Sn^{Ⅳ}$、$Ti^{Ⅳ}$、Fe^{3+}	与 KCN 并用，可提高掩蔽效果
	11～12	Fe^{3+}、Al^{3+} 及少量 Mn^{2+}	
二硫基丙醇	10	Hg^{2+}、Cd^{2+}、Zn^{2+}、Bi^{3+}、Pb^{2+}、As^{3+}、Ag^{+}、$Sn^{Ⅳ}$ 及少量 Cu^{2+}、Co^{2+}、Ni^{2+}、Fe^{3+}	
硫脲	弱酸性	Cu^{2+}、Hg^{2+}、Tl^{+}	
酒石酸	1.5～2	Sb^{3+}、$Sn^{Ⅳ}$	在抗坏血酸存在下
	5.5	Fe^{3+}、Al^{3+}、$Sn^{Ⅳ}$、Ca^{2+}	
	6～7.5	Mg^{2+}、Cu^{2+}、Al^{3+}、Fe^{3+}、Mo^{4+}	
	10	Al^{3+}、$Sn^{Ⅳ}$、Fe^{3+}	

表 7-5 一些常用的沉淀掩蔽剂

名称	被掩蔽的离子	待测定的离子	pH 范围	指示剂
NH_4F	Mg^{2+}、Ca^{2+}、Sr^{2+}、Ti(Ⅵ)、Al^{3+}、Ba^{2+} 及稀土	Zn^{2+}、Mn^{2+}、Cd^{2+}（有还原剂存在下）	10	铬黑 T
		Cu^{2+}、Ni^{2+}、Co^{2+}	10	紫脲酸铵
K_2CrO_4	Ba^{2+}	Sr^{2+}	10	Mg-EDTA 铬黑 T
Na_2S 或铜试剂	Bi^{3+}、Cd^{2+}、Hg^{2+}、Cu^{2+}、Pb^{2+} 等	Mg^{2+}、Ca^{2+}	10	铬黑 T
H_2SO_4	Pb^{2+}	Bi^{3+}	1	二甲酚橙
$K_4[Fe(CN)_6]$	微量 Zn^{2+}	Pb^{2+}	5～6	二甲酚橙

（3）氧化还原掩蔽法

通过氧化还原反应，使干扰离子的价态改变，从而防止其干扰的掩蔽方法，称为氧化还原掩蔽法。比如，用 EDTA 滴定 Bi^{3+}、Zr^{4+} 等时，Fe^{3+} 会影响测定。因 Fe^{2+}-EDTA 配合物的稳定性要明显低于 Fe^{3+}-EDTA 的稳定性，故可利用抗坏血酸或羟胺等还原剂，使 Fe^{3+} 转化为 Fe^{2+}，则上述离子在测定过程中不会被干扰。

氧化还原掩蔽法常用的还原剂已有联氨、硫脲、半胱氨酸等，这些掩蔽剂中部分属于还原剂，同时又起配位作用。

若某些干扰离子处于高价态时与 EDTA 的配合物的稳定性比低价态时要小，就可以预先将低价干扰离子（如 Cr^{3+}、VO^{2+} 等）氧化成高价离子（如 $Cr_2O_7^{2-}$、VO_3^- 等），从而去除其影响作用。

（4）解蔽方法

在配位滴定过程中，加入一种试剂破坏掩蔽所产生的物质（如配合物），将已被掩蔽的金属离子释放出来，这种作用称为解蔽（demasking），所用的试剂称为解蔽剂。

例如，欲测定铜合金中 Zn^{2+}、Pb^{2+} 两种离子，可先用氨水中和试液，加 KCN 掩蔽 Cu^{2+} 和 Zn^{2+}，在 pH=10 时，用 EBT 作指示剂，用 EDTA 滴定 Pb^{2+}，如下所示：

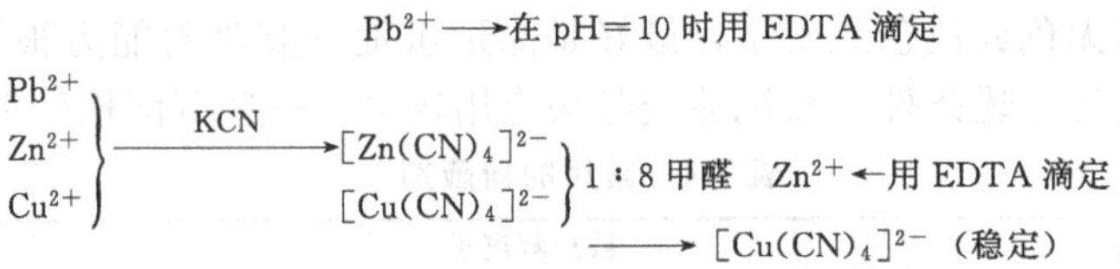

$$\left.\begin{array}{l} Pb^{2+} \\ Zn^{2+} \\ Cu^{2+} \end{array}\right\} \xrightarrow{\text{KCN}} \begin{array}{l} [Zn(CN)_4]^{2-} \\ [Cu(CN)_4]^{2-} \end{array}$$

Pb²⁺ ——→ 在 pH＝10 时用 EDTA 滴定

$\left.\begin{array}{l}[Zn(CN)_4]^{2-} \\ [Cu(CN)_4]^{2-}\end{array}\right\}$ 1:8甲醛　Zn²⁺ ←用 EDTA 滴定

——→ [Cu(CN)₄]²⁻（稳定）

滴定后的溶液，加入甲醛（或三氯乙醛）作解蔽剂，破坏 $[Zn(CN)_4]^{2-}$ 配离子，具体反应如下：

$$4\ \overset{\displaystyle O}{\underset{\displaystyle H\ \ \ \ H}{C}} + [Zn(CN)_4]^{2-} + 4H_2O \Longrightarrow Zn^{2+} + 4\ H_2C\!-\!OH + 4OH^-$$

$$\underset{CN}{|}$$

羟基乙腈

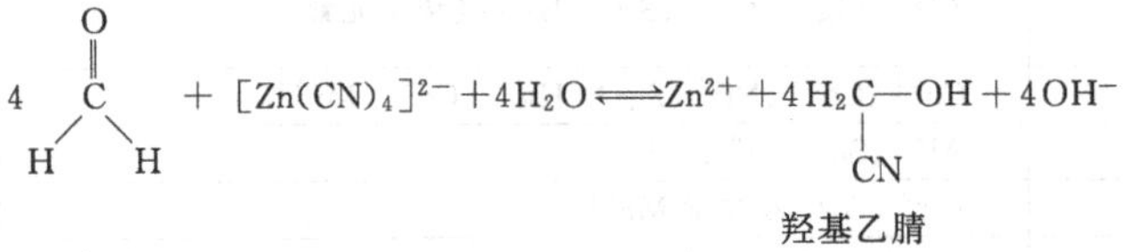

释放出的 Zn^{2+}，再用 EDTA 继续滴定。$[Cu(CN)_4]^{2-}$ 配离子比较稳定，不易被醛类解蔽，但要注意甲醛应分次滴加，用量也不宜过多。避免甲醛过多，在温度较高条件下，造成 $[Cu(CN)_4]^{2-}$ 配离子部分破坏，而干扰 Zn^{2+} 的测定。

7.6.3　其他配位滴定方法

在配位滴定中，当用控制溶液酸度进行分别滴定或掩蔽干扰离子都有困难的时候，可采用分离的方法或采用其他配位剂滴定。下面分别进行讨论。

（1）预先分离

预先分离是比较彻底地解决待测组分被干扰的一种方案。分离的方法有很多种，在这儿讨论有关配位滴定中必须进行分离的一些情况。

比如欲分别测定溶液中的钴和镍离子，必须先进行分离，常用离子交换法。而磷矿石中通常会有 Fe^{3+}、Al^{3+}、Ca^{2+} 及 F^- 等，其中 F^- 能与 Al^{3+} 反应形成较稳定的配合物，在弱酸性条件下，F^- 又会与 Ca^{2+} 结合成沉淀，故在对样品进行检测时，先加入酸，并加热，将 F^- 以 HF 气体形式而除去。若过程中必须采用沉淀法进行分离，为防止待测离子的损失，不能先采用沉淀法去除大量干扰离子后，再检测量少的离子；另外，须选用可同时与多种干扰离子反应的沉淀剂处理试液，从而简化分离过程。

（2）其他配位剂的滴定

为了提高滴定选择性，除 EDTA 以外，还可选用其他氨羧类配位剂作为滴定剂；这些配位剂与金属离子形成配合物的稳定性也各有特点，可以得到较好的滴定效果。

EDTA 与 Ca^{2+}、Mg^{2+} 生成的配合物的稳定常数相差不多（$K_{MgY}=8.7$，$K_{CaY}=10.7$），但是，EGTA 与 Ca^{2+}、Mg^{2+} 生成的配合物的稳定常数相差较多（$K_{Mg\text{-}EGTA}=5.2$，$K_{Ca\text{-}EGTA}=11.0$），因而在 Ca^{2+}、Mg^{2+} 共存时，为测定钙离子，可用 EGTA 替换 EDTA。

CyDTA 滴定 Al^{3+} 的速率较快，反应可在室温下进行，故可用于测定 Al^{3+}。

EDTP 与 Cu^{2+} 可形成比较稳定的配合物，而与 Zn^{2+}、Cd^{2+} 等的配合物稳定性就比较差。因此，可在 Zn^{2+}、Cd^{2+} 存在下用 EDTP 直接滴定 Cu^{2+}。

7.7　配位滴定的滴定方式

就配位滴定来说，利用各种滴定方式不仅可以扩大配位滴定的应用范围，而且可以提高配位滴定的选择性，从而可以直接或间接测定周期表中大多数元素（见图 7-5），常用的滴定方式有以下四种。

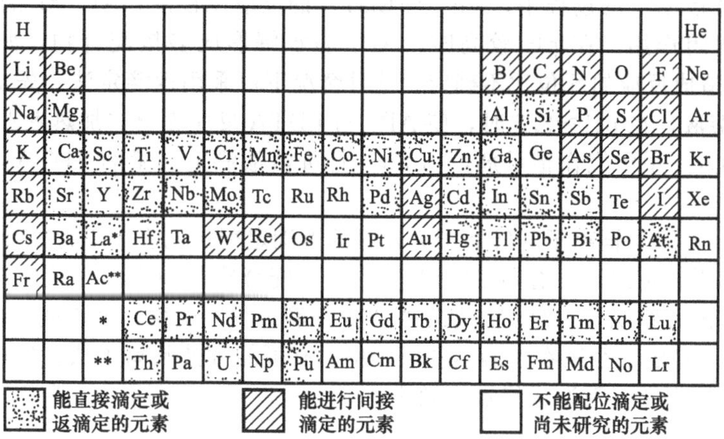

图 7-5 配位滴定法所能测定的元素

7.7.1 直接滴定

直接滴定法是在符合滴定基本要求的前提下，用（EDTA）标准溶液直接测定待测离子。直接滴定法操作简便、快速，通常情况下所产生的误差比较少，因此在可能的情况下应当尽量使用直接滴定法。

在合适的条件下，许多金属离子都可以采用直接滴定法。

例如，在医学检验中血清钙（常用）可用 EDTA 的直接滴定法进行测定。血清中钙离子在碱性溶液中与钙红指示剂结合成淡红色配合物，使用 EDTA 滴定血清中的钙时，溶液由红色转变为蓝色，即为滴定终点。

总结配位滴定的直接滴定法，要符合如下条件：

① 待测离子与 EDTA 的配位反应要很快完成；

② 待测离子的浓度及该配合物的条件稳定常数的乘积要符合要求；

③ 可找到变色敏锐的指示剂，无封闭现象；

④ 滴定条件下，待测离子不发生水解反应和沉淀反应；若存在这些反应，会影响配位反应的速率，使终点颜色变化不敏锐，必要时可加辅助配位剂，以避免这些副反应的发生。

然而在如下情况下，不宜采用直接滴定法。

① 有些离子（如 Ba^{2+}、Sr^{2+} 等）虽能与 EDTA 形成稳定的配合物，但无变色敏锐的指示剂；

② 有些离子（如 Al^{3+}、Cr^{3+} 等）与 EDTA 配位速率过慢，本身又易水解或封闭指示剂；

③ 有些离子（如 SO_4^{2-}、PO_4^{3-} 等）不与 EDTA 形成配合物，或有的离子（如 Na^+ 等）与 EDTA 形成的配合物不够稳定。

为完成这些类型离子的测定，有必要引入其他滴定方式。

7.7.2 返滴定

在 7.7.1 中①和②两种情况可采用返滴定法。返滴定法是在试液中先加入已知过量的滴定剂（如 EDTA 标准溶液），将待测离子与滴定剂完全配位，然后再用其他金属离子的标准溶液滴定过量的滴定剂，从而获得被测物质的浓度。

例如：测定 Ba^{2+} 时没有变色敏锐的指示剂，可先加入过量 EDTA 溶液，与 Ba^{2+} 完全反应，用铬黑 T 作指示剂，再用 Mg^{2+} 标准溶液滴定过量的 EDTA。

又如，在测定 Al^{3+} 的过程中，Al^{3+} 与 EDTA 的反应比较慢，Al^{3+} 对铬黑 T、二甲酚橙等指示剂也有封闭作用。在 pH 较高时，Al^{3+} 易水解形成多核配合物，如 $[Al_2(H_2O)_6(OH)_3]^{3+}$ 等，造成反应的配位比不确定。这种情况下可采用返滴定法：先加入一定量过量的 EDTA 标准溶液，在 pH≈3.5 时，使 Al^{3+} 与 EDTA 反应完全（加热煮沸）。然后，调节 pH 至 5～6，加入二甲酚橙作指示剂，用 Zn^{2+} 标准溶液滴定过量的 EDTA，颜色变红时为终点。

在 pH 为 4～6 时，铜离子和锌离子为较好的返滴定剂；而在 pH 为 10 时，镁离子为良好的返滴定剂。需要指出，只有与 EDTA 所形成的配合物的稳定性合适的金属离子才能用于返滴定；这些配合物既要有足够的稳定性以保证滴定的准确度，又不能比待测离子与 EDTA 的配合物更为稳定，否则在返滴定的过程中，有可能将被测离子从已生成的配合物中置换出来，产生测定误差，而造成终点不敏锐。

7.7.3 置换滴定

在 7.7.1 中①和②两种情况，除了采用返滴定法之外，也可采用置换滴定法。这种方法是利用置换反应，得到相应数量的金属离子或 EDTA，然后使用 EDTA 或金属离子标准溶液滴定被置换出的金属离子或 EDTA，此两种情况分别讨论如下。

（1）置换出金属离子

如果被测离子（M）与 EDTA 反应不完全或者所生成的配合物不够稳定，可用 M 置换出另一种配合物（NL）中的 N，然后用 EDTA 滴定 N，最后可通过换算得到 M 的浓度。

$$M + NL = ML + N$$

比如 Ag^+ 与 EDTA 的配合物不够稳定，不能进行直接滴定，但可使 Ag^+ 与 $[Ni(CN)]^{2-}$ 反应，使 Ni^{2+} 被置换出来，在 pH 为 10 的氨性溶液中，加入紫脲酸铵作指示剂，用 EDTA 滴定置换出来的 Ni^{2+}，然后通过换算得到 Ag^+ 的浓度。

（2）置换出 EDTA

将待测离子 M 全部与 EDTA 配位，然后再加入可以与被测离子 M 有高选择性的配位剂 L，夺取 M 反应过程中游离出的 EDTA：

$$MY + L = ML + Y$$

因 Y 与 L 的量相符，可用另一标准溶液滴定游离出来的 EDTA，可得到 M 的量。

比如，测定锡青铜合金中的 Sn 时，在试液中加入过量的 EDTA，将可能存在的离子如 Pb^{2+}、Zn^{2+} 等与 Sn(Ⅳ) 全部螯合，用 Zn^{2+} 标准溶液滴定过量的 EDTA，加入过量的 NH_4F，使与 SnY 中的 Sn(Ⅳ) 生成更为稳定的 $[SnF_6]^{2-}$，使 EDTA 游离出来，然后用 Zn^{2+} 标准溶液滴定这些 EDTA，最后通过换算得到 Sn 的量。

又如，国标规定铜及铜合金中的 Al 和水处理剂中 $AlCl_3$ 的测定方法也是采用类似的方式，都是在试液中加入过量的 EDTA，与 Al 完全配位，用 Zn^{2+} 溶液消耗掉过量的 EDTA 后，加 NaF 或 KF，释放出与 Al 配位的 EDTA，最后用 Zn^{2+} 标准溶液进行测定。

此外，利用置换滴定法可以改善指示剂指示终点的敏锐性。例如，铬黑 T 与 Ca^{2+} 显色不够敏锐，但与 Mg^{2+} 显色却灵敏度很高；在 pH＝10 的溶液中，使用 EDTA 分析 Ca^{2+} 时，可在体系中先加入少量 MgY，查表可得 $\lg K_{CaY}$ 大于 $\lg K_{MgY}$，因此可以发生如下置换反应：

$$MgY + Ca^{2+} = CaY + Mg^{2+}$$

反应得到的 Mg^{2+} 与铬黑 T 的配合物溶液呈现很深的红色。利用这种差异，滴定时，EDTA 先与 Ca^{2+} 配位，达到滴定终点时，EDTA 夺取 Mg-铬黑 T 配合物中的 Mg^{2+}，释放出蓝色的指示剂，颜色变化很敏锐。由于滴定前加入的少量 MgY 与最后生成的 MgY 的量相等，因此加入的 MgY 不影响结果的准确性。

前述的采用 CuY-PAN 作指示剂的情况，也是可归为置换滴定法。

置换滴定法是提高配位滴定选择性的途径之一，同时也扩大了配位滴定的应用范围。

7.7.4 间接滴定

对于在 7.7.1 中情况③即不能形成配合物或者形成的配合物不稳定的情况可采用间接滴定。这种方法通常是加入过量的、能与 EDTA 形成稳定配合物的金属离子作沉淀剂，以沉淀待测离子，未参与沉淀反应的沉淀剂用 EDTA 滴定。另外，也可将沉淀分离，溶解后，再用 EDTA 滴定其中的金属离子。

例如测定Na^+时，将Na^+沉淀为醋酸铀酰锌钠 [$NaOAc \cdot Zn(OAc)_2 \cdot 3UO_2(OAc)_2 \cdot 9H_2O$]，分离沉淀，溶解后，用 EDTA 滴定 Zn^{2+}，可得到Na^+的浓度。

又如测定 PO_4^{3-}，可在待测溶液中加入一定量过量的 $Bi(NO_3)_3$，产生 $BiPO_4$沉淀，再用 EDTA 滴定剩余的 Bi^{3+}。

总的来说，间接滴定方式操作过程比较繁琐，因而过程中引入误差的机会也增多，不属于非常完美的定量分析测定的方法。

7.8 终点误差

配位滴定中终点误差的计算方法，与酸碱滴定中的方法相同。通过分析配位滴定终点时的平衡情况，可得到终点误差计算公式如下：

$$E_t = \frac{[Y']_{ep} - [M']_{ep}}{c_M^{ep}} \times 100\% \qquad (7\text{-}16)$$

设滴定终点与化学计量点的pM′之差为 Δ pM′，即

$$\Delta pM' = pM'_{ep} - pM'_{sp}$$

$$[M']_{ep} = [M']_{sp} \times 10^{-\Delta pM'} \qquad (1)$$

同理得：

$$[Y']_{ep} = [Y']_{sp} \times 10^{-\Delta pY'} \qquad (2)$$

因为化学计量点时 K'_{MY}与终点时的 K'_{MY}非常接近，且$[MY]_{sp} \approx [MY]_{ep}$，则

$$\frac{[MY]_{sp}}{[M']_{sp}[Y']_{sp}} = \frac{[MY]_{ep}}{[M']_{ep}[Y']_{ep}}$$

$$\frac{[M']_{ep}}{[M']_{sp}} = \frac{[Y']_{sp}}{[Y']_{ep}} \qquad (3)$$

将式 (3) 取负对数，得到：

$$pM'_{ep} - pM'_{sp} = pY'_{sp} - pY'_{ep}$$

$$\Delta pM' = -\Delta pY' \qquad (4)$$

而化学计量点时：

$$[M']_{sp} = [Y']_{sp} = \sqrt{\frac{c_M^{sp}}{K'_{MY}}} \qquad (5)$$

又因为终点在化学计量点附近，所以 $c_M^{sp} \approx c_M^{ep}$，将式 (1) ～式 (5) 代入式 (7-14) 中，整理后得到：

$$E_t = \frac{10^{\Delta pM'} - 10^{-\Delta pM'}}{\sqrt{K'_{MY} c_M^{sp}}} \times 100\% \qquad (7\text{-}17)$$

式（7-17）就是林邦（Ringbom）终点误差公式。由此式可知，终点误差既与 $K'_{MY}c_M^{sp}$ 有关，还与 $\Delta pM'$ 有关。K'_{MY} 越大，被测离子在化学计量点时的分析浓度越大，终点误差越小。$\Delta pM'$ 越小，即终点离化学计量点越近，终点误差就越小。

例 7-5 在 pH=10.00 的氨性缓冲溶液中，以铬黑 T 为指示剂，用 0.020mol·L^{-1} EDTA 滴定 0.020mol·L^{-1} Ca^{2+} 溶液，计算终点误差。若滴定的是 0.020mol·L^{-1} Mg^{2+} 溶液，终点误差为多少？

解：

$$pH=10.00, \lg\alpha_{Y(H)}=0.45$$

$$\lg K'_{CaY}=\lg K_{CaY}-\lg\alpha_{Y(H)}=10.69-0.45=10.24$$

$$[Ca^{2+}]_{sp}=\sqrt{\frac{c_{Ca^{2+}}^{sp}}{K'_{CaY}}}=\sqrt{\frac{\frac{0.020}{2}}{10^{10.24}}}=10^{-6.12}(mol\cdot L^{-1})$$

$$pCa_{sp}=6.1$$

因为铬黑 T(EBT) 的 $pK_{a_1}=6.3$，$pK_{a_2}=11.6$，故 pH=10.00 时：

$$\alpha_{EBT(H)}=1+\frac{[H^+]}{K_{a_2}}+\frac{[H^+]^2}{K_{a_1}K_{a_2}}$$

$$=1+10^{11.6}\times10^{-10}+10^{11.6}\times10^{6.3}\times(10^{-10})^2$$

$$=40$$

$$\lg\alpha_{EBT(H)}=1.6$$

已知 $\lg K_{Ca-EBT}=5.4$，故

$$\lg K'_{Ca-EBT}=\lg K_{Ca-EBT}-\lg\alpha_{EBT(H)}=5.4-1.6=3.8$$

即

$$pCa_{ep}=\lg K'_{Ca-EBT}=3.8$$

$$\Delta pCa=pCa_{ep}-pCa_{sp}=3.8-6.1=-2.3$$

$$E_t=\frac{10^{-2.3}-10^{2.3}}{\sqrt{10^{-2}\times10^{10.24}}}\times100\%=-1.5\%$$

如果滴定的是 Mg^{2+}，则

$$\lg K'_{MgY}=\lg K_{MgY}-\lg\alpha_{Y(H)}=8.7-0.45=8.25$$

$$[Mg^{2+}]_{sp}=\sqrt{\frac{c_{Mg^{2+}}^{sp}}{K'_{CaY}}}=\sqrt{\frac{10^{-2}}{10^{8.25}}}=10^{-5.1}(mol\cdot L^{-1})$$

$$pMg_{sp}=5.1$$

已知 $\lg K_{Mg-EBT}=7.0$，故

$$\lg K'_{Mg-EBT}=\lg K_{Mg-EBT}-\lg\alpha_{EBT(H)}=7.0-1.6=5.4$$

$$pMg_{ep}=5.4$$

$$\Delta pMg=pMg_{ep}-pMg_{sp}=5.4-5.1=0.3$$

$$E_t=\frac{10^{0.3}-10^{-0.3}}{\sqrt{10^{-2}\times10^{8.25}}}\times100\%=0.11\%$$

计算结果表明，采用铬黑 T 作指示剂时，尽管 CaY 较 MgY 稳定，但终点误差较大。这是由于铬黑 T 与 Ca^{2+} 显色不很灵敏所致。

例 7-6 用 0.020mol·L^{-1} Zn^{2+} 和 0.020mol·L^{-1} Cd^{2+} 溶液中的 Zn^{2+}，加入过量 KI 掩蔽 Cd^{2+}，终点时 $[I^-]=1.0$mol·L^{-1}。试问能否准确滴定 Zn^{2+}？若能滴定，酸度应控制在多大的范围内？已知二甲酚橙与 Cd^{2+}、Zn^{2+} 都能配位显色，则在 pH=5.0 时，能否用二甲酚橙作指示剂选择滴定 Zn^{2+}（pH=5.0 时，$\lg K'_{CdIn}=4.5$，$\lg K'_{ZnIn}=4.8$）？

解：已知 $[CdI_4]^{2-}$ 的 $\lg\beta_1 \sim \lg\beta_4$ 为 2.10，3.43，4.49，5.41。

$$\alpha_{Cd(I)} = 1 + 10^{2.1}\times1.0 + 10^{3.4}\times1.0^2 + 10^{4.5}\times1.0^3 + 10^{5.4}\times1.0^4 = 10^{5.5}$$

$$\lg(c^{sp}_{Zn^{2+}}K_{ZnY}) - \lg\left(c^{sp}_{Cd^{2+}}\frac{K_{CdY}}{\alpha_{Cd(I)}}\right) = 16.5-2.0-(16.46-2.0-5.5)=5.5>5$$

故可准确滴定 Zn^{2+}。

由于 Cd^{2+} 被掩蔽，所以酸度范围可按单一 Zn^{2+} 计算，因此：

上限 $\lg\alpha_{Y(H)} = \lg(c^{sp}_{Zn^{2+}}K_{ZnY}) - 5 = 16.5-2.0-5=9.5$，查表 7-2，pH=3.5；

下限 $[OH^-] = \sqrt{\dfrac{K_{sp}[Zn(OH)_2]}{0.020}} = \sqrt{\dfrac{10^{-16.92}}{0.020}} = 10^{-7.6}(mol\cdot L^{-1})$，$pH = 14 - 7.6 = 6.4$。

选择滴定 Zn^{2+} 时，若 $\Delta pM=0.2$，$E_t \leqslant 0.3\%$，酸度控制在 pH=3.5～6.4 之间都能滴定。

当 pH=5.0 时：

$$\lg K'_{ZnY} = \lg K_{ZnY} - \lg\left[\frac{c^{sp}_{Cd^{2+}}K_{CdY}}{\alpha_{Cd(I)}}\right] = 16.5-(16.5-2.0-5.5)=7.5$$

$$[Zn^{2+}]_{sp} = \sqrt{\frac{c^{sp}_{Zn^{2+}}}{K'_{ZnY}}} = \sqrt{\frac{0.010}{10^{7.5}}} = 10^{-4.75}(mol\cdot L^{-1})$$

$$[Cd^{2+}]_{sp} = \frac{c^{sp}_{Cd^{2+}}}{\alpha_{Cd(I)}} = \frac{0.01}{10^{5.5}} = 10^{-7.5}(mol\cdot L^{-1})$$

因为 $\Delta pZn = \lg K'_{ZnIn} - pZn_{sp} = 4.8-4.75=0.05$，二甲酚橙作为 Zn^{2+} 的指示剂是合适的。而此时 $[Cd^{2+}]_{sp} = 10^{-7.5} mol\cdot L^{-1}$，远远小于 $\lg K'_{CdIn}$，所以不会有 CdIn 的红色出现。

思考题与习题

[7-1] 试总结 EDTA 与金属离子配合物的特点有哪些？

[7-2] Cu^{2+}、Zn^{2+}、Cd^{2+}、Ni^{2+} 等均能与 NH_3 形成配合物，为什么不能以氨水为滴定剂用配位滴定法来测定这些离子？

[7-3] 配合物的稳定常数与条件稳定常数有何差异？为何要引入条件稳定常数？

[7-4] 在配位滴定中，为什么要加入缓冲溶液控制滴定体系保持一定的 pH？

[7-5] 试阐述金属指示剂的作用原理？它应该具备哪些条件？

[7-6] 为什么使用金属指示剂时要限定适宜的 pH？为什么同一种指示剂用于不同金属离子滴定时，适宜的 pH 条件不一定相同？

[7-7] 试解释金属指示剂的封闭和僵化？如何避免？

[7-8] 两种金属离子 M 和 N 共存时，什么条件下才可用控制酸度的方法进行分别滴定？

[7-9] 掩蔽的方法有哪几种？各应用于什么场合？为防止干扰，是否在任何情况下都能使用掩蔽方法？

[7-10] 试解释下列问题：

(1) 用 EDTA 滴定 Ca^{2+}、Mg^{2+} 时，可以用三乙醇胺、KCN 掩蔽 Fe^{3+}，但不能使用盐酸羟胺和抗坏血酸，为什么？

(2) 在 pH=1 时滴定 Bi^{3+}，可采用盐酸羟胺或抗坏血酸掩蔽 Fe^{3+}，而三乙醇胺和 KCN 都不能使用，为什么？

(3) 已知 KCN 严禁在 pH<6 的溶液中使用，为什么？

[7-11] 举例说明在配位滴定中，什么情况下不能采用直接滴定方式？

[7-12] 某试样中含有 Pb^{2+}、Al^{3+} 和 Mg^{2+}，若要测定 Pb^{2+} 含量，其他两种共存的离子是否有干扰？试制定简要方案以测定 Pb^{2+} 的含量？

[7-13] 某学生在配制 EDTA 溶液时不慎引入 Ca^{2+}，分别讨论对测定结果的影响：

(1) 以 $CaCO_3$ 为基准物质标定 EDTA 溶液，用所得 EDTA 标准溶液滴定试液中的 Zn^{2+}，以二甲酚橙为指示剂；

(2) 以二甲酚橙为指示剂，使用金属锌为基准物质标定 EDTA 溶液。用所得 EDTA 标准溶液测定试液中 Ca^{2+} 的浓度；

(3) 以铬黑 T 为指示剂，使用金属锌为基准物质标定 EDTA 溶液。用所得 EDTA 标准溶液测定试液中 Ca^{2+} 的浓度。

[7-14] 在采用配位滴定中的返滴定法分析 Al^{3+} 的过程中，要求控制 pH3.0 左右，再加入过量 EDTA 并加热，使 Al^{3+} 完全反应。试讨论为何选择此 pH。

[7-15] 直接用配位滴定法分析下列混合体系中离子的浓度，试制定简要方案。

(1) Zn^{2+}、Mg^{2+} 混合液；

(2) 测定 Bi^{3+}（含有三价铁离子）；

(3) Fe^{3+}、Cu^{2+}、Ni^{2+} 混合液；

(4) 水泥中 Fe^{3+}、Al^{3+}、Ca^{2+} 和 Mg^{2+}。

[7-16] 计算 pH＝5.0 时 EDTA 的酸效应系数 $\alpha_{Y(H)}$。若此时 EDTA 各种存在形式的总浓度为 0.0200mol·L^{-1}，则 $[Y^{4-}]$ 为多少？

[7-17] 试计算当 pH＝5.0 时，锌和 EDTA 配合物的条件稳定常数？假设 Zn^{2+} 和 EDTA 的浓度皆为 10^{-2} mol·L^{-1}（不考虑羟基配位等副反应），并判断此时能否用 EDTA 标准溶液滴定 Zn^{2+}？

[7-18] 当 Mg^{2+} 和 EDTA 的浓度皆为 10^{-2} mol·L^{-1}，在 pH＝6 时，Mg^{2+} 与 EDTA 配合物条件稳定常数是多少（忽略羟基配位等副反应）？并说明在此 pH 条件下能否用 EDTA 标准溶液滴定 Mg^{2+}，如不能滴定，求其允许的最小 pH。

[7-19] 计算以 EDTA 滴定浓度各为 0.01mol·L^{-1} 的 Fe^{3+} 和 Fe^{2+} 溶液时所允许的最小 pH。

[7-20] 计算用 0.0200mol·L^{-1} EDTA 标准溶液滴定同浓度的 Cu^{2+} 溶液时的适宜酸度范围是多少？

[7-21] 称量 0.1005g 纯 $CaCO_3$ 溶解后，用容量瓶配成 100.0mL 溶液。吸取 25.00mL，在 pH＞12 时，用钙指示剂指示终点，用 EDTA 标准溶液滴定，用去 24.90mL。试计算：

(1) EDTA 溶液的浓度；

(2) 每毫升 EDTA 溶液相当于多少克 ZnO、Fe_2O_3。

[7-22] 采用配位滴定法测定氯化锌（$ZnCl_2$）的含量。称取 0.2500g 试样，溶于水后，稀释至 250mL，吸取 25.00mL，在 pH 为 5～6 时，使用二甲酚橙作指示剂，用 0.01024mol·L^{-1} EDTA 标准溶液滴定，用去 17.61mL。试计算试样中含 $ZnCl_2$ 的质量分数。

[7-23] 称量 1.032g 氧化铝试样，溶解后，移入 250mL 容量瓶，定容。吸取 25.00mL 所配制溶液，加入 $T_{Al_2O_3}$＝1.505mg·mL^{-1} 的 EDTA 标准溶液 10.00mL，以二甲酚橙为指示剂，用 $Zn(Ac)_2$ 标准溶液进行返滴定，到达终点时用去 $Zn(Ac)_2$ 标准溶液 12.20mL。已知 1mL$Zn(Ac)_2$ 溶液相当于 0.6812mL EDTA 溶液。计算试样中 Al_2O_3 的含量。

[7-24] 在 pH＝5.0 的缓冲溶液中，以 0.0200mol·L^{-1} EDTA 滴定相同浓度的 Cu^{2+} 溶液，欲使终点误差在±0.1%以内。试通过计算说明选用 PAN 指示剂是否合适。

[7-25] 使用 0.01060mol·L^{-1} EDTA 标准溶液滴定水中钙和镁的含量，取 100.0mL 水样，以铬黑 T 为指示剂，在 pH＝10 时滴定，消耗 EDTA 31.30mL。另取一份 100.0mL 水样，加 NaOH 使呈强碱性，使 Mg^{2+} 成 $Mg(OH)_2$ 沉淀，用钙指示剂指示终点，继续用 EDTA 滴定，消耗 19.20mL。计算：

(1) 水的总硬度（以 $CaCO_3$ mg·L^{-1} 表示）；

(2) 水中钙和镁的含量（以 $CaCO_3$ mg·L^{-1} 和 $MgCO_3$ mg·L^{-1} 表示）。

[7-26] 分析含铜、锌、镁合金时，称取 0.5000g 试样，溶解后用容量瓶配成 100mL 试液。吸取 25.00mL，调至 pH＝6，用 PAN 作指示剂，用 0.05000mol·L^{-1} EDTA 标准溶液滴定铜和锌，用去 37.30mL。另外又吸取 25.00mL 试液，调至 pH＝10，加 KSCN 以掩蔽铜和锌，用同浓度的 EDTA 溶液滴定 Mg^{2+}，用去 4.10mL，然后再滴加甲醛以解蔽锌，又用同浓度的 EDTA 溶液滴定，用去 13.40mL，计算试样中铜、锌、镁的质量分数。

[7-27] 称取含铅、铋和镉的合金试样 1.936g，溶于 HNO_3 溶液后，用容量瓶配成 100.0mL 试液。吸取

该试液 25.00mL，调至 pH 为 1，以二甲酚橙为指示剂，用 0.02479mol · L^{-1}的 EDTA 溶液滴定，消耗 25.67mL，然后加六亚甲基四胺缓冲溶液调节 pH＝5，继续用上述 EDTA 滴定，又消耗 EDTA 24.76mL。加入邻二氮菲，置换出 EDTA 配合物中的 Cd^{2+}，然后用 0.02174mol · L^{-1} $Pb(NO_3)_2$ 标准溶液滴定游离的 EDTA，消耗 6.76mL。求合金中铅、铋和镉的含量。

[7-28] 某药物片剂内含 $CaCO_3$、MgO 和 $MgCO_3$ 及其他填充剂，现取上述片剂 15 片，总质量为 11.0775g，溶解后定容至 500mL 容量瓶中，从中取 20.00mL，在一定 pH 条件下以铬黑 T 为指示剂，用浓度为 0.1251mol · L^{-1}的 EDTA 标准溶液滴定，用去 21.20mL，计算试样中 Ca、Mg 总的质量分数（以 MgO 的质量计）。

第8章 氧化还原滴定法

氧化还原滴定法（oxidation-reduction titration）是以氧化还原反应（redox reaction）为基础的一类滴定分析方法。氧化还原反应的特点是：反应机理比较复杂，往往分步进行；有的氧化还原反应还会伴随有副反应，这些反应没有确定的计量关系；有的反应从平衡的观点来看反应趋势很大，但反应速率较慢；有的反应中常有诱导反应发生。上述因素对滴定分析产生不利影响，应设法减免或消除。

若能够严格控制反应条件，就可以利用氧化还原反应的特点对混合物进行选择性滴定或分别滴定。因而，在氧化还原滴定中，一方面从化学平衡角度判断反应的可行性，另一方面还应分析讨论反应机理、反应速率、反应条件及滴定条件等。

氧化还原反应中的氧化剂和还原剂都可以用作滴定剂，习惯上根据滴定剂的名称来命名氧化还原滴定法，如高锰酸钾法（potassium permanganate method）、重铬酸钾法（potassium dichromate method）、碘量法（iodimetry method）、溴酸钾法（potassium bromate method）及硫酸铈法（ceriometry）等比较常用。

氧化还原滴定法不仅能测定本身具有氧化还原性质的物质，也能间接地测定本身无氧化还原性质、但能与某种氧化剂或还原剂发生有计量关系化学反应的物质。氧化还原滴定法能够测定许多无机物和有机物，是滴定分析中应用广泛的一类测定方法。

8.1 氧化还原反应平衡

8.1.1 标准电极电位与条件电极电位

氧化还原反应进行的程度与相关氧化剂和还原剂的强弱有关，氧化剂和还原剂的强弱可用有关电对的电极电位（φ）的高低来衡量。以一个任意的氧化还原反应为例：

$$\mathrm{Ox_1} + \mathrm{Red_2} \rightleftharpoons \mathrm{Red_1} + \mathrm{Ox_2}$$

在探讨电极电位时，通常只考虑半反应。上述反应中氧化剂的还原反应为：

$$\mathrm{Ox_1} + n\mathrm{e^-} \rightleftharpoons \mathrm{Red_1}$$

即

$$\text{氧化态} + n\mathrm{e^-} \rightleftharpoons \text{还原态},$$

其氧化还原电对为 $\mathrm{Ox_1/Red_1}$，此反应通常可写成：

$$\mathrm{Ox} + n\mathrm{e^-} \rightleftharpoons \mathrm{Red}$$

若此电对 Ox/Red 为可逆电对，即此氧化还原半反应在任一瞬间都能迅速建立起氧化还原反应平衡，其电位值可用能斯特方程式（Nernst equation）进行计算：

$$\varphi_{\mathrm{Ox/Red}} = \varphi^{\ominus}_{\mathrm{Ox/Red}} + \frac{0.059}{n}\lg\frac{a_{\mathrm{Ox}}}{a_{\mathrm{Red}}} \tag{8-1}$$

式中，a_{Ox}为电对的氧化态的活度；a_{Red}为还原态的活度；$\varphi^{\ominus}$是电对的标准电极电位（standard electrode potential），是指在一定温度下（通常为 25℃），当 $a_{\mathrm{Ox}} = a_{\mathrm{Red}} = 1\mathrm{mol \cdot L^{-1}}$时（若反应物有气体参加，则其分压等于 10^5Pa）的电极电位。一些常见氧化还原电对

的标准电极电位值列于**附录 7**。

对于组成复杂的氧化还原电对，Nernst 方程式中应该包括所有的有关反应物和生成物的活度。

例如：

$$Cr_2O_7^{2-}+14H^++6e^- \rightleftharpoons 2Cr^{3+}+7H_2O \quad \varphi_{Cr_2O_7^{2-}/Cr^{3+}}=\varphi^{\ominus}_{Cr_2O_7^{2-}/Cr^{3+}}+\frac{0.059}{n}\lg\frac{a_{Cr_2O_7^{2-}}a^{14}_{H^+}}{a^2_{Cr^{3+}}}$$

$$AgCl(s)+e^- \rightleftharpoons Ag+Cl^- \quad \varphi_{AgCl/Ag}=\varphi^{\ominus}_{AgCl/Ag}+\frac{0.059}{n}\lg\frac{1}{a_{Cl^-}}$$

根据 $\varphi^{\ominus}$ 值的大小，可判断某电对在标准状态下的氧化还原能力。电对的 $\varphi^{\ominus}$ 值越高，其氧化型的氧化能力越强；电对的 $\varphi^{\ominus}$ 值越低，其还原型的还原能力越强。因此，物质相应电对的 $\varphi^{\ominus}$ 值是该物质氧化还原性质重要的电化学参数。

然而实际上，通常已知的是溶液中各种离子的浓度，而不是活度，若用浓度代替活度，则需引入活度系数 γ；若溶液中氧化态或还原态物质发生副反应，存在形式也不止一种时，还需引入副反应系数 α。将电对的活度系数和副反应系数展开，得到：

$$a_{Ox}=\gamma_{Ox}[Ox] \qquad a_{Red}=\gamma_{Red}[Red]$$

$$\alpha_{Ox}=\frac{c_{Ox}}{[Ox]} \qquad \alpha_{Red}=\frac{c_{Red}}{[Red]}$$

则
$$a_{Ox}=\gamma_{Ox}\frac{c_{Ox}}{\alpha_{Ox}} \qquad a_{Ox}=\gamma_{Red}\frac{c_{Red}}{\alpha_{Red}}$$

代入式（8-1）得：

$$\varphi_{Ox/Red}=\varphi^{\ominus}_{Ox/Red}+\frac{0.059}{n}\lg\frac{\gamma_{Ox}\frac{c_{Ox}}{\alpha_{Ox}}}{\gamma_{Red}\frac{c_{Red}}{\alpha_{Red}}}=\varphi^{\ominus}_{Ox/Red}+\frac{0.059}{n}\lg\frac{\gamma_{Ox}\alpha_{Red}}{\gamma_{Red}\alpha_{Ox}}+\frac{0.059}{n}\lg\frac{c_{Ox}}{c_{Red}} \quad (8\text{-}2)$$

当 $c_{Ox}=c_{Red}=1mol\cdot L^{-1}$时，则

$$\varphi_{Ox/Red}=\varphi^{\ominus}_{Ox/Red}+\frac{0.059}{n}\lg\frac{\gamma_{Ox}\alpha_{Red}}{\gamma_{Red}\alpha_{Ox}} \quad (8\text{-}3)$$

由于式（8-3）中离子的活度系数 γ 及副反应系数 α 在一定条件下为固定值，因此 $\varphi_{Ox/Red}$的值应为一常数，引入 $\varphi^{\ominus'}_{Ox/Red}$表示，则

则
$$\varphi^{\ominus'}_{Ox/Red}=\varphi^{\ominus}_{Ox/Red}+\frac{0.059}{n}\lg\frac{\gamma_{Ox}\alpha_{Red}}{\gamma_{Red}\alpha_{Ox}} \quad (8\text{-}4)$$

式中，$\varphi^{\ominus'}_{Ox/Red}$称为条件电极电位（conditional electrode potential），亦称为克式量电位(formal potential)，简称条件电位（conditional potential）。它是在一定条件下，电对的氧化态和还原态的总浓度均为 1mol·L^{-1}时的实际电极电位，它在条件固定时为常数，这种情况下，式（8-2）可写为：

$$\varphi_{Ox/Red}=\varphi^{\ominus'}_{Ox/Red}+\frac{0.059}{n}\lg\frac{c_{Ox}}{c_{Red}} \quad (8\text{-}5)$$

通过上述推导过程，可以看出：标准电极电位与条件电极电位的关系与第 7 章中涉及的配位反应的稳定常数 K 和条件稳定常数 K'的关系相似。在引入条件电极电位后，一方面计算结果比较符合实际情况，另一方面计算过程会极大方便。

条件电极电位 $\varphi^{\ominus'}_{Ox/Red}$的大小，可表示在实际反应条件下，氧化还原电对的实际氧化还原能力。采用条件电极电位比用标准电极电位能更正确地获得氧化还原反应的方向、次序和反应能否进行完全。**附录 8** 给出了一些氧化还原电对的条件电极电位。然而因迄今为止许多

反应的条件电极电位未测出，条件电极电位的数据目前不太多。在缺乏相同条件下的 $\varphi^{\ominus'}_{Ox/Red}$ 情况下，可使用相近条件下的条件电极电位或使用标准电极电位，并利用能斯特方程式来考虑外界因素的影响；在无 $\varphi^{\ominus'}_{Ox/Red}$ 的情况下，可根据有关常数估计 $\varphi^{\ominus'}_{Ox/Red}$ 值。

8.1.2 条件电极电位的影响因素

影响条件电极电位的因素主要是溶液的离子强度、生成沉淀、生成配合物和酸度四个方面。下面将说明这些因素的影响及估算条件电位的方法。

(1) 离子强度

溶液中电解质浓度的变化可使其中的离子强度发生变化，从而改变氧化态和还原态的活度系数。若溶液的离子强度较大时，活度系数远小于 1，活度与浓度相差较大，若用浓度代替活度，则能斯特方程式计算的结果与实际情况有差异。然而，由于各种副反应对电位的影响远超过离子强度的影响，并且活度系数往往不易计算，这会使离子强度的影响难以校正。因此，通常都忽略离子强度的影响作用。

(2) 生成沉淀

就氧化还原电对来说，若加入一种可与电对的氧化态或还原态生成沉淀的试剂时，电对的条件电极电位就会发生变化。当氧化态生成沉淀时，电对的条件电位将降低；当还原态生成沉淀时，则电对的条件电极电位将升高。利用沉淀反应使电对的氧化态或还原态的浓度发生变化，可以控制反应进行的方向和程度。

比如，间接碘量法测定 Cu 元素含量是基于如下反应：

$$2Cu^{2+} + 4I^- \rightleftharpoons 2CuI\downarrow + I_2$$

但从标准电极电位来看，$\varphi^{\ominus}_{Cu^{2+}/Cu^+}=0.16V$ 和 $\varphi^{\ominus}_{I_2/I^-}=0.54V$，则 Cu^{2+} 不能氧化 I^-，而事实上此反应进行得很完全，原因是 I^- 与 Cu^+ 生成了难溶解的 CuI 沉淀。

例 8-1 采用氧化还原（间接碘量）法测定 Cu^{2+} 含量时，若 KI 的浓度为 $1mol \cdot L^{-1}$，计算 $\varphi^{\ominus'}_{Cu^{2+}/Cu^+}$（过程中忽略离子强度的影响）。

解： 查表得 $K_{sp(CuI)}=1.1\times10^{-12}$，则

$$\varphi_{Cu^{2+}/Cu^+}=\varphi^{\ominus}_{Cu^{2+}/Cu^+}+0.059\lg\frac{[Cu^{2+}]}{[Cu^+]}$$

代入沉淀溶解平衡关系式：

$$\varphi_{Cu^{2+}/Cu^+}=\varphi^{\ominus}_{Cu^{2+}/Cu^+}+0.059\lg\frac{[Cu^{2+}][I^-]}{K_{sp(CuI)}}$$

$$\varphi_{Cu^{2+}/Cu^+}=\varphi^{\ominus}_{Cu^{2+}/Cu^+}+0.059\lg\frac{[I^-]}{K_{sp(CuI)}}+0.059\lg[Cu^{2+}]$$

根据式 (8-2) 和式 (8-3)，因 $[Cu^{2+}]=1mol \cdot L^{-1}$、$[I^-]=1mol \cdot L^{-1}$，则

$$\varphi^{\ominus'}_{Cu^{2+}/Cu^+}=\varphi^{\ominus}_{Cu^{2+}/Cu^+}+0.059\lg\frac{[I^-]}{K_{sp(CuI)}}=0.16+0.059\lg\frac{1}{1.1\times10^{-12}}=0.87\ (V)$$

(3) 生成配合物

氧化还原反应体系中会有各种阴离子存在，它们常与金属离子的氧化态及还原态发生配位反应，生成稳定性不同的配合物，有可能改变电对的条件电极电位。如果氧化态生成的配合物更稳定，则电对的条件电极电位会降低，如果还原态生成的配合物更稳定，其结果是电对的条件电极电位变大。

比如采用碘量法测定 Cu^{2+} 时，若有 Fe^{3+} 存在，则 Fe^{3+} 也能氧化 I^-，从而干扰 Cu^{2+}

的测定。如果在溶液中加入 NaF，则 Fe^{3+} 与 F^- 形成稳定的配合物，Fe^{3+}/Fe^{2+} 电对的电极电位明显变小，Fe^{3+} 就不再氧化 I^-，也就不会干扰测定。

例 8-2 计算 25℃时，溶液中 F^- 浓度为 1.0mol·L^{-1}时，Fe^{3+}/Fe^{2+} 电对的条件电极电位。在此条件下，用碘量法测定 Cu^{2+} 时，Fe^{3+} 会不会干扰测定？（已知 Fe^{3+} 氟配合物的 $\lg\beta_1$、$\lg\beta_2$、$\lg\beta_3$ 分别为 5.2、9.2、11.9，Fe^{2+} 基本不与 F^- 配位，$\varphi^{\ominus}_{Fe^{3+}/Fe^{2+}}=0.77V$ 和 $\varphi^{\ominus}_{I_2/I^-}=0.54V$）

解：

$$Fe^{3+}+3F^- \rightleftharpoons FeF_3$$

此时

$$\alpha_{Fe^{3+}}=1+\beta_1[F^-]+\beta_2[F^-]^2+\beta_3[F^-]^3$$

当 $[F^-]=1.0mol\cdot L^{-1}$时，将 β 值代入上式

$$\alpha_{Fe^{3+}}=1+10^{5.2}\times1.0+10^{9.2}\times1.0^2+10^{11.9}\times1.0^3\approx10^{11.9}$$

而 $\alpha_{Fe^{2+}}\approx1$（Fe^{2+} 几乎不与 F^- 发生副反应），则

$$\varphi^{\ominus'}_{Fe^{3+}/Fe^{2+}}=\varphi^{\ominus}_{Fe^{3+}/Fe^{2+}}+0.059\lg\frac{\alpha_{Fe^{2+}}}{\alpha_{Fe^{2+}}}=0.77+0.059\lg\frac{1}{10^{11.9}}=0.068(V)$$

此时，$\varphi^{\ominus'}_{Fe^{3+}/Fe^{2+}}<\varphi^{\ominus}_{I_2/I^-}=0.54V$。在此条件下，用碘量法测定 Cu^{2+} 时，Fe^{3+} 不会干扰测定。

(4) 酸度

氧化还原反应体系中，如果有 H^+ 或 OH^- 参与氧化还原半反应，则酸度变化会影响电对的条件电极电位。若半反应中氧化态或还原态是弱酸或弱碱，酸度的变化还会直接影响其存在的形式，从而引起条件电极电位的改变。

例 8-3 计算 25℃、pH=8.0 时，$NaHCO_3$ 溶液中 $H_3AsO_4/HAsO_2$ 电对的条件电极电位，并判断下列反应进行的方向（忽略离子强度的影响）。

$$H_3AsO_4+2I^-+2H^+ \rightleftharpoons HAsO_2+I_2+2H_2O$$

已知：$\varphi^{\ominus}_{H_3AsO_4/HAsO_2}=0.56V$，$\varphi^{\ominus}_{I_2/I^-}=0.54V$，$H_3AsO_4$ 的 pK_{a1}、pK_{a2} 和 pK_{a3} 分别是 2.2、7.0 和 11.5，$HAsO_2$ 的 $pK_a=9.2$。

解： $\varphi^{\ominus}_{I_2/I^-}$ 在 pH≤8 时几乎与 pH 无关，而 $\varphi^{\ominus}_{H_3AsO_4/HAsO_2}$ 则受酸度的影响较大。

因 $\varphi^{\ominus}_{I_2/I^-}>\varphi^{\ominus}_{H_3AsO_4/HAsO_2}$，则在酸性溶液中，上述反应向右进行，$H_3AsO_4$ 氧化 I^- 为 I_2。

若 pH=8.0 时，$\varphi^{\ominus}_{H_3AsO_4/HAsO_2}$ 将发生变化。

在酸性条件下，$H_3AsO_4/HAsO_2$ 电对的半反应为：

$$H_3AsO_4+2H^++2e^- \rightleftharpoons HAsO_2+2H_2O$$

根据能斯特方程式：

$$\varphi_{H_3AsO_4/HAsO_2}=\varphi^{\ominus}_{H_3AsO_4/HAsO_2}+\frac{0.059}{2}\lg\frac{[H_3AsO_4][H^+]^2}{[HAsO_2]}$$

根据弱酸的分布系数公式，则

$$[H_3AsO_4]=c_{H_3AsO_4}\delta_{H_3AsO_4}$$
$$[HAsO_2]=c_{HAsO_2}\delta_{HAsO_2}$$

$$\varphi_{H_3AsO_4/HAsO_2}=\varphi^{\ominus}_{H_3AsO_4/HAsO_2}+\frac{0.059}{2}\lg\frac{\delta_{H_3AsO_4}[H^+]^2}{\delta_{HAsO_2}}+\frac{0.059}{2}\lg\frac{c_{H_3AsO_4}}{c_{HAsO_2}}$$

条件电极电位：

$$\varphi^{\ominus'}_{H_3AsO_4/HAsO_2}=\varphi^{\ominus}_{H_3AsO_4/HAsO_2}+\frac{0.059}{2}\lg\frac{\delta_{H_3AsO_4}[H^+]^2}{\delta_{HAsO_2}}$$

由于 $HAsO_2$ 的 $pK_a=9.2$，酸性较弱，当 pH＝8 时，主要以 $HAsO_2$ 分子形式存在，$\delta_{HAsO_2}\approx 1$。

$$\delta_{H_3AsO_4}=\frac{[H^+]^3}{[H^+]^3+[H^+]^2K_{a1}+[H^+]K_{a1}K_{a2}+K_{a1}K_{a2}K_{a3}}$$

$$=\frac{10^{-24}}{10^{-24}+10^{-16-2.2}+10^{-8-2.2-7.0}+10^{-2.2-7.0-11.5}}=10^{-6.8}$$

则

$$\varphi^{\ominus'}_{H_3AsO_4/HAsO_2}=\varphi^{\ominus}_{H_3AsO_4/HAsO_2}+\frac{0.059}{2}\lg\frac{\delta_{H_3AsO_4}[H^+]^2}{\delta_{HAsO_2}}$$

$$=0.56+\frac{0.059}{2}\lg 10^{-6.8-16}=-0.11(\mathrm{V})$$

上述计算说明，酸度降低，$H_3AsO_4/HAsO_2$ 电对的条件电极电位减小，致使 $\varphi^{\ominus}_{I_2/I^-}>\varphi^{\ominus}_{H_3AsO_4/HAsO_2}$。因此，$I_2$ 可氧化 $HAsO_2$ 为 H_3AsO_4，因此上述氧化还原反应的方向发生了改变。

需要指出，这种反应方向的改变，通常局限于标准电极电位相差很小的两电对之间才会出现。

8.1.3 氧化还原反应进行的程度

(1) 条件平衡常数

氧化还原反应进行的程度可用平衡常数 K 来衡量，K 值越大，反应进行得越完全。氧化还原反应的平衡常数可根据能斯特方程式从有关电对的标准电极电位或条件电极电位计算得到。

若考虑了体系中各种副反应的影响，在能斯特方程式中使用的是条件电极电位，则得到的平衡常数称为条件平衡常数（K'，conditional equilibrium constant）。

对任意的氧化还原反应：

$$n_1\mathrm{Red_2}+n_2\mathrm{Ox_1}\rightleftharpoons n_2\mathrm{Red_1}+n_1\mathrm{Ox_2}$$

有关电对的电极反应及其电位分别为：

$$\mathrm{Ox_1}+n_1e^-\rightleftharpoons\mathrm{Red_1}\qquad \varphi_1=\varphi_1^{\ominus'}+\frac{0.059}{n_1}\lg\frac{c_{Ox_1}}{c_{Red_1}}$$

$$\mathrm{Ox_2}+n_2e^-\rightleftharpoons\mathrm{Red_2}\qquad \varphi_2=\varphi_2^{\ominus'}+\frac{0.059}{n_2}\lg\frac{c_{Ox_2}}{c_{Red_2}}$$

反应到达平衡时 $\varphi_1=\varphi_2$，即

$$\varphi_1^{\ominus'}+\frac{0.059}{n_1}\lg\frac{c_{Ox_1}}{c_{Red_1}}=\varphi_2^{\ominus'}+\frac{0.059}{n_2}\lg\frac{c_{Ox_2}}{c_{Red_2}}$$

令 $n=n_1n_2$，两边同乘以 n，整理后得到：

$$\frac{(\varphi_1^{\ominus'}-\varphi_2^{\ominus'})n_1n_2}{0.059}=\frac{(\varphi_1^{\ominus'}-\varphi_2^{\ominus'})n}{0.059}=\lg\left(\left(\frac{c_{Red_1}}{c_{Ox_1}}\right)^{n_2}\left(\frac{c_{Ox_2}}{c_{Red_2}}\right)^{n_1}\right)=\lg K' \tag{8-6}$$

由式（8-6）可见，条件平衡常数 K' 值的大小是由氧化剂和还原剂两组电对的条件电极电位之差值 $\Delta\varphi_1^{\ominus'}$ 和反应中转移的电子数决定。$\Delta\varphi_1^{\ominus'}$ 越大，反应转移的电子数越多，K' 值越大，反应进行得越完全。常见的大多数的氧化还原反应，其 $\Delta\varphi^{\ominus'}$ 都比较大，条件平衡常

数也比较大。

例 8-4 试计算 $1mol \cdot L^{-1}$ H_2SO_4溶液中下述反应的条件平衡常数：

$$Ce^{4+} + Fe^{2+} \rightleftharpoons Ce^{3+} + Fe^{3+}$$

解：已知 $\varphi^{\ominus'}_{Fe^{3+}/Fe^{2+}}=0.68V$ 和 $\varphi^{\ominus'}_{Ce^{4+}/Ce^{3+}}=1.44V$。根据式（8-6）得：

$$\lg K'=\frac{(\varphi_1^{\ominus'}-\varphi_2^{\ominus'})n_1n_2}{0.059}=\frac{(\varphi^{\ominus'}_{Ce^{4+}/Ce^{3+}}-\varphi^{\ominus'}_{Fe^{3+}/Fe^{2+}})n_1n_2}{0.059}$$

$$=\frac{(1.44-0.68)\times1\times1}{0.050}=12.9$$

$$K'=7.9\times10^{12}$$

结果表明，条件平衡常数 K'值很大，即此反应可进行得很完全。

（2）准确滴定对氧化还原反应的要求

根据滴定分析的允许误差，在滴定终点时，必须有 99.9% 的反应物已参与反应，即生成物的浓度大于或等于原始反应浓度的 99.9%；在终点时，剩余反应物必须小于或等于原始浓度的 0.1%。即要求：

$$\frac{c_{Red_1}}{c_{Ox_1}}\geqslant999\approx10^3,\quad \frac{c_{Ox_2}}{c_{Red_2}}\geqslant999\approx10^3$$

则

$$\left(\frac{c_{Red_1}}{c_{Ox_1}}\right)^{n_2}\geqslant10^{3n_2},\quad \left(\frac{c_{Ox_2}}{c_{Red_2}}\right)^{n_1}\geqslant10^{3n_1}$$

当 $n_1=n_2=1$ 时，代入式（8-6），则

$$\lg K'=\lg\left(\frac{c_{Red_1}}{c_{Ox_1}}\right)\left(\frac{c_{Ox_2}}{c_{Red_2}}\right)\geqslant\lg(10^3\times10^3)=6 \tag{8-7}$$

式（8-7）代入式（8-6），则

$$\frac{(\varphi_1^{\ominus'}-\varphi_2^{\ominus'})n_1n_2}{0.059}\geqslant\lg K'=6$$

计算得到

$$\varphi_1^{\ominus'}-\varphi_2^{\ominus'}\geqslant0.35(V) \tag{8-8}$$

即两个电对的条件电极电位之差必须大于 0.35V，这样的反应才能用于滴定分析。

另外，若两个电对 $n_1\neq n_2$时，则

$$\varphi_1^{\ominus'}-\varphi_2^{\ominus'}\geqslant\frac{3(n_1+n_2)\times0.059}{n_1n_2} \tag{8-9}$$

需要指出，对有些氧化还原反应，虽然两个电对的条件电极电位相差足够大，符合上述要求，但由于存在其他副反应，反应不能定量地进行，也就是说氧化剂与还原剂之间没有确定的化学计量关系，这类反应仍然不适用于滴定分析。比如 $K_2Cr_2O_7$ 与 $Na_2S_2O_3$ 的反应，它们的 $\Delta\varphi^{\ominus'}\geqslant0.35$（V），反应能够进行完全。此时，$K_2Cr_2O_7$ 可将 $Na_2S_2O_3$ 氧化为 SO_4^{2-}，然而除了此反应外，还可能产生单质 S，从而使反应的化学计量关系不能确定，因此不能把它们之间的直接反应应用于氧化还原滴定。

另外，一个反应能否应用于氧化还原滴定，还应考虑反应的速率问题，这将在下面进行讨论。

8.1.4 氧化还原反应的速率与影响因素

前面已经从热力学角度讨论了氧化还原电对的条件电极电位，使用条件电极电位可以判断氧化还原反应进行的方向和反应进行的程度；但是这只能获得反应进行的可能性，并未从反应动力学的角度给出实际反应速率问题。不同的氧化还原反应的反应速率会有很大的差

别。有的反应虽然从理论上看是可以进行的，但由于反应速率太慢而可以认为氧化剂与还原剂之间并未发生反应。因此对于滴定过程中涉及的氧化还原反应，不仅要求条件平衡常数足够大，还要求反应速率足够快。

比如在分析化学中常用的下列反应：

$$2MnO_4^- + 5C_2O_4^{2-} + 16H^+ \rightleftharpoons 2Mn^{2+} + 10CO_2\uparrow + 8H_2O \quad (8\text{-}10)$$

$$Cr_2O_7^{2-} + 6I^- + 14H^+ \rightleftharpoons 2Cr^{3+} + 3I_2 + 7H_2O \quad (8\text{-}11)$$

上述反应进行比较慢，需要一定时间才能完成。关于氧化还原反应速率的影响因素具体讨论如下。

(1) 氧化还原电对的性质

氧化还原电对本身的性质是影响反应速率的基本因素。反应速率缓慢的原因在于许多氧化还原反应中电子的转移过程会遇到很多阻力，比如溶液中的溶剂分子和各种配体的阻碍、离子之间的静电排斥力等。另外，由于价态的改变而引起的电子层结构、化学键性质和物质组成的变化也会阻碍电子的转移。比如 $Cr_2O_7^{2-}$ 被还原为 Cr^{3+} 及 MnO_4^- 被还原为 Mn^{2+}，反应中由带负电荷的含氧酸根转变为带正电荷的水合离子，化学结构发生了很大的改变，会使反应速率比较慢。另外，反应方程式通常只表示了反应的最初状态和最终状态，不能给出反应进行的真实历程。然而氧化还原反应通常会经历一系列中间步骤，即反应会分步进行。总的反应式只是表示的是一系列反应的总结果，在这一系列所涉及的反应中，若其中有一步反应比较慢，就会影响总的反应速率。

除了氧化还原电对本身的性质外，反应时外界的条件，如反应物浓度、酸度、温度、催化剂、诱导作用等都会对氧化还原反应速率产生影响。

(2) 反应物浓度

一般来说，增加反应物浓度可以加速氧化还原反应的进行。根据质量作用定律，反应速率与反应物浓度的乘积成正比，但由于氧化还原反应的机理较为复杂，有时不能从总的反应式来判断反应物浓度对反应速率的影响作用。

比如反应 (8-11)，反应速率不够快，增大 I^- 和 H^+ 的浓度可大大加快反应速率；也就是说，增加酸度可加速此氧化还原反应的进行。为使此反应迅速完成，需要将溶液的酸度保持在 $0.8 \sim 1mol \cdot L^{-1}$。然而，酸度不能过高，否则空气中的氧将 I^- 氧化的速率也会增大，测定误差也会较大。

(3) 温度

通常来说，升高溶液的温度可加快反应速率。反应温度每升高 10℃，反应速率一般增大 2～3 倍。因此，有些较慢氧化还原滴定反应需要在加热的条件下进行。

比如用 $KMnO_4$ 滴定 $C_2O_4^{2-}$ 的反应，在室温下，反应速率缓慢。若将溶液加热，反应速率将能够大为加快。因此，用 $KMnO_4$ 滴定 $C_2O_4^{2-}$ 时，一般把溶液加热至 75～85℃。然而，升高温度时还应考虑到其他一些有可能出现的副反应。对于反应式 (8-10)，温度太高后，有可能导致部分 $C_2O_4^{2-}$ 分解速率加快。

例如有些物质 (例如 I_2) 容易挥发，若将溶液加热，则会引起损失，因此对于反应式 (8-11)，不宜用加热的办法来提高其反应速率。

还有一些物质 (例如 Sn^{2+}、Fe^{2+} 等) 易于被空气中的氧所氧化，若将溶液加热，则能加快其氧化过程，给测定结果带来明显的误差。需用其他方法来加快反应。

(4) 催化剂

催化剂可以改变氧化还原反应的历程和机理，从而改变反应速率。加入催化剂是改变反应速率的有效方法，反应中催化剂的存在，可能产生了一些不稳定的中间价态离子、自由基或活泼的中间配合物，从根本上改变反应速率。催化剂可分为正催化剂和负催化剂。正催化剂可增大反应速率，负催化剂会降低反应速率。

比如上述 MnO_4^- 和 $C_2O_4^{2-}$ 之间的反应，Mn^{2+} 的存在能催化反应迅速进行。所涉及的反应机理比较复杂，可能是在 $C_2O_4^{2-}$ 存在下，Mn^{2+} 被 MnO_4^- 氧化而生成 Mn（Ⅲ）。反应过程可能为如下程序：

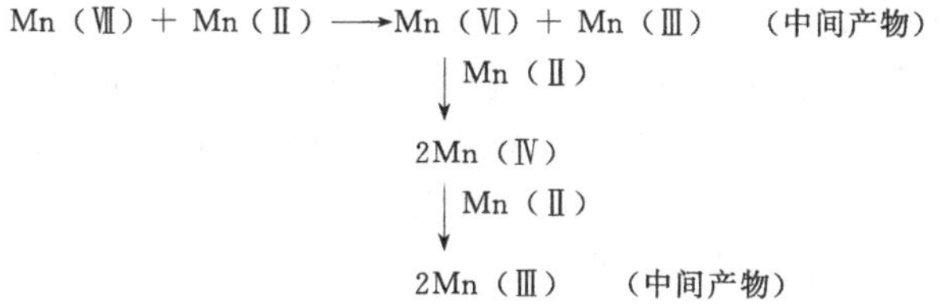

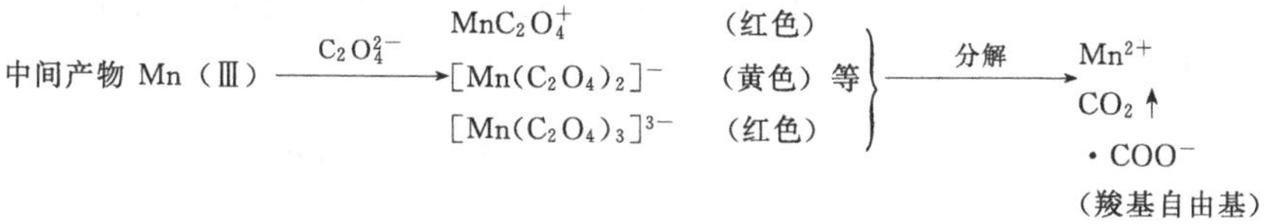

过程中 Mn^{2+} 参加反应的中间步骤，增大了反应速率，但在最后又重新产生出来，它起了正催化剂的作用。同时，在反应式（8-10）中，Mn^{2+} 是反应的生成物之一，因此若在溶液中并不另外加入二价的锰盐，那么在反应开始时由于 $KMnO_4$ 溶液中 Mn^{2+} 含量比较低，因此即使升温到 75～85℃，反应仍然进行得比较慢，MnO_4^- 褪色缓慢。然而反应一旦开始，溶液中产生了少量的 Mn^{2+} 后，由于 Mn^{2+} 的催化作用，则后续的反应速率将明显增大。在此反应中加速反应的催化剂 Mn^{2+} 是由反应本身所产生的，因此，这种由生成物本身起的催化作用称为自催化作用（autocatalysis）。

氧化还原反应中通过采用加入催化剂促进反应速率的例子还有一些，例如用过硫酸铵作氧化剂，以银盐作催化剂氧化锰或钒，在空气中氧化 $TiCl_3$ 时用 Cu^{2+} 作催化剂等。另外，在分析化学中，还常常使用负催化剂。比如，添加多元醇可以降低 $SnCl_2$ 与空气中的氧的反应；添加 AsO_3^{3-} 能够阻止 SO_3^{2-} 与空气中的氧作用等。

（5）诱导作用

某些氧化还原反应在一般条件下不发生或反应速率较慢，但当存在另外的反应时会促进这一反应的发生。一种氧化还原反应的发生能够促进另一种氧化还原反应进行的现象，称为诱导作用。

比如，在酸性条件下 MnO_4^- 氧化 Cl^- 的反应过于缓慢，但当溶液中同时存在 Fe^{2+} 时，MnO_4^- 与 Fe^{2+} 的反应会加速 MnO_4^- 氧化 Cl^- 的过程。

$$MnO_4^- + 5Fe^{2+} + 8H^+ \rightleftharpoons Mn^{2+} + 5Fe^{3+} + 4H_2O \quad \text{（诱导反应）}$$

$$2MnO_4^- + 10Cl^- + 16H^+ \rightleftharpoons 2Mn^{2+} + 5Cl_2 + 8H_2O \quad \text{（受诱反应）}$$

体系中，MnO_4^- 称为作用体，Fe^{2+} 称为诱导体，Cl^- 称为受诱体。

另外，若在溶液中加入过量的 Mn^{2+}，则 Mn^{2+} 能使 Mn(Ⅶ) 很快转化为 Mn(Ⅲ)，而此时又由于溶液中存在大量 Mn^{2+}，因此可降低 Mn（Ⅲ)/Mn(Ⅱ) 电对的电极电位，从而使 Mn(Ⅲ) 只与 Fe^{2+} 起反应而不与 Cl^- 起反应，从而可阻止 Cl^- 使 $KMnO_4$ 被还原。所以，若在溶液中加入 $MnSO_4/H_3PO_4/H_2SO_4$ 混合液，就会使高锰酸钾法测定铁的反应在稀盐酸溶液中进行，这在实际应用中具有重要价值。

总之，为了使氧化还原反应能按照要求的方向定量地、快速地进行，选择和控制合适的反应条件和滴定条件很重要。

8.2 氧化还原滴定原理

8.2.1 氧化还原滴定曲线及终点的确定

(1) 氧化还原滴定曲线

与其他滴定方法类似，在氧化还原滴定过程中，随着滴定剂的加入和反应的进行，被滴定物质的氧化态和还原态的浓度逐渐变化，相关电对的电极电位也随之不断变化，这种变化情况可用滴定曲线表示。氧化还原滴定曲线一般用实验方法测得，而对于可逆的氧化还原体系，可根据能斯特方程式计算得出滴定曲线。

下面以在 $1mol\cdot L^{-1}$ H_2SO_4 溶液中用 $0.1000mol\cdot L^{-1}$ 的 $Ce(SO_4)_2$ 溶液滴定 $0.1000mol\cdot L^{-1}$ 的 $FeSO_4$ 溶液为例说明可逆的氧化还原电对的滴定曲线。

反应如下：

$$Ce^{4+} + Fe^{2+} \rightleftharpoons Fe^{3+} + Ce^{3+}$$

$$\varphi^{\ominus\prime}_{Fe^{3+}/Fe^{2+}}=0.68V,\quad \varphi^{\ominus\prime}_{Ce^{4+}/Ce^{3+}}=1.44V$$

通过例［8-4］的计算可知，此反应能够进行得比较完全。

滴定开始，反应体系中同时存在两个电对。滴定过程中，滴加一定量的滴定剂以后，反应会到达另一个新的平衡，每个平衡状态两个电对的电极电位均相等，等式如下：

$$\varphi^{\ominus\prime}_{Fe^{3+}/Fe^{2+}}+0.059\lg\frac{c_{Fe^{3+}}}{c_{Fe^{2+}}}=\varphi^{\ominus\prime}_{Ce^{4+}/Ce^{3+}}+0.059\lg\frac{c_{Ce^{4+}}}{c_{Ce^{3+}}}$$

为了简化计算，针对不同滴定阶段可选择便于计算的电对，依据能斯特方程式计算体系的电极电位值。各个滴定点电极电位的计算讨论如下。

① 滴定前　滴定开始前，理论上来说溶液中只含 Fe^{2+}，然而由于空气的氧化作用会生成极少量的 Fe^{3+}，组成 Fe^{3+}/Fe^{2+} 电对，但 Fe^{3+} 浓度未知，故起始点的电位无法计算。

② 滴定开始到化学计量点前　由于滴定加入的 Ce^{4+} 几乎全部被 Fe^{2+} 还原成 Ce^{3+}，故平衡时 Ce^{4+} 的浓度极小，不易直接求得。但滴定分数为已知量，$c_{Fe^{3+}}/c_{Fe^{2+}}$ 值就确定了，此时可利用 Fe^{3+}/Fe^{2+} 电对来计算电极电位值。

当加入 99.9%的滴定剂 Ce^{4+} 时，就有 99.9%的 Fe^{2+} 被氧化成 Fe^{3+}，此时：

$$\varphi=\varphi^{\ominus\prime}_{Fe^{3+}/Fe^{2+}}+0.059\lg\frac{99.9}{0.1}=0.68+0.059\times3=0.86(V)$$

③ 化学计量点时　由于 Ce^{4+} 和 Fe^{2+} 都定量地转变成 Fe^{2+} 和 Ce^{3+}，未反应的 Ce^{4+} 和 Fe^{2+} 的浓度都极低，不易直接单独按某一电对来计算电极电位，但可由两个电对的能斯特方程式联立求得组合进行计算。

设化学计量点时的电极电位为 $\varphi_{计}$，则

$$\varphi_{计}=\varphi^{\ominus\prime}_{Ce^{4+}/Ce^{3+}}+0.059\lg\frac{c_{Ce^{4+}}}{c_{Ce^{3+}}}=1.44+0.059\lg\frac{c_{Ce^{4+}}}{c_{Ce^{3+}}}$$

$$\varphi_{计}=\varphi^{\ominus\prime}_{Fe^{3+}/Fe^{2+}}+0.059\lg\frac{c_{Fe^{3+}}}{c_{Fe^{2+}}}=0.68+0.059\lg\frac{c_{Fe^{3+}}}{c_{Fe^{2+}}}$$

两式相加得：

$$2\varphi_{计}=1.44+0.68+0.059\lg\frac{c_{Ce^{4+}}c_{Fe^{3+}}}{c_{Ce^{3+}}c_{Fe^{2+}}}=1.44+0.68+0.059\lg1=2.12(V)$$

则

$$\varphi_{计}=1.06(V)$$

对于任意的可逆对称氧化还原反应：

$$n_2Ox_1+n_1Red_2 \rightleftharpoons n_2Red_1+n_1Ox_2$$

经过计算，可求得化学计量点时的电位 φ_{sp} 与 $\varphi_1^{\ominus'}$、$\varphi_2^{\ominus'}$ 的关系：

$$\varphi_{sp}=\frac{n_1\varphi_1^{\ominus'}+n_2\varphi_2^{\ominus'}}{n_1+n_2}$$

④ 化学计量点后　由于溶液中的 Fe^{2+} 几乎全部被滴定加入的 Ce^{4+} 氧化成 Fe^{3+}，故平衡时 Fe^{2+} 的浓度极小，不易直接求得。此时可利用 Ce^{4+}/Ce^{3+} 电对来计算电位值。

当加入 100.1%的滴定剂 Ce^{4+} 时，就有 0.1%的 Ce^{4+} 剩余：

$$\varphi=\varphi^{\ominus'}_{Ce^{4+}/Ce^{3+}}+0.059\lg\frac{0.1}{100}=1.44-0.059\times3=1.26(V)$$

采用同样的方法计算得到不同阶段的电极电位值见表 8-1，通过描点法绘制滴定曲线如图 8-1 所示。化学计量点附近电位突跃的始终点由 Fe^{2+} 剩余 0.1%和 Ce^{4+} 过量 0.1%时两点的电极电位来确定，也就是电位突跃范围从 0.86V 到 1.26V。此反应体系中化学计量点前后曲线形状基本对称，且其电位（1.06V）恰好在滴定突跃的中间位置。

由表 8-1 及图 8-1 可知：

① 就可逆的、对称的电对，滴定分数为 200%时体系的电极电位就是滴定剂电对的条件电极电位；而滴定分数为 50%时溶液的电极电位就是被测物电对的条件电极电位。

② 化学计量点附近电位发生明显突跃，突跃的长短与两个电对的条件电极电位相差的大小有关。若电极电位相差越大，则突跃越大；反之，则较小。根据上述计算滴定曲线电位的方法，可以估算滴定突跃范围（化学计量点前后 0.1%）的公式为：

$$\varphi_2^{\ominus'}+\frac{0.059\times3}{n_2}\sim\varphi_1^{\ominus'}-\frac{0.059\times3}{n_1}$$

比如用 $KMnO_4$ 溶液滴定 Fe^{2+} 时突跃为 0.86～1.46V，比用 $Ce(SO_4)_2$ 溶液滴定 Fe^{2+} 时突跃（0.86～1.26V）要大。

表 8-1　滴定分数与电极电位的变化数据

滴定分数/1%	c_{Ox}/c_{Red}	电极电位 φ/V	滴定分数/1%	c_{Ox}/c_{Red}	电极电位 φ/V
	$c_{Fe^{3+}}/c_{Fe^{2+}}$			$c_{Ce^{4+}}/c_{Ce^{3+}}$	
9	0.1	0.62	100.1	0.001	1.26 } 突跃范围
50	1	0.68	101	0.01	1.32
91	10	0.74	110	0.1	1.38
99	100	0.80	120	0.2	1.40
99.9	1000	0.86 } 突跃范围	140	0.4	1.42
100		1.06 } 突跃范围	200	10^0	1.44

注：以 $0.1000mol\cdot L^{-1}$ Ce^{4+} 溶液滴定含 $1mol\cdot L^{-1}$ H_2SO_4 的 $0.1000mol\cdot L^{-1}$ Fe^{2+} 溶液（25℃）。

另一方面，氧化还原滴定曲线，常由于滴定时介质的不同而改变其突跃位置和突跃的大小。用 $KMnO_4$ 溶液在不同介质（高氯酸、硫酸、盐酸与磷酸混合酸）中滴定 Fe^{2+} 为例说明如下。

① 化学计量点前，电对的电位取决于条件电极电位，与 Fe^{3+} 和介质阴离子的配位作用

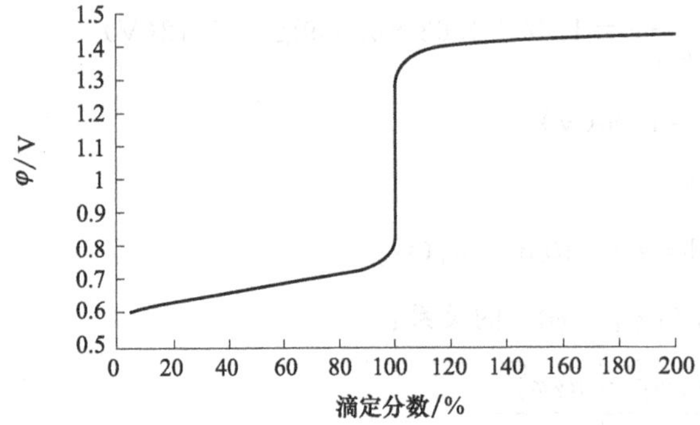

图 8-1 Ce（Ⅳ）滴定 Fe（Ⅱ）的滴定曲线

有关。因 PO_4^{3-} 易与 Fe^{3+} 形成稳定的无色 $[Fe(PO_4)_2]^{3-}$ 配离子而使 Fe^{3+}/Fe^{2+} 电对的条件电极电位降低，盐酸与磷酸混合酸介质中 $KMnO_4$ 溶液滴定 Fe^{2+} 的曲线位置最低，滴定突跃最大。

② 化学计量点后，溶液中存在过量的 $KMnO_4$，然而决定电极电位的是 Mn(Ⅲ)/Mn(Ⅱ) 电对，因此曲线的位置取决于其条件电极电位。由于 Mn(Ⅲ) 易与 PO_4^{3-}、SO_4^{2-} 等阴离子配位而降低其条件电极电位，与 ClO_4^- 则不配位，因此在 $HClO_4$ 介质中用 $KMnO_4$ 滴定 Fe^{2+}，在化学计量点后曲线位置最高。

总之，根据上述讨论可知，用电位法测得氧化还原滴定曲线后，即可由滴定曲线中的突跃范围确定终点并选择合适的确定滴定终点的方法。

(2) 氧化还原滴定的指示剂

在氧化还原滴定中，可以采用电位滴定（参见仪器分析课程）确定终点，而在实际测定中还经常用指示剂来指示终点。常用的指示剂有以下几类。

① 自身指示剂　有些标准溶液或被滴定溶液本身颜色较深，而产物颜色较浅，则滴定时无需另加指示剂，只要此类溶液稍微过量，利用其颜色变化即可显示滴定终点的到达，这种靠本身的颜色变化起着指示剂的作用的物质叫自身指示剂。

例如，$KMnO_4$ 溶液为紫红色，其还原产物 Mn^{2+} 几乎无色，在用 $KMnO_4$ 标准溶液滴定无色还原性物质（如草酸类、双氧水等）时，只要过量的 $KMnO_4$ 浓度达到 $2\times10^{-6}\,mol\cdot L^{-1}$，溶液即显示粉红色，即可指示终点的到达。

② 专属指示剂　专属指示剂也可称为特殊指示剂，其本身不具有氧化还原性，但能与氧化剂或还原剂作用产生特殊的颜色，从而可指示终点。淀粉即属于这种指示剂。淀粉溶液遇碘（I_3^-）产生深蓝色，反应极为灵敏，即使在 $0.5\times10^{-5}\,mol\cdot L^{-1}$ 的 I_3^- 溶液中亦呈显著的蓝色；反应具有可逆性，直接碘量法和间接碘量法均可使用。

③ 氧化还原指示剂　氧化还原指示剂通常是较弱的氧化剂或还原剂，其氧化态和还原态的颜色明显不同，在滴定过程中能通过氧化还原反应而发生颜色改变。

比如二苯胺磺酸钠为常见的氧化还原指示剂，其氧化态为紫红色，还原态为无色。在 $K_2Cr_2O_7$ 溶液滴定 Fe^{2+} 过程中，加入二苯胺磺酸钠，滴定到化学计量点时，二苯胺磺酸钠由无色的还原态被氧化为紫红色的氧化态，以指示终点的到达。

如果用 In(Ox) 和 In(Red) 分别表示指示剂的氧化态和还原态，则

$$\mathrm{In(Ox)}+ne^-\rightleftharpoons\mathrm{In(Red)}\qquad \varphi=\varphi_{\mathrm{In}}^{\ominus\prime}+\frac{0.059}{n}\lg\frac{c_{\mathrm{In(Ox)}}}{c_{\mathrm{In(Red)}}}$$

其中，$\varphi_{\mathrm{In}}^{\ominus\prime}$ 为指示剂的条件电极电位。当体系中氧化还原电对的电位变化时，指示剂的氧化态和还原态的浓度比也相应变化，因而溶液的颜色会发生改变。这与酸碱滴定过程中所用酸碱指示剂的变色情况有类似之处。

当 [In(Ox)]/[In(Red)]＝1 时，溶液为中间颜色；

当 [In(Ox)]/[In(Red)]≥10 时，溶液为氧化态的颜色，此时：

$$\varphi=\varphi_{\mathrm{In}}^{\ominus\prime}+\frac{0.059}{n}\lg10=\varphi_{\mathrm{In}}^{\ominus\prime}+\frac{0.059}{n}$$

当 [In(Ox)]/[In(Red)]≤1/10 时，溶液为还原态的颜色，这时：

$$\varphi=\varphi_{In}^{\ominus'}+\frac{0.059}{n}\lg\frac{1}{10}=\varphi_{In}^{\ominus'}-\frac{0.059}{n}$$

因此，指示剂的变色的电位范围为：

$$\Delta\varphi=\varphi_{In}^{\ominus'}\pm\frac{0.059}{n}(V)$$

表 8-2 给出了若干常用的氧化还原指示剂的条件电极电位。要选择合适的指示剂，应使指示剂的条件电极电位尽量与反应的化学计量点时的电位一致，从而使终点误差降低。

表 8-2 一些氧化还原指示剂的参数

指示剂	$\varphi_{In}^{\ominus'}$/V	颜色变化	
	$[H^+]=1mol\cdot L^{-1}$	氧化态	还原态
亚甲基蓝	0.53	蓝	无色
二苯胺	0.76	紫	无色
二苯胺磺酸钠	0.84	紫红	无色
邻苯氨基苯甲酸	0.89	紫红	无色
邻二氮杂菲-亚铁	1.06	浅蓝	红
硝基邻二氮杂菲-亚铁	1.25	浅蓝	紫红

8.2.2 试样的预处理

(1) 预氧化和预还原

预氧化或预还原是指在氧化还原滴定前将待测组分转化为某种特定价态的步骤。一般来说，常将待测组分氧化为高价形态后，用还原剂滴定；或者将待测组分还原为低价形态后，用氧化剂滴定。

预氧化或预还原时所用的氧化剂或还原剂需具备如下条件。

① 必须将待测组分定量地氧化或还原，且反应速率快。

② 所涉及反应要求具有选择性。比如金属 Zn 常用作预还原剂，主要利用其电极电位值低的特点(−0.76V)。理论上来说，只要电位比它高的金属离子都可被还原，故其不具有好的选择性。而相比来说，$SnCl_2$（电极电位值为+0.14V）具有较好的选择性。

③ 剩余的预处理试剂应容易除去。常用以下几种方法。

a. 采用化学反应去除：可用 $HgCl_2$ 除去过量 $SnCl_2$，其反应为；

$$SnCl_2+2HgCl_2 \rightleftharpoons SnCl_4+Hg_2Cl_2\downarrow$$

由于得到的 Hg_2Cl_2 不与通常的氧化剂反应，因而不会产生干扰，无需去除。

b. 过滤去除：比如 $NaBiO_3$ 不溶于水，可通过过滤除去。

c. 加热去除：如 $(NH_4)_2S_2O_8$、H_2O_2 可通过热分解而除去。

预氧化或预还原时常用的处理剂见表 8-3 和表 8-4。

表 8-3 预处理时常用的还原剂

还 原 剂	反 应 条 件	主 要 应 用	除去方法
$SnCl_2$ $Sn^{4+}+2e^-$ ══ Sn^{2+} $\varphi^{\ominus}=0.15V$	酸性，加热	Fe(Ⅲ)→Fe(Ⅱ) Mo(Ⅵ)→Mo(Ⅴ) As(Ⅴ)→As(Ⅲ)	快速加入过量的 $HgCl_2$ $Sn^{2+}+2HgCl_2$ ══ $Sn^{4+}+Hg_2Cl_2+2Cl^-$
锌-汞齐	H_2SO_4 介质	Ti(Ⅳ)→Ti(Ⅲ) V(Ⅴ)→V(Ⅱ) Fe(Ⅲ)→Fe(Ⅱ) Cr(Ⅲ)→Cr(Ⅱ)	

续表

还原剂	反应条件	主要应用	除去方法
盐酸肼、硫酸肼或肼	酸性	As(Ⅴ)→As(Ⅲ)	浓 H_2SO_4，加热
汞阴极	恒定电位下	Fe(Ⅲ)→Fe(Ⅱ) Cr(Ⅲ)→Cr(Ⅱ)	
SO_2 $SO_4^{2-}+4H^++2e^-$ $\rightleftharpoons SO_2(水)+2H_2O$ $\varphi^\ominus=0.20V$	室温，HNO_3介质 H_2SO_4介质	Fe(Ⅲ)→Fe(Ⅱ) As(Ⅴ)→As(Ⅲ) Cu(Ⅱ)→Cu(Ⅰ) Sb(Ⅴ)→Sb(Ⅲ)	煮沸，通 CO_2

表 8-4 预处理时常用的氧化剂

氧化剂	反应条件	主要应用	除去方法
$NaBiO_3$ $NaBiO_3(固)+6H^++2e^-$ $\rightleftharpoons Bi^{3+}+Na^++3H_2O$ $\varphi^\ominus=1.80V$	室温，HNO_3介质 H_2SO_4介质	$Mn^{2+}\rightarrow MnO_4^-$ Ce(Ⅲ)→Ce(Ⅳ)	过滤
$(NH_4)_2S_2O_8$ $S_2O_8^{2-}+2e^-\rightleftharpoons 2SO_4^{2-}$ $\varphi^\ominus=2.00V$	酸性 Ag^+作催化剂	$Mn^{2+}\rightarrow MnO_4^-$ Ce(Ⅲ)→Ce(Ⅳ) $VO^{2+}\rightarrow VO_3^-$ Cr(Ⅲ)→Cr(Ⅵ)	煮沸分解
PbO_2	pH=2～6 焦磷酸盐缓冲液	Mn(Ⅱ)→Mn(Ⅲ) Ce(Ⅲ)→Ce(Ⅳ) Cr(Ⅲ)→Cr(Ⅳ)	过滤
H_2O_2 $H_2O_2+2e^-\rightleftharpoons 2OH^-$ $\varphi^\ominus=0.88V$	NaOH 介质 HCO_3^-介质 碱性介质	$Cr^{3+}\rightarrow CrO_4^{2-}$ Co(Ⅱ)→Co(Ⅲ) Mn(Ⅱ)→Mn(Ⅳ)	煮沸分解，加少许 Ni^{2+} 或 I^- 作催化剂，加速 H_2O_2 分解
高氯酸	浓、热的 $HClO_4$	Cr(Ⅲ)→Cr(Ⅳ) V(Ⅳ)→V(Ⅴ)	迅速冷却至室温，用水稀释
高锰酸盐	焦磷酸盐和氟化物，Cr(Ⅲ)存在时	Ce(Ⅲ)→Ce(Ⅳ) V(Ⅳ)→V(Ⅴ)	亚硝酸钠和尿素

(2) 有机物的除去

待测样品中含有的有机物通常会干扰测定。这些有机物有些具有氧化还原性质，而有些具有配位作用，会使溶液的电极电位发生改变，很有必要除去。

去除有机物常用的方法有湿法灰化和干法灰化。湿法灰化是利用氧化性酸，例如 HNO_3、H_2SO_4或 $HClO_4$（操作要小心，易爆炸!），达到其沸点时使有机物分解除去。干法灰化是利用高温条件使有机物被氧气氧化而去除。

8.3 高锰酸钾法

8.3.1 高锰酸钾法简介

高锰酸钾法是利用高锰酸钾作滴定剂的氧化还原滴定方法。高锰酸钾属于一种强氧化剂。在酸性溶液中，$KMnO_4$与还原剂作用可转化为 Mn^{2+}：

$$MnO_4^- + 8H^+ + 5e^- \rightleftharpoons Mn^{2+} + 4H_2O \quad \varphi^\ominus = 1.491V$$

在中性或碱性溶液中可转化为 MnO_2：

$$MnO_4^- + 2H_2O + 3e^- \rightleftharpoons MnO_2 + 4OH^- \quad \varphi^\ominus = 0.58V$$

在强碱性溶液中，被还原为 MnO_4^{2-}：

$$MnO_4^- + e^- \rightleftharpoons MnO_4^{2-} \quad \varphi^{\ominus} = 0.56V$$

可以看出，由于 $KMnO_4$ 在强酸性溶液中具有更强的氧化能力，因此一般都在强酸性条件下使用。在中性或碱性条件下，高锰酸钾仍然具有一定的氧化性，也可在中性或碱性条件下使用。特别需要指出，$KMnO_4$ 在碱性条件下氧化有机物的反应速率比在酸性条件下更快。在 NaOH 浓度大于 $2mol \cdot L^{-1}$ 的碱性溶液中，很多有机物可与 $KMnO_4$ 定量反应。

高锰酸钾法应用广泛，在酸性条件下，用 $KMnO_4$ 作氧化剂，可直接滴定许多还原性物质，如 Fe(Ⅱ)、H_2O_2、草酸盐、As（Ⅲ）、Sb（Ⅲ）、W（V）及 U（Ⅳ）等。某些具有氧化性的物质，虽然不能用直接法进行测定，可以采用间接法。比如就 MnO_2 的含量测定来说，可在试样的 H_2SO_4 溶液中加入过量的 $Na_2C_2O_4$，当 MnO_2 与 $Na_2C_2O_4$ 作用完全，再用 $KMnO_4$ 标准溶液滴定剩余的 $Na_2C_2O_4$。运用此类间接方法，还可分析 $K_2Cr_2O_7$、$KClO_3$、PbO_2 及 Pb_3O_4 等氧化性物质。

有些物质自身虽然无氧化还原性，但若能找到与之定量反应的还原剂或氧化剂，则可用间接法进行滴定。比如 Ca^{2+} 的检测过程中，先将 Ca^{2+} 生成 CaC_2O_4 沉淀，接着用稀 H_2SO_4 溶解此沉淀，再用 $KMnO_4$ 标准溶液直接滴定溶液中的 $C_2O_4^{2-}$，最后通过换算得到 Ca^{2+} 的量。可以认为，只要能与 $C_2O_4^{2-}$ 定量地沉淀为草酸盐的金属离子（如 Ba^{2+}、Sr^{2+}、Ni^{2+}、Cd^{2+}、Zn^{2+}、Cu^{2+}、Pb^{2+}、Hg^{2+}、Ag^+、Bi^{3+} 等）都能用此方法测定分析。

总的来说，高锰酸钾法的优点在于 $KMnO_4$ 氧化能力强，使方法的应用非常广泛，但由于 $KMnO_4$ 强的氧化能力，会和很多还原性物质发生作用，所以造成不同程度的干扰；高锰酸钾试剂常含少量杂质，并且其标准溶液稳定性不太高。

8.3.2　高锰酸钾标准溶液

常见的 $KMnO_4$ 试剂常含有二氧化锰、硫酸盐、氯化物及硝酸盐等杂质，因此不能用直接法配制其标准溶液。$KMnO_4$ 氧化力比较强，能与水中的有机物、空气中的尘埃、氨等还原性物质缓慢发生反应，所得产物又会促进 $KMnO_4$ 的副反应；另外，$KMnO_4$ 还会自行分解，产生二氧化锰和氧气，分解的速率随溶液的 pH 而改变，通常在中性溶液中，分解比较慢，但在二价锰和二氧化锰的存在下能加速其分解，光照时分解速率变大。这些因素使高锰酸钾标准溶液的浓度容易改变，因此通常先配成近似浓度的高锰酸钾溶液，再用基准物质标定其浓度。

（1）高锰酸钾标准溶液的配制过程

称量略多于理论量的 $KMnO_4$ 固体，溶解在一定量的蒸馏水中，加热煮沸，冷却后贮于棕色瓶中，在暗处放置数天，这样溶液中可能存在的还原性物质完全氧化。用垂熔玻璃漏斗过滤（不能用普通滤纸过滤），除去析出的二氧化锰沉淀等物质，再进行标定，且应存于另一棕色瓶中。对经久放置后的高锰酸钾标准溶液应重新进行标定。

（2）$KMnO_4$ 溶液的标定

标定 $KMnO_4$ 溶液常用的还原性基准物质有：$Na_2C_2O_4$、$H_2C_2O_4 \cdot 2H_2O$、$(NH_4)_2Fe(SO_4)_2 \cdot 6H_2O$、$As_2O_3$（有毒！）及纯铁丝等。其中 $Na_2C_2O_4$ 不含结晶水，无吸湿性，受热稳定，易于提纯，最为常用。

若采用 $Na_2C_2O_4$ 标定 $KMnO_4$ 溶液的浓度，通常在 H_2SO_4 介质中进行，溶液中所发生的反应为：

$$2MnO_4^- + 5C_2O_4^{2-} + 16H^+ \rightleftharpoons 2Mn^{2+} + 10CO_2\uparrow + 8H_2O$$

为了使 $Na_2C_2O_4$ 和 $KMnO_4$ 反应能定量且快速地进行，应控制下述条件。

① 温度要适当　温度低于 60℃，此反应的速率过于缓慢，因此应将溶液加热至 75～85℃；但温度若过高，在酸性溶液中 $H_2C_2O_4$ 发生部分分解：

$$H_2C_2O_4 \rightleftharpoons CO\uparrow + CO_2\uparrow + H_2O$$

② 酸度要适当　溶液应该保持足够的酸度，一般在开始滴定时，溶液的酸的浓度应控制在 $0.5 \sim 1 mol \cdot L^{-1}$。酸度较低时，往往容易产生二氧化锰沉淀；而酸度过高又会造成 $H_2C_2O_4$ 的分解。

③ 滴定速度　因 MnO_4^- 与 $C_2O_4^{2-}$ 的反应是自催化反应，滴定开始时，开始滴加的 $KMnO_4$ 红色溶液褪色比较慢，所以开始滴定时滴定速度要慢些，在第一滴 $KMnO_4$ 红色没有褪去以前，不要滴加第二滴。随后，可适当加快滴定速度，但也不能太快，特别是不能让 $KMnO_4$ 溶液像流水似地流下，否则滴加的 $KMnO_4$ 溶液来不及与 $C_2O_4^{2-}$ 反应，有可能在热的酸性溶液中发生如下分解反应：

$$4MnO_4^- + 12H^+ \rightleftharpoons 4Mn^{2+} + 6H_2O + 5O_2\uparrow$$

④ 观察滴定终点的时间　观察滴定终点的时间不宜太长。只要滴定到溶液呈现浅红色并在 30s 内不消失即可。原因是 $KMnO_4$ 在溶液中可能发生各种副反应和自身分解反应造成终点不稳定。

8.3.3 应用示例

(1) 过氧化氢的测定

可用 $KMnO_4$ 标准溶液直接测定双氧水中的过氧化氢，反应如下：

$$2MnO_4^- + 5H_2O_2 + 6H^+ \rightleftharpoons 2Mn^{2+} + 8H_2O + 5O_2\uparrow$$

滴定过程可在室温时以硫酸或盐酸作介质，反应在刚开始进行时比较慢，产物中的 Mn^{2+} 可起自催化作用，加速后续的反应。

过氧化氢性质不够稳定，通常添加一些有机物如乙酰苯胺等起稳定作用。所包含的有机物大多能与 $KMnO_4$ 标准溶液作用而影响滴定反应。这种情况下，过氧化氢的含量采用碘量法或硫酸铈法进行分析。

(2) 铁的测定

采用高锰酸钾法分析 Fe^{2+}，用于测定矿石（例如褐铁矿等）、合金、金属盐类及硅酸盐等试样中的含铁量，在工业分析中应用较多。

通常使用盐酸作溶剂，将试样溶解，生成的 Fe^{3+}（实际上是 $FeCl_4^-$、$FeCl_6^{3-}$ 等配离子）要先用还原剂还原为 Fe^{2+}，然后用 $KMnO_4$ 标准溶液直接滴定。试样预处理过程常用的还原剂是 $SnCl_2$（亦有用 Zn、Al、H_2S、SO_2 及汞齐等作还原剂的），剩余的 $SnCl_2$ 可以通过加入 $HgCl_2$ 而除去：

$$SnCl_2 + 2HgCl_2 \rightleftharpoons SnCl_4 + Hg_2Cl_2\downarrow$$

由于 $HgCl_2$ 有剧毒，此方法目前使用较少，近年来已经有多种不用汞盐测定铁的方法，以避免 Hg 化合物对环境的污染。

用高锰酸钾法滴定 Fe^{2+} 之前，还应加入硫酸锰、硫酸及磷酸的混合液，其作用如下：防止 Cl^- 存在下所造成的诱导反应；因滴定过程中产生黄色的 Fe^{3+}，终点到达时，自身指示剂 $KMnO_4$ 所呈现的浅红色将不易观察，会影响终点的观察；在溶液中加入磷酸后，PO_4^{3-} 与 Fe^{3+} 生成无色的 $[Fe(PO_4)_2]^{3-}$ 配离子，会使终点的观察变容易。

(3) 钙的测定

钙的测定是氧化还原滴定中间接法运用的一个典型例子。由于许多金属离子能定量地与 $C_2O_4^{2-}$ 生成沉淀，若把所得沉淀溶于酸中，再用 $KMnO_4$ 法测定 $C_2O_4^{2-}$，就可测定这些金属离子的含量。

钙的测定中，通过仔细控制条件可得到颗粒较大的草酸钙晶形沉淀，并保证 Ca^{2+} 与

$C_2O_4^{2-}$有 1∶1 的关系。一般先加盐酸酸化 Ca^{2+} 的试液，然后再加入$(NH_4)_2C_2O_4$。因 $C_2O_4^{2-}$在酸性条件下大部分的存在形式为草酸氢根，$C_2O_4^{2-}$的浓度比较小，此时即使 Ca^{2+} 浓度很大，CaC_2O_4也不会沉淀。在添加 $(NH_4)_2C_2O_4$后的溶液中加入稀氨水。随着酸逐渐被中和，$C_2O_4^{2-}$ 浓度逐渐增加，会产生颗粒较大的草酸钙沉淀。最终应调节溶液的 pH 在 3.5～4.5 之间并继续保温约 30min，使沉淀陈化（如果将溶液连同沉淀放置过夜以进行陈化，就不需要保温，但对 Mg 含量高的样品，陈化不宜过久，防止 Mg 后沉淀）。这样既可防止 $Ca(OH)_2$或 $(CaOH)_2C_2O_4$沉淀的生成，又使所得 CaC_2O_4沉淀便于过滤和洗涤。体系冷却后，过滤、洗涤，用稀硫酸溶解 CaC_2O_4，即可用 $KMnO_4$标准溶液分析游离出的 $C_2O_4^{2-}$，从而得到 Ca^{2+}的含量。

（4）有机物的测定

在碱性较强溶液中，$KMnO_4$能定量地氧化一些有机物，可用于分析这些物质。

过程中：首先，使 MnO_4^- 定量反应生成 MnO_4^{2-}；然后，将溶液酸化，用还原剂标准溶液（二价铁离子标准溶液）滴定溶液中所有的高价态的锰（均还原为 Mn（Ⅱ）），得到消耗的还原剂的用量。

采用同样方法，得到反应前一定量的碱性 $KMnO_4$溶液相当于还原剂的物质的量，通过比较二者之差即可得到有机物的含量。此方法可用于分析甲酸、葡萄糖、酒石酸、柠檬酸、甲醛等有机物。

8.4 重铬酸钾法

重铬酸钾法是以 $K_2Cr_2O_7$作标准溶液的氧化还原滴定方法，能测定许多无机物和有机物。$K_2Cr_2O_7$在酸性介质中与还原剂作用，半反应式为：

$$Cr_2O_7^{2-}+14H^++6e^-\longrightarrow 2Cr^{3+}+7H_2O$$

反应的标准电位比酸性条件下 MnO_4^- 的标准电位要低，表明重铬酸钾的氧化能力比高锰酸钾弱；$K_2Cr_2O_7$只能在酸性介质条件下作滴定剂，所以 $K_2Cr_2O_7$法的用途没有 $KMnO_4$法广泛，但可以作为其重要的补充方法。此法具有如下优点。

① $K_2Cr_2O_7$容易提纯，因此可以通过准确称取一定质量纯净的 $K_2Cr_2O_7$，配制成确定浓度的标准溶液。

② $K_2Cr_2O_7$溶液非常稳定，只要密闭保存，浓度可稳定很长时间。

③ 浓度较低的 HCl 溶液介质中，室温下不被 Cl^-所还原，因此可用于 HCl 溶液存在的滴定过程。

重铬酸钾法除了可以采用直接滴定法以外，还可以采用间接法。例如对一些有机样品，常在其 H_2SO_4溶液中加入过量 $K_2Cr_2O_7$标准溶液，加热至一定温度，反应完全后冷却，再用 Fe^{2+}（一般用硫酸亚铁铵）标准溶液返滴定。此间接法可以用于电镀液中有机物的测定（要测定电镀液中的有机酸，通常不能用酸碱滴定法进行滴定）。

由于反应过程中橙色的 $Cr_2O_7^{2-}$被还原生成绿色的 Cr^{3+}，变色不够明显，所以重铬酸钾本身不能作指示剂。重铬酸钾法常用氧化还原指示剂如二苯胺磺酸钠、邻苯氨基苯甲酸和邻二氮菲-亚铁。另外，$K_2Cr_2O_7$有毒，应注意其废液的处理，避免环境污染。

重铬酸钾法测定铁是此法的重要应用之一。过程中利用的反应如下：

$$6Fe^{2+}+Cr_2O_7^{2-}+14H^+\rightleftharpoons 6Fe^{3+}+2Cr^{3+}+7H_2O$$

若是铁矿石等样品，通常用 HCl 溶液进行处理。使用热的浓 HCl 作介质，还原到二价铁，再用 $K_2Cr_2O_7$标准溶液滴定。三价铁还原为二价铁可采用 $SnCl_2$进行还原，还可采用

$SnCl_2+TiCl_3$进行还原。

重铬酸钾法测定铁与高锰酸钾法相比较有以下不同之处。

① 滴定过程需要使用氧化还原指示剂，常用二苯胺磺酸钠，终点时溶液由绿色（Cr^{3+}的颜色）变为紫色或紫蓝色。查表知二苯胺磺酸钠变色时的条件电极电位为0.84V，而通过计算滴定至消耗99.9%的Fe^{2+}时，Fe^{3+}/Fe^{2+}电对的电极电位为0.86V，已超过指示剂变色的电位，滴定终点会过早到达。为了降低终点误差，可在试液中加入H_3PO_4，使Fe^{3+}生成无色的稳定的二磷酸合铁配离子，既可消除Fe^{3+}的黄色影响，又可降低Fe^{3+}/Fe^{2+}电对的电极电位，从而防止指示剂被过早氧化。

② 重铬酸钾的电极电位与氯的电极电位接近，因此在较稀HCl溶液中进行滴定时，不会因氧化Cl^-而引入误差。

另外，水样中化学需氧量的测定也可采用重铬酸钾法，具体过程参见国家标准(GB 11914)。

8.5 碘量法

8.5.1 碘量法原理

碘量法（iodimetry或iodometric methods）是基于I_2的氧化性和I^-的还原性来进行滴定的分析方法。其半电池反应为：

$$I_2+2e^- \rightleftharpoons 2I^-$$

因固体I_2在水中的溶解度很小（$0.00133mol \cdot L^{-1}$），且具有挥发性，在实际应用时通常将I_2溶解在KI溶液中，形成I_3^-溶液：

$$I_2+I^- \rightleftharpoons I_3^-$$

则其电对的反应变为：

$$I_3^-+2e^- \rightleftharpoons 3I^-$$

但I_3^-与I_2的标准电极电位相差很小，为方便起见，I_3^-一般仍简写为I_2。

从I_2/I^-电对的条件电极电位或标准电极电位（见附录）可知，I_2是一种较弱的氧化剂，它只能同较强还原剂反应；而I^-则是一种中等强度的还原剂，能被较多的氧化剂氧化。所以，当用碘量法测定物质含量时，应根据待测组分氧化性或还原性的强弱，选择不同的方式进行滴定。下面分别讨论直接碘量法和间接碘量法。

(1) 直接碘量法

用I_2标准溶液直接滴定电位较低的还原性物质，这种方法称为直接碘量法（direct iodimetry）。这些还原性物质有S^{2-}、$S_2O_3^{2-}$、SO_3^{2-}、As_2O_3、Sn（Ⅱ）、Sb（Ⅲ）、维生素C等。

例如：

$$I_2+SO_2+2H_2O \rightleftharpoons 2I^-+SO_4^{2-}+4H^+$$

直接碘量法通常在弱酸性或弱碱性溶液中进行。如测定维生素C需要在乙醇溶液中滴定；而测定As_2O_3则在$NaHCO_3$溶液中进行。

如果滴定在强酸性介质中进行，会使生成的I^-易被空气中的O_2所氧化：

$$4I^-+O_2+4H^+ \rightleftharpoons 2I_2+2H_2O$$

此外，还将加快指示剂淀粉的水解，使终点观察不敏锐。

在强碱性（pH>9）溶液中滴定时I_2会发生歧化反应：

$$3I_2+6OH^- \rightleftharpoons IO_3^- +5I^- +3H_2O$$

I_2的氧化性不强，少数物质能被I_2所氧化；而且反应过程受溶液酸度的影响显著，因此在一定程度上限制了直接碘量法的应用。

(2) 间接碘量法

利用 I^- 的还原性，可与一些氧化性物质（如 $Cr_2O_7^{2-}$、H_2O_2、$KMnO_4$、CrO_4^{2-}、IO_3^-、Cu^{2+}、NO_3^-、NO_2^- 等）定量氧化而析出 I_2，然后利用 $Na_2S_2O_3$标准溶液滴定析出的 I_2，这种滴定方式称为间接碘量法。

例如：

$$Cr_2O_7^{2-}+6I^-+14H^+ \rightleftharpoons 2Cr^{3+}+3I_2+7H_2O$$

$$I_2+2\ S_2O_3^{2-} \rightleftharpoons 2\ I^- +S_4O_6^{2-}$$

只要能与 KI 反应定量地析出 I_2的氧化性物质以及能与过量 I_2在碱性介质中作用的有机物质，均能采用间接碘量法进行检测。

间接碘量法的基本反应为：

$$2I^- -2e^- \rightleftharpoons I_2, I_2+2S_2O_3^{2-} \rightleftharpoons 2I^- +S_4O_6^{2-}\text{（连四硫酸根）}$$

需要指出，间接碘量法中 I_2与 $S_2O_3^{2-}$ 的反应不宜在强酸碱性下进行。这是由于在强碱或强酸性溶液中发生如下反应。

若在碱性溶液中：$S_2O_3^{2-}+4I_2+10OH^- \rightleftharpoons 2SO_4^{2-}+8I^- +5H_2O$

$$3I_2+6OH^- \rightleftharpoons IO_3^- +5I^- +3H_2O$$

若在酸性溶液中：$S_2O_3^{2-}+2H^+ \rightleftharpoons SO_2+S\downarrow + H_2O$

$$4I^- +O_2\ \text{（空气中）}+4H^+ \rightleftharpoons 2I_2+2H_2O$$

若要求在弱碱性溶液中滴定 I_2，要用 Na_3AsO_3取代 $Na_2S_2O_3$。

另外，I^-若直接受阳光照射，副反应速率增加更快，所以碘量法通常在中性或弱酸性溶液中及低温（<25℃）下进行滴定。I_2标准溶液应存放于棕色容器中。并且在间接碘量法中，氧化产生的 I_2必须立即进行滴定，滴定过程一般要使用碘量瓶。过程中不应剧烈振摇，以降低与空气的接触而反应。

(3) 淀粉指示剂

碘量法常用淀粉指示剂来确定终点。在有少量 I^- 存在下，I_2与淀粉反应产生的配合物呈蓝色，滴定终点可根据蓝色的出现或消失来判断。在室温及少量 I^-（$\geqslant 0.001mol \cdot L^{-1}$）存在的条件下，其灵敏度为 $[I_2]=(0.5\sim1)\times10^{-5}mol \cdot L^{-1}$。

溶液中无 I^- 存在时，指示剂的灵敏度降低；另外，其灵敏度还随溶液温度的升高而降低（50℃时的灵敏度只有 25℃时的 1/10）。含有乙醇及甲醇的体系均降低其灵敏度（醇含量超过 50%时，不产生蓝色，小于 5%则无影响）。

淀粉指示剂应临用新配，久置后，与 I_2形成的配合物不呈蓝色而呈紫红色。这种紫红色吸附配合物在用 $Na_2S_2O_3$滴定时褪色慢，使终点不明显。

8.5.2 标准溶液

碘量法主要有碘标准溶液和硫代硫酸钠两种标准溶液。

(1) 碘标准溶液

可用升华法制得纯碘，因此能够采用直接法配制标准溶液。但因碘具有挥发性和腐蚀性，一般将其先配制成近似浓度的溶液后，再进行标定。因碘几乎不溶于水，但能溶于 KI 溶液，故配制溶液时要加入过量 KI。应防止配好的碘溶液与橡皮等有机物接触，并防止见光、遇热，以免浓度改变。

碘标准溶液的浓度，可通过与已知浓度的 $Na_2S_2O_3$ 标准溶液比较而求得，也可用三氧化二砷（剧毒!）作基准物进行标定。碘与 $Na_2S_2O_3$ 的反应前面已经介绍。下面为 As_2O_3 在弱碱性条件下与 I_2 的反应：

$$As_2O_3+6OH^- \rightleftharpoons 2AsO_3^{3-}+3H_2O$$

$$AsO_3^{3-}+I_2+H_2O \rightleftharpoons AsO_4^{3-}+2I^-+2H^+$$

通常在 $NaHCO_3$ 溶液（pH≈8）中进行滴定。

（2）硫代硫酸钠标准溶液

市售硫代硫酸钠（$Na_2S_2O_3 \cdot 5H_2O$）因其容易风化、潮解而一般都含有少量杂质，如 S、Na_2SO_3、Na_2SO_4、Na_2CO_3、NaCl 等，故不能直接配制成准确浓度的溶液，只能先配制成近似浓度的溶液后进行标定。

通过配制得到的 $Na_2S_2O_3$ 溶液浓度也易改变。

$$S_2O_3^{2-}+H_2O+CO_2 \rightleftharpoons HSO_3^-+HCO_3^-+S\downarrow$$

$$2S_2O_3^{2-}+O_2 \rightleftharpoons 2SO_4^{2-}+2S\downarrow$$

$$S_2O_3^{2-} \rightleftharpoons SO_3^{2-}+S\downarrow \quad \text{（细菌作用下）}$$

正是由于这些副反应的存在，在配制 $Na_2S_2O_3$ 溶液时，必须除去溶液中的空气并杀死细菌；应使用新煮沸并冷却的蒸馏水，加入少量 Na_2CO_3（约 0.02%）使溶液呈微碱性，有时为避免细菌的作用，要加入少量 HgI_2（$10mg \cdot L^{-1}$）。为了防止光照促进 $Na_2S_2O_3$ 的分解，溶液要在棕色瓶中保存，置于暗处，经 8～14 天再标定（《中国药典》规定放置 1 个月）。对保存时间较长的溶液，隔 1～2 个月标定一次，若溶液出现浑浊，需要重新配制。

除了纯碘之外，能用于标定 $Na_2S_2O_3$ 溶液的基准物质，还有纯铜、KIO_3、$KBrO_3$、$K_2Cr_2O_7$、$K_3[Fe(CN)_6]$ 等。后面这些物质都会涉及与 KI 反应而析出 I_2：

$$IO_3^-+5I^-+6H^+ \rightleftharpoons 3I_2+3H_2O$$

$$BrO_3^-+6I^-+6H^+ \rightleftharpoons 3I_2+3H_2O+Br^-$$

$$Cr_2O_7^{2-}+6I^-+14H^+ \rightleftharpoons 2Cr^{3+}+3I_2+7H_2O$$

$$2[Fe(CN)_6]^{3-}+2I^- \rightleftharpoons 2[Fe(CN)_6]^{4-}+I_2$$

$$2Cu^{2+}+4I^- \rightleftharpoons 2CuI\downarrow+I_2$$

随后，用 $Na_2S_2O_3$ 标准溶液滴定所析出的 I_2，发生间接碘量法的第二步反应：

$$I_2+2S_2O_3^{2-} \rightleftharpoons 2I^-+S_4O_6^{2-}$$

需要指出，上述标定方法也属于间接碘量法的应用，过程中应注意以下几点。

① 使用淀粉作指示剂时，用 $Na_2S_2O_3$ 溶液滴定至体系呈浅黄色，此时大部分 I_2 已反应，再加入淀粉溶液，用 $Na_2S_2O_3$ 溶液继续滴定至蓝色恰好消失，则终点到达。指示剂加得太早，大量的 I_2 会与淀粉结合成蓝色物质，这些碘就很难与 $Na_2S_2O_3$ 作用，从而会造成误差较大。

由于空气会氧化 I^-，到达终点后的几分钟之内，溶液又会呈蓝色。

② 就基准物（如 $K_2Cr_2O_7$）与 KI 的反应，在开始滴定时酸度一般以 $0.8\sim1.0mol \cdot L^{-1}$ 为宜。虽然溶液的酸度越大，反应速率越快，但酸度过大，I^- 易被空气中的 O_2 氧化。

③ $K_2Cr_2O_7$ 与 KI 的反应比较慢，需要将溶液在暗处放置一定时间（5min），等反应完全后再进行滴定。KIO_3 与 KI 的反应快，不需要放置。

8.5.3 碘量法的应用

（1）硫化钠总还原能力的测定

在酸度较低的条件下，I_2 氧化 H_2S 的反应如下：

$$I_2 + H_2S \rightleftharpoons S\downarrow + 2H^+ + 2I^-$$

此反应式是用直接碘量法测定硫化物的基本原理。为了避免 S^{2-} 在酸性条件下生成过量的 H_2S，在测定时应用移液管取 Na_2S 试液加入过量酸性 I_2 溶液中，反应完全后，再用硫代硫酸钠标准溶液滴定剩余的 I_2。Na_2S 中常含有一些还原性物质（如 Na_2SO_3、$Na_2S_2O_3$ 等）也会与 I_2 作用，因此测定结果实际上是 Na_2S 的总还原能力。

另外，此法还可以测定其他能与酸作用生成 H_2S 的样品（如某些含硫的矿石，石油和废水中的硫化物，钢铁中的硫，以及有机物中的硫等）的含硫量；可用镉盐或锌盐的氨溶液吸收这些试样与酸反应时生成的 H_2S，然后进行滴定测定。

(2) 硫酸铜中铜的测定

硫酸铜溶液中 Cu^{2+} 与 I^- 的反应如下：

$$2Cu^{2+} + 4I^- \rightleftharpoons 2CuI\downarrow + I_2$$

反应过程中产生的 I_2 用 $Na_2S_2O_3$ 标准溶液滴定，就可得到铜的含量。为了使上述反应趋于比较完全的程度，需要加入过量的 KI。由于 CuI 沉淀强烈地吸附 I_2，因此会使测定结果偏低。

若在反应体系中加入 KSCN，使 CuI 成为溶解度更小的 CuSCN 沉淀，则不仅可以释放出被 CuI 吸附的 I_2，而且反应产生的 I^- 可与未作用的 Cu^{2+} 反应。就可以使用少量的 KI 而能使反应进行得更完全。然而，KSCN 必须在接近终点时加入，因为 SCN^- 可能被氧化而使结果偏低。CuSCN 沉淀生成的反应如下：

$$CuI + SCN^- \rightleftharpoons CuSCN\downarrow + I^-$$

反应体系应在 pH3～4 的硫酸溶液中进行。若酸度过小，Cu^{2+} 会发生水解，反应速率慢，终点拖长；酸度过大，则 I^- 被空气氧化的反应会被 Cu^{2+} 催化作用而加速，结果会偏高；另外，大量 Cl^- 会与 Cu^{2+} 配位，不宜使用 HCl 溶液作介质。

此方法也可用于矿石（铜矿等）、合金、炉渣或电镀液中铜的测定。对于此类固体样品，可选用适当的试剂溶解后，再进行测定，并应注意防止其他共存离子的干扰。比如若试样含有 Fe^{3+}，会氧化 I^-，从而干扰铜的测定。可加入 NH_4HF_2，可使 Fe^{3+} 生成稳定的 $[FeF_6]^{3-}$ 配离子，使 Fe^{3+}/Fe^{2+} 电对的电极电位降低，从而可避免 Fe^{3+} 氧化 I^-，NH_4HF_2 还可控制溶液在适宜的 pH 范围。

$$2Fe^{3+} + 2I^- \rightleftharpoons 2Fe^{2+} + I_2$$

(3) 漂白粉中有效氯的测定

漂白粉主要成分的化学式可用 Ca(ClO)Cl（氯化钙和次氯酸钙）表示，其他还有 $CaCl_2$、$Ca(ClO_3)_2$ 及 CaO 等。通常采用能释放出的氯的量来表征漂白粉的质量，常用氯元素的质量分数来衡量。

检测漂白粉中的有效氯过程为：先将试样溶于稀 H_2SO_4 溶液中，再加入过量 KI，最后用 $Na_2S_2O_3$ 标准溶液滴定反应产生的碘，主要反应如下：

$$ClO^- + 2I^- + 2H^+ \rightleftharpoons I_2 + Cl^- + H_2O$$

(4) 有机物的测定

① 直接碘量法　碘量法可用于能被碘定量氧化的物质，只要反应速率足够快，就可采用直接碘量法。比如维生素 C、巯基乙酸、四乙基铅及安乃近药物等。

维生素 C（抗坏血酸）是生物体中重要的维生素之一。它具有抗坏血病的作用，也是衡量蔬菜、水果品质的常用指标之一。维生素 C 结构中的烯醇基具有较强的还原性，能被碘定量氧化成二酮基，反应如下：

$$C_6H_8O_6 + I_2 \rightleftharpoons C_6H_6O_6 + 2HI$$

由上述反应式来看，碱性条件有利于反应向右进行，但抗坏血酸易于被空气中的氧所氧化，并使碘发生歧化反应（见国家标准 GB 15347—2015）。

② 间接碘量法　间接碘量法在有机物的测定中应用更广泛。

比如在葡萄糖的碱性试样中，加入过量的碘标准溶液，有关反应如下：

$$I_2+2OH^- \rightleftharpoons IO^- + I^- + H_2O$$

$$CH_2OH(CHOH)_4CHO+IO^- + OH^- \rightleftharpoons CH_2OH(CHOH)_4COO^- + I^- + H_2O$$

$$3IO^- \rightleftharpoons IO_3^- + 2I^-$$

$$IO_3^- + 5I^- + 6H^+ \rightleftharpoons 3I_2 + 3H_2O$$

然后，用 $Na_2S_2O_3$标准溶液滴定析出的 I_2，计算得到其含量。

8.6 其他氧化还原滴定法

8.6.1 硫酸铈法

硫酸铈法（cerium sulphate method），简称铈量法（cerium method），是使用硫酸高铈作氧化剂的滴定法。

$Ce(SO_4)_2$属于一种较强氧化剂，通常用于酸度较高的溶液中，原因是在酸度较低的溶液中 Ce^{4+}会水解。电对 Ce^{4+}/Ce^{3+} 的电极电位由酸的浓度和阴离子的种类决定。因为 Ce^{4+}在高氯酸介质中不易产生配位作用，而在其他酸中 Ce^{4+}都可能与相应的阴离子如 Cl^- 和 SO_4^{2-} 等产生配位作用，因而在实际应用中 $Ce(SO_4)_2$的反应通常选择在 $HClO_4$或 HNO_3溶液中而不在 H_2SO_4溶液中进行。

$Ce(SO_4)_2$的条件电极电位介于 $KMnO_4$与 $K_2Cr_2O_7$之间，通常能用 $KMnO_4$法检测的样品，也可用硫酸铈法分析，但铈量法具有如下优点。

① Ce^{4+}转变为 Ce^{3+}过程中，只转移一个电子，并且不生成中间价态的生成物，反应比较简单。可在醇类、醛类等存在下分析 Fe^{2+}。

$$Ce^{4+} + e^- \rightleftharpoons Ce^{3+}$$

② 可在较高浓度的盐酸溶液中对还原剂进行滴定。

③ 硫酸高铈标准溶液能通过易于提纯的 $Ce(SO_4)_2 \cdot 2(NH_4)_2SO_4 \cdot 2H_2O$ 直接配制，无需进行标定。配制铈的标准溶液非常稳定，放置较长时间甚至煮沸也不易分解，并且铈的化合物通常无毒，因此其废液容易处理。

但溶液酸度较低时，磷酸会干扰测定，原因是产生磷酸高铈沉淀。硫酸高铈溶液为橙黄色，Ce^{3+}为无色，用 $0.1mol \cdot L^{-1}$ $Ce(SO_4)_2$滴定无色溶液时，可用其自身作指示剂，灵敏度不够高。因 Ce^{4+}的橙黄色随温度升高而加深，故在热溶液中的滴定终点变色较敏锐。若使用指示剂邻二氮杂菲-亚铁，终点的变色更明显。

8.6.2 溴酸钾法

溴酸钾法（potassium bromate method）是以 $KBrO_3$作氧化剂的一类滴定法。尤其在酸性溶液中，$KBrO_3$属于强氧化剂，此电对反应式如下：

$$2BrO_3^- + 12H^+ + 10e^- \rightleftharpoons Br_2 + 6H_2O \quad \varphi^{\ominus}_{BrO_3^-/Br_2} = +1.44V$$

然而，$KBrO_3$的反应进行得比较慢，因此常常在 $KBrO_3$标准溶液中加入过量 KBr，当溶液酸化时，BrO_3^- 会氧化 Br^- 而产生溴：

$$BrO_3^- + 5Br^- + 6H^+ \rightleftharpoons 3Br_2 + 3H_2O$$

所产生的溴具有一定的氧化性：

$$Br_2 + 2e^- \rightleftharpoons 2Br^-$$

$$\varphi^{\ominus}_{Br_2/2Br^-} = +1.08V$$

另外，溴酸钾法可直接滴定一些物质。比如矿石中锑的含量测定，可将样品溶解，使 Sb^{5+} 还原为 Sb^{3+}，在 HCl 介质中以甲基橙为指示剂，用 $KBrO_3$ 标准溶液滴定，待溶液有微过量的 Br_2 生成时，会使甲基橙氧化褪色，指示终点到达。

$$3Sb^{3+} + BrO_3^- + 6H^+ \rightleftharpoons 3Sb^{5+} + Br^- + 3H_2O$$

溴酸钾法还可直接测定 As(Ⅲ)、Sn(Ⅱ)、Tl(Ⅰ) 及联氨（N_2H_4）等物质。此外，溴酸钾法常与其他方法配合使用：先用过量的 $KBrO_3$ 标准溶液处理待测样品，过量的 $KBrO_3$ 在酸性溶液中与 KI 作用，产生 I_2，然后用 $Na_2S_2O_3$ 标准溶液进行滴定。这类间接溴酸钾法在有机物测定中应用广泛。

比如苯酚的检测就是利用苯酚与溴的反应，反应式如下：

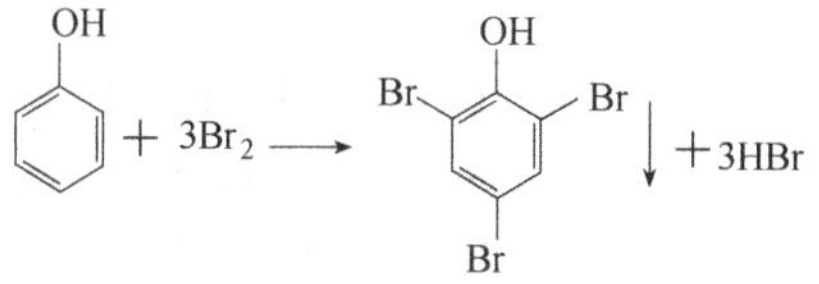

过程中可在苯酚试液中加入过量的 $KBrO_3$-KBr 标准溶液，加入 HCl 溶液酸化后，$KBrO_3$ 与 KBr 反应析出游离 Br_2，与苯酚发生上述反应。将多余的 Br_2 与 KI 作用，置换出定量的 I_2，最后用 $Na_2S_2O_3$ 标准溶液滴定。从加入的 $KBrO_3$ 量中减去剩余量，即可得到测定结果。

采用类似的方法还可测定甲酚、间苯二酚及苯胺等有机物。

溴酸钾法也可用来间接测定许多金属离子。因 8-羟基喹啉能定量沉淀许多金属离子，故可用溴酸钾法测定沉淀中 8-羟基喹啉的含量，从而获得金属离子的含量。

8-羟基喹啉与 Br_2 发生的反应如下：

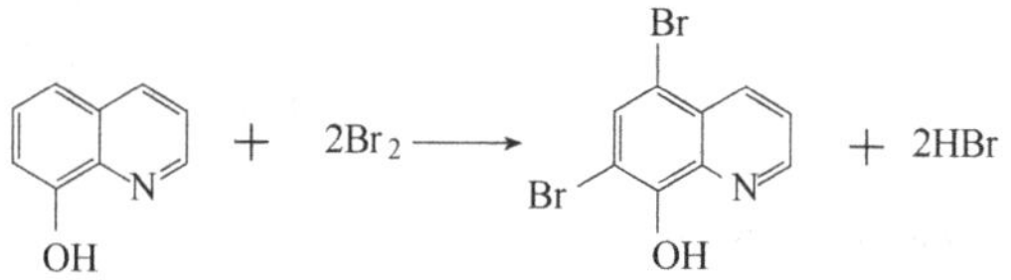

因 $KBrO_3$ 易于在水溶液中重结晶提纯，故其标准溶液可用直接法配制，无需进行标定。另外，可用基准物（如 As_2O_3）或用间接碘量法测定溴酸钾的准确浓度。

8.6.3 亚砷酸钠-亚硝酸钠法

亚砷酸钠-亚硝酸钠法（sodium arsenite-sodium nitrate method）是利用 Na_3AsO_3-$NaNO_2$ 混合溶液作还原剂的滴定分析方法。该方法可测定矿石、钢材等样品中的锰。先使用磷酸溶解试样，再用过硫酸铵将 Mn(Ⅱ) 氧化为 Mn(Ⅶ)，最后用 Na_3AsO_3-$NaNO_2$ 标准溶液滴定，最终的滴定反应方程式为：

$$2MnO_4^- + 5AsO_3^{3-} + 6H^+ \rightleftharpoons 2Mn^{2+} + 5AsO_4^{3-} + 3H_2O$$

$$2MnO_4^- + 5NO_2^- + 6H^+ \rightleftharpoons 2Mn^{2+} + 5NO_3^- + 3H_2O$$

Na_3AsO_3-$NaNO_2$ 标准溶液的浓度可用标准钢样进行测定。

若待测试样中铜、镍、钴含量高时，可用氨水、过硫酸铵将锰反应生成水合二氧化锰，可与这些元素分离，而少量铝、钒存在不会影响测定结果。

8.7 氧化还原滴定有关计算

氧化还原滴定有关计算主要依据被测物与滴定剂间的化学计量关系，确定反应物之间的化学计量数（或物质的量之比），得到被测物的含量。

例 8-5 取苯酚试样 0.5015g，用 NaOH 溶液溶解后，用水准确稀释至 250.0mL，准确移取 25mL 试液于碘量瓶中，加入 $KBrO_3$-KBr 标准溶液 25mL 及 HCl，使苯酚溴化为三溴苯酚。加入 KI 溶液，使未反应的 Br_2 还原并析出定量的 I_2，然后用 $0.1012mol\cdot L^{-1}$ $Na_2S_2O_3$ 标准溶液滴定，消耗 15.05mL。另取 25.00mL $KBrO_3$-KBr 标准溶液，加入 HCl 及 KI 溶液，析出的 I_2 用 $0.1012mol\cdot L^{-1}$ $Na_2S_2O_3$ 标准溶液滴定，用去 40.20mL。求试样中苯酚的质量分数。

解：有关反应式如下：

$$KBrO_3+5KBr+6HCl \rightleftharpoons 6KCl+3Br_2+3H_2O$$

$$C_6H_5OH+3Br_2 \rightleftharpoons C_6H_2Br_3OH+3HBr$$

$$Br_2+2KI \rightleftharpoons I_2+2KBr$$

$$I_2+2Na_2S_2O_3 \rightleftharpoons 2NaI+Na_2S_4O_6$$

$$1C_6H_5OH \sim 3Br_2 \sim 3I_2 \sim 6Na_2S_2O_3$$

因此

$$n_{C_6H_5OH}=\frac{1}{6}n_{S_2O_3^{2-}}$$

故

$$w_{苯酚}=\frac{\frac{1}{6}\times c_{Na_2S_2O_3}\times[V_{1(Na_2S_2O_3)}-V_{2(Na_2S_2O_3)}]M_{C_6H_5OH}}{m_s\times\frac{25.00}{250.0}}$$

$$=\frac{\frac{1}{6}\times 0.1012mol\cdot L^{-1}\times[40.20-15.02]\times 10^{-3}L\times 94.11g\cdot mol^{-1}}{0.5015g\times\frac{25.00}{250.0}}$$

$$=0.7960=79.60\%$$

例 8-6 使用 25.00mL $KMnO_4$ 溶液恰能氧化一定质量的 $KHC_2O_4\cdot H_2O$，而相同量 $KHC_2O_4\cdot H_2O$ 又恰好能与 20.00 mL $0.2000mol\cdot L^{-1}$ KOH 溶液中和，试计算 $KMnO_4$ 溶液的浓度。

解：由氧化还原反应式 $2MnO_4^-+5C_2O_4^{2-}+16H^+ \rightleftharpoons 2Mn^{2+}+10CO_2+8H_2O$，其化学计量关系为：

$$n_{KMnO_4}=\frac{2}{5}n_{C_2O_4^{2-}}$$

故

$$c_{KMnO_4}V_{KMnO_4}=\frac{2}{5}\times\frac{m_{KHC_2O_4\cdot H_2O}}{M_{KHC_2O_4\cdot H_2O}}$$

即

$$m_{KHC_2O_4\cdot H_2O}=c_{KMnO_4}V_{KMnO_4}\frac{5M_{KHC_2O_4\cdot H_2O}}{2}$$

在酸碱反应中

$$n_{KOH}=n_{HC_2O_4^-}$$

$$c_{KOH}V_{KOH}=\frac{m_{KHC_2O_4\cdot H_2O}}{M_{KHC_2O_4\cdot H_2O}}$$

即

$$m_{KHC_2O_4\cdot H_2O}=c_{KOH}V_{KOH}M_{KHC_2O_4\cdot H_2O}$$

已知两次作用的 $KHC_2O_4 \cdot H_2O$ 的量相同，而 $V_{KMnO_4}=25.00mL V_{KOH}=20.00mL$，$c_{KOH}=0.2000mol \cdot L^{-1}$，故

$$c_{KMnO_4}V_{KMnO_4}\times\frac{5}{2}\times\frac{M_{KHC_2O_4 \cdot H_2O}}{1000}=c_{KOH}V_{KOH}\frac{M_{KHC_2O_4 \cdot H_2O}}{1000}$$

即 $c_{KMnO_4}\times 25.00mL\times\frac{5}{2000}=0.2000mol \cdot L^{-1}\times 20.00mL\times\frac{1}{1000}$

$$c_{KMnO_4}=0.06400mol \cdot L^{-1}$$

例 8-7　以 KIO_3 为基准物标定 $0.1000mol \cdot L^{-1}$ $Na_2S_2O_3$ 溶液的浓度。欲将消耗的 $Na_2S_2O_3$ 溶液的体积控制在 25mL 左右，问应当称取 KIO_3 多少克？

解：反应式为　$$IO_3^- + 5I^- + 6H^+ \rightleftharpoons 3I_2 + 3H_2O$$

$$2S_2O_3^{2-} + I_2 \rightleftharpoons S_4O_6^{2} + 2I^-$$

其化学计量关系为 $1IO_3^- \sim 3I_2 \sim 6S_2O_3^{2-}$，故

$$n_{IO_3^-}=\frac{1}{6}n_{S_2O_3^{2-}}$$

$$n_{Na_2S_2O_3}=c_{Na_2S_2O_3}V_{Na_2S_2O_3}$$

$$n_{KIO_3}=\frac{1}{6}c_{Na_2S_2O_3}V_{Na_2S_2O_3}=\frac{1}{6}\times 0.1000mol \cdot L^{-1}\times 25\times 10^{-3}L=0.000417mol$$

应称取 KIO_3 的质量为：

$$m_{KIO_3}=n_{KIO_3}M_{KIO_3}=0.000417mol\times 214.0g \cdot mol^{-1}=0.0892g$$

例 8-8　称取 0.1000g 工业甲醇，在 H_2SO_4 溶液中与 25.00mL $0.01667mol \cdot L^{-1}$ $K_2Cr_2O_7$ 溶液作用。反应完成后，以邻苯氨基苯甲酸作指示剂，用 $0.1000mol \cdot L^{-1}$ $(NH_4)_2Fe(SO_4)_2$ 溶液滴定剩余的 $K_2Cr_2O_7$，用去 10.00mL。计算试样中甲醇的质量分数。

解：在 H_2SO_4 介质中，甲醇与 $K_2Cr_2O_7$ 的反应式为：

$$CH_3OH + Cr_2O_7^{2-} + 8H^+ \rightleftharpoons CO_2\uparrow + 2Cr^{3+} + 6H_2O$$

过量的 $K_2Cr_2O_7$ 以 Fe^{2+} 溶液滴定，其反应如下：

$$Cr_2O_7^{2-} + 6Fe^{2+} + 14H^+ \rightleftharpoons 2Cr^{3+} + 6Fe^{3+} + 7H_2O$$

与 CH_3OH 作用的 $K_2Cr_2O_7$ 的物质的量应为加入的 $K_2Cr_2O_7$ 的物质的量减去与 Fe^{2+} 作用的 $K_2Cr_2O_7$ 的物质的量。由反应可知：

$$1CH_3OH \sim 1\ Cr_2O_7^{2-} \sim 6Fe^{2+}$$

因此　$$n_{CH_3OH}=n_{Cr_2O_7^{2-}},\quad n_{Cr_2O_7^{2-}}=\frac{1}{6}n_{Fe^{2+}}$$

$$w_{CH_3OH}=\frac{\left[c_{K_2Cr_2O_7}V_{K_2Cr_2O_7}-\frac{1}{6}c_{Fe^{2+}}V_{Fe^{2+}}\right]M_{CH_3OH}}{m_{试样}}$$

$$=\left[\left(25.00mL\times 0.01667mol \cdot L^{-1}-\frac{1}{6}\times 10.00mL\times 0.1000mol \cdot L^{-1}\right)\times 10^{-3}L\times 32.04g \cdot mol^{-1}\right]/0.1000g$$

$$=0.0801=8.01\%$$

阅读材料　1. 水样中化学需氧量的测定

水样中化学需氧量（COD）是衡量水体受还原性物质污染程度的综合性指标，用高锰酸钾法测定时称为 COD_{Mn} 或高锰酸钾指数。其物理意义是指水体中还原性物质所消耗的氧

化剂的量，换算成氧的含量（mg·L^{-1}）。具体过程为，在待测水样中加入 H_2SO_4 及过量的 $KMnO_4$ 溶液，在水浴中加热反应，将水样中的还原性物质氧化。使用过量的 $Na_2C_2O_4$ 溶液还原剩余的 $KMnO_4$，并用 $KMnO_4$ 标准溶液返滴定剩余的 $Na_2C_2O_4$。此方法可测定地表水、地下水、饮用水和生活污水中 COD 参数。

氯离子会影响测定过程，可使用 Ag_2SO_4 消除干扰，而含氯高的水样中 COD 的测定，需要改用 $K_2Cr_2O_7$ 法。

水样中化学需氧量的测定的反应式为：

$$5C+4MnO_4^{2-}+12H^+ \rightleftharpoons 4Mn^{2+}+5CO_2\uparrow+6H_2O$$

$$5C_2O_4^{2-}+2MnO_4^-+16H^+ \rightleftharpoons 2Mn^{2+}+10CO_2\uparrow+8H_2O$$

过程中必须严格控制加热和沸腾的时间，因 $KMnO_4$ 在此条件下易分解。

阅读材料　2. 卡尔·费休法测定微量水分

德国化学家卡尔·费休（Karl. Fisher）于 1935 年提出了用碘量法测定微量水分的方法。近年来，虽可用气相色谱法测定水分，但对难于汽化物质中的微量水分，卡尔·费休法仍为成本低且灵敏的分析方法。

卡尔·费休法的原理是利用 I_2 氧化 SO_2 反应过程中有定量的水参加：

$$SO_2+I_2+2H_2O \rightleftharpoons H_2SO_4+2HI$$

长期以来利用该反应可广泛用于无机物和有机物中水分的测定，但此反应具有可逆性，欲使反应正向进行比较完全，应加入合适的碱性物质以中和反应产生的酸。若用吡啶作溶剂可满足此要求。反应以如下方式进行：

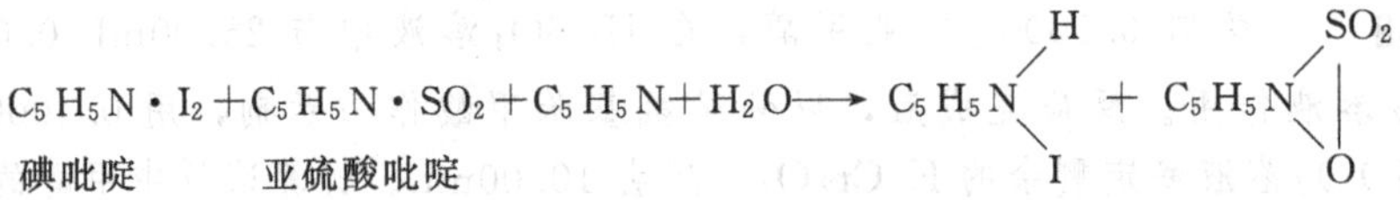

碘吡啶　亚硫酸吡啶　氢碘酸吡啶　硫酸吡啶

反应产生的硫酸吡啶不太稳定，能与水发生副反应，消耗一部分水而干扰测定：

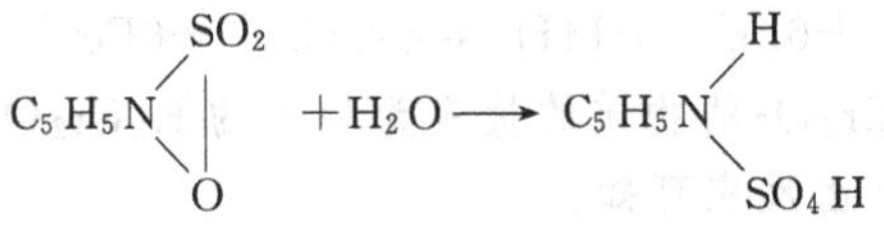

在甲醇存在的条件下，硫酸吡啶可生成稳定的甲基硫酸氢吡啶，使反应能顺利地正向进行。

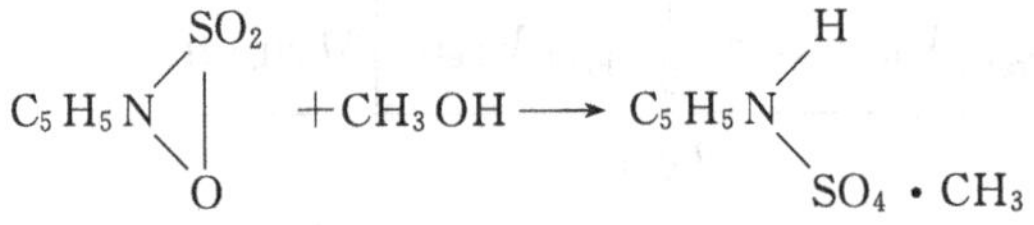

总之，卡尔·费休法属于碘量法在非水滴定中的应用；其中滴定时的标准溶液是含不同比例的 I_2、SO_2、C_5H_5N 及 CH_3OH 的混合溶液，此溶液称为费休试剂。费休试剂呈棕色，与 H_2O 反应后，棕色会褪去，而当溶液中出现棕色时，即到达滴定的终点。若样品中水分含量过少，由颜色判断终点不够敏锐，则判断终点时常使用电化学方法。

卡尔·费休法的优点在于应用范围广，测定速度快；而缺点在于试剂不稳定，标准溶液对水的滴定度下降很明显。近期对方法的改进为：在其他成分不变的情况下，用乙二醇单甲醚代替甲醇，可扩大试剂的适用范围，减少有干扰的副反应。卡尔·费休法不仅可用于水分测定，而且根据反应中生成或消耗的水分量，也可用来间接测定某些有机官能团。

思考题与习题

[8-1] 什么是氧化还原滴定法，它与酸碱滴定法和配位滴定法有什么相同点和不同点？

[8-2] 为什么引入条件电极电位处理氧化还原平衡？外界条件对条件电极电位有何影响？

[8-3] 如何判断氧化还原反应进行的完全程度？是否平衡常数大的氧化还原反应都能用于氧化还原滴定中？为什么？

[8-4] 氧化还原反应速率的主要影响因素有哪些？在分析中是否能利用加热的方法来提高反应速率？

[8-5] 什么是自动催化反应？什么是诱导反应？两者有何不同？

[8-6] 氧化还原滴定过程中电位的突跃范围如何计算？影响氧化还原滴定的突跃范围大小的因素有哪些？怎样确定化学计量点时的电极电位？

[8-7] 氧化还原指示剂的种类有哪些？其变色原理各为什么？

[8-8] 试指出下列错误：

(1) 某同学配制 0.02mol·L^{-1} $Na_2S_2O_3$ 500mL，方法如下：在分析天平上准确称取 $Na_2S_2O_3 \cdot 5H_2O$ 2.482g，溶于蒸馏水中，加热煮沸，冷却，转移至 500mL 容量瓶中，加蒸馏水定容摇匀，保存待用。

(2) 以 $K_2Cr_2O_7$ 标定 $Na_2S_2O_3$ 溶液浓度时，用 $K_2Cr_2O_7$ 溶液直接滴定 $Na_2S_2O_3$ 溶液。

[8-9] 氧化还原滴定之前，为什么要进行预处理？对预处理所用的氧化剂或还原剂有哪些要求？

[8-10] 写出用 $KMnO_4$ 法测定含有 $FeCl_3$ 及 H_2O_2 的溶液中各组分含量的步骤，并说明测定中应注意哪些问题？

[8-11] 为何测定 MnO 时不采用 Fe^{2+} 标准溶液直接滴定，而是在 MnO 试液中加入过量 Fe^{2+} 标准溶液，而后采用 $KMnO_4$ 标准溶液回滴？

[8-12] 写出分别测定某一混合试液中 Cr^{3+} 及 Fe^{3+} 的步骤。

[8-13] 测定软锰矿中 MnO_2 含量时，在 HCl 溶液中 MnO_2 能氧化 I^- 析出 I_2，可以用碘量法测定 MnO_2 的含量，但 Fe^{3+} 有干扰。实验说明，用磷酸代替 HCl 时，Fe^{3+} 无干扰，何故？

[8-14] 根据 $\varphi^{\ominus}_{Hg^{2+}/Hg}$ 和 Hg_2Cl_2 的溶度积计算 $\varphi^{\ominus}_{Hg_2Cl_2/Hg}$。如果溶液中 Cl^- 浓度为 0.010mol·L^{-1}，Hg_2Cl_2/Hg 电对的电位为多少？

[8-15] 计算在 pH=3.0 时，$c_{EDTA}=0.01$mol·L^{-1} 时 Fe^{3+}/Fe^{2+} 电对的条件电极电位。

[8-16] 计算出以下半反应的条件电极电位（已知 $\varphi^{\ominus}=-0.390$V，pH=7，抗坏血酸 $pK_{a1}=4.10$、$pK_{a2}=11.79$）。

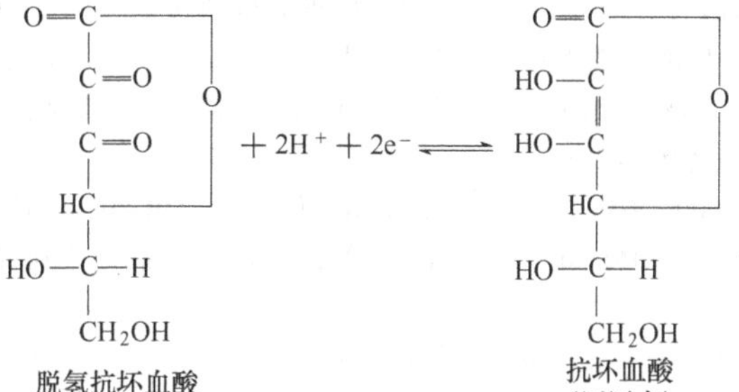

脱氢抗坏血酸（氧化态）　　抗坏血酸（还原态）

提示：半反应为 $D+2H^++2e^- \rightleftharpoons H_2A$，能斯特方程为 $\varphi=\varphi^{\ominus}+\frac{0.059}{2}\lg\frac{[D][H^+]^2}{[H_2A]}$，设[D]=$c$，找出二元酸的分布系数。

[8-17] 在 1mol·L^{-1} 的 HCl 溶液中用 Fe^{3+} 溶液滴定 Sn^{2+} 时，计算：

(1) 所涉及反应的平衡常数及化学计量点时反应进行的程度；

(2) 滴定的电位突跃范围。在此滴定中应选用什么指示剂？用所选指示剂时滴定终点是否和化学计量点一致？

[8-18] 计算 pH=10.0，$c(NH_3)$=0.1mol·L^{-1}的溶液中 Zn^{2+}/Zn 电对的条件电极电位（忽略离子强度的影响）。已知锌氨配离子的各级累积稳定常数为：

$\lg\beta_1=2.27$，$\lg\beta_2=4.61$，$\lg\beta_3=7.01$，$\lg\beta_4=9.06$，NH_4^+解离常数为 $K_a=10^{-9.25}$。

[8-19] 高锰酸钾法测定 Fe^{2+}时，$KMnO_4$溶液的浓度是 0.02484mol·L^{-1}，如果控制在酸性条件下进行，计算用如下物质表示的滴定度：(1) Fe；(2) Fe_2O_3；(3) $FeSO_4 \cdot 7H_2O$。

[8-20] 在酸性条件下，将软锰矿试样 0.5000g 与 0.6700g 纯 $Na_2C_2O_4$ 充分反应，以 0.02000mol·L^{-1} $KMnO_4$溶液滴定剩余的 $Na_2C_2O_4$，至终点时消耗 30.00mL。计算试样中 MnO_2的质量分数。

[8-21] 用盐酸溶解褐铁矿试样 0.4000g，并将 Fe^{3+}还原为 Fe^{2+}，用$K_2Cr_2O_7$标准溶液滴定。若所用 $K_2Cr_2O_7$溶液的体积（以 mL 为单位）与试样中 Fe_2O_3的质量分数相等。求 $K_2Cr_2O_7$溶液对铁的滴定度。

[8-22] 某试样除 Pb_3O_4 外仅含惰性杂质，称取 0.1000g，用盐酸溶解，加热下加入 0.02000mol·L^{-1} $K_2Cr_2O_7$ 标准溶液 25.00mL，析出 $PbCrO_4$ 沉淀。冷却后过滤，将沉淀用盐酸溶解后加入淀粉和 KI 溶液，用 0.1000mol·$L^{-1}$$Na_2S_2O_3$ 标准溶液滴定，消耗 12.00mL。试样中 Pb_3O_4 的质量分数是多少？

[8-23] 化合物盐酸羟胺（$NH_2OH \cdot HCl$）可用溴酸钾法和碘量法测定。量取 20.00mL $KBrO_3$溶液与 KI 反应，析出的 I_2用 0.1020mol·L^{-1} $Na_2S_2O_3$溶液滴定，需用 19.61mL。1mL $KBrO_3$溶液相当于多少毫克的盐酸羟胺？

[8-24] 取含 KI 的试样 1.000g 配成水溶液。加 10mL 0.05000mol·$L^{-1}$$KIO_3$溶液处理，反应后煮沸驱尽所生成的 I_2，冷却后，加入过量 KI 溶液与剩余的 KIO_3反应。析出的 I_2需用 21.14mL 0.1008mol·L^{-1} $Na_2S_2O_3$溶液滴定。求试样中 KI 的质量分数。

[8-25] 称取 0.3567g KIO_3 溶于水，定容于 100.0mL 容量瓶中，摇匀，用移液管移取 25.00mL 该溶液，加入 H_2SO_4 和过量 KI 溶液，以淀粉为指示剂，$Na_2S_2O_3$ 溶液滴定析出的 I_2，终点时消耗 $Na_2S_2O_3$ 溶液 24.98mL，求 $Na_2S_2O_3$ 溶液的浓度。

[8-26] 将 1.000g 钢样中的铬氧化成 $Cr_2O_7^{2-}$，加入 25.00mL 0.1000mol·L^{-1} $FeSO_4$标准溶液，然后用 0.0180mol·L^{-1} $KMnO_4$标准溶液 7.00mL 回滴剩余的 $FeSO_4$溶液。计算钢样中铬的质量分数。

[8-27] 取硅酸盐试样 1.000g，用重量法测定其中铁及铝时，得到 $Fe_2O_3+Al_2O_3$的沉淀共 0.5000g。将沉淀溶于酸并将 Fe^{3+} 还原成 Fe^{2+} 后，用 0.03333mol·L^{-1} $K_2Cr_2O_7$ 溶液滴定至终点时用去 25.00mL。试计算试样中 FeO 及 Al_2O_3的质量分数各为多少？

[8-28] 市售 $H_2O_2$10.00mL（相对密度 1.010）需用 36.82mL 0.02400mol·L^{-1} $KMnO_4$溶液滴定，计算试液中 H_2O_2的质量分数。

[8-29] 测定某钢样中铬和锰，称样 0.8000g，试样经处理后得到含 Fe^{3+}、$Cr_2O_7^{2-}$、Mn^{2+}的溶液。在 F^-存在下，用 $KMnO_4$ 标准溶液滴定，使 Mn（Ⅱ）变为 Mn（Ⅲ），消耗 0.005000mol·$L^{-1}$$KMnO_4$标准溶液 20.00mL。再将该溶液用 0.04000mol·$L^{-1}$$Fe^{2+}$标准溶液滴定，用去 30.00mL。此钢样中铬与锰的质量分数各为多少？

[8-30] 用酸将铜矿试样 0.6000g 溶解并控制溶液的 pH 为 3～4，用 20.00mL $Na_2S_2O_3$溶液滴定至终点。1mL $Na_2S_2O_3$溶液～0.004175g $KBrO_3$，计算 $Na_2S_2O_3$溶液的准确浓度及试样中 Cu_2O 的质量分数。

[8-31] 称取含钾试样 0.2437g，溶解后沉淀为 $K_2NaCo(NO_2)_6$，沉淀经洗涤后溶解于酸中，用 0.02078mol·$L^{-1}$$KMnO_4$ 滴定（$NO \rightarrow NO$，$Co^{3+} \rightarrow Co^{2+}$）耗去 22.35mL。计算 K 的质量分数。

[8-32] 将含有 As_2O_3与 As_2O_5的试样 1.500g，溶解成含 AsO_3^{3-} 和 AsO_4^{3-} 的溶液。调节溶液为弱碱性，以 0.05000mol·L^{-1}碘溶液滴定至终点，消耗 30.00mL。再用盐酸将此溶液调节至酸性并加入过量 KI 溶液，反应得到 I_2再用 0.3000mol·L^{-1} $Na_2S_2O_3$溶液滴定至终点，消耗 30.00mL。求试样中 As_2O_3与 As_2O_5的含量。

提示：弱碱性时滴定三价砷，反应如下：

$$H_3AsO_3 + I_2 + H_2O \rightleftharpoons H_3AsO_4 + 2I^- + 2H^+$$

在酸性介质中，反应如下：

$$H_3AsO_4 + 2I^- + 2H^+ \rightleftharpoons H_3AsO_3 + I_2 + H_2O$$

[8-33] 漂白粉 [成分为 $Ca(ClO)Cl$] 中的"有效氯"可用亚砷酸钠法测定：

$$Ca(ClO)Cl + Na_3AsO_3 \rightleftharpoons CaCl_2 + Na_3AsO_4$$

现有含"有效氯"29.00%的试样 0.3000g，用 25.00mL Na_3AsO_3 溶液恰能与之作用。每毫升 Na_3AsO_3 溶液含多少克的砷？同样质量的试样用碘量法测定，需要 $Na_2S_2O_3$ 标准溶液（1mL～0.01250g $CuSO_4 \cdot 5H_2O$）多少毫升？

提示：$Ca(ClO)Cl$ 遇酸可放出具有氧化能力的"有效氯"。

$$Ca(ClO)Cl + 2H^+ \rightleftharpoons Cl_2 + Ca^{2+} + H_2O$$

[8-34] 某种不纯的硫化钠中除含 $Na_2S \cdot 9H_2O$ 外，还含有 $Na_2S_2O_3 \cdot 5H_2O$，取此试样 10.00g 配成 500.0mL 溶液。

(1) 测定 $Na_2S \cdot 9H_2O$ 和 $Na_2S_2O_3 \cdot 5H_2O$ 的总量时，取试样溶液 25.00mL，加入装有 50.00mL 0.05250mol·L^{-1} I_2 溶液及酸的碘量瓶中，用 0.1010mol·L^{-1} $Na_2S_2O_3$ 溶液滴定多余的 I_2，计用去 16.91mL。

(2) 测定 $Na_2S_2O_3 \cdot 5H_2O$ 的含量时，取 50.00mL 试样溶液，用 $ZnCO_3$ 悬浮液沉淀除去其中的 Na_2S 后，取滤液的一半，用 0.05000mol·L^{-1} I_2 溶液滴定其中的 $Na_2S_2O_3$，计用去 5.65mL。

试写出过程中的主要反应式，并由上述实验结果计算原试样中 $Na_2S \cdot 9H_2O$ 及 $Na_2S_2O_3 \cdot 5H_2O$ 的质量分数。

提示：$ZnCO_3$ 与 Na_2S 反应为

$$ZnCO_3 + Na_2S \rightleftharpoons ZnS\downarrow + Na_2CO_3$$

[8-35] 取废水样 100.0mL 用 H_2SO_4 酸化后，加入 25.00mL 0.01667mol·L^{-1} $K_2Cr_2O_7$ 溶液，以 Ag_2SO_4 为催化剂，煮沸一定时间，待水样中还原性物质较完全地氧化后，以邻二氮杂菲-亚铁为指示剂，用 0.1000mol·L^{-1} $FeSO_4$ 溶液滴定剩余的 $Cr_2O_7^{2-}$，用去 15.00mL。计算废水样中化学需氧量，以 mg·L^{-1} 表示。

[8-36] 将丙酮试样 1.000g 定容于 250mL 容量瓶中，移取 25.00mL 于盛有 NaOH 溶液的碘量瓶中，加入 50.00mL 0.05000mol·L^{-1} 的 I_2 标准溶液，反应完全后，加 H_2SO_4 调节溶液呈弱酸性，立即用 0.1000mol·L^{-1} 的 $Na_2S_2O_3$ 溶液滴定过量的 I_2，消耗 10.00mL。求试样中丙酮的含量。

提示：丙酮与碘的反应为 $CH_3COCH_3 + 3I_2 + 4NaOH \rightleftharpoons CH_3COONa + 3NaI + 3H_2O + CHI_3$

[8-37] 称取纯铁丝 0.1658g，加稀 H_2SO_4 溶解后并处理成 Fe^{2+}，用 $KMnO_4$ 标准溶液滴定至终点，消耗 27.05mL。称取 0.2495g 含草酸试样，用上述 $KMnO_4$ 标准溶液滴定至终点，消耗 24.35mL，计算 $H_2C_2O_4 \cdot 2H_2O$ 的质量分数。

[8-38] 取 PbO 和 PbO_2 的混合试样 1.234g，用 20.00mL 0.2500mol·L^{-1} 的 $H_2C_2O_4$ 溶液处理，此时 Pb(Ⅳ) 被还原为 Pb(Ⅱ)，将溶液中和后，使 Pb^{2+} 定量沉淀为 PbC_2O_4。过滤，将滤液酸化，以 0.04000mol·L^{-1} 的 $KMnO_4$ 溶液滴定，用去 10.00mL。沉淀用酸溶解后，用相同浓度的 $KMnO_4$ 溶液滴定至终点，消耗 30.00mL。计算试样中 PbO 及 PbO_2 的质量分数。

[8-39] 某试剂厂生产的试剂 $FeCl_3 \cdot 6H_2O$ 可能含有杂质，称取 0.5000g 试样，溶于水，加浓 HCl 溶液 3mL 和 KI 2g，最后用 0.1000mol·L^{-1} 的 $Na_2S_2O_3$ 标准溶液 18.17mL 滴定至终点。求此试剂中 $FeCl_3 \cdot 6H_2O$ 的质量分数。

[8-40] 量取 20.00mL HCOOH 和 HAc 的混合试液，以 0.1000mol·L^{-1} 的 NaOH 滴定至终点时，共消耗 25.00mL。另取上述试液 20.00mL，加入 0.02500mol·L^{-1} 的 $KMnO_4$ 强碱性溶液 75.00mL。当 $KMnO_4$ 与 HCOOH 反应完全后，调节至酸性，加入 0.2000mol·L^{-1} 的 Fe^{2+} 标准溶液 40.00mL，将剩余的 MnO_4^- 及 MnO_4^{2-} 歧化生成的 MnO_4^- 和 MnO_2 全部还原为 Mn^{2+}，剩余的 Fe^{2+} 溶液用上述 $KMnO_4$ 标准溶液全部滴定，用去 24.00mL。分别求试液中 HCOOH 和 HAc 的浓度？

提示：在碱性溶液中反应为 $HCOOH + 2MnO_4^- + 2OH^- \rightleftharpoons CO_2 + 2MnO_4^{2-} + 2H_2O$

酸化后的反应为 $3MnO_4^{2-} + 4H^+ \rightleftharpoons 2MnO_4^- + MnO_2 + 2H_2O$

[8-41] 量取一定体积的乙二醇试液，用 50.00mL 高碘酸钾溶液处理，待反应完全后，将混合溶液调节至 pH 为 8.0，加入过量 KI，释放出的 I_2 以 0.05000mol·L^{-1} 亚砷酸盐溶液完全滴定，用去 14.30mL；已知 50.00mL 该高碘酸钾的空白溶液在 pH 为 8.0 时，加入过量 KI，释放出的 I_2 所消

耗等浓度的亚砷酸盐溶液为 30.10mL。试求试液中含乙二醇的质量（mg)。

提示：反应式为 $CH_2OHCH_2OH+IO_4^- \rightleftharpoons 2HCHO+IO_3^-+H_2O$

$$IO_4^-+2I^-+H_2O \rightleftharpoons IO_3^-+I_2+2OH^-$$

$$I_2+H_2O+AsO_3^{3-} \rightleftharpoons 2I^-+AsO_4^{3-}+2H^+$$

[8-42] 在中性条件下，甲酸钠（HCOONa）和 $KMnO_4$ 的反应如下：

$$3HCOO^-+2MnO_4^-+H_2O = 2MnO_2\downarrow+3CO_2\uparrow+5OH^-$$

将 HCOONa 试样 0.5000g 溶解配成水溶液，在中性条件下加入过量的 0.06000mol·L⁻¹ $KMnO_4$ 溶液 50.00mL，过滤除去 MnO_2 沉淀，以 H_2SO_4 酸化溶液后，用 0.1000mol·L⁻¹ $H_2C_2O_4$ 溶液滴定过量的 $KMnO_4$ 至终点，消耗 25.00mL，试求试样中 HCOONa 的含量。

[8-43] 在某一仅含有 Al^{3+} 的水溶液中，以 NH_3-NH_4Ac 缓冲溶液控制 pH 为 9.0，加入稍过量的 8-羟基喹啉，全部将 Al^{3+} 形成喹啉铝沉淀：

$$Al^{3+}+3HOC_9H_6N \rightleftharpoons Al(OC_9H_6N)_3\downarrow+3H^+$$

过滤得到沉淀并去除剩余的 8-羟基喹啉，将沉淀溶于 HCl 溶液中。加入 15.00mL 0.1238mol·L⁻¹ 的 $KBrO_3$-KBr 标准溶液反应，生成的 Br_2 与 8-羟基喹啉发生取代反应。待反应完全后，滴加过量的 KI，使其与剩余的 Br_2 反应生成 I_2：

$$Br_2+2I^- \rightleftharpoons I_2+2Br^-$$

用 0.1028mol·L⁻¹ $Na_2S_2O_3$ 标准溶液滴定析出的 I_2，消耗 5.45mL。试求上述溶液中含有的铝（以 mg 表示）。

第9章 重量分析法和沉淀滴定法

9.1 重量分析概述

重量分析法，通常是通过物理方法或化学反应先将试样中待测组分与其他组分分离后，转化为一定的称量形式，然后称重，由称得的物质的质量计算待测组分在试样中的含量。

9.1.1 重量分析法的分类及特点

根据待测组分与其他组分分离的不同途径，重量分析法可分为以下两种。

(1) 沉淀法

沉淀法是重量分析中的主要方法之一。这种方法是利用沉淀反应将被测组分以难溶化合物的形式沉淀出来，再将沉淀过滤、洗涤、烘干或灼烧，最后称重，计算含量。

(2) 气化法

也叫挥发法，通过加热或蒸馏方法使试样中被测组分挥发逸出，然后根据试样质量的减少，计算该组分的含量；或选择适当的吸收剂将挥发组分吸收，然后根据吸收剂质量的增加计算该组分的含量。例如，要测定试样中的含水量，可将一定量的试样加热烘干至恒重，根据试样质量的减轻算出试样中水分的含量。

重量分析法作为一种经典的化学分析方法，其全部数据都是由分析天平称量而得。在分析过程中一般不需要与基准物质和标准试样进行比较，也不需要其他的容量器皿，因而可避免这些过程引入的误差，准确度较高，相对误差一般为0.1%～0.2%。但重量分析法周期长、耗时长，且不适用于微量和痕量成分的测定，目前已逐渐被其他分析方法所取代。但对常量组分如硅、硫、镍等元素的精确测定，仍采用重量分析法。在校对其他分析方法的准确度时，也常用作仲裁分析。

9.1.2 重量分析对沉淀形式和称量形式的要求

利用沉淀反应进行重量分析时，首先在试液中加入适当的沉淀剂，使被测组分以沉淀形式析出，然后过滤、洗涤，再将沉淀烘干或灼烧成“称量形式”称重。在烘干或灼烧的过程中，有的沉淀会发生化学变化，导致沉淀形式和称量形式有可能不同。例如，用$BaSO_4$重量法测定Ba^{2+}或$SO_4{}^{2-}$时，沉淀形式和称量形式都是$BaSO_4$，两者相同；而用草酸钙重量法测定Ca^{2+}时，沉淀形式是$CaC_2O_4 \cdot H_2O$，灼烧后转化为CaO形式称重，两者不同。

(1) 重量分析对沉淀形式的要求

① 沉淀的溶解度必须足够小，这样才能保证被测组分沉淀完全。

② 沉淀应易于过滤和洗涤。晶形沉淀，颗粒较大，容易过滤和洗涤，因此应尽量获得晶形沉淀。如果是无定形沉淀，应注意掌握好沉淀条件，改善沉淀的性质。

③ 沉淀力求纯净，尽量避免混进杂质。

④ 沉淀易于定量转化为称量形式。

(2) 重量分析对称量形式的要求

① 称量形式必须有确定的化学组成，否则无法确定化学计量关系。

② 称量形式要稳定，不受空气中的水分、CO_2和O_2等因素的影响。

③ 称量形式应有较大的摩尔质量，这样可增大称量形式的质量，从而减少称量误差。例如，重量法测定Al^{3+}时，可以用氨水沉淀为$Al(OH)_3$后灼烧成Al_2O_3称量，也可用8-羟基喹啉沉淀为8-羟基喹啉铝$Al(C_9H_6NO)_3$烘干后称量。显然，用8-羟基喹啉重量法测定铝的灵敏度要比氨水法高。

9.2 沉淀的溶解度及其影响因素

重量分析法中，沉淀的溶解损失是误差来源之一。利用沉淀反应进行重量分析时，要求沉淀反应进行完全，一般可根据沉淀溶解度的大小来衡量。显然，难溶化合物的溶解度越小，沉淀就越完全。在重量分析中，必须了解沉淀溶解度的各种影响因素，以便选择和控制沉淀的条件，从而达到定量分析的要求。

9.2.1 沉淀平衡与溶度积

微溶化合物 MA 在水中达到饱和后，有下列平衡关系：

$$MA(s) \rightleftharpoons M^+(aq) + A^-(aq) \tag{9-1}$$

在一定温度下：

$$(a_{M^+})(a_{A^-}) = K_{ap} \tag{9-2}$$

式中，K_{ap}是一常数，简称活度积 (activity product)；a_{M^+}和a_{A^-}分别是M^+和A^-两种离子的活度，其与浓度的关系是：

$$a_{M^+} = \gamma_{M^+}[M^+] \tag{9-3a}$$

$$a_{A^-} = \gamma_{A^-}[A^-] \tag{9-3b}$$

式中，γ_{M^+}和γ_{A^-}是活度系数，与溶液中离子的强度有关。将式 (9-3a) 和式 (9-3b) 代入式 (9-2)，得：

$$[M^+][A^-]\gamma_{M^+}\gamma_{A^-} = K_{ap} \tag{9-4}$$

在纯水中，MA的溶解度很小，则

$$[M^+] = [A^-] = s_0 \tag{9-5}$$

$$[M^+][A^-] = s_0^2 = K_{sp} \tag{9-6}$$

式中，s_0是在很稀的溶液内，没有其他离子存在时 MA 的溶解度；K_{sp}为该微溶化合物的溶度积常数，简称溶度积 (solubility product)。当外界条件（如酸度、副反应等）发生变化时，离子浓度也随之改变，沉淀的溶解度和溶度积也会受到一定的影响，因此溶度积K_{sp}只在一定条件下才是一个常数。在分析化学中，由于难溶化合物的溶解度一般都很小，溶液中的离子强度不大，故通常不考虑离子强度的影响，溶度积K_{sp}和活度积K_{ap}在应用时不加区别。但在溶液中有强电解质存在时，离子强度的影响不能忽略。

9.2.2 影响沉淀溶解度的因素

影响沉淀溶解度的因素除了沉淀和溶剂的本性外，还与温度、介质、晶体结构和颗粒大小有关，此外，同离子效应、盐效应、酸效应、配位效应等也对溶解度有一定的影响。现分别加以讨论。

(1) 同离子效应 (commonion effect)

若要沉淀完全，溶解损失应尽可能小。对重量分析来说，如果沉淀溶解损失不超过分析天平的称量误差（即±0.1mg），就不影响测定的准确度。但很多沉淀达不到这一要求。例如，$BaSO_4$沉淀，$K_{sp,BaSO_4}=8.7\times10^{-11}$，在1L溶液中溶解损失的$BaSO_4$质量为：

$$\sqrt{8.7\times10^{-11}}\times233.4=2.2\ (mg)$$

很显然已超过重量分析误差的要求。

但是，如果加入过量的$BaCl_2$，设达到平衡时，过量的$[Ba^{2+}]=0.01mol\cdot L^{-1}$，可计算出1L溶液中溶解的$BaSO_4$的质量为：

$$\frac{8.7\times10^{-11}}{0.01}\times233.4=0.002\ (mg)$$

这已明显小于允许溶解损失的质量，可以认为沉淀已经完全。因此，在进行重量分析时，常使用过量的沉淀剂，利用相同离子的存在而抑制沉淀溶解，这种现象称为同离子效应。但沉淀剂并非越多越好，加得过多会引起盐效应、酸效应等一系列副反应。所以沉淀剂的加入量应根据沉淀剂的性质来确定。若沉淀剂不易挥发，应过量少些，如过量20%～50%；若沉淀剂易挥发除去，则过量程度可适当大些，甚至过量100%。

（2）盐效应（salt effect）

在难溶电解质的饱和溶液中，由于加入了强电解质而使难溶电解质的溶解度（温度一定）增大的现象称为盐效应。实验证实，在KNO_3、$NaNO_3$等强电解质存在下，AgCl、$BaSO_4$的溶解度比在纯水中大，而且当溶液中KNO_3浓度由0增到$0.01mol\cdot L^{-1}$时，$BaSO_4$溶解度的增加量要比AgCl溶解度的增加量大很多。因此盐效应除了与强电解质的浓度有关外，还与构晶离子的电荷有关。

发生盐效应的原因是被测离子的活度系数随离子强度的增大（由于加入了强电解质）而减小所致。构晶离子的电荷越高，影响越严重。这是因为高价离子的活度系数受离子强度的影响较大的缘故。

另外，盐效应和同离子效应、酸效应等相比，其对沉淀溶解度的影响要小得多，常常可以忽略不计。只有当沉淀的溶解度比较大，溶液的离子强度比较高时，才考虑盐效应的影响。

（3）酸效应（acidic effect）

与配位滴定中EDTA的酸效应相同，溶液酸度对沉淀溶解度的影响，称为酸效应。酸效应的影响是比较复杂的，由于溶液中H^+浓度的大小对弱酸、多元酸或难溶酸解离平衡都有一定的影响。若沉淀是强酸盐，如$BaSO_4$、AgCl等，其溶解度受酸度影响不大；若沉淀是弱酸或多元酸盐或难溶酸以及许多与有机沉淀剂形成的沉淀，则酸效应就很显著。

例如CaC_2O_4沉淀，酸度增加时，$C_2O_4^{2-}$就和H^+结合，从而使$C_2O_4^{2-}$浓度减少，CaC_2O_4的沉淀溶解平衡发生改变，溶解度增大。

（4）配位效应（coordination effect）

在难溶化合物的溶解平衡体系中，加入配位剂增大溶解度的作用称为配位效应。例如用Cl^-沉淀Ag^+时，

$$Ag^++Cl^-=\!=\!=AgCl\downarrow$$

若溶液中有氨水，则NH_3能与Ag^+配位，形成$[Ag(NH_3)_2]^+$配离子，因而AgCl在$0.01mol\cdot L^{-1}$氨水中的溶解度要比在纯水中大很多。如果氨水的浓度足够大，则AgCl沉淀可能达到完全溶解。

在沉淀反应中，有时沉淀剂本身也是配位剂，因此反应中既有同离子效应又有配位效应。如在上述反应中，Cl^-既是沉淀剂，又是配位剂，最初生成了AgCl沉淀；当Cl^-适当过量时，同离子效应起主导作用，AgCl溶解度下降；但若继续加入过量的Cl^-，则Cl^-能与AgCl配位成$AgCl_2^-$和$AgCl_3^{2-}$等配离子，而使AgCl沉淀逐渐溶解，此时配位效应超过

了同离子效应而起主要作用。因此用Cl^-沉淀Ag^+时，必须严格控制Cl^-浓度。

由上述讨论可以看出，配位效应对沉淀溶解度的影响，与配位剂的浓度和配合物的稳定性有关。配位剂的浓度越大，形成的配合物越稳定，沉淀的溶解度越大，甚至沉淀完全溶解。在进行沉淀反应时，应视具体情况来确定哪种效应占优势，对无配位反应的强酸盐沉淀（如$BaSO_4$），应主要考虑同离子效应和盐效应；对弱酸盐（如CaC_2O_4）或难溶酸盐，应主要考虑酸效应；在有配位反应，尤其在能形成较稳定的配合物，而沉淀的溶解度又不太小时，则应主要考虑配位效应。

（5）其他影响因素

① 温度的影响　溶解一般是吸热过程，绝大多数沉淀的溶解度随温度升高而增大。

② 溶剂的影响　大多数无机物沉淀在有机溶剂中的溶解度比在纯水中要小，若在水中加入一些与水混溶的有机溶剂，可显著降低沉淀的溶解度。例如：用重量分析法测定K^+时，生成的是K_2PtCl_6沉淀，在水中的溶解度较大，加入乙醇可使其定量沉淀。

③ 沉淀颗粒大小的影响　同一种沉淀，晶体颗粒大，溶解度小；晶体颗粒小，溶解度大。

④ 形成胶体溶液的影响　当生成无定形沉淀时，常会形成胶体溶液，胶体微粒很小，极易透过滤纸而造成损失，所以应将溶液加热或加入电解质而使胶体微粒破坏，避免形成胶体溶液。

⑤ 沉淀结构的影响　许多沉淀初形成时，是“亚稳态”，放置一段时间后，逐渐转变为“稳定态”，溶解度就大为减小。例如，初生成的CoS是α型，$K_{sp,CoS(\alpha)}=4\times10^{-21}$，放置后转变成β型，$K_{sp,CoS(\beta)}=2\times10^{-25}$。

9.3　沉淀的类型和沉淀的形成

9.3.1　沉淀的类型

沉淀按其物理性质的不同分为两类：一类是晶形沉淀；另一类是无定形沉淀。按其颗粒大小可分为晶形、凝乳状和无定形沉淀，凝乳状和无定形沉淀又可统称为非晶形沉淀。$BaSO_4$是典型的晶形沉淀，AgCl是一种凝乳状沉淀，$Fe_2O_3\cdot H_2O$是典型的无定形沉淀。颗粒最大的是晶形沉淀，其直径为0.1～1μm；无定形沉淀的颗粒很小，直径一般小于0.02μm，凝乳状沉淀的颗粒大小介于两者之间。从结构来看，晶形沉淀内部排列较规则，结构紧密，所以整个沉淀所占的体积比较小，极易沉降于容器的底部；无定形沉淀结构疏松，沉淀颗粒的排列杂乱无章，其中又包含大量数目不定的水分子，所以是疏松的絮状沉淀，整个沉淀体积庞大，不像晶形沉淀那样很好地沉降在容器的底部；凝乳状沉淀介于二者之间，属于过渡态。

在重量分析中，最好获得晶形沉淀。如果是无定形沉淀，应注意掌握好沉淀条件，以改善沉淀的物理性质。

9.3.2　沉淀的形成

在含待测离子的溶液中，加入沉淀剂，当溶液中构晶离子浓度幂的乘积大于该条件下此沉淀的溶度积时，就有可能生成沉淀。沉淀的形成一般要经过晶核形成和晶核长大两个过程。

晶核的形成有两种成核作用。①均相成核：构晶离子在过饱和溶液中聚集，自发形成晶核。②异相成核：构晶离子在其他固体微粒（试剂、溶剂、灰尘、杂质等）上沉积形成晶核。

晶核形成后，溶液中的构晶离子向晶核表面扩散，并沉积在晶核上，晶核就逐渐长大成沉淀颗粒。这种沉淀微粒进一步聚集成更大聚集体的速率称为聚集速率。同时，构晶离子在一定晶格中定向排列形成大晶粒的速率称为定向速率。生成沉淀的类型是由聚集速率和定向速率的相对大小所决定的。如果聚集速率慢，定向速度快，则离子较缓慢地聚集成沉淀，有足够时间进行晶格排列，则得到晶形沉淀。反之，则得到无定形沉淀。

聚集速率主要与溶液的相对过饱和度有关。槐氏（Von Weimarn）根据有关实验现象，提出晶体颗粒形成速率与过饱和度关系的经验公式：

$$v=K(Q-s)/s \tag{9-7}$$

式中，v 为形成沉淀的初始速率（聚集速率）；K 为比例常数，与沉淀的性质、温度、介质等因素有关；$(Q-s)/s$ 为沉淀开始瞬间的相对过饱和度；$Q-s$ 为沉淀开始瞬间的过饱和度；Q 为加入沉淀剂瞬间沉淀物质的浓度；s 为开始沉淀时沉淀物质的溶解度。

从式（9-7）可以看出，若要生成晶形沉淀，则要聚集速率小，也即相对过饱和度小，那么就要求沉淀的溶解度 s 大，加入沉淀剂瞬间沉淀物质的浓度不太大。反之，若沉淀的溶解度很小，瞬间生成沉淀物质的浓度又很大，则形成无定形沉淀。例如 $BaSO_4$ 通常情况下为晶形沉淀，但在浓溶液（如 0.75～3mol·L^{-1}）中进行沉淀时，也会形成无定形沉淀。

定向速率主要和物质的本性有关。

① 强极性的无机盐，如 $BaSO_4$、CaC_2O_4、$MgNH_4PO_4$ 等，具有较大的定向速率，易形成晶形沉淀。

② 二价金属离子的氢氧化物，如果条件适当，可以形成晶形沉淀，如 Mg^{2+}、Zn^{2+}、Cd^{2+} 等。

③ 一些高价离子的氢氧化物［如 $Fe(OH)_3$、$Al(OH)_3$ 等］具有较小的定向速率，聚集速度大，易形成非晶形沉淀。这类沉淀结合的 OH^- 愈多，定向排列愈困难，定向速率愈小，在加入沉淀剂的瞬间形成大量晶核，使水合离子来不及脱水，便带着水分子进入晶核，晶核又进一步聚集起来，因而一般都形成质地疏松、体积庞大、含有大量水分的非晶形胶状沉淀。

④ 金属的硫化物的溶解度小，易形成非晶形或胶状沉淀。

由此可见，沉淀的类型，既和沉淀的本性有关，也和沉淀条件有关，可通过改变沉淀条件来改变沉淀的类型。

9.4 沉淀的纯度

9.4.1 影响沉淀纯度的主要因素

重量分析不但要求沉淀的溶解度要小，而且要求沉淀是纯净的。但是，当沉淀从溶液中析出时，不可避免或多或少地夹杂溶液中的其他组分。因此，必须了解沉淀生成过程中杂质混入的原因，从而找出减少杂质混入的方法，以获得符合重量分析要求的沉淀。

影响沉淀纯度的主要因素有共沉淀和后沉淀现象。

（1）共沉淀现象

当一种沉淀从溶液中析出时，溶液中的某些其他组分在该条件下本来是可溶的，但却被沉淀带下来而混杂于沉淀中，这种现象称为共沉淀。例如，用 $BaCl_2$ 为沉淀剂沉淀 SO_4^{2-} 时，试液中 Fe^{3+} 会以 $Fe_2(SO_4)_3$ 的形式夹杂在 $BaSO_4$ 沉淀中一起析出，给分析结果带来误差。产生共沉淀的原因有表面吸附、形成混晶、吸留和包夹等。

① 表面吸附　在沉淀中，构晶离子按一定的规律排列，沉淀晶体表面的粒子（离子或分子）与沉淀晶体内部的粒子所处的状况不同，粒子的静电引力会导致沉淀表面吸附杂质。例如，在 AgCl 沉淀中，晶体内部粒子处于静电平衡状态，但沉淀表面或边角上的 Ag^+（或 Cl^-），至少有一面未被带相反电荷的离子所包围，静电引力不平衡，因此就具有吸附溶液中带相反电荷的离子的能力。如图 9-1 所示，AgCl 在过量的 $AgNO_3$ 溶液中，沉淀表面首先过量的构晶离子 Ag^+，形成第一吸附层，然后 Ag^+ 又通过静电引力吸附溶液中 NO_3^- 等负离子作为抗衡离子，形成第二吸附层，也称扩散层。吸附层和扩散层共同组成沉淀表面的双电层，从而使电荷达到平衡。双电层能随沉淀一起沉降，从而沾污沉淀。

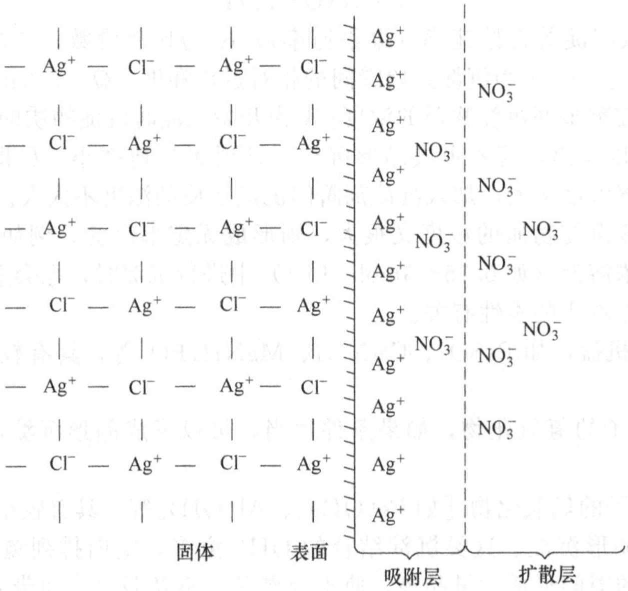

图 9-1　AgCl 沉淀表面吸附作用示意图

晶体表面的吸附具有选择性，有以下规律。

a. 优先吸附构晶离子。例如，AgCl 沉淀首先吸附的是 Ag^+ 或 Cl^-。此外，与构晶离子大小相近、电荷相同的离子也容易被吸附，例如 $BaSO_4$ 沉淀的表面可以吸附溶液中的 Pb^{2+}。

b. 抗衡离子中，优先吸附能与构晶离子生成微溶或解离度很小的化合物的离子。例如，在 $BaSO_4$ 沉淀生成过程中，如果溶液中 SO_4^{2-} 过量，沉淀表面吸附 SO_4^{2-}，若溶液中存在 Ca^{2+} 及 Hg^{2+}，则扩散层的抗衡离子将主要是 Ca^{2+}，因为 $CaSO_4$ 的溶解度比 $HgSO_4$ 的小。如果 Ba^{2+} 过量，$BaSO_4$ 沉淀表面吸附 Ba^{2+}，若溶液中存在 Cl^- 及 NO_3^-，则扩散层中的抗衡离子将主要是 NO_3^-，因为 $Ba(NO_3)_2$ 的溶解度比 $BaCl_2$ 的小。

c. 离子价态越高，浓度越大，越易被吸附。例如，Fe^{3+} 比 Fe^{2+} 更容易被吸附。

d. 沉淀的颗粒愈小，表面积愈大，吸附的杂质愈多。无定形沉淀的颗粒很小，比表面很大，所以表面吸附现象特别严重。

e. 溶液中杂质离子浓度越大，被沉淀吸附的量越多。

f. 温度降低，吸附杂质的量增加。因为吸附作用是一个放热的过程。

② 生成混晶　每种晶形沉淀都有一定的晶体结构。如果杂质离子构晶离子半径相似，形成的晶体结构相同，则它们极易生成混晶。如 AgCl-AgBr、$BaSO_4$-$PbSO_4$ 等。也有一些杂质与沉淀具有不同的晶体结构，但也能形成混晶。为避免混晶的生成，最好事先将这些杂

质分离除去。

③ 吸留和包夹　在沉淀过程中，如果沉淀生成太快，则表面吸附的杂质离子来不及离开沉淀表面就被随后生成的沉淀所覆盖，使沉淀或母液被包藏在沉淀内部，引起共沉淀，这种现象称为吸留。吸留的程度，也符合吸附规律。母液被包藏在沉淀之中，称为包夹。吸留和包夹是造成晶形沉淀沾污的主要原因之一，由于杂质被包藏在结晶内部，不能用洗涤的方法将杂质除去，可以采用改变沉淀条件、陈化或重结晶的方法来避免。

(2) 后沉淀

当沉淀过程结束后，在放置的过程中，溶液中某些杂质离子慢慢沉积到原沉淀上面的现象称为后沉淀现象。例如，在含有 Ca^{2+}、Mg^{2+} 的溶液中，加入沉淀剂，CaC_2O_4 先沉淀，此时，Mg^{2+} 由于形成稳定的草酸盐过饱和溶液而不沉淀。但如果把含有 Mg^{2+} 的母液与草酸钙沉淀一起放置一段时间，则草酸镁的后沉淀量会显著增加，这可能是由于 CaC_2O_4 沉淀表面吸附了草酸根，从而导致 MgC_2O_4 沉淀。

后沉淀所引入的杂质量比共沉淀要多，且沉淀放置的时间越长，后沉淀现象越严重。因此为防止后沉淀现象的发生，主要方法是缩短沉淀和母液共存的时间。

9.4.2　提高沉淀纯度的措施

由于共沉淀及后沉淀现象，使沉淀被沾污而不纯净。为了提高沉淀的纯度，减小沾污，可采用下列措施。

① 选择适当的分析程序　例如，在分析试液中，待测组分的含量较小，杂质含量较多时，则应当使待测组分先沉淀下来。如果先分离杂质，则由于大量沉淀的析出而使待测组分随之共沉淀，引起测定误差。

② 选择合适的沉淀剂　例如，选用有机沉淀剂，常可以减少共沉淀现象。

③ 选择适当的沉淀条件　沉淀条件包含温度、溶液的浓度、试剂的加入次序、加入速度等，针对不同类型的沉淀，选用合适的沉淀条件。

④ 改变杂质的存在形式　例如，沉淀 $BaSO_4$ 时，将 Fe^{3+} 还原为 Fe^{2+}，或者用 EDTA 将它配位，Fe^{3+} 的共沉淀现象就大为减少。

⑤ 进行再沉淀　将已得到的沉淀过滤洗涤后，重新溶解，进行二次沉淀。第二次沉淀时，杂质含量大大降低，共沉淀和后沉淀现象也大大减少。这种方法对于除去吸留和包夹的杂质效果较好。

⑥ 校正 若采用上述措施后，沉淀的纯度提高仍然不明显，则可对沉淀中的杂质进行测定，再对分析结果加以校正。

在重量分析中，共沉淀和后沉淀现象对分析结果的影响程度，随杂质性质的不同而不同。例如，用 $BaSO_4$ 重量分析法测定 Ba^{2+} 的含量时，如果沉淀吸附的是灼烧后能完全除去的挥发性的盐类，则不引起误差。如果沉淀吸附的是灼烧后不能除去的外来杂质，如 $Fe_2(SO_4)_3$ 等，则引起正误差。如果沉淀中夹有 $BaCl_2$，最后按 $BaSO_4$ 计算，必然引起负误差。

9.5　沉淀条件的选择

在重量分析中，不仅要保证沉淀反应进行完全，还要保证沉淀纯净，避免不该沉淀的组分混进沉淀而造成损失。为此，应根据沉淀类型选择不同的沉淀条件。

9.5.1　晶形沉淀的沉淀条件

(1) 在适当稀的溶液中进行

这样在沉淀过程中，溶液的相对过饱和度较小，均相成核作用不显著，易于获得较大颗粒的晶形沉淀。同时，由于溶液较稀，共沉淀现象减少，有利于得到纯净沉淀。但是，对于溶解度大的沉淀，溶液不宜过分稀释。

(2) 在热溶液中进行

在热溶液中，一方面可增大沉淀的溶解度，使溶液的相对过饱和度降低，获得大的晶粒；另一方面又能减少杂质的吸附作用，获得纯度较高的沉淀。为了防止在热溶液中所造成的沉淀溶解损失，对溶解度较大的沉淀，沉淀完毕后必须冷却，再过滤洗涤。

(3) 在不断搅拌下，缓慢地加入沉淀剂

搅拌可以减小溶液中的局部过浓现象，如果不搅拌，加入的沉淀剂来不及扩散，导致局部相对过饱和度太大，易获得颗粒较小、纯度差的沉淀。

(4) 陈化

陈化是在沉淀完全后，将沉淀和母液一起放置一段时间，这个过程称为“陈化”。在同样条件下，小晶粒的溶解度比大晶粒大。在同一溶液中，对大晶粒已经饱和，而对小晶粒尚未达到饱和，因而小晶粒逐渐溶解。一直到溶液对其达到饱和为止，而此时对大晶粒则为过饱和，于是溶液中的构晶离子就在大晶粒上沉积。直到溶液浓度降低到对大晶粒是饱和溶液时，对小晶粒已不饱和，小晶粒又要继续溶解。如此反复进行，小晶粒逐渐消失，大晶粒不断长大，最后获得更大颗粒的晶体。

在陈化过程中，还可以将不完整的晶粒转化为较完整的晶粒，使亚稳态的晶型转化为稳定状态的晶型。陈化作用还可以使沉淀变得更加纯净。这是因为晶粒变大后，比表面积减小，吸附杂质量小。同时，由于小晶粒溶解，原来吸附、吸留或包夹的杂质，亦将重新进入溶液中，因而提高了沉淀的纯度。但是，并非所有的沉淀反应都需要通过陈化来提高沉淀纯度，对伴随有混晶共沉淀的沉淀反应，陈化作用不一定能提高其纯度，对伴随有后沉淀的沉淀反应，有时还会降低沉淀纯度。

综上所述，要获得较大的晶形沉淀，具体条件可简化为：稀、热、慢、搅、陈。

9.5.2 无定形沉淀的沉淀条件

一般无定形沉淀的溶解度都比较小，所以很难通过减小溶液的相对过饱和度来改变沉淀的物理性质。另外，无定形沉淀的体积庞大，结构疏松，含水量大，吸附杂质多，又容易胶溶，因此不易过滤和洗涤。所以对于无定形沉淀，主要是设法使沉淀获得紧密的结构，破坏胶体，防止胶溶，以便于过滤和减少杂质吸附。通常采用下述沉淀条件。

(1) 在较浓的溶液中进行

在较浓的溶液中，离子的水合程度较小，得到的沉淀含水量小，体积较小，比较紧密。但浓溶液中，杂质含量高，吸附的杂质多，所以在沉淀完后，需立刻加入大量热水冲稀母液并搅拌，使被吸附的部分杂质转入溶液。

(2) 在热溶液中进行

这样可防止生成胶体，并减少对杂质的吸附作用，还可使生成的沉淀结构紧密。

(3) 加入适量的电解质

电解质能中和胶体微粒的电荷，有利于胶体微粒的凝聚，为避免因电解质的加入而带来污染，一般采用可挥发性的盐类，如铵盐等。

(4) 不必陈化

沉淀完毕后，应趁热过滤，不需陈化。因为沉淀久置会失水而凝集，使已吸附的杂质更难以洗去。

综上所述，要得到结构紧密的无定形沉淀，可将沉淀条件归纳为：热、浓、快、电、不陈。

9.5.3 均相沉淀法

在进行沉淀的过程中，尽管沉淀剂是在不断搅拌下缓慢地加入，但仍难避免沉淀剂的局部过浓现象。为了消除这种现象，可采用均相沉淀法。这种方法是通过一种化学反应，缓慢地、均匀地在溶液中产生沉淀剂，使沉淀在整个溶液中均匀、缓慢地析出，因而得到的沉淀是颗粒较大，吸附的杂质少，易于过滤和洗涤的晶形沉淀。

例如，用均相沉淀法测定 Ca^{2+} 时，在酸性溶液中加入 $H_2C_2O_4$，此时溶液中主要存在形式是 $H_2C_2O_4$ 和 $HC_2O_4^-$，不会产生 CaC_2O_4 沉淀。若向溶液中加入尿素，并加热煮沸，因尿素逐渐发生下述反应：

$$CO(NH_2)_2 + H_2O \longrightarrow CO_2\uparrow + 2NH_3$$

反应产生的 NH_3 均匀地分布在溶液中。水解产生的 NH_3 中和溶液中的 H^+，使溶液的酸度逐渐降低，$C_2O_4^{2-}$ 的浓度逐渐增大，最后均匀而缓慢地析出 CaC_2O_4 沉淀。在沉淀过程中，溶液的相对过饱和度始终是比较小的，所以得到的是粗大晶形的 CaC_2O_4 沉淀。

此外，也可以利用配合物解离反应或氧化还原反应进行均相沉淀。如利用配合物解离的方法沉淀 SO_4^{2-}，可先在试液中加入 EDTA-Ba^{2+} 配合物，然后加氧化剂破坏 EDTA-Ba^{2+}，使配合物逐渐解离，缓慢、均匀地释出 Ba^{2+}，使 $BaSO_4$ 均匀沉淀。

利用氧化还原反应的均匀沉淀法，如：

$$2AsO_3^{3-} + 3ZrO^{2+} + 2NO_3^- \longrightarrow (ZrO)_3(AsO_4)_2\downarrow + 2NO_2^-$$

此法应用于测定 ZrO^{2+}，于 $AsO_{3-}{}^{3-}$ 的 H_2SO_4 溶液中，加入 NO_3^-，将 AsO_3^{3-} 氧化为 AsO_4^{3-}，使 $(ZrO)_3(AsO_4)_2$ 均匀沉淀。

9.6 沉淀的过滤、洗涤、烘干与灼烧

如何使沉淀完全、纯净和易于分离，固然是重量分析中的首要问题，但沉淀之后的过滤、洗涤、烘干和灼烧等操作完成得好坏，同样影响分析结果的准确度。

9.6.1 沉淀的过滤与洗涤

(1) 沉淀的过滤

过滤的目的是将沉淀与母液分离。为了使滤器的微孔不被沉淀堵塞，常采用倾泻法，即不要搅动沉淀，先把沉淀上的清液沿玻璃棒倒入漏斗中，待清液滤完后，再倾入沉淀浊液过滤。如果沉淀不需要灼烧，只需要干燥，则可根据结晶粒度的不同，选择不同孔径的玻璃砂芯坩埚或玻璃砂芯漏斗进行过滤。如果沉淀需要灼烧，则可根据沉淀的形状选择滤纸：①粗粒的晶形沉淀，可选择较紧密的中速滤纸；②细粒沉淀，可选择最紧密的慢速滤纸；③非晶形沉淀，可选择疏松的快速滤纸。

(2) 沉淀的洗涤

洗涤沉淀的目的是除去沉淀表面吸附的杂质和混杂在沉淀中的母液。洗涤时要尽量减少沉淀的溶解损失和避免形成胶体，因此按照下列原则来选择合适的洗液：对于溶解度较大的晶形沉淀，可选择沉淀剂的稀溶液洗涤，但沉淀剂必须在后续操作中易挥发或分解除去；对于溶解度很小又不易形成胶体的沉淀，可用蒸馏水洗涤。

洗涤必须连续进行，一次完成，不能放置太久，否则一些非晶形沉淀凝聚后很难洗净。为了减少沉淀的溶解损失，在洗涤时用适当少的洗液分多次洗涤，再次加入洗液前，使前次洗液尽量流尽，这样可以提高洗涤效果。

9.6.2 沉淀的烘干与灼烧

洗涤后的沉淀必须通过烘干或灼烧来除去水分和其他杂质。

用微孔玻璃坩埚过滤的沉淀，只需烘干即可除去水分和可挥发的杂质而转化成称量形式。把微孔玻璃坩埚中的沉淀放入烘箱中，选取适当的温度烘干，取出稍冷后，放入干燥器中冷至室温，进行称量。然后再烘干，再冷却称量，如此反复，直至恒重（前后两次的质量之差≤0.2mg）。

用滤纸过滤的沉淀，通常在已经恒重的坩埚中低温烘干，然后加热至滤纸全部炭化，转入高温炉中烧至恒重。

9.7 重量分析的计算和应用示例

9.7.1 重量分析结果的计算

重量分析是根据称量形式的质量来计算待测组分的含量，而多数情况下称量形式与被测组分的形式不同。在计算时，一般将待测组分的摩尔质量与称量形式的摩尔质量之比称为"化学因数"，用 F 表示。因此计算待测组分的质量可写成下列算式：

待测组分的质量＝称量形式的质量×化学因数

在计算化学因数时，必须在待测组分的摩尔质量和称量形式的摩尔质量上乘以适当系数，使分子分母中待测元素的原子数目相等。

若要计算待测组分的质量分数，设被测组分的质量分数为 $w_{被测组分}$，试样的质量为 $m_{试}$，称量形式的质量 $m_{称量形式}$，则

$$w_{被测组分}=\frac{m_{被测组分}}{m_{试}}\times 100\%=\frac{m_{称量形式}F}{m_{试}}\times 100\%$$

例 9-1 测定某试样中硫含量时，使之沉淀为 $BaSO_4$，灼烧后称量 $BaSO_4$ 沉淀，其质量为 0.5562 g，计算试样中硫的质量。

解： $m_S=m_{BaSO_4}\times\frac{M_S}{M_{BaSO_4}}=0.5562\times\frac{32.07}{233.4}=0.07642\ (g)$

例 9-2 在镁的测定中，先将 Mg^{2+} 沉淀为 $MgNH_4PO_4$，再灼烧成 $Mg_2P_2O_7$ 称量。若 $Mg_2P_2O_7$ 的质量为 0.3515 g，则镁的质量为多少？

解： 1 mol $Mg_2P_2O_7$ 分子含有 2 mol 镁原子，故化学因数

$$F=\frac{2M_{Mg}}{M_{Mg_2P_2O_7}}=0.2185$$

$m_{Mg}=m_{Mg_2P_2O_7}\times 0.2185=0.3515\times 0.2185=0.07680g$

例 9-3 用重量分析法测定某试样中的铁，称取试样 0.1666g，经处理后其沉淀形式为 $Fe(OH)_3$，然后灼烧为 Fe_2O_3，称其质量为 0.1370g，求此试样中铁的质量分数？分别以 Fe 和 Fe_3O_4 来表示。

解： 用 Fe 表示：

$$w_{Fe}=\frac{m_{Fe_2O_3}\times\frac{2M_{Fe}}{M_{Fe_2O_3}}}{m_{试}}\times 100\%=\frac{0.1370\times\frac{2\times 55.85}{159.7}}{0.1666}\times 100\%=57.52\%$$

用 Fe_3O_4 表示：

$$w_{Fe_3O_4}=\frac{m_{Fe_2O_3}\times\frac{2M_{Fe_3O_4}}{3M_{Fe_2O_3}}}{m_{试}}\times100\%=\frac{0.1370\times\frac{2\times231.5}{3\times159.7}}{0.1666}\times100\%=79.47\%$$

例 9-4 分析不纯的 NaCl 和 NaBr 混合物时，称取试样 1.000g，溶于水，加入 $AgNO_3$ 沉淀剂，生成 AgCl 和 AgBr 沉淀的质量为 0.5260g。若将此沉淀在氯气流中加热，使 AgBr 转变为 AgCl，再称其质量为 0.4260g，计算试样中 NaCl 和 NaBr 的质量分数。

解：设 NaCl 的质量为 xg，NaBr 的质量为 yg，则：

$$m_{AgCl}=x\times\frac{M_{AgCl}}{M_{NaCl}}g$$

$$m_{AgBr}=y\times\frac{M_{AgBr}}{M_{NaBr}}g$$

$$\left(x\times\frac{M_{AgCl}}{M_{NaCl}}\right)+\left(y\times\frac{M_{AgBr}}{M_{NaBr}}\right)=0.5260g$$

即：

$$\left(x\times\frac{143.3}{58.44}\right)+\left(y\times\frac{187.8}{102.9}\right)=0.5260$$

$$2.452x+1.825y=0.5260 \quad (1)$$

经氯气流处理后 AgCl 质量等于：

$$\left(x\times\frac{M_{AgCl}}{M_{NaCl}}\right)+\left(y\times\frac{M_{AgBr}}{M_{NaBr}}\times\frac{M_{AgCl}}{M_{AgBr}}\right)=0.4260g$$

$$\left(x\times\frac{M_{AgCl}}{M_{NaCl}}\right)+\left(y\times\frac{M_{AgCl}}{M_{NaBr}}\right)=0.4260g$$

$$\left(x\times\frac{143.3}{58.44}\right)+\left(y\times\frac{143.3}{102.9}\right)=0.4260$$

$$2.452x+1.393y=0.4260 \quad (2)$$

(1)、(2) 两式联立可得：

$$x=0.04223g$$

$$y=0.2315g$$

即：

$$w_{NaCl}=4.22\%$$

$$w_{NaBr}=23.15\%$$

9.7.2 应用示例

(1) 二氧化硅的测定

SiO_2 含量的测定可以采用酸碱滴定分析法，也可以采用重量分析法。试样用强碱熔融后，再加酸处理。此时硅酸根大部分以 $SiO_2\cdot xH_2O$ 析出，少部分仍在溶液中，需经脱水才能沉淀。经典方法是用盐酸反复蒸干脱水，准确度虽高，但操作麻烦、费时。近年来，用长碳链季铵盐（如十六烷基三甲基溴化铵）作沉淀剂，能将硅酸定量沉淀，所得沉淀经高温灼烧可完全脱水和除去带入的沉淀剂。但一些不挥发的杂质即使经过灼烧也无法完全除去。因此在要求较高的分析中，经灼烧、称重后，还需加 HF 和 H_2SO_4 再次灼烧，使 SiO_2 转换成 SiF_4 挥发逸去，最后称重，从两次所得质量的差可计算出纯 SiO_2 的质量。

(2) 硫酸根的测定

用 $BaCl_2$ 将 SO_4^{2-} 沉淀成 $BaSO_4$，再灼烧、称量。此法准确度高，但较费时。为了缩短时间，可采用玻璃砂芯坩埚抽滤 $BaSO_4$ 沉淀，经烘干后称量，但此法的准确度不如灼烧法好。

(3) 丁二酮肟法测镍

丁二酮肟与 Ni^{2+} 生成鲜红色沉淀，该沉淀组成恒定，经烘干后称量，可得到满意的测定结果。钢铁及合金中的镍即采用此法测定（参见 GB 223.25—1994）。

(4) 磷的测定

磷酸盐中的有效磷，通常采用磷钼酸喹啉重量法（GB 10207—1988）来测定。磷酸盐用酸分解后，再用硝酸处理，使之前生成的偏磷酸 HPO_3 或次磷酸 H_3PO_2 全部转变为正磷酸 H_3PO_4。在酸性溶液中（7%～10% HNO_3），磷酸与钼酸钠和喹啉作用，形成磷钼酸喹啉沉淀，反应如下：

$$H_3PO_4+3C_9H_7N+12Na_2MoO_4+24HNO_3 \xlongequal{} (C_9H_7N)_3H_3[PO_4\cdot 12MoO_3]\cdot H_2O\downarrow+11H_2O+24NaNO_3$$

沉淀经过滤、烘干、除去水分后称量。此法准确度高，精密度好，但喹啉具有特殊气味，要求实验室通风良好。

9.8 沉淀滴定法概述

沉淀滴定法是基于沉淀反应的一种滴定分析方法。生成沉淀反应虽然很多，但能用于沉淀滴定分析的反应却不多。适用于沉淀滴定的沉淀反应必须满足下列条件：

① 生成的沉淀溶解度要小，并且反应能定量进行；

② 反应速率要快；

③ 有适当的方法确定终点；

④ 沉淀的吸附作用不影响滴定终点的确定。

由于上述条件的限制，所以能够用于沉淀滴定法的反应很少。目前广泛应用的是生成难溶银盐的沉淀反应。例如：

$$Ag^{+}+Cl^{-} \xlongequal{} AgCl\downarrow$$

$$Ag^{+}+SCN^{-} \xlongequal{} AgSCN\downarrow$$

利用生成难溶银盐的沉淀滴定法，称为银量法。银量法主要用于测定 Cl^-、Br^-、I^-、Ag^+ 及 SCN^- 等。银量法中常用的滴定方式有两种：一为直接法，即用 $AgNO_3$ 标准溶液直接滴定被沉淀的物质；二为返滴定法，即先在待测试液中加入定量过量的 $AgNO_3$ 标准溶液，再用 KSCN 或 NH_4SCN 标准溶液来滴定过量的 $AgNO_3$ 溶液。

除了银量法，还有利用生成其他沉淀的滴定分析法，本书着重讨论银量法。

9.9 银量法确定终点的方法

银量法的核心是如何选择指示剂来确定滴定终点，根据确定终点所用指示剂的不同，银量法可分为莫尔法、佛尔哈德法以及法扬司法。

9.9.1 莫尔法

莫尔法（Mohr）是用铬酸钾（K_2CrO_4）作指示剂，$AgNO_3$ 为标准溶液的银量法。

(1) 基本原理

在中性或弱碱性溶液中，加入 K_2CrO_4 指示剂，用 $AgNO_3$ 标准溶液滴定含有 Cl^- 的溶液。由于 AgCl 的溶解度比 Ag_2CrO_4 小，根据分步沉淀原理，溶液中首先析出白色的 AgCl 沉淀。随着滴定的进行，当 Cl^- 定量沉淀后，过量的 Ag^+ 与 CrO_4^{2-} 生成砖红色的 Ag_2CrO_4

沉淀，指示滴定终点的到达。滴定反应和指示剂的反应分别为：

$$Ag^+ + Cl^- \xlongequal{} AgCl\downarrow\text{(白色)} \qquad K_{sp}=1.56\times10^{-10}$$

$$2Ag^+ + CrO_4^{2-} \xlongequal{} Ag_2CrO_4\downarrow\text{(砖红色)} \qquad K_{sp}=9.0\times10^{-12}$$

(2) 滴定条件

① 指示剂的用量　为使滴定终点与化学计量点相符合，就要求当 Cl^- 沉淀完全后，立即析出 Ag_2CrO_4 沉淀，因此，控制好指示剂 K_2CrO_4 的浓度是关键。在化学计量点时，AgCl 和 Ag_2CrO_4 的沉淀-溶解平衡同时存在，即：

$$[Ag^+][Cl^-]=1.56\times10^{-10}$$

$$[Ag^+]^2[CrO_4^{2-}]=9.0\times10^{-12}$$

此时，Ag^+ 和 Cl^- 恰好完全反应：

$$[Ag^+]=[Cl^-]=\sqrt{K_{sp}^{\ominus}(AgCl)}=\sqrt{1.56\times10^{-10}}=1.25\times10^{-5}(mol\cdot L^{-1})$$

则理论上要求 CrO_4^{2-} 的浓度为：

$$[CrO_4^{2-}]=\frac{K_{sp}^{\ominus}(Ag_2CrO_4)}{[Ag^+]^2}=\frac{9.0\times10^{-12}}{(1.25\times10^{-5})^2}=5.8\times10^{-2}(mol\cdot L^{-1})$$

由此可见，若指示剂 K_2CrO_4 浓度过大，则砖红色的 Ag_2CrO_4 提前生成，终点提前到达，从而使测定结果偏低。若 K_2CrO_4 浓度过小，则终点滞后，消耗的 Ag^+ 会增多，从而使测定结果偏高。因此为了获得准确的测定结果，必须严格控制 CrO_4^{2-} 的浓度。

在实际工作中，若 K_2CrO_4 浓度较高，则其本身的黄色会影响终点的观察，引入误差，因此指示剂的浓度略低一些为好。一般滴定溶液中 CrO_4^{2-} 的浓度约为 $5.0\times10^{-3}mol\cdot L^{-1}$ 较合适。

② 溶液的酸度　莫尔法应在中性或弱碱性（pH=6.5～10.5）的介质中进行。

在酸性溶液中，则 CrO_4^{2-} 与 H^+ 发生如下反应而使 CrO_4^{2-} 的有效浓度降低，导致 Ag_2CrO_4 沉淀生成过迟，甚至不生成沉淀。

$$2H^+ + 2CrO_4^{2-} \rightleftharpoons 2HCrO_4^- \rightleftharpoons Cr_2O_7^{2-} + H_2O$$

在强碱性溶液中，Ag^+ 与 OH^- 会发生下列反应：

$$2Ag^+ + 2OH^- \rightleftharpoons 2AgOH \rightleftharpoons Ag_2O + H_2O$$

因此，莫尔法要求溶液的 pH 范围为 6.5～10.5。若溶液的酸性或碱性过强时，可用酚酞作指示剂，用 $NaHCO_3$、硼砂或稀 HNO_3 进行中和。

当试液中有铵盐存在时，要求溶液的 pH 应为 6.5～7.2。因为当溶液的 pH 过高时，会有相当数量的 NH_3 释出，与 Ag^+ 形成 $[Ag(NH_3)_2]^+$，使 AgCl 及 Ag_2CrO_4 溶解度增大，影响定量滴定。

③ 滴定过程应剧烈摇动锥形瓶　由于反应生成的 AgCl 沉淀易吸附 Cl^-，使溶液中的 Cl^- 浓度降低，终点提前到达。因此，在测定时必须剧烈摇动锥形瓶，使被吸附的 Cl^- 释出。测定 Br^- 时，AgBr 吸附 Br^- 比 AgCl 吸附 Cl^- 严重，测定时更要注意剧烈摇动，否则会引入较大的误差。

(3) 注意事项

① 不适于测定 I^- 和 SCN^-。因为 AgI、AgSCN 沉淀对 I^-、SCN^- 的吸附更强烈，即使剧烈摇动锥形瓶也无法避免沉淀的吸附作用所引入的误差。

② 不能用 NaCl 作标准溶液直接滴定 Ag^+。这是因为在 Ag^+ 试液中加入 K_2CrO_4 后，将立即生成大量的 Ag_2CrO_4 沉淀，在化学计量点时，Ag_2CrO_4 沉淀转变为 AgCl 沉淀的速率很慢，使测定无法进行。若要用莫尔法测定试样中的 Ag^+，可在试液中先加入定量过量的 NaCl 标准溶液，然后再用 $AgNO_3$ 标准溶液回滴溶液中过量的 Cl^-。

③ 干扰离子较多。凡能与 CrO_4^{2-} 生成沉淀的阳离子，如 Ba^{2+}、Pb^{2+} 等，能与 Ag^+ 生成沉淀的阴离子 PO_4^{3-}、AsO_4^{3-}、SO_3^{2-}、S^{2-}、CO_3^{2-}、$C_2O_4^{2-}$ 等，以及在莫尔法适宜的酸度条件下易发生水解反应的离子如 Fe^{3+}、Al^{3+}、Sn^{4+}、Bi^{3+} 等，均干扰测定，应预先分离除去。

由于以上原因，莫尔法的应用受到一定限制。

9.9.2 佛尔哈德法

佛尔哈德法（Volhard）是以铁铵矾 [$NH_4Fe(SO_4)_2 \cdot 12H_2O$] 作指示剂，以 NH_4SCN 或 KSCN 为标准溶液的银量法。根据滴定方式的不同，也可分为直接滴定法和返滴定法两种。

（1）基本原理

在含有 Ag^+ 的酸性溶液中，以铁铵矾作指示剂，用 NH_4SCN（或 KSCN）标准溶液滴定。滴定过程中，首先析出 AgSCN 沉淀，当 Ag^+ 定量沉淀后，过量的 SCN^- 与 Fe^{3+} 生成红色配合物，从而指示终点的到达。有关反应如下：

$$Ag^+ + SCN^- \rightleftharpoons AgSCN\downarrow(\text{白色}) \qquad K_{sp}=1.0\times10^{-12}$$

$$Fe^{3+} + SCN^- \rightleftharpoons [Fe(SCN)]^{2+}(\text{红色}) \qquad K=138$$

该法也可以利用返滴定法测定卤素离子。在含有卤素离子的酸性试液中，首先加入定量过量的 $AgNO_3$ 标准溶液，使之与卤素离子充分反应，然后以铁铵矾为指示剂，用 NH_4SCN 标准溶液回滴过量的 $AgNO_3$。

用返滴定法测定 Cl^- 时，由于 AgCl 的溶度积比 AgSCN 大，故达到化学计量点后，稍过量的 SCN^- 将与 AgCl 发生沉淀转化反应，使 AgCl 转化为溶解度更小的 AgSCN：

$$AgCl + SCN^- \rightleftharpoons AgSCN\downarrow + Cl^-$$

所以溶液中出现红色之后，如果不断剧烈地摇动溶液，红色又逐渐消失，反应将不断向右进行，不仅多消耗一部分 NH_4SCN 标准溶液，同时也使终点不易判断。为了避免上述误差，通常采取下列措施。

① 在 Cl^- 溶液中加入定量过量的 $AgNO_3$ 标准溶液后，将溶液煮沸，使 AgCl 沉淀凝聚，滤去沉淀后再用 NH_4SCN 标准溶液返滴定滤液中过量的 $AgNO_3$。

② 在 Cl^- 溶液中加入过量的 $AgNO_3$，充分反应后加入有机溶剂（如硝基苯或 1,2-二氯乙烷等），用力摇动，使有机溶剂覆盖在沉淀表面，从而阻止转化反应发生。此法虽然简单，但有机溶剂对人体有害而且污染环境。

（2）滴定条件

① 溶液的酸度　佛尔哈德法必须在强酸性溶液中进行，溶液的酸度一般控制在 0.1～1mol·L^{-1} 之间。酸度过低，Fe^{3+} 易水解，影响红色配合物的生成。同时，酸度过低，Ag^+ 易生成 Ag_2O 沉淀。

② 指示剂的用量　当滴定至化学计量点时，[Fe(SCN)]$^{2+}$ 恰好生成，此时要观察到血红色，要求 [Fe(SCN)]$^{2+}$ 的最低浓度为 6×10^{-6} mol·L^{-1}，则根据沉淀溶解平衡和配离子的解离平衡可计算出 Fe^{3+} 的理论浓度为 0.04 mol·L^{-1}。但 Fe^{3+} 浓度过大，它的黄色会干扰终点的观察。综合这两方面的因素，终点时 Fe^{3+} 浓度一般控制在 0.015mol·L^{-1}，这样既可减小 Fe^{3+} 的颜色对终点的干扰，又可使终点误差小于 0.1%。

③ 滴定过程需充分振荡锥形瓶　用直接法测定 Ag^+ 时，在滴定过程中，不断有 AgSCN 沉淀生成，沉淀会吸附 Ag^+，Ag^+ 浓度降低，SCN^- 浓度增加，以致终点过早出

现，使结果偏低。滴定时，必须充分振荡，使被吸附的 Ag^+ 及时地释放出来。

(3) 注意事项

① 可用返滴定法测定 Br^-、I^-。在测定的过程中，由于 AgBr 及 AgI 的溶解度均比 AgSCN 小，不会发生沉淀的转化反应。但在测定 I^- 时，指示剂必须在加入过量的 $AgNO_3$ 后加入，否则 Fe^{3+} 将氧化 I^- 为 I_2，影响分析结果的准确度。

② 预先除去能与 SCN^- 反应的强氧化剂、氮的低价氧化物以及铜盐、汞盐等。

佛尔哈德法的最大优点是滴定在酸性介质中进行，一般酸度大于 $0.3mol \cdot L^{-1}$。在此酸度下，许多弱酸根离子（如 PO_4^{3-}、AsO_4^{3-}、$C_2O_4^{2-}$、CO_3^{2-} 等）不干扰测定，所以选择性高。

9.9.3 法扬司法

用吸附指示剂确定终点的银量法，称为法扬司法（Fajans)。

(1) 基本原理

吸附指示剂是一类有色的有机化合物，在溶液中可解离为具有一定颜色的阴离子，此阴离子被吸附在胶体沉淀表面之后，分子结构发生变化，从而引起颜色的改变，指示终点的到达。现以荧光黄指示剂为例来说明吸附指示剂的作用原理。

荧光黄指示剂是一种有机弱酸，用 HFI 表示，在溶液中发生如下解离：

$$HFI \rightleftharpoons H^+ + FI^-(\text{黄绿色})$$

当用 $AgNO_3$ 标准溶液滴定 Cl^- 时，加入荧光黄指示剂，在化学计量点之前，溶液中 Cl^- 过量，AgCl 沉淀表面胶粒吸附 Cl^- 而带负电荷（$AgCl \cdot Cl^-$），荧光黄阴离子 FI^- 不被吸附，溶液呈黄绿色。滴定到化学计量点之后，稍过量的 $AgNO_3$ 可使 AgCl 沉淀表面胶粒吸附 Ag^+ 而带正电荷（$AgCl \cdot Ag^+$）。它强烈吸附 FI^-，并发生分子结构的变化，呈现淡红色，从而指示终点的到达。

$$AgCl \cdot Ag^+ + \underset{\text{黄绿色}}{FI^-} \xrightarrow{\text{吸附}} \underset{\text{淡红色}}{AgCl \cdot Ag^+ | FI^-}$$

(2) 滴定条件

常用的吸附指示剂多数是有机弱酸，不同的指示剂其 K_a 不同，为使指示剂充分解离，使溶液中有足够浓度的 In^-，应使溶液的 $pH > pK_a$；但 pH 过高，Ag^+ 易形成 Ag_2O 沉淀，因此应控制滴定时溶液的酸度。例如荧光黄指示剂，其 $pK_a=7$，所以滴定时的 pH 范围为：$7 < pH < 10$。

(3) 注意事项

① 沉淀对指示剂的吸附能力要适当。吸附能力太强，则终点会提前到达，反之会使终点滞后。通常要求沉淀对指示剂的吸附能力应稍低于对被测离子的吸附能力。卤化银对几种常用吸附指示剂和卤素离子的吸附能力顺序为：

$$I^- > SCN^- > Br^- > \text{曙红} > Cl^- > \text{荧光黄}$$

② 增大沉淀的表面积。沉淀的表面积越大，吸附作用越明显，终点时颜色变化越敏锐，为此可加入糊精、淀粉等胶体保护剂，使沉淀保持胶体状态，以增大沉淀的表面积。

③ 溶液中被滴定离子的浓度不能太低。若浓度太低，沉淀较少，吸附作用不明显，观察终点比较困难。

④ 避免阳光直接照射。卤化银感光会分解变成灰黑色，影响终点观察。

各种吸附指示剂的特性差别都比较大，因此滴定条件也各不相同。常用的吸附指示剂见表 9-1。

表 9-1 常用的吸附指示剂

指示剂	被测定离子	滴定剂	滴定条件
荧光黄	Cl^-	Ag^+	pH7～10
二氯荧光黄	Cl^-	Ag^+	pH4～10
曙红	Br^-、I^-、SCN^-	Ag^+	pH2～10
溴甲酚绿	SCN^-	Ag^+	pH4～5
二甲基二碘荧光黄	I^-	Ag^+	中性溶液
甲基紫	Ag^+	Cl^-	酸性溶液
罗丹明 6G	Ag^+	Br^-	酸性溶液
钍试剂	SO_4^{2-}	Ba^{2+}	pH1.5～3.5

9.9.4 电位滴定法

用 $AgNO_3$ 标准溶液滴定 NaCl 溶液时，也可选用电位滴定法（potentiometric titration），用双盐桥饱和甘汞电极或玻璃电极作参比电极，用银电极作指示电极，通过绘制滴定曲线，确定滴定终点。

具体内容将在仪器分析部分讨论，此处不再讨论。

思考题与习题

[9-1] 试讨论重量分析和滴定分析两类分析方法的优缺点。

[9-2] 为了使沉淀定量完成，必须加入过量沉淀剂，为什么又不能过量太多？

[9-3] 无定形沉淀的条件之一是在浓溶液中进行，这必然使吸附杂质量增多，应采取什么措施避免？

[9-4] 共沉淀和后沉淀有何区别？二者对重量分析有什么不良影响？在分析化学中什么情况下需要利用共沉淀？

[9-5] 沉淀的过滤和洗涤常用什么方法？为什么？

[9-6] 要获得纯净而易于分离和洗涤的晶形沉淀，需要采取什么措施？为什么？

[9-7] 均相沉淀法的原理是什么？与一般沉淀法相比，有何特点？

[9-8] 在重量分析法中何为"恒重"？

[9-9] $BaSO_4$ 和 AgCl 的 K_{sp} 相差不大，但在相同条件下进行沉淀，为什么所得沉淀的类型不同？

[9-10] 重量分析的一般误差来源是什么？怎样减少这些误差？

[9-11] 沉淀形式和称量形式有何区别？试举例说明。

[9-12] 什么是化学因数？运用化学因数时，应注意什么问题？

[9-13] 什么是沉淀滴定法？用于沉淀滴定的反应必须符合哪些条件？

[9-14] 银量法根据确定终点所用指示剂的不同，可分为哪几种方法？它们分别用的指示剂是什么？又是如何指示滴定终点的？

[9-15] 试讨论莫尔法的局限性。

[9-16] 用银量法测定下列试样中 Cl^- 含量时，选用哪种指示剂指示终点较为合适？

(1) $BaCl_2$ (2) $NaCl+Na_3PO_4$ (3) $FeCl_2$ (4) $NaCl+Na_2SO_4$

[9-17] 在下列情况下，测定结果是偏高、偏低还是无影响？试说明其原因。

(1) 吸取 $NaCl+H_2SO_4$ 试液后，立刻用莫尔法测 Cl^-；

(2) 中性溶液中用莫尔法测 Br^-；

(3) 如果试样中含铵盐，在 pH≈10 时，用莫尔法测定 Cl^-；

(4) 用莫尔法测定 pH=8.0 的 KI 溶液中的 I^-；

(5) 用莫尔法测定 Cl^-，但配制的 K_2CrO_4 指示剂浓度过稀；

(6) 用法扬司法测定 Cl^-，用曙红作指示剂；

(7) 佛尔哈德法测定 Cl^- 时，没有将 AgCl 沉淀滤去，也未加硝基苯。

[9-18] 为什么用佛尔哈德法测定 Cl^- 时，引入误差的概率比测定 Br^- 或 I^- 时大？

[9-19] 法扬司法使用吸附指示剂时应注意哪些问题？

[9-20] 欲用莫尔法测定 Ag^+，其滴定方式与测定 Cl^- 有何不同？为什么？

[9-21] 计算 $BaSO_4$ 在下列溶液中的溶解度：

(1) 在纯水中（忽略水解）；

(2) 在 0.10mol·L^{-1} $BaCl_2$ 溶液中；

(3) 在 2mol·L^{-1} HCl 溶液中。

[9 22] 计算下列化学因数

(1) 从 $PbCrO_4$ 的质量计算 Cr_2O_3 的质量；

(2) 从 Fe_2O_3 的质量计算 FeO 的质量；

(3) 从 $(C_9H_6NO)_3Al$ 的质量计算 Al_2O_3 的质量；

(4) 从 $Ni(C_4H_8N_2O_2)_2$ 的质量计算 Ni 的质量。

[9-23] 用重量分析法测定钢中钨的含量，称取 2.000g 钢样，沉淀经灼烧后称得 WO_3 的质量为 0.4300g，求钢中钨的质量分数。

[9-24] 已知试样中 Cl^- 的含量为 25%～40%。欲使滴定时耗去 0.1008mol·L^{-1} $AgNO_3$ 溶液的体积为 30mL，求应称取的试样量范围。

[9-25] 称取某银合金 0.2500g，用 HNO_3 溶解后，除去氮的氧化物，以铁铵矾为指示剂，用 0.1000mol·L^{-1} 的 NH_4SCN 标准溶液滴定，用去 21.94mL。求银合金中银的质量分数。

[9-26] 称取含有 NaCl 和 NaBr 的试样 0.5776g，用重量法测定，得到二者的银盐沉淀为 0.4403g；另取同样质量的试样，用沉淀滴定法滴定，消耗 0.1074mol·L^{-1} $AgNO_3$ 溶液 25.25mL。求 NaCl 和 NaBr 的质量分数。

[9-27] 用重量法测定 $(NH_4)_2SO_4 \cdot FeSO_4 \cdot 6H_2O$ 的纯度，若天平称量误差为 0.2mg，为了使灼烧后 Fe_2O_3 的称量误差不大于 0.1%，应最少称取试样多少克？

[9-28] 称取 KBr 试样 0.7802g，溶解后，定容到 100mL。吸取 25.00mL 试液，加入 0.1138mol·L^{-1} $AgNO_3$ 标准溶液 30.00mL，然后用滴定度为 0.01050g·mL^{-1} 的 KSCN 标准溶液进行滴定，消耗 16.52mL，计算 KBr 的质量分数。

[9-29] 取某含 Cl^- 废水样 100mL，加入 20.00mL0.1120mol·L^{-1} $AgNO_3$ 溶液，然后用 0.1160mol·L^{-1} NH_4SCN 溶液滴定过量的 $AgNO_3$ 溶液，用去 10.00mL，求该水样中 Cl^- 的含量（mg·L^{-1} 表示）。

[9-30] 称取含砷农药 0.2045g 溶于 HNO_3，转化为 H_3AsO_4，调至中性，沉淀为 Ag_3AsO_4，沉淀经过滤洗涤后溶于 HNO_3，以 Fe^{3+} 为指示剂滴定，消耗 0.1523mol·L^{-1} NH_4SCN 标准溶液 26.85mL，计算农药中 As_2O_3 的质量分数。

第10章 可见分光光度法

吸光光度法（absorption photometry）是基于物质分子对光的选择性吸收而建立起来的分析方法，它经历了目视比色法、光电比色法（统称为比色分析法 colorimetric analysis）到分光光度法（spectrophotometry）的发展过程。比色分析法使用的光谱范围仅限于可见光区，而分光光度法则扩展至紫外和红外光谱区。因此，根据物质吸收的光谱区域不同，可分为可见分光光度法（visible spectrophotometry）、紫外分光光度法（ultraviolet spectrophotometry）和红外吸收光谱法（infrared absorption spectroscopy）等。本章主要讨论在溶液中进行的可见分光光度法，紫外和红外光谱法将在仪器分析课程中介绍。

许多物质是有颜色的，如高锰酸钾水溶液呈深紫色，Cu^{2+} 水溶液呈蓝色。溶液愈浓，颜色愈深。可以比较颜色的深浅来测定物质的浓度，这称为比色分析法。它既可以靠目视来进行，也可以采用分光光度计来进行，后者称为分光光度法。

例如，含铁 0.001% 的试样，若用滴定法测定，称量 1g 试样，仅含铁 0.01mg，用 $1.6\times10^{-3}mol\cdot L^{-1}K_2Cr_2O_7$ 标准溶液滴定，仅消耗 0.02mL 滴定剂。与一般滴定管的读数误差（0.02mL）相当。显然，不能用滴定法测定。但若容量瓶中配成 50mL 溶液，在一定条件下，用 1,10-邻二氮菲显色，生成橙红色的 1,10-邻二氮菲亚铁配合物，就可以用分光光度法来测定。

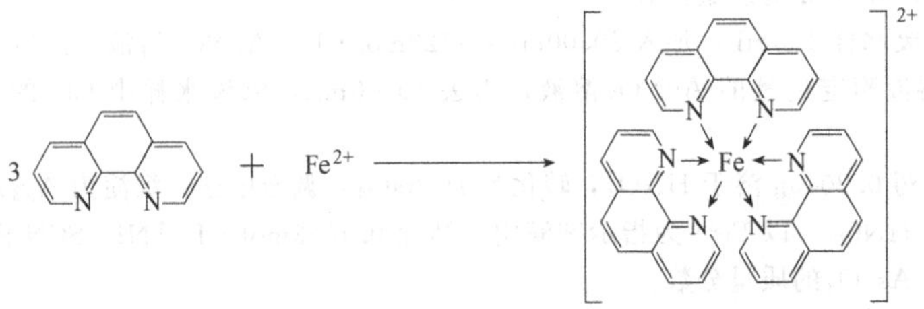

由于大多数物质本身对可见光的吸收能力较弱，往往需要通过一定的化学反应使其形成吸光能力更强的另一有色物质而后测定，因此仍将这种方法划归化学分析法进行讨论。本章重点讨论可见分光光度法。它具有如下特点。

① 灵敏度高　该法测定物质的浓度下限（最低浓度）一般可达 1%～10^{-3}% 的微量组分。对固体试样一般可测到 10^{-4}%。如果对被测组分事先加以富集，灵敏度还可以提高 1～2个数量级。适于微量组分的测定，一般可测定 10^{-6}g 级的物质，其摩尔吸光系数可以达到 10^4～10^5 数量级。

② 准确度较高　一般吸收光谱法的相对误差为 2%～5%，其准确度虽不如滴定分析法及重量法，但对微量成分来说，还是比较满意的，因为在这种情况下，滴定分析法和重量法也不够准确了，甚至无法进行测定。

③ 方法简便　操作容易，分析速度快。

④ 应用广泛　该法不仅可以测定绝大多数无机离子，还可用于测定许多具有生色团的

有机化合物以及生物组分；不仅用于金属离子的定量分析，更重要的是有机化合物的鉴定及结构分析（鉴定有机化合物中的官能团），可对同分异构体进行鉴别。此外，还常用于配合物组成、酸碱及配合平衡常数等的测定。

10.1 吸光光度法的基本原理

10.1.1 物质对光的选择性吸收

（1）单色光和复合光

光是一种电磁波，具有波粒二象性。光的波粒二象性可以用频率 ν、波长 λ、速度 c 和能量 E 等参数来描述，各参数之间的关系可由普朗克方程给出：

$$E=h\nu=h\frac{c}{\lambda}$$

式中，h 为普朗克常数，其值为 $6.63\times10^{-34}\text{J}\cdot\text{s}$。普朗克方程表示了光的波动性与粒子性之间的关系。显然，不同波长的光具有不同的能量，波长愈短，能量愈高；波长愈长，能量愈低。

理论上单色光应是具有相同波长的光，而通常意义的单色光是指其波长处于很窄的某一范围的光；复合光则由不同波长的单色光组成，例如，阳光和白炽灯发出的光均为复合光。电磁波谱的波长范围很宽，其中波长范围较窄的一段可见光谱区在分析化学中得到了最为广泛的应用。为本章讨论的对象。

所谓可见光是指人的眼睛所能感觉到的波长范围为 360～750nm 的电磁波。不同波长的可见光呈现不同的颜色。当一束白光（由各种波长的光按一定比例组成），如日光或白炽灯等，通过某一有色溶液时，一些波长的光被吸收，另一些波长的光则透过。透射光（或反射光）刺激人眼而使人感觉到溶液的颜色。因此溶液的颜色由透射光所决定。由吸收光和透射光组成白光的两种光称为补色光，两种颜色互为补色。如硫酸铜溶液因吸收白光中的黄色光而呈现蓝色，黄色与蓝色即为补色。图 10-1 列出了物质颜色与吸收光颜色的互补关系。

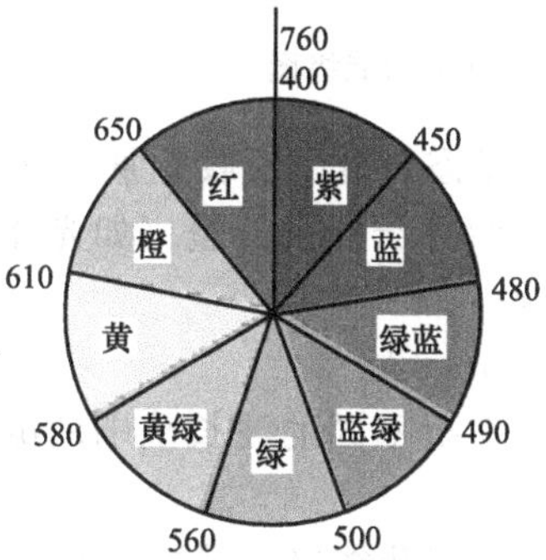

λ/nm	颜色	互补光
400～450	紫	黄绿
450～480	蓝	黄
480～490	绿蓝	橙
490～500	蓝绿	红
500～560	绿	红紫
560～580	黄绿	紫
580～610	黄	蓝
610～650	橙	绿蓝
650～760	红	蓝绿

图 10-1 物质颜色与吸收光颜色互补关系

（2）物质对光的选择性吸收

当一束光照射到某物质或其溶液时，组成该物质的分子、原子或离子与光子发生“碰撞”，光子的能量被分子、原子或离子所吸收，使这些粒子由最低能态（基态）跃迁到较高能态（激发态）：

$$\underset{\text{基态}}{M}+h\nu\longrightarrow\underset{\text{激发态}}{M^*}$$

被激发的粒子约在 10^{-8}s 后又返回到基态，并以热或荧光等形式放出能量。

原子光谱是由原子中电子能级跃迁所产生的。原子光谱是由一条一条的彼此分离的谱线组成的线状光谱。分子光谱比原子光谱要复杂得多。这是由于在分子中，除了有电子相对于原子核的运动外，还有组成分子的各原子在其平衡位置附近的振动，以及分子本身绕其重心的转动。如果考虑三种运动形式之间的相互作用，则分子总的能量可以认为是这三种运动能量之和，即

$$E=E_e+E_v+E_r$$

式中，E_e 为电子能量；E_v 为振动能量；E_r 转动能量。这三种不同形式的运动都对应一定的能级，即：分子中除了电子能级外，还有振动能级和转动能级，这三种能级都是量子化的、不连续的。正如原子有能级图一样，分子也有其特征的能级图。简单双原子分子的能级图如图 10-2 所示。A 和 B 表示电子能级，间距最大；每个电子能级上又有许许多多的振动能级，用 $V'=0$，1，2，…表示 A 能级上各振动能级，$V''=0$，1，2，…表示 B 能级上各振动能级；每个振动能级上又有许许多多的转动能级，用 $j'=0$，1，2，…表示 A 能级上 $V'=0$ 各转动能级，$j''=0$，1，2，…表示 A 能级上 $V'=1$ 各振动能级等，且 $\Delta E_e > \Delta E_v > \Delta E_r$。

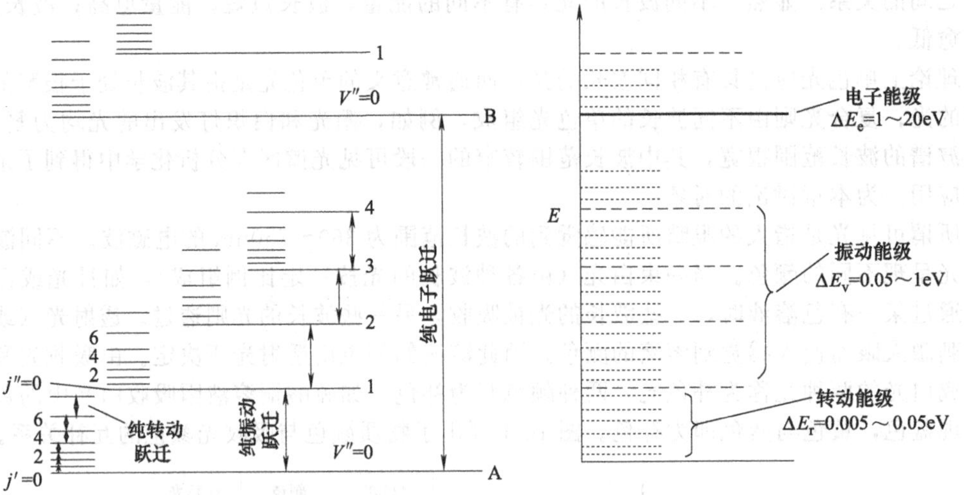

图 10-2　简单双原子分子的能级图

通常情况下，分子处于较低的能量状态，即基态。分子吸收能量具有量子化特征，即分子只能吸收等于两个能级之差的能量。如果外界给分子提供能量（如光能），分子就可能吸收能量引起能级跃迁，而由基态跃迁到激发态能级。

$$\Delta E=E_2-E_1=h\nu=hc/\lambda$$

由于三种能级跃迁所需要的能量不同，所以需要不同的波长范围的电磁辐射使其跃迁，即在不同的光学区域产生吸收光谱。

不同的物质粒子由于结构不同而具有不同的量子化能级，其能量差也不相同。所以物质对光的吸收具有选择性。

(3) 吸收曲线

当光束通过一透明的物质时，具有某种能量的光子被吸收，而另一些能量的光子则不被吸收，光子是否被物质吸收，既决定于物质的内部结构，也决定于光子的能量。当光子的能量等于电子能级的能量差时（即 $\Delta E_{电}=h\nu$），则此能量的光子被吸收，并使电子由基态跃迁到激发态。物质对光的吸收特征，可用吸收曲线来描述。以波长 λ 为横坐标，吸光度 A 为纵坐标作图（见图 10-3），得到的 A-λ 曲线即吸收光谱。

可以看出：物质在某一波长处对光的吸收最强，称为最大吸收峰，对应的波长称为最大吸收波长（λ_{max}）；低于高吸收峰的峰称为次峰；吸收峰旁边的一个小的曲折称为肩峰；曲线中的低谷称为波谷，其所对应的波长称为最小吸收波长（λ_{min}）；在吸收曲线波长最短的一端，吸收强度相当大，但不成峰形的部分，称为末端吸收。同一物质的浓度不同时，光吸收曲线形状相同，λ_{max}不变，只是相应的吸光度大小不同。物质不同，其分子结构不同，则吸收光谱曲线不同，λ_{max}不同，故可根据吸收光谱图对物质进行定性鉴定和结构分析。用最大吸收峰或次峰所对应的波长为入射光，测定待测物质的吸光度，根据光吸收定律可对物质进行定量分析。

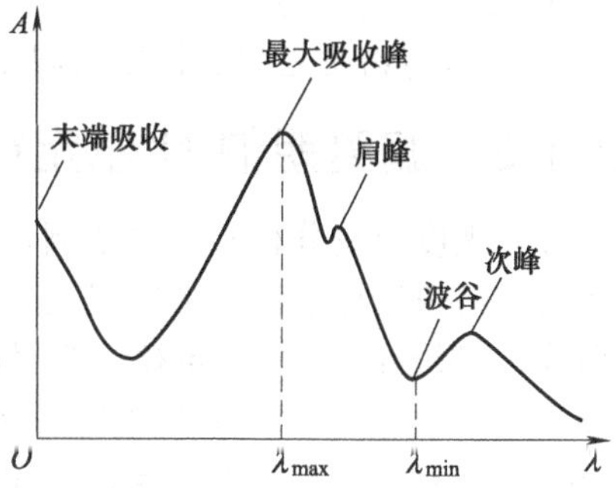

图 10-3 紫外-可见吸收光谱示意

10.1.2 光的吸收基本定律——朗伯-比尔定律

物质对光吸收的定量关系很早就受到了科学家的注意并进行了研究。朗伯在 1760 年阐明了物质对光的吸收程度和吸收介质厚度之间的关系；1852 年，比尔又提出光的吸收程度和吸光物质浓度也具有类似关系，两者结合起来就得到有关光吸收的基本定律——朗伯-比尔定律。

朗伯-比尔定律（Lambert-Beer law），又称比尔定律（Beer law），是光吸收的基本定律，适用于所有的电磁辐射和所有的吸光物质，包括气体、固体、液体、分子、原子和离子。朗伯-比尔定律是吸光光度法的定量基础。当一束平行单色光通过单一均匀的、非散射的吸光物质溶液时，光强度减弱。溶液的浓度 c 愈大，液层厚度 b 愈厚，入射光愈强，则光被吸收的愈多，光强度减弱的也愈显著。它是由实验观察得到的。

$$A=\lg\frac{I_0}{I_t}=\lg\frac{1}{T}=-\lg T=\varepsilon bc \tag{10-1}$$

式中，A 为吸光度（absorbance）；I_0 为入射光的强度；I_t 为透射光的强度；T 为透射率（transmittence），或称透光度；ε 为摩尔吸光系数（molarabsorptivity），是化合物分子的特性，它与浓度（c）和光透过介质的厚度无关，与入射光波长、吸光物质的性质、溶剂、温度、溶液的组成、仪器的灵敏度等因素有关；b 为液层厚度，以 cm 为单位；c 为吸光物质的浓度，$mol \cdot L^{-1}$。

摩尔吸光系数 ε 的物理意义是：浓度为 $1mol \cdot L^{-1}$ 的溶液，在厚度为 1cm 的吸收池中，在一定波长下测得的吸光度。在实际测量中，不能直接取 $1mol \cdot L^{-1}$ 这样高浓度的溶液去测量摩尔吸光系数，只能在稀溶液中测量后，换算成摩尔吸光系数。

朗伯-比尔定律的物理意义是，当一束平行单色光垂直通过某一均匀非散射的吸光物质时，其吸光度 A 与吸光物质的浓度 c 及液层厚度 b 呈正比。

当介质中含有多种吸光组分时，只要各组分间不存在相互作用，则在某一波长下介质的总吸光度是各组分在该波长下吸光度的加和，而各物质的吸光度则由各自的浓度与吸光系数所决定。例如，设溶液中同时存在有 a、b、c…吸光物质，则各物质在同一波长下，吸光度具有加和性，即

$$A_{总}=-\lg T_{总}=A_a+A_b+A_c+\cdots=(\varepsilon c_a+\varepsilon c_b+\varepsilon c_c+\cdots)b \tag{10-2}$$

朗伯-比尔定律的成立是有前提的，即：

① 入射光为平行单色光且垂直照射；

② 吸光物质为均匀非散射体系；

③ 吸光质点之间无相互作用；

④ 辐射与物质之间的作用仅限于光吸收过程，无荧光和光化学现象发生。

10.1.3 偏离朗伯-比尔定律的原因

分光光度定量分析常需要绘制标准曲线，即固定液层厚度及入射光的波长和强度，测定一系列不同浓度标准溶液的吸光度，以吸光度对标准溶液浓度作图，得到标准曲线（或称工作曲线）。根据朗伯-比尔定律，当吸收介质厚度不变时，A 与 c 之间应该呈正比关系，但实际测定时，标准曲线常会出现偏离朗伯-比尔定律的现象（见图 10-4），有时向浓度轴弯曲（负偏离），有时向吸光度轴弯曲（正偏离）。造成偏离的原因是多方面的，其主要原因是测定时的实际情况不完全符合使朗伯-比尔定律成立的前提条件。物理因素（仪器的非理想引起）如下。

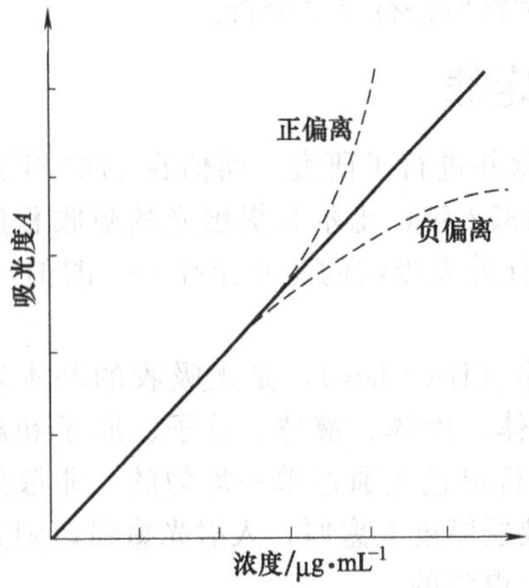

图 10-4 标准曲线及对比尔定律的偏离

(1) 非单色光引起的偏离

朗伯-比尔定律只适用于单色光，但由于单色器色散能力的限制和出口狭缝需要保持一定的宽度，所以目前各种分光光度计得到的入射光实际上都是具有某一波段的复合光（即难以获得真正的纯单色光）。由于物质对不同波长光的吸收程度不同，因而导致对朗伯-比尔定律的偏离。

(2) 非平行入射光引起的偏离

非平行光光束的光程大于吸收池的厚度，产生正偏离。

介质不均匀引起的偏离：朗伯-比尔定律要求吸光物质的溶液是均匀的。如果被测溶液不均匀，是胶体溶液、乳浊液或悬浮液时，入射光通过溶液后，除一部分被试液吸收外，还有一部分因散射现象而损失，使透射比减少，因而实测吸光度增加，使标准曲线偏离直线向吸光度轴弯曲。故在光度法中应避免溶液产生胶体或浑浊。

(3) 化学因素引起的偏离

溶液浓度过高引起的偏离：朗伯一比耳定律是建立在吸光质点之间没有相互作用的前提下。但当溶液浓度较高时，吸光物质的分子或离子间的平均距离减小，从而改变物质对光的吸收能力，即改变物质的摩尔吸光系数。浓度增加，相互作用增强，导致在高浓度范围内摩尔吸光系数不恒定而使吸光度与浓度之间的线性关系被破坏。

由于溶液本身的化学反应引起的偏离：溶液中的吸光物质常因解离、缔合、形成新化合物或互变异构等化学变化而改变其浓度，因而导致偏离朗伯-比尔定律。

① 解离　大部分有机酸碱的酸式、碱式对光有不同的吸收性质，溶液的酸度不同，酸（碱）解离程度不同，导致酸式与碱式的比例改变，使溶液的吸光度发生改变。

② 配合　显色剂与金属离子生成的是多级配合物，且各级配合物对光的吸收性质不同，例如在 Fe（Ⅲ）与 SCN^- 的配合物中，$Fe(SCN)_3$ 颜色最深，$[Fe(SCN)]^{2+}$ 颜色最浅，故 SCN^- 浓度越大，溶液颜色越深，即吸光度越大。

③ 缔合　例如在酸性条件下，CrO_4^{2-} 会缔合生成 $Cr_2O_7^{2-}$，而它们对光的吸收有很大的不同。

在分析测定中，要控制溶液的条件，使被测组分以一种形式存在，以克服化学因素所引起的对朗伯-比尔定律的偏离。

10.2 分光光度计及其基本部件

10.2.1 仪器的基本构造

分光光度计的种类和型号众多，但基本上都由光源、单色器、吸收池、检测器和显示器五大部件构成，见图 10-5。

图 10-5 紫外-可见分光光度计结构示意

（1）光源

光源要求在所需的光谱区域内，发射连续的具有足够强度和稳定的可见光，并且辐射强度随波长的变化尽可能小，使用寿命长，操作方便。

钨灯和碘钨灯可使用的波长范围为 340～2500nm。这类光源的辐射强度与施加的外加电压有关，在可见光区，辐射的强度与工作电压的 4 次方呈正比，光电流也与灯丝电压的 n 次方（$n>1$）呈正比。因此，使用时必需严格控制灯丝电压，必要时需配备稳压装置，以保证光源的稳定。

（2）单色器（分光系统）

单色器是能从光源的复合光中分出单色光的光学装置，其主要功能应该是能够产生光谱纯度高、色散率高且波长在紫外－可见光区域内任意可调的单色光。单色器的性能直接影响入射光的单色性，从而也影响到测定的灵敏度、选择性及校准曲线的线性关系等。

单色器由入射狭缝、准光器（透镜或凹面反射镜使入射光变成平行光）、色散元件、聚焦元件和出射狭缝等几个部分组成。其核心部分是色散元件，起分光作用。其他光学元件中狭缝在决定单色器性能上起着重要作用，狭缝宽度过大时，谱带宽度太大，入射光单色性差，狭缝宽度过小时，又会减弱光强。

能起分光作用的色散元件主要是棱镜和光栅。

棱镜有玻璃和石英两种材料。它们的色散原理是依据不同波长的光通过棱镜时有不同的折射率而将不同波长的光分开。由于玻璃会吸收紫外线，所以玻璃棱镜只适用于 340～3200nm 的可见和近红外光区波长范围。石英棱镜适用的波长范围较宽，为 185～4000nm，即可用于紫外、可见、红外三个光谱区域，但主要用于紫外光区。

光栅是利用光的衍射和干涉作用分光的。它可用于紫外、可见和近红外光谱区域，而且在整个波长区域中具有良好的、几乎均匀一致的色散率，且具有适用波长范围宽、分辨本领高、成本低、便于保存和易于制作等优点，所以是目前用得最多的色散元件。其缺点是各级光谱会重叠而产生干扰。

（3）吸收池

吸收池用于盛放分析的试样溶液，让入射光束通过。吸收池一般由玻璃和石英两种材料做成，玻璃池只能用于可见光区，石英池可用于可见光区及紫外光区。吸收池的大小规格从几毫米到几厘米不等，最常用的是 1cm 的吸收池。为减少光的反射损失，吸收池的光学面必须严格垂直于光束方向。在高精度分析测定中（尤其是紫外光区更重要），吸收池要挑选配对，使它们的性能基本一致，因为吸收池材料本身及光学面的光学特性、以及吸收池光程长度的精确性等对吸光度的测量结果都有直接影响。

（4）检测器

检测器是将光信号转变成电信号的装置，要求灵敏度高，响应时间短，噪声水平低且有良好的稳定性。常用的检测器有光电管、光电倍增管和光电二极管阵列检测器。

光电管在紫外-可见分光光度计上应用很广泛。它以一弯成半圆柱且内表面涂上一层光敏材料的镍片作为阴极，而置于圆柱形中心的一金属丝作为阳极，密封于高真空的玻璃或石英中构成，当光照到阴极的光敏材料上时，阴极发射出电子，被阳极收集而产生光电流。随阴极光敏材料不同，灵敏的波长范围也不同。光电管可分为蓝敏光电管和红敏光电管。前者是在镍阴极表面沉积锑和铯，适用波长范围为 210～625nm；后者是在阴极表面沉积银和氧化铯，适用范围为 625～1000nm。与光电池比较，光电管具有灵敏度高、光谱范围宽、不易疲劳等优点。

光电倍增管实际上是一种加上多级倍增电极的光电管，其结构如图 10-6 所示。

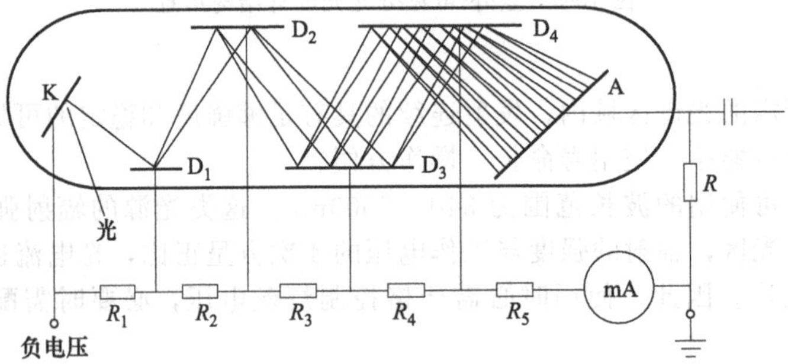

图 10-6　光电倍增管工作原理图

光电倍增管工作时，各倍增极（D_1、D_2、D_3…）和阳极均加上电压，并依次升高，阴极 K 电位最低，阳极 A 电位最高。入射光照射在阴极上，打出光电子，经倍增极加速后，在各倍增极上打出更多的“二次电子”。如果一个电子在一个倍增极上一次能打出 σ 个二次电子，那么一个光电子经 n 个倍增极后，最后在阳极会收集到 σ^n 个电子，而在外电路形成电流。一般 $\sigma=3\sim6$，n 为 10 左右，所以，光电倍增管的放大倍数很高。

光电倍增管工作的直流电源电压在 700～3000V 之间，相邻倍增极间电压为 50～100V。与光电管不同，光电倍增管的输出电流随外加电压的增加而增加，且极为敏感，这是因为每个倍增极获得的增益取决于加速电压。因此，光电倍增管的外加电压必须严格控制。光电倍增管的暗电流愈小，质量愈好。光电倍增管灵敏度高，是检测微弱光最常见的光电元件，可以用较窄的单色器狭缝，从而对光谱的精细结构有较好的分辨能力。

光电二极管阵列检测器（photo-diodearraydetector）是用光电二极管阵列作检测元件，阵列由 1024 个光电二极管组成，各自测量一窄段，即不足 1nm 的光谱。通过单色器的光含有全部的吸收信息，在阵列上同时被检测，并用电子学方法及计算机技术对二极管阵列快速扫描采集数据，由于扫描速度非常快，可以得到三维（A、λ、t）光谱图。

（5）显示器

它的作用是放大信号并以适当的方式指示或记录。常用的信号指示装置有直流检流计、电位调零装置、数字显示及自动记录装置等。现在许多分光光度计配有微处理机，一方面可以对仪器进行控制，另一方面可以进行数据的采集和处理。

10.2.2 仪器的类型

UV－VIS 主要有单光束分光光度计、双光束分光光度计、双波长分光光度计以及光电二极管阵列分光光度计。

（1）单光束分光光度计

单光束分光光度计光路示意图如图 10-5 所示，一束经过单色器的光，轮流通过参比溶液和样品溶液来进行测定。这种分光光度计结构简单，价格便宜，主要用于定量分析。但这种仪器操作麻烦，如在不同的波长范围内使用不同的光源、不同的吸收池，且每换一次波长，都要用参比溶液校正等，也不适于作定性分析。

（2）双光束分光光度计

双光束分光光度计的光路设计基本上与单光束相似，如图 10-7 所示，经过单色器的光被斩光器一分为二，一束通过参比溶液，另一束通过样品溶液，然后由检测系统测量即可得到样品溶液的吸光度。

由于采用双光路方式，两光束同时分别通过参比池和测量池，使操作简单，同时也消除了因光源强度变化而带来的误差。

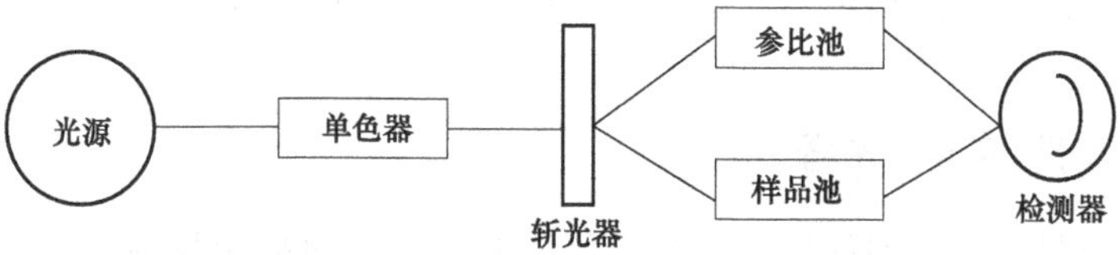

图 10-7　双光束分光光度计测量示意图

（3）双波长分光光度计

单光束和双光束分光光度计，就测量波长而言，都是单波长的。双波长分光光度计是用两种不同波长（λ_1 和 λ_2）的单色光交替照射样品溶液（不需使用参比溶液）。经光电倍增管和电子控制系统，测得的是样品溶液在两种波长 λ_1 和 λ_2 处的吸光度之差 ΔA，$\Delta A = A_{\lambda_1} - A_{\lambda_2}$，只要 λ_1 和 λ_2 选择适当，ΔA 就是扣除了背景吸收的吸光度。仪器原理方框如图 10-8 所示。

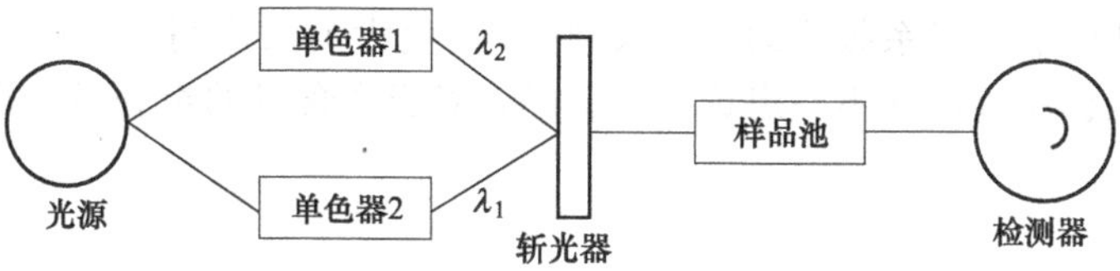

图 10-8　双波长分光光度计光路示意图

双波长分光光度计不仅能测定高浓度试样、多组分混合试样，并能测定浑浊试样。双波长分光光度计在测定相互干扰的混合试样时，不仅操作简单，而且精确度高。

（4）光电二极管阵列分光光度计

一种利用光电二极管阵列作多道检测器，由微型电子计算机控制的单光束 UV-VIS，具有快速扫描吸收光谱的特点（见图 10-9）。

从光源发射的复合光，经样品吸收池后经全息光栅色散，色散后的单色光由光电二极管阵列中的光电二极管接收，光电二极管与电容耦合，当光电二极管受光照射时，电容器就放电，电容器的带电量与照射到光电二极管上的总光量呈正比。由于单色器的谱带宽度接近于光电二极管的间距，每个谱带宽度的光信号由一个光电二极管接收，一个光电二极管阵列可容纳 1024 个光电二极管，可覆盖 190～

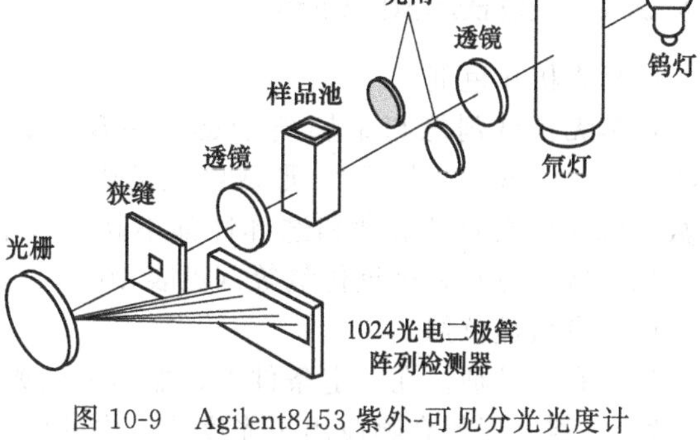

图 10-9　Agilent8453 紫外-可见分光光度计

1100nm 波长范围，分辨率<1nm，其全部波长可同时被检测而且响应快，在极短时间内（<1s）给出整个光谱的全部信息。这种光度计特别适于进行快速反应动力学研究和多组分混合物的分析，也已被用作高效液相色谱和毛细管电泳仪的检测器。

10.3 显色反应及其条件的选择

在吸光光度分析中，如果待测组分本身有色，吸光能力较强，就可以直接进行测定。对于本身无吸收的待测组分，先要通过显色反应将待测组分转变成有色化合物，然后测定吸光度或吸收曲线。将无色或浅色组分转变成有色化合物（配合物、离子或中性分子）的反应称为显色反应，所用试剂称为显色剂。在光度分析中选择合适的显色反应，并严格控制反应条件是十分重要的。

10.3.1 显色反应的选择

显色反应可分两大类，即配位反应和氧化还原反应，而配位反应是最主要的显色反应。同一组分常可与若干种显色剂反应，生成若干有色化合物，其原理和灵敏度亦有差别。一种被测组分究竟应该用哪种显色反应，可根据所需标准加以选择。选择显色反应的一般标准如下。

（1）选择性好

一种显色剂最好只与一种被测组分起显色反应，这样干扰就少。或者干扰离子容易被消除，或者显色剂与被测组分和干扰离子生成的有色化合物的吸收峰相隔较远。

（2）灵敏度高

由于分光光度法一般是测定微量组分的，灵敏度高的显色反应有利于微量组分的测定。灵敏度的高低可从摩尔吸光系数值的大小来判断，ε 值大灵敏度高，否则灵敏度低。但应注意，灵敏度高的显色反应，并不一定选择性就好，对于高含量的组分不一定要选用灵敏度高的显色反应。

（3）对比度大

即如果显色剂有颜色，则有色化合物与显色剂的最大吸收波长的差别要大，一般要求在 60nm 以上。

（4）有色化合物的组成恒定且化学性质稳定

有色化合物的组成若不确定，测定的再现性就较差。有色化合物若易受空气的氧化、日光的照射而分解，就会引入测量误差。

（5）显色反应条件易于控制

如果条件要求过于严格，难以控制，测定结果的再现性就差。

10.3.2 显色剂的选择

（1）无机显色剂

许多无机试剂能与金属离子起显色反应，如 Cu^{2+} 与氨水形成深蓝色的配离子 $[Cu(NH_3)_4]^{2+}$，SCN^- 与 Fe^{3+} 形成红色的配合物 $[Fe(SCN)]^{2+}$ 或 $[Fe(SCN)_6]^{3-}$ 等。但是多数无机显色剂的灵敏度和选择性都不高，其中性能较好、目前还有实用价值的有硫氰酸盐、钼酸铵、氨水和过氧化氢等（见表 10-1）。

（2）有机显色剂

许多有机试剂，在一定条件下，能与金属离子生成有色的金属螯合物（具有环状结构的配合物）。将金属螯合物应用于光度分析中的优点如下。

表 10-1 常用的无机显色剂

显色剂	反应类型	测定元素	酸度	有色化合物组成	颜色	测定波长/nm
硫氰酸盐	配位	Fe(Ⅲ)	0.1～0.8mol·L^{-1}硝酸	$[Fe(SCN)_5]^{2-}$	红	480
钼酸铵	杂多酸	P	0.5mol·L^{-1}硫酸		蓝	670～830
氨水	配位	Cu(Ⅱ)	浓氨水	四氨合铜离子	蓝	620
过氧化氢	配位	Ti(Ⅳ)	1～2mol·L^{-1}硫酸	$[TiO(H_2O_2)]^{2+}$	黄	420

① 大部分金属螯合物都呈现鲜明的颜色，$\varepsilon>10^4$，因而测定的灵敏度很高。

② 金属螯合物都很稳定，一般解离常数都很小，而且能抗辐射。

③ 选择性高，专用性强。绝大多数有机螯合剂，在一定条件下，只与少数或某一种金属离子配位，而且同一种有机螯合剂与不同的金属离子配位时，生成具有特征颜色的螯合物。

④ 虽然大部分金属螯合物难溶于水，但可被有机溶剂萃取，大大发展了萃取光度法。

⑤ 在显色分子中，金属所占的比率很低，提高了测定的灵敏度。因此，有机显色剂是光度分析中应用最多、最广的显色剂，寻找高选择性、高灵敏度的有机显色剂，是光度分析发展和研究的重要内容。

在有机化合物分子中，凡是包含有共轭双键的基团如—N═N—、—N═O、$—NO_2$、对醌基、═C═O（羰基）、═C═S（硫羰基）等，一般都具有颜色，原因是这些基团中的π电子被光激发时，只需要较小的能量，能吸收波长大于 200nm 的光，因此，称这些基团为生色团；某些含有未共用电子对的基团如氨基$—NH_2$、RHN—、R_2N—（具有一对未共用电子对）、羟基—OH（具有两对未共用电子对），以及卤代基—F、—Cl、—Br、—I 等，它们与生色基团上的不饱和键互相作用，引起永久性的电荷移动，从而减小了分子的活化能，促使试剂对光的最大吸收“红移”，使试剂颜色加深，这些基团称为助色团。

含有生色基团的有机化合物常常能与许多金属离子化合生成性质稳定且具有特征颜色的化合物，且灵敏度和选择性都很高，这就为用光度法测定这些离子提供了很好的条件。

10.3.3 影响显色反应的因素

显色反应能否完全满足光度法的要求，除了与显色剂的性质有主要关系外，控制好显色反应的条件也是十分重要的，如果显色条件不合适，将会影响分析结果的准确度。

(1) 显色剂的用量

显色就是将被测组分转变成有色化合物，表示：

$$\underset{(被测组分)}{M} + \underset{(显色剂)}{R} \rightleftharpoons \underset{(有色化合物)}{MR}$$

反应在一定程度上是可逆的。为了减少反应的可逆性，根据同离子效应，加入过量的显色剂是必要的，但也不能过量太多。如图 10-10 所示，有时可能因为副反应而影响测定。在实际工作中，显色剂的适宜用量是通过实验求得的。

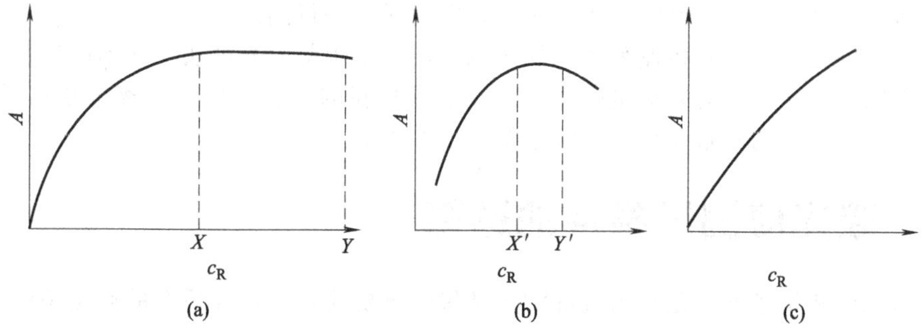

图 10-10 吸光度与显色剂用量的关系曲线

（2）溶液的酸度

溶液酸度对显色反应的影响很大，这是由于溶液的酸度直接影响着金属离子和显色剂的存在形式以及有色配合物的组成和稳定性。因此，控制溶液适宜的酸度，是保证光度分析获得良好结果的重要条件之一。

（3）时间和温度

显色反应的速率有快有慢。对于显色反应速率快的，几乎是瞬间即可完成，显色很快达到稳定状态，并且能保持较长时间。大多数显色反应速率较慢，需要一定时间，溶液的颜色才能达到稳定程度。有些有色化合物放置一段时间后，由于空气的氧化，试剂的分解或挥发，光的照射等原因，使颜色减退。适宜的显色时间和有色溶液稳定程度，也必须通过实验来确定。实验方法是配制一份显色溶液，从加入显色剂计算时间、每隔几分钟测定一次吸光度，绘制 A-t 曲线，根据曲线来确定适宜的时间。

不同的显色反应需要不同的温度，一般显色反应可在室温下完成。但是有些显色反应需要加热至一定的温度才能完成；也有些有色配合物在较高温度下容易分解。因此，应根据不同的情况选择适当的温度进行显色。温度对光的吸收及颜色的深浅也有一定的影响，故标样和试样的显色温度应保持一致。合适显色温度也必须通过实验确定，做 A-c 曲线即可求出。

（4）溶剂和表面活性剂

溶剂对显色反应的影响表现在下列几方面。

① 溶剂影响配合物的离解度　许多有色化合物在水中的离解度大，而在有机溶剂中的离解度小，如在 $Fe(SCN)_3$ 溶液中加入可与水混溶的有机试剂（如丙酮），由于降低了 $Fe(SCN)_3$ 的离解度而使颜色加深提高了测定的灵敏度。

② 溶剂改变配合物颜色的原因可能是各种溶剂分子的极性不同、介电常数不同，从而影响到配合物的稳定性，改变了配合物分子内部的状态或者形成不同的溶剂化物的结果。

③ 溶剂影响显色反应的速率　例如，当用氯代磺酚 S 测定 Nb 时，在水溶液中显色需几小时，如果加入丙酮后，仅需 30min。

表面活性剂的加入可以提高显色反应的灵敏度，增加有色化合物的稳定性。其作用原理一方面是胶束增溶，另一方面是可形成含有表面活性剂的多元配合物。

（5）共存离子的干扰及消除

共存离子存在时对光度测定的影响，有以下几种类型。

① 与试剂生成有色配合物。如用硅钼蓝光度法测定钢中硅时，磷也能与钼酸铵生成配合物，同时被还原为钼蓝，使结果偏高。

② 干扰离子本身有颜色。如 Co^{2+}（红色）、Cr^{3+}（绿色）、Cu^{2+}（蓝色）。

③ 与试剂结合成无色配合物消耗大量试剂而使被测离子配合不完全。如用水杨酸测 Fe^{3+} 时，Al^{3+}、Cu^{2+} 等有影响。

④ 与被测离子结合成离解度小的另一化合物。如由于 F^- 的存在，能与 Fe^{3+} 以 $[FeF_6]^{3-}$ 形式存在，$Fe(SCN)_3$ 则不会生成，因而无法进行测定。

消除干扰的方法主要有控制酸度、加入掩蔽剂、采用萃取光度法、在不同波长下测定两种显色配合物的吸光度，对它们进行同时测定、寻找新的显色反应、分离干扰离子。此外，还可以通过选择适当的测量条件，消除干扰离子的影响。

10.4 吸光度测量条件的选择

选择适当的测量条件，是获得准确测定结果的重要途径。选择适合的测量条件，可从下列几个方面考虑。

(1) 入射光(测量)波长的选择

入射光波长选择的依据是吸收曲线,一般以最大吸收波长 λ_{max} 为测量的入射光波长。因为在此波长处 ε 最大,测定的灵敏度最高。而且在此波长处吸光度有一较小的平坦区,能够减少或消除由于单色光的不纯而引起的对朗伯-比尔定律的偏离,从而提高测定的灵敏度和准确度。

如果有干扰时,且干扰物在 λ_{max} 处也有吸收,则根据"吸收大,干扰小"的原则,选择最佳入射光波长。此时灵敏度较低但能避免干扰。有时加入掩蔽剂以消除其他离子的干扰,就能获得满意的测定结果。

(2) 吸光度读数范围的选择

任何分光光度计都有一定的测量误差,这是由于光源不稳定,读数不准确(刻度盘)等因素造成的。一般来说,透光率读数误差 ΔT 是一个常数,但在不同的读数范围内所引起的浓度的相对误差($\Delta c/c$)却是不同的。

由朗伯-比尔定律可知 $A=-\lg T=\varepsilon bc \quad \Delta A=\varepsilon b\Delta c$

所以

$$\frac{\Delta c}{c}=\frac{\Delta A}{A}$$

将 $A=-\lg T$ 微分得:

$$dA=-d\lg T=-0.434d\ln T=-\frac{0.434}{T}dT$$

积分得:

$$\Delta A=-\frac{0.434}{T}\Delta T$$

则

$$\frac{\Delta c}{c}=\frac{0.434\Delta T}{T\lg T} \tag{10-3}$$

浓度相对误差($\Delta c/c$)与透光度 T 有关,亦与透光度的绝对误差 ΔT 有关。

ΔT 被认为是由仪器刻度读数不可靠所引起的误差。一般分光光度计的 ΔT 为 $\pm0.2\%\sim\pm2\%$,是一个与透光度无关的常数。实际上由于仪器设计和制造水平的不同,ΔT 可能改变。对于透射比准确度 $\Delta T=0.5\%$,并将此值代入式(10-2),则可计算出不同透光度时浓度的相对误差($\Delta c/c$)。浓度测量的相对误差($\Delta c/c$)与溶液透光度(T)的关系如图 10-11 所示。

由图 10-11 可以看出:当 $\Delta T=0.5\%$时,$A=0.155\sim0.950$($T=70\%\sim12\%$)时,测量误差小于 2%,准确度较高。ΔT 越小,允许的 A 值范围越大。即当 $\Delta T=0.3\%$时,$A=0.10\sim1.3$($T=80\%\sim5\%$);当 $\Delta T=0.1\%$时,$A=0.05\sim1.8$($T=88\%\sim1.5\%$);当 $\Delta T=0.05\%$时,$A=0.02\sim2.35$($T=95\%\sim0.5\%$);当 $\Delta T=0.5\%$时,如果要求测量误差小于 5%,则 $A=0.05\sim1.5$($T=88\%\sim3\%$)。为此可以从以下两个方面想办法。

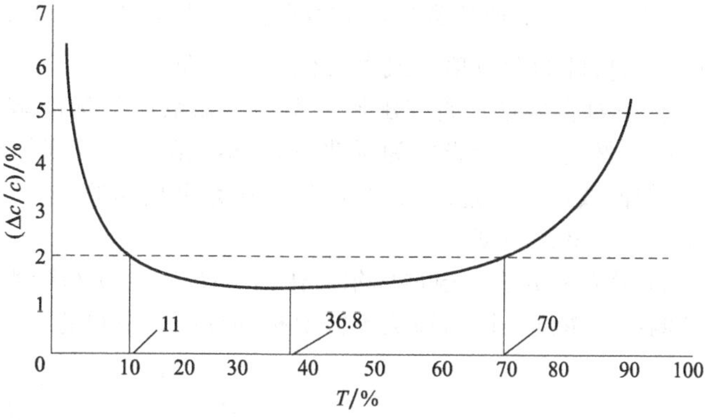

图 10-11 浓度测量的相对误差($\Delta c/c$)与溶液透光度(T)的关系

① 通过计算控制试样的称出量,含量高时,少取样,或稀释试液;含量低时,可多取样,或萃取富集。

② 如果溶液已显色，则可通过改变比色皿的厚度来调节吸光度大小。

(3) 参比溶液的选择

用适当的参比溶液在一定的入射光波长下调节 $A=0$，可以消除由比色皿、显色剂、溶剂和试剂对待测组分的干扰。即参比溶液是用来调节仪器工作零点的，若参比溶液选得不适当，则对测量读数准确度的影响较大。选择的办法如下。

① 若仅待测组分与显色剂反应产物在测定波长处有吸收，其他所加试剂均无吸收，用纯溶剂（水）作参比溶液，称溶剂参比。

② 试剂和显色剂均无吸收时，而样品溶液中共存的其他离子有吸收时，应采用不加显色剂的样品溶液作参比液，称为试样参比。

③ 当试剂、显色剂有吸收而试液无吸收时，以不加试液的试剂、显色剂按照操作步骤配成参比溶液，称为试剂参比。

④ 试液和显色剂均有吸收时，可将一份试液加入适当掩蔽剂，将被测组分掩蔽起来，使之不再与显色剂作用，然后把显色剂、试剂均按操作手续加入，以此做参比溶液，称为退色参比，这样可以消除一些共存组分的干扰。

此外，对于比色皿的厚度、透光率、仪器波长、读数刻度等应进行校正，对比色皿放置位置、检测器的灵敏度等也应注意检查。

10.5 吸光光度法的应用

10.5.1 定量分析

吸光光度法主要应用于微量组分的测定，也可用于多组分分析以及研究化学平衡、配合物的组成等。定量分析的依据是朗伯-比尔定律，即物质在一定波长处的吸光度与它的浓度呈线性关系。故通过测定溶液对一定波长入射光的吸光度，便可求得溶液的浓度和含量。

(1) 单组分物质的定量分析

① 比较法　在相同条件下配制样品溶液和标准溶液（与待测组分的浓度近似），在相同的实验条件和最大波长 λ_{max} 处分别测得吸光度为 A_x 和 A_s，然后进行比较，求出样品溶液中待测组分的浓度 [即 $c_x=c_s\ (A_x/A_s)$]。现代数显式光度计的浓度直读法就是根据这一原理设计的，使用条件是：在标准曲线基本过原点的情况下，仅需配制一种浓度在要求定量浓度范围 2/3 左右的标准样品，置于光路，测量标准样品的吸光度，然后置模式为“浓度直读”，按 ↑ 或 ↓ 键使读数达已知含量值（或含量值的 $10n$ 倍），最后置入未知样品溶液，读出的显示值即为含量值（或含量值的 $10n$ 倍）。

② 标准曲线法　首先配制一系列已知浓度的标准溶液，在 λ_{max} 处分别测得标准溶液的吸光度，然后，以吸光度为纵坐标，标准溶液的浓度为横坐标作图，得 A-c 的校正曲线图（理想的曲线应为通过原点的直线）。在完全相同的条件下测出试液的吸光度，并从曲线上求得相应的试液的浓度。

③ 吸光系数法　根据比尔定律 $A=\varepsilon bc$，若 b 和吸光系数 ε 已知，即可根据测得的 A 求出被测物的浓度。因为该法不需要标准样品，故可称为绝对法。

$$c=\frac{A}{\varepsilon b}\quad 或 \quad c=\frac{A}{E_{1cm}^{1\%}b}$$

现代数显仪器中均有“浓度因子”功能，在“浓度直读”功能下使读数达已知含量值后如置标尺至“浓度因子”，在显示窗中出现的数字即这一标准样品的浓度因子，记录这一因子数，则在下次开机，测试时不必重测已知标准样品，只需重输入这一因子即可直读浓度。

④ 对照品对照法

由直接比较法 $c_{样}=c_{标}A_{样}/A_{标}$ 得

$$样品\%=c_{标}A_{样}/A_{标}c'_{样}$$

式中，$c_{样}$、$c_{标}$ 分别为样品浓度和标准品浓度；$c'_{样}$ 为样品标示浓度。

例如，准确称取维生素 B_{12} 样品 25.0mg，用水溶解并定容至 1000mL 后，用 1cm 吸收池，在 361nm 处测得吸光度 A 为 0.507，则

B_{12}＝25.0mg/1000mL＝2.5mg/100mL＝0.0025g/100mL＝0.0025%

$$E_{1cm}^{1\%}=\frac{A}{cl}=\frac{0.507}{0.0025}=202.8$$

$$样品\ B_{12}(\%)=\frac{(E_{1cm}^{1\%})_{样}}{(E_{1cm}^{1\%})_{标}}\times 100\%=\frac{202.8}{207}=98.00\%$$

(2) 多组分物质的定量分析

根据吸光度加和性原理，对于两种或两种以上吸光组分的混合物的定量分析，可不需分离而直接测定。根据吸收峰的互相干扰情况，分为以下三种，如图 10-13 所示。

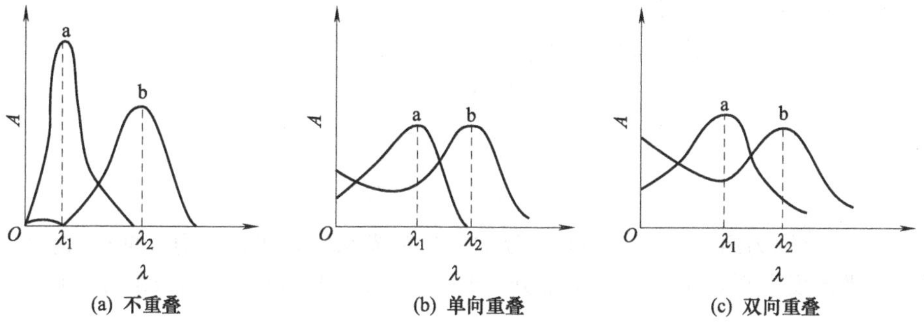

图 10-12 混合物的紫外-可见吸收光谱

① 吸收光谱不重叠 如图 10-12 (a) 所示，混合物中组分 a、b 的吸收峰相互不干扰，即在 λ_1 处，组分 b 无吸收，而在 λ_2 处，组分 a 无吸收，因此，可按单组分的测定方法分别在 λ_1 和 λ_2 处测得组分 a 和 b 的浓度。

② 吸收光谱单向重叠 如图 10-12 (b) 所示，在 λ_1 处测定组分 a，组分 b 有干扰；在 λ_2 处测定组分 b，组分 a 无干扰，因此可先在 λ_2 处测定组分 b 的吸光度 $A_{\lambda_2}^{b}$。

$$A_{\lambda_2}^{b}=\kappa_{\lambda_2}^{b}c^{b}l$$

式中，$\kappa_{\lambda_2}^{b}$ 为组分 b 在 λ_2 处的摩尔吸光系数，可由组分 b 的标准溶液求得，故可由上式求得组分 b 的浓度。然后再在 λ_1 处测定组分 a 和组分 b 的吸光度 $A_{\lambda_1}^{a+b}$。

$$A_{\lambda_1}^{a+b}=A_{\lambda_1}^{a}+A_{\lambda_1}^{b}=\kappa_{\lambda_1}^{a}c^{a}l+\kappa_{\lambda_1}^{b}c^{b}l$$

式中，$A_{\lambda_1}^{a}$、$A_{\lambda_1}^{b}$ 分别为组分 a、b 在 λ_1 处的摩尔吸光系数，它们可由各自的标准溶液求得，从而可由上式求出组分 a 的浓度。

③ 吸收光谱双向重叠 如图 10-12 (c) 所示，组分 a、b 的吸收光谱互相重叠，同样有吸光度加和性原则，在 λ_1 和 λ_2 处分别测得总的吸光度 $A_{\lambda_1}^{a+b}$、$A_{\lambda_2}^{a+b}$。

$$A_{\lambda_1}^{a+b}=A_{\lambda_1}^{a}+A_{\lambda_1}^{b}=\kappa_{\lambda_1}^{a}c^{a}l+\kappa_{\lambda_1}^{b}c^{b}l$$
$$A_{\lambda_2}^{a+b}=A_{\lambda_2}^{a}+A_{\lambda_2}^{b}=\kappa_{\lambda_2}^{a}c^{a}l+\kappa_{\lambda_2}^{b}c^{b}l$$

式中，$\kappa_{\lambda_1}^{a}$、$\kappa_{\lambda_2}^{a}$、$\kappa_{\lambda_1}^{b}$、$\kappa_{\lambda_2}^{b}$ 分别为组分 a、b 在 λ_1、λ_2 处的摩尔吸光系数，它们同样可由各自的标准溶液求得，因此，通过解方程求得组分 a 和 b 的浓度 c^{a} 和 c^{b}。

显然，有 n 个组分的混合物也可用此法测定，联立 n 个方程组便可求得各自组分的含

量，但随着组分的增多，实验结果的误差也会增大，准确度降低。

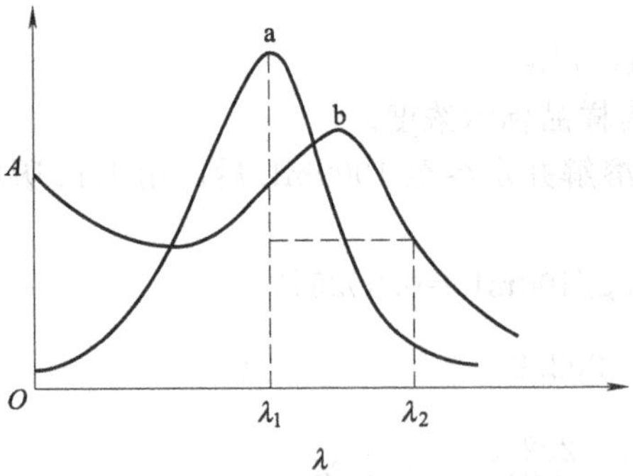

图 10-13　等吸收双波长测定法

④ 用双波长分光光度法进行定量分析

对于吸收光谱互相重叠的多组分混合物，除用上述解联立方程的方法测定外，还可用双波长法测定，且能提高测定灵敏度和准确度。在测定组分 a 和 b 的混合样品时，一般采用作图法确定参比波长和测定波长，如图 10-13 所示。选组分 a 的最大吸收波长 λ_1 为测定波长，而参比波长的选择应考虑能消除干扰物质的吸收，即使组分 b 在 λ_1 处的吸光度等于它在 λ_2 处的吸光度，$A_{\lambda_1}^{b}=A_{\lambda_2}^{b}$。根据吸光度加和性原则，混合物在 λ_1 和 λ_2 处的吸光度分别为：

$$A_{\lambda_1}^{a+b}=A_{\lambda_1}^{a}+A_{\lambda_1}^{b}$$

$$A_{\lambda_2}^{a+b}=A_{\lambda_2}^{a}+A_{\lambda_2}^{b}$$

由双波长分光光度计测得：

$$\Delta A=A_{\lambda_1}^{a+b}-A_{\lambda_2}^{a+b}=A_{\lambda_1}^{a}+A_{\lambda_1}^{b}-A_{\lambda_2}^{a}-A_{\lambda_2}^{b}$$

因为

$$A_{\lambda_1}^{b}=A_{\lambda_2}^{b}$$

所以

$$\Delta A=A_{\lambda_1}^{a}-A_{\lambda_2}^{a}=(\kappa_{\lambda_1}^{a}c^{a}-\kappa_{\lambda_2}^{a}c^{a})l$$

$$c^{a}=\frac{\Delta A}{(\kappa_{\lambda_1}^{a}-\kappa_{\lambda_2}^{a})l}$$

式中，$\kappa_{\lambda_1}^{a}$、$\kappa_{\lambda_2}^{a}$ 分别为组分 a 在 λ_1 和 λ_2 处的摩尔吸光系数，可由组分 a 的标准溶液在 λ_1 和 λ_2 处测得的吸光度求得，由上式求得组分 a 的浓度。同理，也可以测得组分 b 的浓度。

10.5.2　示差分光光度法（量程扩展技术）

常规的分光光度法是采用空白溶液作参比的，对于高含量物质的测定，相对误差较大。示差分光光度法是以与试液浓度接近的标准溶液作参比，则由实验测得的吸光度为

$$\Delta A=A_s-A_x=\varepsilon(c_s-c_x)l=\varepsilon\Delta cl$$

按所选择的测量条件不同，示差法可分以下两种。

(1) 单标准示差分光光度法

① 高吸光度法　当检测器未受光时调节仪器 $T=0$，然后用一个比试液浓度 c_x 稍低的已知浓度溶液作标准溶液 c_s 调节仪器 $T=100\%$，再测定待测物质的透射比或吸光度，如图 10-14 (a) 所示。

如果将 c_s 的透射比由 $T=10\%$ 扩展到 $T=100\%$，仪器的透射比相当于扩展了 10 倍，则 c_x 的透射比由 6%扩展到 60%，使吸光度落入了读数误差较小的范围，提高了测定的准确度。

② 低吸光度法　选用比待测液浓度稍高的已知浓度溶液作标准溶液，调节仪器 $T=0$，用纯溶剂调节 $T=100\%$，然后测定 c_x 的透射比和吸光度。标尺扩展的结果将原来 $T=90\%\sim100\%$ 之间的一段变为 $T=0\sim100\%$，透射比扩大了 10 倍，将 c_x 的透射比由 95%变为 50%，同样吸光度落在了理想区，此法适用于痕量物质的测定。所用的仪器必须具有出光狭缝可以调节，光度计灵敏度可以控制或光源强度可以改变等性能，故不常用。

(2) 最精确法

这种方法采用两个标准溶液进行量程扩展，一个标准溶液的浓度 c_{s1} 比试液的浓度稍大，另一个标准溶液的浓度 c_{s2} 比试液的浓度稍低。测定时，用 c_{s1} 调节仪器 $T=0$，用 c_{s2} 调节

$T=100\%$，试液的透射比或吸光度总是处于两个标准溶液之间。此法适用于任何浓度区域差别很小的试液的测定。

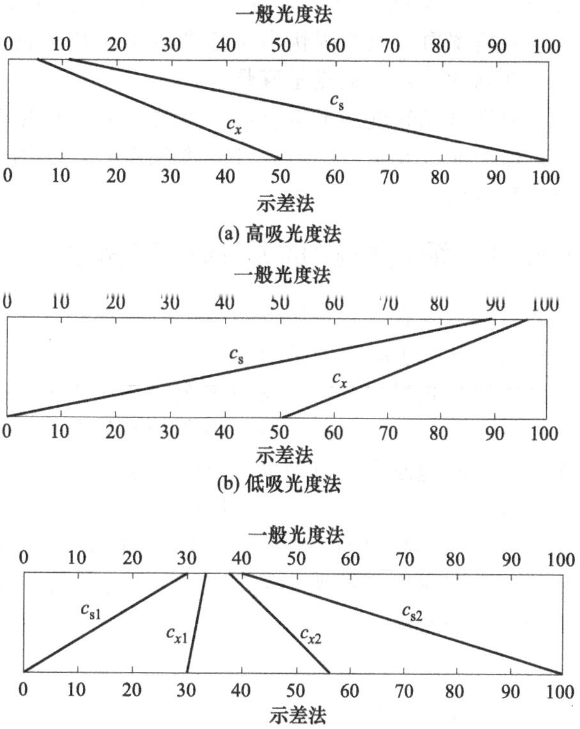

(a) 高吸光度法

(b) 低吸光度法

(c) 最精确法

图 10-14 示差分光光度法测量示意

10.5.3 动力学分光光度法

利用反应速率与反应物、产物、催化剂浓度间的定量关系，通过测量吸光度对待测组分进行定量分析的方法，称为动力学分光光度法。

下面以催化显色分光光度法为例介绍其基本原理及测定方法。

假设在催化剂 M 的作用下，加速以下显色反应：

$$aA+bB \xlongequal{} gG+hH$$

若 G 为有色化合物，并以 G 作为指示物质，考虑到速率方程式上的指数与化学方程式的系数不一定相同，G 的显色（反应）速率可表示如下：

$$\frac{dc(G)}{dt}=k'c^m(A)c^n(B)c_{催}$$

如果测定的是反应的起始速率，A、B 的浓度较大，反应消耗的 A 和 B 可忽略不计，则 c（A）和 c（B）可视为常数。

$$\frac{dc(G)}{dt}=k''c_{催}$$

由于 $c_{催}$变化很小，也可视为常数，上式积分得：

$$c(G)=k''c_{催}\,t$$

将上式代入朗伯-比尔定律：

$$A=k^0c(G)L=k^0k''c_{催}\,t=kc_{催}\,t \tag{10-4}$$

上式说明，催化剂浓度愈大，催化显色反应时间愈长，则指示物质 G 的吸光度值愈大，这就是动力学分光光度法的基本关系式。催化显色分光光度法通常可采用固定时间法、固定吸光度（浓度）法和斜率法三种定量法。

固定时间法是根据反应溶液混合一固定时间后的吸光度来测定催化剂的含量。

$$A=k_1c_{催}$$

以不同浓度的催化剂溶液，测得响应的反应体系的 A 值，作出 A-c 标准曲线，然后在相同条件和相同显色时间下测得试液的吸光度，即可从标准曲线上求得试液中催化剂（M）的浓度。

固定吸光度法是将反应溶液混合后，由吸光度上升至一固定数值所需时间来测定催化剂的含量。这种方法实际上是固定浓度法，即当指示物质在固定溶液中的浓度达到一固定值时，其吸光度必然为一定值，此时式（10-3）中的 c（G）为一常数。

$$c_{催}=k_2/t$$

同样可以作出 $c_{催}$-t^{-1}工作曲线，由试样体系中的 t 值求出催化剂（M）的含量。

斜率法是根据吸光度（A）随反应时间的变化速率来测定。根据 $A=kc_{催}\,t$，在不同的

$c_{催}$下测得 A-t 曲线，分别求出其斜率值（$kc_{催}$），作出 $kc_{催}$-$c_{催}$工作曲线，在相同条件下测得试液的斜率值，就能很快由工作曲线求出待测物（M）的浓度。此法利用了一系列的实验数据，准确度较高，缺点是麻烦。

动力学分光光度法灵敏度高，选择性好，应用范围广，尤其是酶催化动力学分光光度法具有快速简便以及更好的特效性和准确度，广泛用于生化、环境保护、食品卫生、医药及临床检验等方面。

10. 5. 4 配合物组成及其稳定常数的测定

测量配合物组成的常用方法有两种：摩尔比法（又称饱和法，见图 10-15）和等摩尔连续变化法（又称 Job 法，见图 10-16）。

摩尔比法是根据在配合反应中金属离子被显色剂所饱和的原理来测定配合物组成的。

在实验条件下，制备一系列体积相同的溶液。在这些溶液中，固定金属离子 M 的浓度，依次从低到高地改变显色剂 R 的浓度，然后测定每份溶液的吸光度 A，随着［R］的加大，形成配合物的浓度［MR_n］也不断增加，吸光度 A 也不断增加，当［R］∶［M］$=n$ 时，［MR_n］最大，吸光度也应最大。这时 M 被 R 饱和，若［R］再增大，吸光度 A 即不再有明显增加。用测得的吸光度对［R］/［M］作图，所得曲线的转折点相对应的［R］/［M］值，即为配合物的组成比。

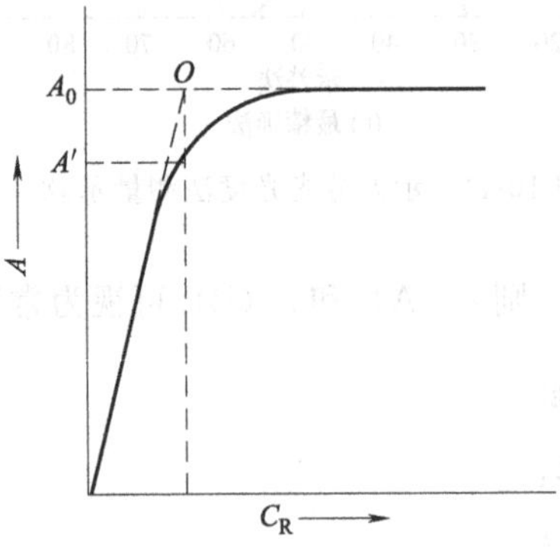

图 10-15 摩尔比法测定配合物组成

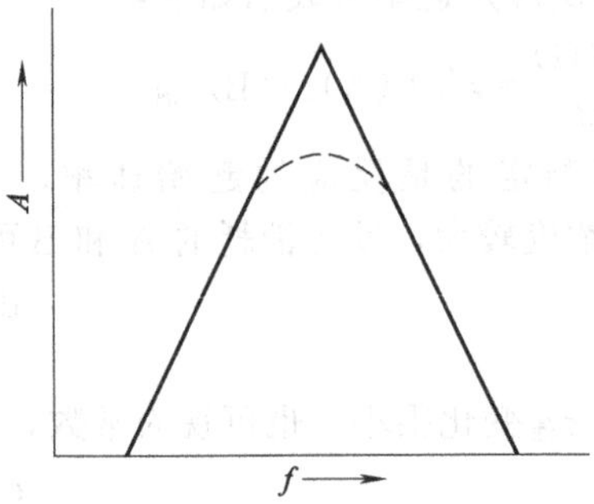

图 10-16 Job 法测定配合物组成

用摩尔比法可以求配合物 MR_n 的稳定常数 $K_{稳}$，其反应式为：

$$M+nR \longrightarrow MR_n$$

$$K_{稳}=[MR_n]/([M][R]^n)$$

当金属离子 M 有一半转化为配合物 MR_n 时，即［MR_n］＝［M］，则

$$K_{稳}=1/[R]^n \tag{10-5}$$

因此，只要取摩尔比法曲线的最大吸光度的一半所对应的［R］，并将已求得的 n 代入，即可求得配合物的稳定常数 $K_{稳}$。

等摩尔连续变化法是测定配合物组成比的一种方法，用紫外－可见吸收光谱法测定时，保持金属离子 M 和配合剂 Y 的总摩尔数不变，连续改变两组分的比例，并逐一测定体系的吸光度 A。以 A 对摩尔分数 $f_Y=[Y]/([M]+[Y])$ 或 $f_M=[M]/([M]+[Y])$ 作图，曲线拐点即为配合物的组成比。但此法对 N/M＞4 的体系不适用。

除以上应用外，吸光光度法亦可用于氢键强度、具有生色基团有机物摩尔质量、酸碱解离常数的测定。

思考题与习题

[10-1] 与化学分析法相比，吸光光度法的主要特点是什么？

[10-2] 摩尔吸光系数 ε 在光度分析中有什么意义？如何求出 ε？ε 受哪些因素的影响？

[10-3] 符合朗伯-比尔定律的某一吸光物质溶液，其最大吸收波长和吸光度随吸光物质浓度的增加如何变化？

[10-4] 偏离朗伯-比尔定律的原因主要有哪些？

[10-5] 测量吸光度时，应如何选择入射光波长？如何选择参比溶液？

[10-6] 某有色溶液用 1cm 比色皿测量时，$A=0.400$。将此溶液稀释一倍后，改用 3cm 的比色皿在相同波长条件下测量，计算 A 和 T。

[10-7] 某苦味酸胺试样 0.0250g，用 95%乙醇溶解并配成 1.0L 溶液，在 380nm 波长处用 1.0cm 吸收池测得吸光度为 0.760。试估计该苦味酸胺的相对分子质量为多少？（已知在 95%乙醇溶液中的苦味酸胺在 380nm 时，$\lg\varepsilon=4.13$）

[10-8] 用双硫腙法测定 Pb^{2+}。Pb^{2+} 的浓度为 $0.08mg\cdot(50mL)^{-1}$，用 2cm 的比色皿在 500nm 下测得 $T=53\%$，求 ε。

[10-9] 取钢样 1.00g，溶解于酸中，将其中锰氧化成高锰酸盐，准确配制成 250mL 溶液，测得其吸光度为 $1.00\times10^{-3}mol\cdot L^{-1}$ $KMnO_4$ 溶液吸光度的 1.5 倍。计算钢样中锰的质量分数。

[10-10] 某含铁约 0.2%的试样，用邻二氮菲亚铁光度法（$\varepsilon=1.00\times10^4L\cdot mol^{-1}\cdot cm^{-1}$）测定。试样溶解后稀释至 100mL，用 1cm 比色皿在 508nm 波长下测定吸光度。(1) 为使吸光度测量引起的浓度相对误差最小，应当称取试样多少克？(2) 如果所使用的光度计透光度最适宜度数范围为 0.200～0.650，测定溶液应控制含铁的浓度范围为多少？

[10-11] 已知一物质在它的最大吸收波长处的摩尔吸光系数 ε 为 $1.4\times104L\cdot mol^{-1}\cdot cm^{-1}$，现用 1cm 吸收池测得该物质溶液的吸光度为 0.850，计算溶液的浓度。

[10-12] K_2CrO_4 的碱性溶液在 372nm 处有最大吸收，若碱性 K_2CrO_4 溶液的浓度为 $3.00\times10^{-5}mol\cdot L^{-1}$，吸收池厚度为 1cm，在此波长下测得透射率是 71.6%，计算：(1) 该溶液的吸光度；(2) 摩尔吸光系数；(3) 若吸收池厚度为 3cm，则透射率多大？

[10-13] 维生素 B_{12} 样品 2.50mg 用水溶成 1000mL 后，盛于 1cm 比色皿中，在 361nm 处测得 A 为 0.507，求原样品的纯度（已知 B_{12} 的 $E_{1cm}^{1\%}=207$）。

[10-14] 某组分 A 溶液的浓度为 $5.00\times10^{-4}mol\cdot L^{-1}$，在 1cm 吸收池中于 440nm 及 590nm 下其吸光度分别为 0.638 及 0.139；另一组分 B 溶液的浓度为 $8.00\times10^{-4}mol\cdot L^{-1}$，在 1cm 吸收池中于 440nm 及 590nm 下其吸光度为 0.106 及 0.470。现有 A、B 组分混合液在 1cm 吸收池中于 440nm 及 590nm 处其吸光度分别为 1.022 及 0.414，试计算混合液中 A 组分和 B 组分的浓度。

第11章 分析化学中的分离与富集方法

前面各章讨论了各种基本的化学定量分析方法。但只有在配位滴定一章中讨论过用掩蔽方法消除干扰问题。实际工作中对于组成比较简单的试样，将其处理制成溶液后，就可以直接测定有关组分的含量。但是绝大多数试样都含有多种组分，因此当对其中的某一组分进行分析时，其他共存组分就有可能产生干扰。在分析较复杂的试样时，其他组分的存在往往影响定量测定的准确度，在严重的情况下（干扰组分量大时），甚至可使测定无法进行。因此在分析测定时，必须考虑共存组分对测定的影响及其减免方法。此时，除采用掩蔽方法外，在许多情况下，需要选用适当的分离方法使待测组分与干扰组分分离；对于试样中微量或痕量组分的测定，由于含量常低于测定方法的检测限，为此需要富集后才能测定。应该注意的是，在分离的同时往往也进行了必要的浓缩和富集，因此分离通常包含有富集的意义在内，可见，分离对定量分析是至关重要的。

对于常量组分的分离和痕量组分的富集，总的要求是分离、富集要完全，亦即待测组分回收率要符合一定的要求。当然，也应该兼顾是否会引入新的干扰，操作是否简单、快速等。所谓待测组分的回收率 R_T，是指待测组分经分离或富集后所测得的含量 Q_T 与它在试样中（分离或富集前）含量Q_T^0的比值，即

$$R_T=\frac{Q_T}{Q_T^0}\times 100\%$$

式中，R_T 受待测组分的含量及选用的分离方法所制约。作为一个可靠的方法，对于含量大于1%的常量组分，回收率应接近100%；对于痕量组分，回收率可在90%～110%之间，在有的情况下，例如待测组分含量太低时，回收率在80%～120%之间亦属符合要求。

本章讨论几种常用的分离方法。

11.1 沉淀分离法

这是一种较老的分离方法，但目前还是经常用到，而且还在发展中。下面介绍几种常用的沉淀分离方法。

11.1.1 无机沉淀剂沉淀分离法

无机沉淀剂有很多，形成沉淀的类型也很多，此处只对形成氢氧化物和硫化物沉淀的分离法作简要讨论。至于一些生成盐类（如碳酸盐、草酸盐、硫酸盐、磷酸盐等）的反应，在重量分析一章中已有讨论，这里不再重复。

（1）氢氧化物沉淀分离法

使离子形成氢氧化物沉淀［如 $Fe(OH)_3$、$Al(OH)_3$、$Mg(OH)_2$］或含水氧化物（如 $SiO_2\cdot xH_2O$、$WO_3\cdot xH_2O$、$Nb_2O_5\cdot xH_2O$、$SnO_2\cdot xH_2O$ 等）。一些常见金属氢氧化物开始沉淀和沉淀完全时的 pH 见表 11-1。

表 11-1 各种金属离子氢氧化物开始沉淀和沉淀完全时的 pH

氢氧化物	溶度积 K_{sp}	开始沉淀时的 pH 假定[M]=0.01mol·L^{-1}	沉淀完全时的 pH 假定[M]=10^{-5}mol·L^{-1}
$Sn(OH)_4$	1×10^{-57}	0.5	1.3
$TiO(OH)_2$	1×10^{-29}	0.5	2.0
$Sn(OH)_2$	3×10^{-27}	1.7	3.7
$Fe(OH)_3$	3.5×10^{-38}	2.2	3.5
$Al(OH)_3$	2×10^{-32}	4.1	5.4
$Cr(OH)_3$	5.4×10^{-31}	4.6	5.9
$Zn(OH)_2$	1.2×10^{-17}	6.5	8.5
$Fe(OH)_2$	1×10^{-15}	7.5	9.5
$Ni(OH)_2$	6.5×10^{-18}	6.4	8.4
$Mn(OH)_2$	4.5×10^{-13}	8.8	10.8
$Mg(OH)_2$	1.8×10^{-11}	9.6	11.6

应该指出，表 11-1 中所列出的各种 pH，是从表中所假定的条件，根据溶度积计算而得。实际上，溶液中可能存在的金属离子浓度，以及沉淀完全的要求，并不完全是这样，因此沉淀开始和沉淀完全时应控制的 pH 可能有所不同。其次，9.2 节中已经讲到，沉淀的溶解度因沉淀条件不同而改变，而且文献上所记载的 K_{sp}值是指稀溶液中，没有其他离子存在时的溶度积，因而查得的文献值与实际数值将有一定的差距。总之，表 11-1 中的 pH 数值只能供参考，实际上，为了使某种金属离子沉淀完全所需的 pH 往往比表中所列要高些。例如为了使 $Fe(OH)_3$ 沉淀完全所需 pH，并不是表中所列出的 3.5，而是在 4 以上。当然，为了使氢氧化物沉淀完全，并不是 pH 越高越好。许多两性物质当 pH 超过一定数值时将要溶解。因此利用氢氧化物沉淀分离，关键在于根据实际情况适当选择和严格控制溶液的 pH。氢氧化物沉淀分离时常用下列试剂来控制溶液的 pH。

① NaOH 溶液[1] 通常用它可控制 pH≥12，常用于两性金属离子和非两性金属离子的分离。许多非两性金属离子都生成氢氧化物沉淀，只有溶解度较大的钙、锶等离子的氢氧化物才部分沉淀。两性金属离子则生成含氧酸阴离子留在溶液中。

② 氨和氯化铵缓冲溶液 它可以将 pH 控制在 9 左右，常用来沉淀不与 NH_3 形成配离子的许多种金属离子。亦可使许多两性金属离子沉淀成氢氧化物沉淀。

其他如醋酸和醋酸盐、六亚甲基四胺及其共轭酸所组成的缓冲溶液等，可分别控制一定的 pH（参见 6.3 节），以进行沉淀分离。

利用难溶化合物的悬浮液来控制 pH。例如 ZnO 悬浮液就是较常用的一种，ZnO 在水中具有下列平衡：

$$ZnO+H_2O \rightleftharpoons Zn(OH)_2 \rightleftharpoons Zn^{2+}+2OH^-$$

$$[Zn^{2+}][OH^-]^2=K_{sp} \qquad [OH^-]=\sqrt{\frac{K_{sp}}{[Zn^{2+}]}}$$

$[OH^-]$ 与 $[Zn^{2+}]$ 的平方根呈反比。当加 ZnO 悬浮液于酸性溶液中，ZnO 溶解而使 $[Zn^{2+}]$ 达一定值时，溶液的 pH 就为一定的数值。例如，$[Zn^{2+}]$ =0.1mol·L^{-1}时：

$$[OH^-]=\sqrt{\frac{1.2\times10^{-17}}{0.1}}=1.1\times10^{-8}\,mol\cdot L^{-1} \qquad pH\approx6$$

而且当 $[Zn^{2+}]$ 改变时，pH 的改变极其缓慢。一般来讲，利用 ZnO 悬浮液，可把溶液的 pH 控制在 5.5～6.5。其他如 $CaCO_3$、MgO 等的悬浮液都可用于控制一定的 pH。

---

[1] 不是很浓的溶液。

氢氧化物沉淀分离法的选择性较差。又由于氢氧化物是非晶形沉淀，共沉淀现象较为严重。为了改善沉淀性能，减少共沉淀现象，沉淀作用应在较浓的热溶液中进行，使生成的氢氧化物沉淀含水分较少，结构较紧密，体积较小，吸附杂质的机会减小。沉淀完毕后加入适量热水稀释，使吸附的杂质离开沉淀表面转入溶液，从而获得较纯的沉淀。如果让沉淀作用在尽量浓的溶液中进行，并同时加入大量没有干扰作用的盐类，即进行“小体积沉淀”，可使吸附其他组分的机会进一步减小，沉淀较为纯净。

（2）硫化物沉淀分离法

能形成硫化物沉淀的金属离子约有 40 余种，由于它们的溶解度相差悬殊，因而可以通过控制溶液中 $[S^{2-}]$ 的办法使硫化物沉淀分离。

硫化物沉淀分离所用的主要沉淀剂是硫化氢，在溶液中 H_2S 存在如下的解离平衡：

$$H_2S \underset{+H^-}{\overset{-H^+}{\rightleftharpoons}} HS^- \underset{+H^-}{\overset{-H^+}{\rightleftharpoons}} S^{2-}$$

溶液中的 S^{2-} 浓度与溶液的酸度有关。因此控制适当的酸度，亦即控制 $[S^{2-}]$，即可进行硫化物沉淀分离。和氢氧化物沉淀法相似，硫化物沉淀法的选择性较差，硫化物系非晶形沉淀，吸附现象严重。如果改用硫代乙酰胺为沉淀剂，利用硫代乙酰胺在酸性或碱性溶液中水解产生 H_2S 或 S^{2-} 来进行均相沉淀，可使沉淀性能和分离效果有所改善。硫代乙酰胺在酸性或碱性溶液中的反应式如下：

$$CH_3CSNH_2 + 2H_2O + H^+ = CH_3COOH + H_2S + NH_4^+$$

$$CH_3CSNH_2 + 3OH^- = CH_3COO^- + S^{2-} + NH_3\uparrow + H_2O$$

11.1.2 有机沉淀剂沉淀分离法

由于有机沉淀剂的选择性和灵敏度较高，生成的沉淀性能好，显示了有机沉淀剂的优越性，因而得到迅速的发展。有机沉淀剂与金属离子形成的沉淀主要有：螯合物沉淀、缔合物沉淀和三元配合物沉淀。

（1）形成螯合物（即内络盐）沉淀

所用的有机沉淀剂，常具有下列官能团：—COOH、—OH、═NOH、—SH、—SO_3H等，这些官能团中的 H^+ 可被金属离子置换。同时在沉淀剂中还含有另一些官能团，这些官能团具有能与金属离子形成配位键的原子。即在一分子有机沉淀剂中具有不止一个可键合的原子。因而这种沉淀剂能与金属离子形成具有五元环或六元环的螯合物或内络盐。例如 8-羟基喹啉与 Mg^{2+} 的作用可简单表示为：

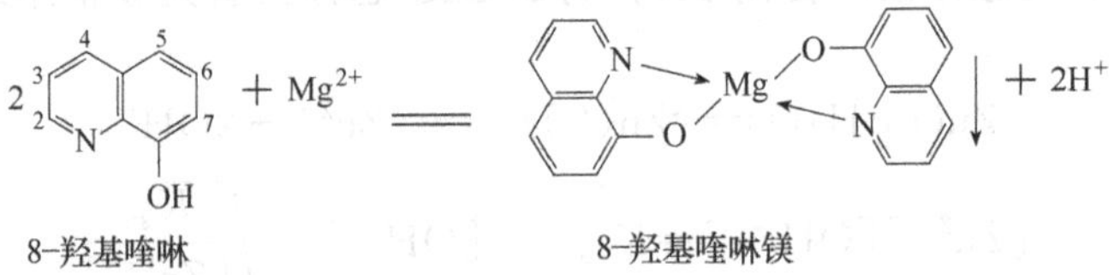

8-羟基喹啉　　　　8-羟基喹啉镁

这类内络盐不带电荷，含有较多的憎水性基团，因而难溶于水。

这类有机沉淀剂所形成螯合物的溶解度大小及其选择性，都与沉淀剂本身的结构有关。在其结构中憎水性基团的增大，例如以—C_2H_5 代替—CH_3，以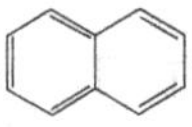代替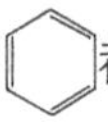都能使沉淀的溶解度减小。若在与金属离子成键的官能团的邻位（例如 8-羟基喹啉中与 N 相邻的 2 位）引入其他基团（如—CH_3 或—C_2H_5），则会造成空间位阻，减小了它对金属离子的螯合能力，从而可以提高沉淀剂的选择性。例如 8-羟基喹啉易和 Al^{3+}、Zn^{2+}、Mg^{2+} 等配合产生沉淀；但甲基-8-羟基喹啉则不能与 Al^{3+} 配合生成沉淀，而在不同的 pH 时仍能与 Zn^{2+}、

Mg^{2+}形成沉淀，可见甲基-8-羟基喹啉就比8-羟基喹啉选择性高。

属于这一类的有机沉淀剂种类很多，就不一一列举了。

(2) 形成缔合物沉淀

所用的有机沉淀剂在水溶液中解离成带正电荷或带负电荷的大体积离子。沉淀剂的离子，与带不同电荷的金属离子或金属配离子缔合，成为不带电荷的难溶于水的中性分子而沉淀。例如氯化四苯砷、四苯硼钠等，它们形成沉淀的反应如下：

$$(C_6H_5)_4As^+ + MnO_4^- \xlongequal{} (C_6H_5)_4AsMnO_4\downarrow$$

$$2(C_6H_5)_4As^+ + HgCl_4^{2-} \xlongequal{} [(C_6H_5)_4As]_2HgCl_4\downarrow$$

$$B(C_6H_5)_4^- + K^+ \xlongequal{} KB(C_6H_5)_4\downarrow$$

一种有机沉淀剂能与什么金属离子形成沉淀，决定于沉淀剂分子中的官能团。如含有—SH基的沉淀剂可能与易生成硫化物的金属离子形成沉淀；含有—OH基的沉淀剂，可能与易生成氢氧化物的金属离子形成沉淀；含有氮或氨基的沉淀剂易与金属离子形成螯合物沉淀。近来含—AsO_3H_2基团的沉淀剂的应用日益增多，许多能被磷酸根离子沉淀的金属离子都能与它形成沉淀。

(3) 形成三元配合物沉淀

这是泛指被沉淀的组分与两种不同的配位体形成三元混配配合物和三元离子缔合物。例如在HF溶液中，硼与F^-和二安替比林甲烷及其衍生物所形成的三元离子缔合物就属于这一类。二安替比林甲烷及其衍生物在酸性溶液中形成阳离子，可与BF_4^-配阴离子缔合成三元离子缔合物沉淀，如下式所示：

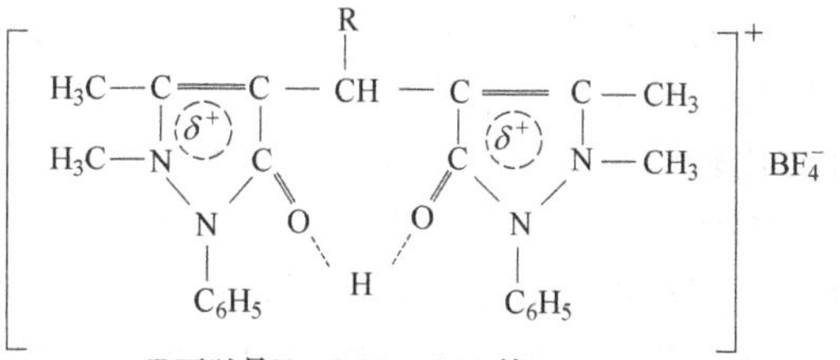

(R可以是H、C_3H_7、C_6H_5等)

形成三元配合物的沉淀反应不仅选择性好、灵敏度高，而且生成的沉淀组成稳定、摩尔质量大，作为重量分析的称量形式也较合适。三元配合物不仅应用于沉淀分离中，也应用于分析化学的其他方面，如分光光度法等。

11.1.3 共沉淀分离法

已知共沉淀现象是由于沉淀的表面吸附作用、混晶或固溶体的形成、吸留或包藏等原因引起的。在重量分析中，由于共沉淀现象的发生，使所得沉淀混有杂质，因而要设法消除共沉淀现象；但是在微量或痕量组分的分离与分析中，却可以利用共沉淀现象分离和富集痕量组分。例如水中痕量（$0.02\mu g \cdot L^{-1}$）的Hg^{2+}，由于浓度太低，不能直接使它沉淀下来。如果在水中加入适量的Cu^{2+}，再用S^{2-}作沉淀剂，则利用生成的CuS作载体（或称共沉淀剂），可使痕量的HgS共沉淀而富集。利用共沉淀进行分离富集，主要有下列三种情况。

(1) 利用吸附作用进行共沉淀分离

在表面吸附共沉淀分离法中，常采用可形成颗粒较小的无定形沉淀或凝胶状沉淀的试剂作为共沉淀剂，如氢氧化物或硫化物等。因为小颗粒载体的比表面积较大，有利于吸附待分离的微量组分。例如微量的稀土离子，用草酸难于使它沉淀完全。若预先加入Ca^{2+}，再用草酸作沉淀剂，则利用生成的CaC_2O_4作载体，可将稀土离子的草酸盐吸附而共同沉淀下来。又如铜中的微量铝，氨水不能使铝沉淀分离；若加入适量的Fe^{3+}，则在加入氨水后，

利用生成的 $Fe(OH)_3$ 作载体，可使微量的 $Al(OH)_3$ 共沉淀而分离。

在这类共沉淀分离中常用的载体有 $Fe(OH)_3$、$Al(OH)_3$、$Mn(OH)_2$ 及硫化物等，都是表面积很大的非晶形沉淀。由于表面积大，与溶液中微量组分接触机会多，容易吸附；又由于非晶形沉淀聚集速率快，吸附在沉淀表面的痕量组分来不及离开沉淀表面，就被夹杂在沉淀中，即所谓吸留，因而富集效率高。硫化物沉淀还易发生后沉淀，更有利于痕量组分的富集。但是利用吸附作用的共沉淀分离，一般来说选择性不高，而且引入较多的载体离子，对下一步分析有时会造成困难。

(2) 利用生成混晶进行共沉淀分离

如果溶液中待分离的 N 离子（微量）与共沉淀剂 ML 中的 M 离子（大量）的半径相近，且 NL 与 ML 的晶体结构类似，则 NL 可以与 ML 形成混晶 NL-ML 共沉淀而被 ML 载带下来。例如痕量 Ra^{2+}，可用 $BaSO_4$ 作载体，生成 $RaSO_4 \cdot BaSO_4$ 的混晶共沉淀而得以富集。海水中亿万分之一的 Cd^{2+}，可用 $SrCO_3$ 作载体，生成 $SrCO_3$ 和 $CdCO_3$ 混晶沉淀而富集。N 离子与 M 离子的半径越相接近，且 NL 的溶解度越小于 ML 的溶解度，NL 与 ML 越容易发生混晶共沉淀。混晶共沉淀的最大优点是选择性好，因而分离效果好。

(3) 利用有机共沉淀剂进行共沉淀分离

有机共沉淀剂的作用机理和无机共沉淀剂不同，一般认为有机共沉淀剂的共沉淀富集作用是由于形成固溶体。例如在含有痕量 Zn^{2+} 的微酸性溶液中，加入硫氰酸铵和甲基紫，则 $[Zn(SCN)_4]^{2-}$ 配阴离子与甲基紫阳离子生成难溶的沉淀，而甲基紫阳离子与 SCN^- 所生成的化合物也难溶于水，是共沉淀剂，就与前者形成固溶体而一起沉淀下来。这类共沉淀剂除甲基紫以外，常用的还有结晶紫、甲基橙、亚甲基蓝、酚酞、β-萘酚等。

由于有机共沉淀剂一般是大分子物质，它的离子半径大，在其表面电荷密度较小，吸附杂质离子的能力较弱，沉淀比较完全而且较为纯净，因而选择性较好。又由于它是大分子物质，分子体积大，形成沉淀的体积亦较大，所形成的沉淀溶解度较小，这对于痕量组分的富集很有利；另一方面，存在于沉淀中的有机共沉淀剂，在沉淀后可借灼烧而除去，既消除了沉淀剂对待测物质的干扰，又富集了待测元素，因而得到更广泛的应用和发展。

11.2 溶剂萃取分离法

溶剂萃取分离法又称为液-液萃取分离法，简称萃取分离法，是利用物质对水的亲疏性不同而进行分离的一种方法。一般将物质易溶于水而难溶于非极性有机溶剂的性质称为亲水性，反之则称为疏水性。萃取分离法通常是将与水不相混溶的有机溶剂同水溶液一起振荡，使两相充分接触，试液中对水亲疏性不同的物质就会在水相和有机相之间进行分配。亲水性物质留在水相，而疏水性物质进入有机相。分离两相，亲水性物质和疏水性物质也就同时分离开了。通常把物质从水相进入有机相的过程称为萃取，相反的过程则称为反萃取。

萃取分离法的优点是分离效果好，通过反复多次萃取，可以达到很高的回收率。萃取分离法的操作简便易行，易于自动化，且使用范围广。它不仅适用于常量组分的分离，也适用于微量组分的分离富集；不仅适用于实验室少量试样的分离，而且适用于工业生产中大量物质的分离和纯化。如果被萃取的组分是有色化合物，则可以取有机相直接进行分光光度法测定，称为萃取光度法，该法具有较高的选择性和灵敏度。除此之外，溶剂萃取分离法还是原子吸收光谱法、色谱法以及电化学分析法等必不可少的前处理手段。但是，萃取分离法所采用的溶剂往往都是易燃、易挥发和有一定毒性的物质，这对操作者和实验室的安全是不利的。且大多数萃取剂价格昂贵，在应用上也受到了一定的限制。

11.2.1 分配系数、分配比和萃取效率、分离因数

分析化学中应用的溶剂萃取主要是液-液萃取，这是一种简单、快速，应用范围又相当广泛的分离方法。这种分离方法是基于各种不同物质，在不同溶剂中分配系数大小不等这一客观规律。例如，当溶质 A 同时接触两种互不混溶的溶剂时，如果一种是水，另一种是有机溶剂，A 就分配在这两种溶剂中：

$$A_{水} \rightleftharpoons A_{有}$$

当这个分配过程达到平衡时：

$$\frac{[A]_{有}}{[A]_{水}} = K_D \tag{11-1}$$

❶

这个分配平衡中的平衡常数称分配系数。

由于溶质 A 在一相或两相中，常常会解离、聚合或与其他组分发生化学反应，情况比较复杂，不能简单地用分配系数来说明整个萃取过程的平衡问题；另一方面，分析工作者主要关心的是存在于两相中的溶质的总量。于是又引入分配比 D 这一参数。分配比 D 是存在于两相中的溶质的总浓度之比，即

$$D = \frac{c_{有}}{c_{水}} \tag{11-2}$$

式中，c 代表溶质以各种形式存在的总浓度。只有在最简单的萃取体系中，溶质在两相中的存在形式又完全相同时，$D = K_D$；在实际情况中，$D \neq K_D$。

如果物质在某种有机溶剂中的分配比较大，则用该种有机溶剂萃取时，溶质的极大部分将进入有机溶剂相中，这时萃取效率就高。根据分配比可以计算萃取效率。

当溶质 A 的水溶液用有机溶剂萃取时，如已知水溶液的体积为 $V_{水}$，有机溶剂的体积为 $V_{有}$。则萃取效率 E 应该等于：

$$E = \frac{A_{在有机物中的总含量}}{A_{在两相中的总含量}} \times 100\%$$

$$E = \frac{c_{有} V_{有}}{c_{有} V_{有} + c_{水} V_{水}} \times 100\% \tag{11-3}$$

如果分子分母同用 $c_{水}$ 除，然后再以 $V_{有}$ 除，则

$$E = \frac{D}{D + \frac{V_{水}}{V_{有}}} \times 100\% \tag{11-4}$$

可见萃取效率由分配比 D 和体积比 $V_{水}/V_{有}$ 决定。D 愈大，萃取效率愈高。如果 D 固定，减小 $V_{水}/V_{有}$，即增加有机溶剂的用量，也可提高萃取效率，但后者的效果不太显著。另一方面，增加有机溶剂的用量，将使萃取以后溶质在有机相中的浓度降低，不利于进一步的分离和测定。因此在实际工作中，对于分配比较小的溶质，常常采取分几次加入溶剂的办法，以提高萃取效率。

若设 $D=10$，在原来水溶液中 A 的浓度为 c_0，体积为 $V_{水}$，以有机溶剂（体积为 $V_{有}$）萃取之，达到平衡后水溶液中及有机溶剂相中 A 的浓度各等于 c_1 和 c_1'，在分析工作中，一般常用等体积的溶剂来进行萃取，当 $V_{水} = V_{有}$ 时，在萃取一次后水溶液中 A 的浓度 c_1 可计算如下：

---

❶ 严格地讲，这里应该是溶质在两相中的活度比，这时的分配系数以 P_A 表示，即

$$P_A = \frac{a_{有}}{a_{水}} = K_D \frac{\gamma_{有}}{\gamma_{水}}$$

$$c_0V_{水}=c_1V_{水}+c'_1V_{有}=c_1V_{水}+c_1DV_{有}$$

$$c_1=\frac{c_0V_{水}}{V_{水}+DV_{有}}=\frac{c_0\dfrac{V_{水}}{V_{有}}}{\dfrac{V_{水}}{V_{有}}+D}=c_0\left(\frac{1}{1+D}\right)=c_0\left(\frac{1}{11}\right)$$

萃取两次后，水溶液中 A 的浓度为 c_2，按照同样方法可得：

$$c_2=\frac{c_1\dfrac{V_{水}}{V_{有}}}{\dfrac{V_{水}}{V_{有}}+D}=c_1\left(\frac{1}{1+D}\right)=c_0\left(\frac{1}{1+D}\right)^2=c_0\left(\frac{1}{121}\right)$$

同理，第三次萃取后，水溶液中 A 的浓度 c_3 为 c_0 的$\frac{1}{1331}$。

可见所使用的有机溶剂体积仅 3 倍于 $V_{水}$ 时，萃取已得到完全（$D=10$ 时）。若仅使用增加有机溶剂量的办法，如使 $V_{有}=10V_{水}$，则萃取一次后水溶液中 A 的浓度 c_1 为：

$$c_1=\frac{c_0\dfrac{1}{10}}{10+\dfrac{1}{10}}=\frac{c_0}{101}$$

可见使用有机溶剂的量比前者多得多，但效果却不及前者。

为了达到分离目的，不仅要求萃取效率要高。而且还应考虑共存组分间的分离效果要好，一般用分离因数 β 来表示分离效果。β 是两种不同组分分配比的比值，即

$$\beta=\frac{D_A}{D_B}$$

如果 D_A 和 D_B 相差很大，分离因数很大，两种物质可以定量分离；如果 D_A 与 D_B 相差不多，两种物质就难以完全分离。

11.2.2 萃取体系的分类和萃取条件的选择

无机物质中只有少数共价分子，如 HgI_2、$HgCl_2$、$GeCl_4$、$AsCl_3$、SbI_3 等可以直接用有机溶剂萃取。大多数无机物质在水溶液中解离成离子，并与水分子结合成水合离子，从而使各种无机物质较易溶解于极性溶剂水中。而萃取过程却要用非极性或弱极性的有机溶剂，从水中萃取出已水合的离子来，这显然是有困难的。为了使无机离子的萃取过程能顺利地进行，必须在水中加入某种试剂，使被萃取物质与试剂结合成不带电荷的、难溶于水而易溶于有机溶剂的分子，这种试剂称为萃取剂。根据被萃取组分与萃取剂所形成的可被萃取分子性质的不同，可把萃取体系分类如下。

（1）形成内络盐的萃取体系

这种萃取体系在分析化学中应用最为广泛。所用萃取剂一般是有机弱酸，也是螯合剂。例如 8-羟基喹啉，可与 Pd^{2+}、Tl^{3+}、Fe^{3+}、Ga^{3+}、In^{3+}、Al^{3+}、Co^{2+}、Zn^{2+} 等螯合如下（以 Me^{n+} 代表金属离子）：

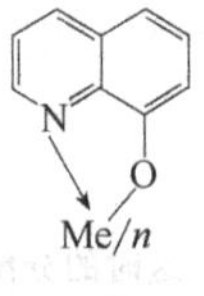

所生成的螯合物难溶于水，可用有机溶剂氯仿萃取。

又如二硫腙 $S=C\begin{smallmatrix}N=N-C_6H_5\\NH-NH-C_6H_5\end{smallmatrix}$，它微溶于水，形成互变异构体，并可与 Ag^+、Au^{3+}、Bi^{3+}、Cd^{2+}、Hg^{2+}、Cu^{2+}、Co^{2+} 等螯合，如下式所示：

$$S=C\begin{smallmatrix}N=N-C_6H_5\\NH-NH-C_6H_5\end{smallmatrix}+\frac{1}{n}Me^{n+}\longrightarrow C-S-Me/n+H^+$$

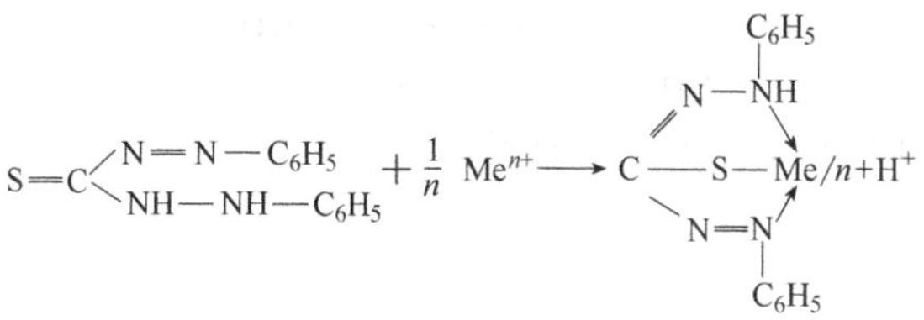

所生成的螯合物难溶于水，可用四氯化碳萃取。

又如乙酰基丙酮 $\begin{smallmatrix}CH_3-C-CH_2-C-CH_3\\ \quad O \qquad\quad O\end{smallmatrix}$，它形成互变异构体并与 Al^{3+}、Be^{2+}、Cr^{3+}、Co^{2+}、Th^{2+}、Sc^{3+} 等螯合，如下式所示：

$$CH_3-C-CH_2-C-CH_3+\frac{1}{n}Me^{n+}\longrightarrow CH_3-C=CH-C-CH_3+H^+$$

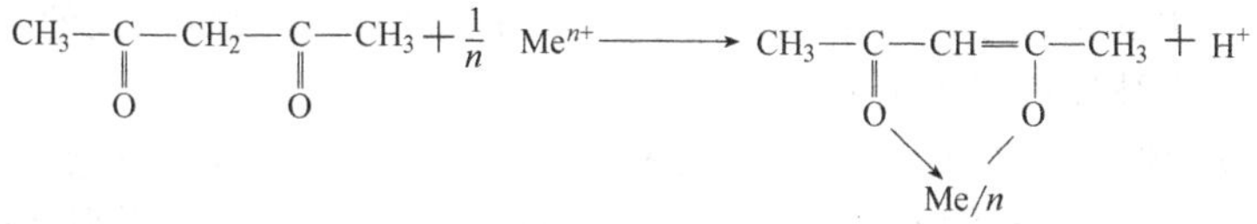

所生成的螯合物难溶于水，可用 $CHCl_3$、CCl_4、苯、二甲苯萃取，也可用乙酰基丙酮萃取。乙酰基丙酮既是萃取剂，又可作溶剂。

此外，如铜铁试剂（又称铜铁灵），即 N-亚硝基苯胲铵：

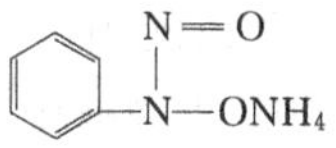

铜试剂，即二乙基胺二硫代甲酸钠：

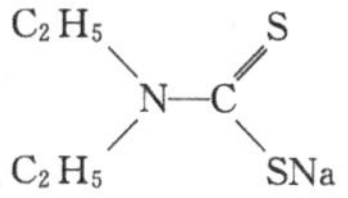

丁二酮肟：

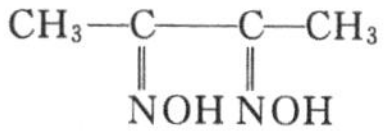

等都是常用的萃取剂。

这类萃取剂如以 HR 表示，它们与金属离子螯合和萃取过程简单表示如下：

$$HR \rightleftharpoons H^+ + R^-$$

水相   HR $Me^{n+}+nR^- \rightleftharpoons MeR_n$

有机相   HR MeR_n

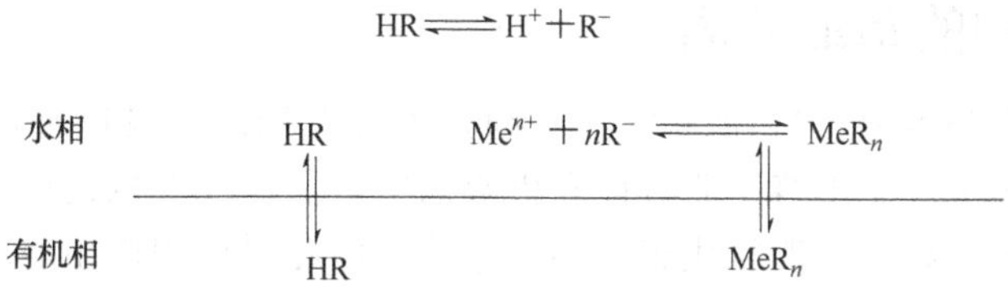

萃取剂 HR 愈易解离，它与金属离子所形成的螯合物 MeR_n 愈稳定；螯合物的分配系数愈大，而萃取剂的分配系数愈小，则萃取愈容易进行，萃取效率愈高。对于不同的金属离子，由于所生成螯合物的稳定性不同，螯合物在两相中的分配系数不同，因而选择和控制适当的萃取条件，包括萃取剂的种类、溶剂的种类、溶液的酸度等，就可使不同的金属离子得以萃取分离。

（2）形成离子缔合物的萃取体系

属于这一类的是带不同电荷的离子，互相缔合成疏水性的中性分子，而被有机溶剂所萃取。

例如用乙醚从 HCl 溶液中萃取 Fe^{3+} 时，Fe^{3+} 与 Cl^- 配合成配阴离子［$FeCl_4^-$］。而溶剂乙醚可与溶液中的 H^+ 结合成鎓离子：

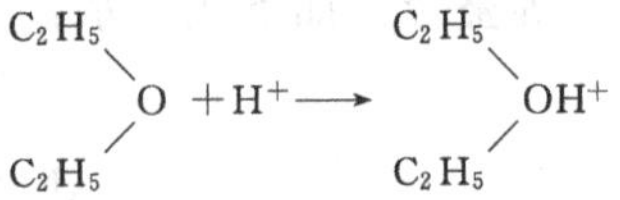

鎓离子与［$FeCl_4$］$^-$ 配阴离子缔合成中性分子鎓盐：

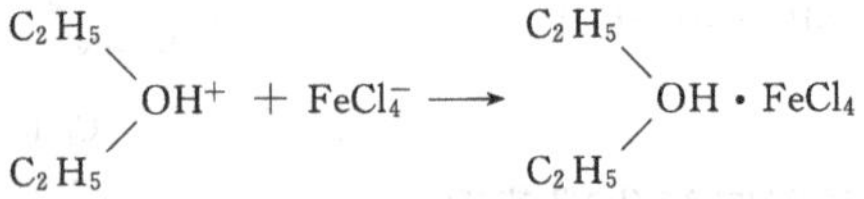

鎓盐是疏水的，可被有机溶剂乙醚所萃取。在这类萃取体系中，溶剂分子参加到被萃取的分子中去，因此它既是溶剂又是萃取剂。

又如在 HNO_3 溶液中，用磷酸三丁酯（TBP）萃取 UO_2^{2+}，也属于这一类。UO_2^{2+} 在水溶液中成水合离子［$UO_2(H_2O)_6$］$^{2+}$，由于磷酸三丁酯中的氧原子具有较强的配位能力，它能取代水合离子中的水分子形成溶剂化离子，并与 NO_3 缔合成疏水性的溶剂化分子 $UO_2(TBP)_6(NO_3)_2$，而被磷酸三丁酯所萃取。

对于这类萃取体系，加入大量的与被萃取化合物具有相同阴离子的盐类，例如在 HNO_3 溶液中用磷酸三丁酯萃取 $UO_2{}^{2+}$ 时加入 NH_4NO_3，可显著地提高萃取效率，这种现象称盐析作用，加入的盐类为盐析剂。

（3）形成三元配合物的萃取体系

由于三元配合物具有选择性好、灵敏度高的特点，因而这类萃取体系发展较快。例如为了萃取 Ag^+，可使 Ag^+ 与邻二氮杂菲配合成配阳离子，并与溴邻苯三酚红的阴离子缔合成三元配合物，如下式所示。在 pH 为 7 的缓冲溶液中可用硝基苯萃取之，然后就在溶剂相中用分光光度法进行测定。

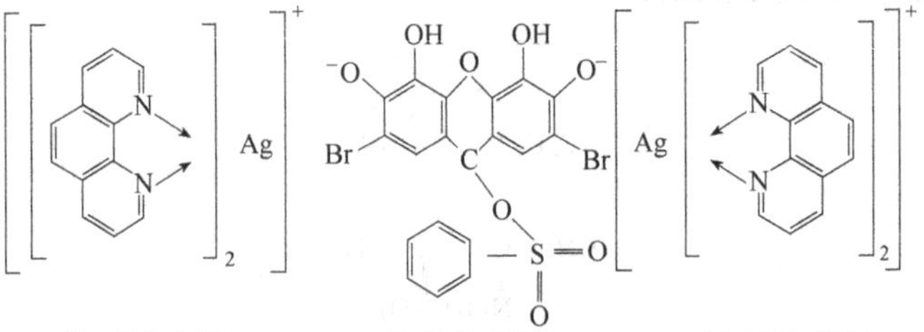

邻二氮杂菲银　　溴邻苯三酚红　　邻二氮杂菲银

三元配合物萃取体系非常适用于稀有元素、分散元素的分离和富集。

11.2.3 有机物的萃取分离

在有机物的萃取分离中，“相似相溶”原则是十分有用的。极性有机化合物和有机化合物的盐类，通常溶解于水而不溶于非极性有机溶剂中，非极性有机化合物则不溶于水，但可溶于非极性有机溶剂，如苯、四氯化碳、环己烷等，因此根据相似相溶原则，选用适当溶剂和条件，常可从混合物中萃取某些组分，而不萃取另一些组分，从而达到分离的目的。例如可用水从丙醇和溴丙烷的混合物中萃取极性的丙醇。用弱极性的乙醚可从极性的三羟基丁烷中萃取弱极性的酯。用苯或二甲苯非极性溶剂可从马来酸酐和马来酸的混合物中萃取马来酸酐，这样就可以方便地测定马来酸酐中的游离酸，而不受马来酸酐的影响。又如溶液的 pH 较高时，酚以离子状态存在；溶液的 pH 较低时，以游离酚存在，前者可溶于水而不溶于非极性有机溶剂中，后者则易溶于有机溶剂中。因而如欲测定焦油废水中的含酚量，可先将试样 pH 调节到 12，用 CCl_4 萃取分离油分；然后再调节 pH 至 5，以 CCl_4 萃取酚。同样，若适当调节 pH，常可用非极性有机溶剂从水溶液中萃取或不萃取胺、羧酸、烯醇、酰亚胺、硫酚及其他酸或碱等。

在分析工作中，萃取操作一般用间歇法，在梨形分液漏斗中振荡进行。对于分配系数较小物质的萃取，则可以在各种不同型式的连续萃取器中进行连续萃取。

11.3　色谱法

色谱法的最大特点是分离效率高，它能把各种性质极相类似的组分彼此分离，而后分别加以测定，因而是一类重要而常用，且发展最快的分离手段。有关色谱法的基本概念以及气相色谱法将在后面《仪器分析》课程中讨论，该章对高效液相色谱法也作了简要介绍。本节将讨论纸色谱和薄层色谱法。

11.3.1　纸色谱

纸色谱（paperchromatography）又称纸层析，它是在滤纸上进行的色谱分析法。滤纸被看作是一种惰性载体，滤纸纤维素中吸附着的水分或其他溶剂，在色谱过程中不流动，是固定相；在色谱过程中沿着滤纸流动的溶剂或混合溶剂是流动相，又称展开剂。试液点在滤纸上，在色谱过程中，试液中的各种组分，利用其在固定相和流动相中溶解度的不同，即在两相中的分配系数不同而得以分离。纸色谱设备简单、操作方便，广泛应用于药物、染料、抗生素、生物制品等的分析方面，也可以用来分离性质极相类似的无机离子。

例如，为了定性检出氨基蒽醌试样中的各种异构体，可以把氨基蒽醌试样溶于吡啶中配成试液。滤纸条以 α-溴代萘的甲醇溶液处理，晾干后 α-溴代萘附着于滤纸纤维素上作为固定相。用玻璃毛细管吸取试液，把它点在已经处理过的滤纸条的下端离边缘一定距离处，然后把滤纸条悬挂在玻璃制圆筒形的展开缸中，下端浸入由吡啶和水（1∶1）配成的混合溶剂，即展开剂中，如图 11-1 所示。由于毛细管作用，展开剂将沿着滤纸条上升，当它经过点着的试液时，试液中的各组分将溶解在展开剂中，并随着展开剂沿着滤纸条上升。当组分上升而遇到附着于滤纸条中的固定相时，将溶解在固定相中而停留下来。继续上升的流动相又可将其溶解并携带着继续上升；在上升过程中组分再次溶解在固定相中而停留下来。即在色谱过程中，试样中的各种组分在固定相和流动相两相之间不断地进行分配。显然，在流动相中溶解度较小，在固定相中溶解度较大的物质，将沿着滤纸条向上移动较短的距离，停留在纸条的较下端。反之，在流动相中溶解度较大，在固定相中溶解度较小的物质，将沿着滤纸条向上移动较长距离，而停留在滤纸条的较上端。因此试样中的各组分得以彼此分离。

展开经过一定时间后，流动相前缘已接近滤纸条上端时，可以停止。取出滤纸条，在通风橱中晾干后，可以清楚地看到滤纸条上有五个色斑，离原点（即点试液处）最近的是橙黄色的硝基蒽醌，上面依次分别是橙色的 1-氨基蒽醌、粉紫色的 1,8-二氨基蒽醌、红色的 1,6-二氨基蒽醌和橙黄色的 1,7-二氨基蒽醌。如图 11-2 所示。

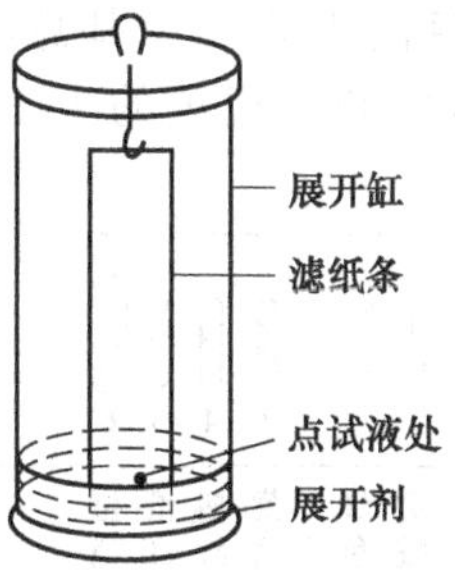

图 11-1　纸色谱装置

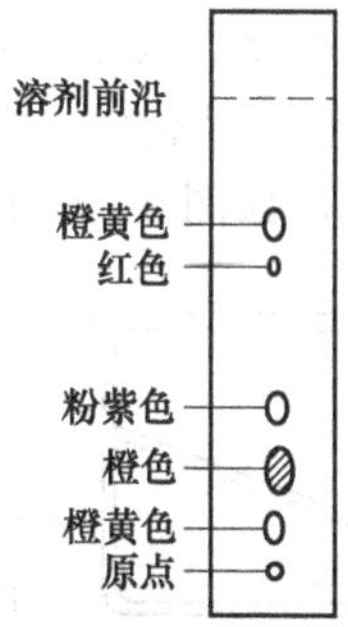

图 11-2　氨基蒽醌纸色谱图谱

各个色斑在薄层中的位置一般用相对比移值 R_f 来表示，即

$$R_f=\frac{\text{组分(斑点中心)移动的距离}}{\text{溶剂前沿移动的距离}}$$

R_f 值与溶质在固定相和流动相间的分配系数有关。因此在一定条件下，即分析用纸、固定相和流动相的组成等都确定的情况下，对某一组分，其 R_f 值是一定的，根据 R_f 值可以进行定性鉴定。但由于展开条件对 R_f 值有很大的影响，因此要获得可靠的结果，必须严格控制展开条件，包括所用滤纸要质地纯洁、松紧合适、组织均匀，并应使展开方向与滤纸纤维素的方向垂直；固定相和流动相的性能和组成要适当选择和严格控制；操作步骤要前后一致；温度波动要小等。由于影响 R_f 的因素较多，要严格控制一致比较困难，因此文献上查得的 R_f 值只能供参考，进行定性鉴定时常常需用已知试剂作对照试验。

上述示例中用 α-溴代萘作固定相，用极性展开剂分离弱极性的氨基蒽醌的各种异构体。对于纸色谱，在大多情况下滤纸不必预先处理，滤纸纤维素中吸附的水分就是固定相，用含水的有机溶剂作为展开剂，试样中的各种组分在纤维素中的吸附水和有机溶剂之间进行分配，以达到分离目的。

上面讨论的是有色物质的色谱分离，展开后各个斑点可以清楚地看出来。如果色谱分离的是无色物质，则在分离后需要用物理或化学的方法处理滤纸，使各斑点显现出来。由于很多有机化合物在紫外线照射下，常显现其特有的荧光，因此可在紫外光下观察，用铅笔圈出荧光斑点，或用化学显色法以氨熏、以碘蒸气熏，也常喷以适当的显色剂溶液，使之与各组分反应而显色，常用的显色剂有 $FeCl_3$ 水溶液、茚三酮正丁醇溶液等。

11.3.2 薄层色谱法

薄层色谱法（thin layer chromatography，TLC）或简称板层析法，是在纸色谱的基础上发展起来的。与纸色谱法相比较，它具有速度快、分离清晰、灵敏度高、可以采用各种方法显色等特点，因此在制药、农药、染料、生化工程等方面应用日益广泛。

例如进行 1-氨基蒽醌的薄层色谱时，可以把吸附剂中性氧化铝均匀地铺在条形玻璃板上，做成色谱用的薄层板。把 1-氨基蒽醌溶于二氧六环或丙酮中配成试液，用玻璃毛细管或微量注射器吸取试液，点在薄层板的一端离边缘一定距离处。然后把薄层板放入展开缸中。使点板试样的一端浸入由丙酮、四氯化碳、乙醇（1∶3∶0.04）所配成的展开剂中（注意，原点勿浸入展开剂中），另一端斜搁在展开缸壁上。形成 10°～20°倾斜，如图 11-3 所示。由于氧化铝薄层的毛细管作用，展开剂将沿着氧化铝薄层逐渐上升。于是点在薄层上的试样将被溶解，并随展开剂沿着氧化铝薄层上升。在上升过程中当遇到新的吸附剂氧化铝时，又被吸附。接着又被不断流过的展开剂溶解，再随展开剂继续上升。试样中各组分沿着氧化铝薄层不断地发生溶解、吸附、再溶解、再吸附的过程，将按它们对氧化铝吸附能力强弱的不同而分离开来，在氧化铝薄层上显现出各个有色斑点。待展开进行到溶剂前缘已接近薄层上端时，可以停止展开。取出薄层板，可以清楚地看到离原点最远处有一个面积最大、颜色最深的橙色斑，这是主成分 1-氨基蒽醌，其次是橙红色的 1,5-二氨基蒽醌、桃红色的 1,8-二氨基蒽醌，黄色的 2-氨基蒽醌，红色的 1,6-二氨基蒽醌和黄橙色的 1,7-二氨基蒽醌，原点则显褐色，如图 11-4 所示。

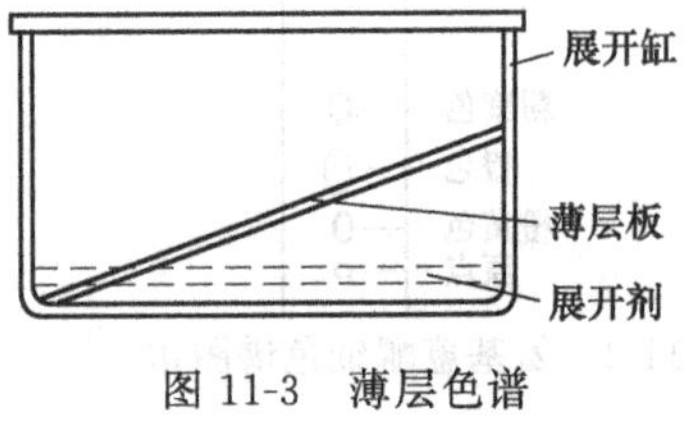

图 11-3 薄层色谱

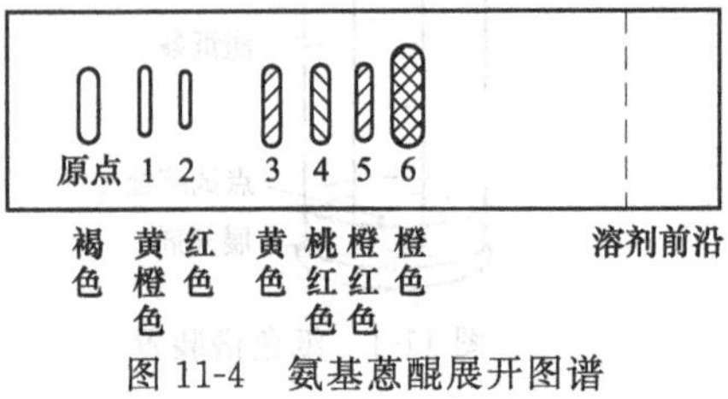

图 11-4 氨基蒽醌展开图谱

和纸色谱一样，各组分在薄层中移动的距离也用 R_f 值来表示。在相同条件下，某一组分的 R_f 值是一定的，因此根据 R_f 值可以进行定性鉴定。由于影响 R_f 值的因素很多，例如吸附剂的种类、黏度和活化程度，展开剂的组成和配比，展开缸的形状和大小以及展开温度等。要严格地控制条件一致十分困难，因此文献上的 R_f 值只能供参考。要进行定性分析，必须用已知试剂作对照试验。

在薄层色谱中，为了获得良好的分离，必须选择适当的吸附剂和展开剂。

吸附剂必须具有适当的吸附能力，而与溶剂、展开剂及欲分离的试样又不会发生任何化学反应。吸附剂都做成细粉状，一般以 150～250 目较为合适。其吸附能力的强弱，往往和所含的水分有关，含水较多，吸附能力就大为减弱，因此需把吸附剂在一定温度下烘焙，以驱除水分，进行"活化"，在薄层色谱中用得最广泛的吸附剂是氧化铝和硅胶。

氧化铝是一种吸附能力、分离能力较强的吸附剂。薄层色谱用的氧化铝，按生产条件的不同，又可分为中性、碱性和酸性三种。其中中性氧化铝应用较广。氧化铝一般不加黏合剂，就用其干粉铺成薄层，进行展开，这样的薄层板称"软板"。制备软板时，涂层操作比较简单。将氧化铝撒于玻璃板上，用两端套有圆环的玻璃棒或不锈钢制的铺层棒，压在氧化铝上，按一定方向用同一速度缓缓移动，如图 11-5 所示，即得平滑、均匀的薄层。

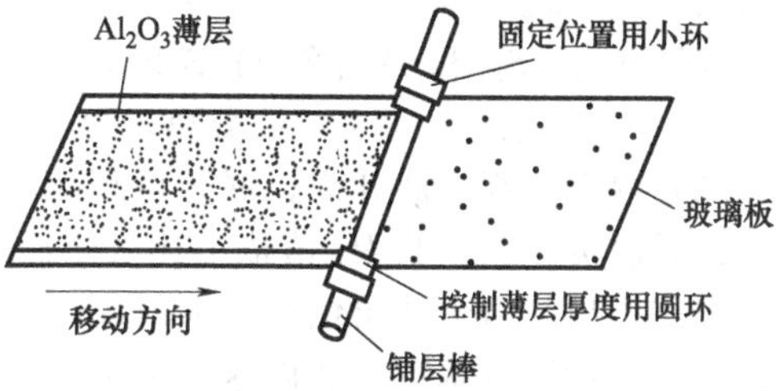

图 11-5　软板涂层操作

硅胶是一种微带酸性的吸附剂，常用于分离中性和酸性物质。硅胶一般和黏合剂煅石膏（$CaSO_4 \cdot 1/2H_2O$）粉按一定比例混合，配成硅胶 G。用时加水调成糊，涂于板上成薄层，然后加热烘干，使之活化，制成"硬板"，保存于干燥器中备用。

薄层色谱按其分离机理主要分为两种，即吸附色谱和分配色谱，两种色谱所用的展开剂也不相同。

吸附色谱是利用吸附剂对试样中各组分吸附能力的不同来进行分离的，一般是用非极性或弱极性展开剂来处理弱极性化合物，如 1-氨基蒽醌。必须根据试样中各组分的极性、吸附剂的活化程度，来选择适当的弱极性的溶剂或混合溶剂作展开剂，这时就要利用各种不同极性的溶剂来配制展开剂。几种常用溶剂，按其极性增强次序排列如下：石油醚、环己烷、四氯化碳、苯、甲苯、氯仿、乙醚、乙酸乙酯、正丁醇、正丙醇、1,2-二氯乙烷、丙酮、乙醇、甲醇、水、吡啶、乙酸。

分配色谱一般是用极性展开剂处理极性化合物，例如蒽醌磺酸薄层色谱中的展开剂，是用极性溶剂正丁醇、氨水（相对密度 0.88）、水按 2∶1∶1 配成的。分配色谱是利用试样中各组分在流动相和固定相中溶解度的不同，在两相间不断进行分配而达到分离目的。展开剂是流动相，吸附在吸附剂中的少量水分是固定相。

吸附色谱展开速度较快，需 10～30min，分配色谱往往需 1～2h。吸附色谱受温度影响较小，分配色谱受温度影响较大。

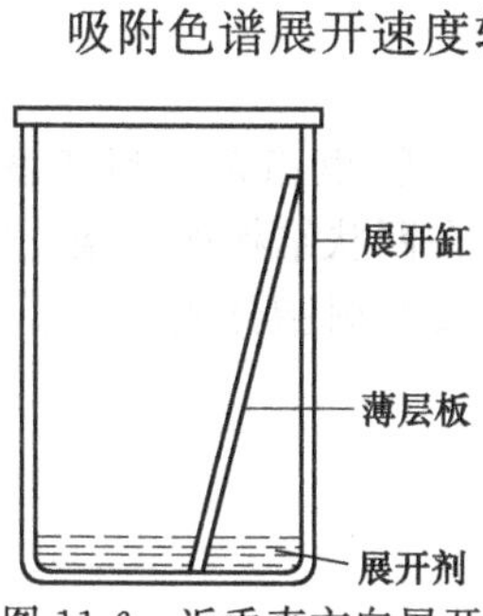

图 11-6　近垂直方向展开

薄层色谱展开操作一般采用上升法。对于软板，应采用近水平方向展开，参阅图 11-3。对于硬板，采用近垂直方向展开，如图 11-6 所示。

对于组成复杂而难以分离的试样，如一次展开不能使各组分完全分离，可用双向展开法。为此，点试样于薄层的一角，用一种展开剂展开，展开完毕待溶剂挥发后，再用另一种展开剂，朝着与原来垂直的方向进行第二次展开。如果前后两种展开剂选择适当，可以使各种组分完全分离。氨基酸及其衍生物的分离，用双向展开法获得了满意的结果。

有色物质经色谱展开后呈明显色斑，很易观察。对于无色物质，和纸色谱一样，展开后可用化学或物理的方法使之显色。在薄层色谱中还可以喷洒强氧化剂（如浓硝酸、浓硫酸、浓硫酸与重铬酸钾、浓硫酸与高锰酸钾以及高氯酸等），再将薄层加热，使之炭化呈现色斑。显然，这种显色法在纸色谱中是无法应用的。

如果要准确测定试样中某种组分的含量，则在展开后将该组分的斑点连同吸附剂一齐刮下或取下，然后将该组分从吸附剂上洗脱下来，收集洗脱液，进行定量测定。这样的定量测定虽然比较费事，所需点样量也较多，但准确度较高，而且不需要复杂的仪器。采用薄层色谱扫描仪，可在薄层板上直接扫描各个斑点，得出积分值，自动记录下来，进行定量测定。这种方法速度快，准确度也不差，只是仪器较为复杂，对薄层板要求也较高。

薄层色谱法在染料、制药、生化工程、农药等方面已广泛地应用在产品质量检验、反应终点控制、生产工艺选择、未知试样剖析等中。此外，它在研究中草药的有效成分、天然化合物的组成，以及药物分析、香精分析、氨基酸及其衍生物的分析等方面应用也很广泛。

对于无机离子，例如 Cu^{2+}、Pb^{2+}、Cd^{2+}、Bi^{3+}、Hg^{2+} 的分离，可在硅胶 G 板上，用正丁醇、$1.5mol \cdot L^{-1}$ HCl 溶液和乙酰基丙酮按 100∶20∶0.5 混合作展开剂。展开后喷以 KI 溶液，待薄层干燥后以氨熏，再以 H_2S 熏，可得棕黑色 CuS 斑、棕色 PbS 斑、黄色 CdS 斑、棕黑色 Bi_2S_3 和棕黑色 HgS 斑，R_f 值依上述次序增加。又如 Al^{3+}、Ni^{2+}、Cr^{3+}、Mn^{2+}、Co^{2+}、Zn^{2+}、Fe^{2+} 的分离，可在硅胶 G 板上，以丙酮-浓盐酸-乙酰基丙酮（100∶1∶0.5）混合溶剂为展开剂，展开后以氨熏，再用 8-羟基喹啉乙醇溶液喷，在紫外线照射下可以看出荧光斑，其 R_f 值依上述次序而增加。

应该指出，由于薄层色谱分离效能还不够高，因此成分太复杂的混合物试样，用薄层色谱分离、分析还有困难。然而这一缺陷正在得到克服并出现了高效薄层色谱法。根据色谱理论，提高柱效能的一个重要途径是减小吸附剂的颗粒直径。在高效薄层色谱法中由于采用了吸附剂平均颗粒直径约为 5μm 的高效薄板（经典的薄板所采用吸附剂的平均颗粒直径为 100～50μm），就大大提高了薄层色谱的分离效能。在高效薄层色谱中还采用了一些改进的色谱装置和色谱技术，加上设备简便易行，快速灵敏，因而薄层色谱法日益显示出它的重要性，并且在分离效能上已能与高效液相色谱相媲美。

11.4 离子交换分离法

离子交换分离法是利用离子交换剂与溶液中的离子之间发生交换反应来进行分离的方法。这种分离方法不仅可用来分离带不同电荷的离子，也可用来分离带相同电荷的离子，以及富集微量或痕量组分和制备纯物质。

离子交换剂的种类很多，目前应用较多的是有机交换剂，即离子交换树脂。

11.4.1 离子交换树脂

离子交换树脂是一种高分子聚合物[1]，其网状结构的骨架部分一般很稳定，对于酸、碱、一般的有机溶剂和较弱的氧化剂都不起作用，也不溶于溶剂中。在网状结构的骨架上有许多可以被交换的活性基团，根据这些活性基团的不同，一般把离子交换树脂分成阳离子交换树脂和阴离子交换树脂两大类。

（1）阴离子交换树脂

[1] 应用较多的是苯乙烯和二乙烯苯的聚合物。

阳离子交换树脂（cation-exchange resin）是含有酸性基团的树脂，酸性基团上的H^+可以和溶液中的阳离子发生交换作用，如磺酸基（$—SO_3H$）、羧基（—COOH）和酚基（—OH）等就是酸性基团。磺酸是较强的酸，因此含磺酸基的树脂为强酸性阳离子交换树脂，若以R代表树脂的网状结构的骨架部分，则这一类树脂可用$R—SO_3H$表示。其他两种树脂R—COOH及R—OH则为弱酸性阳离子交换树脂。强酸性阳离子交换树脂在酸性、碱性和中性溶液中都可应用，交换反应速率快，与简单的、复杂的、无机的和有机的阳离子都可以交换，因而在分析化学上应用较多。弱酸性阳离子交换树脂的交换能力受外界酸度的影响较大，羧基在pH>4、酚基在pH>9.5时才具有离子交换能力，因此应用受到一定影响；但选择性较好，可用来分离不同强度的有机碱。上述各种树脂中酸性基团上的H^+可以解离出来，并能与其他阳离子进行交换，因此又称为H^+型阳离子交换树脂。

H^+型强酸性阳离子交换树脂与溶液中的其他阳离子例如Na^+发生的交换反应，可以简单地表示如下：

$$R—SO_3H + Na^+ \underset{\text{洗脱过程}}{\overset{\text{交换过程}}{\rightleftharpoons}} R—SO_3Na + H^+$$

溶液中的Na^+进入树脂网状结构中，H^+则交换进入溶液，树脂就转变为Na型强酸性阳离子交换树脂。由于交换过程是可逆过程，如果以适当浓度的酸溶液处理已经交换的树脂，反应将向反方向进行，树脂又恢复原状，这一过程称为再生或洗脱过程。再生后的树脂经过洗涤又可以再次使用。

(2) 阴离子交换树脂

阴离子交换树脂（anion-exchange resin）是含有碱性基团的树脂。含有伯氨基$—NH_2$、仲氨基$—NH(CH_3)$、叔氨基$—N(CH_3)_2$的树脂为弱碱性阴离子交换树脂，树脂水合后即分别成为$R—NH_3^+OH^-$、$R—NH_2—(CH_3)^+OH^-$和$R—NH(CH_3)_2^+OH^-$；水合后含有季铵基$—N(CH_3)_3^+OH^-$的树脂为强碱性阴离子交换树脂。这些树脂中的OH^-能与其他阴离子，例如Cl^-发生交换。交换过程和洗脱过程可以表示如下：

$$R—N(CH_3)_3^+OH^- + Cl^- \underset{\text{洗脱过程}}{\overset{\text{交换过程}}{\rightleftharpoons}} R—N(CH_3)_3^+Cl^- + OH^-$$

上述各种阴离子交换树脂为OH^-型阴离子交换树脂，经交换后则转变为Cl^-型阴离子交换树脂。交换后的树脂经适当浓度的碱溶液处理后，可以再生。

各种阴离子交换树脂中以强碱性阴离子交换树脂的应用较广，在酸性、中性和碱性溶液中都能应用，对于强酸根和弱酸根都能交换。弱碱性阴离子交换树脂，在碱性溶液中就失去交换能力，在分析化学中应用较少。

(3) 螯合树脂

在离子交换树脂中引入某些能与金属离子螯合的活性基团，就成为螯合树脂（chelate resin），如含有氨基二乙酸基团的树脂，由该基团与金属离子的反应特性，可估计这种树脂对Cu^{2+}、CO^{2+}、Ni^{2+}有很好的选择性。因此从有机试剂结构理论出发，可以根据需要，有目的地合成一些新的螯合树脂，以有效地解决某些性质相似的离子的分离与富集问题。

表11-2是一些在分析中常用的离子交换树脂的简要性质及商品牌号。

表11-2 几种牌号的离子交换树脂

类 型	结 构	活性基团	可交换的pH范围	商品树脂牌号
强酸型	交联的聚苯乙烯	$—SO_3H$	0～14	强酸阳1号，强酸732，Amberlite IR-120，Amberlite 200（美），Dowex 50（美），Zerolit 225（或Zeokarb225）（英），神胶1号

续表

类型	结构	活性基团	可交换的 pH 范围	商品树脂牌号
中等酸型	交联的聚苯乙烯	$—PO(OH)_2$	4～14	KF-1,KF-2(苏) Duolite ES-63(美)
弱酸型	聚丙烯酸	—COOH	6～14	上葡弱酸阳离子交换树脂,弱酸性阳# 101,Amberlite IRC-50
强碱型	交联的聚苯乙烯	$—N(CH_3)_3Cl$	0～14	强碱阴# 717,强碱阴# 201,Amberlite IRA-400,Amberlite IRA-410,Dowex 1,Dowex 2,Zerolit FF,AV-15,神胶 801
弱碱型	交联的聚苯乙烯	$—NH(CH_3)_2OH$ $—NH_2(CH_3)OH$	0～7	强碱阴# 704,强碱阴# 303,Amberlite IR-45,Dowex 3,Zerolit H
双交换基团	酚甲醛聚合物	—OH 和$—SO_3H$	磺酸基可以在任何 pH 时交换,酚羟基在 pH>9.5 时交换	强酸 42,Amberlite-IR 100,Zerolit 215
螯合树脂	交联的聚苯乙烯		6～14	DowexA-1,Chelex 100(英)

11.4.2 离子交换分离操作法

在分析化学中应用最多的是强酸性阳离子交换树脂和强碱性阴离子交换树脂，根据分离任务选用适当的树脂。市售的树脂往往颗粒大小不均匀或粒度不合要求，而且含有杂质，需经处理。处理步骤包括晾干❶、研磨、过筛，筛取所需粒度范围的树脂，再用 4～6 $mol\cdot L^{-1}$ HCl溶液浸泡 1～2d 以除去杂质，并使树脂溶胀，然后洗涤至中性，浸泡于去离子水中备用。此时阳离子交换树脂已处理成 H^+ 型，阴离子交换树脂已处理成 Cl^- 型。

离子交换分离一般在交换柱中进行。经过处理的树脂在玻璃管中充满水的情况下装入管中做成交换柱装置，如图 11-7 所示。图 11-7 (a) 的装置可使树脂层一直浸泡在液面下，树脂层中不会混入空气泡，以免影响液体流动，影响交换和洗脱，但其进出口液面高度差很小，流速慢。(b) 的装置简单，使用时要注意勿使树脂层干涸而混入空气泡。

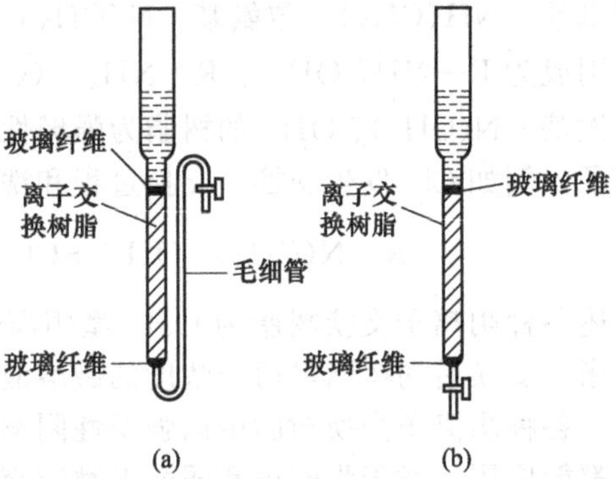

图 11-7 交换柱

交换柱准备好后，将欲交换的试液倾入交换柱中，试液流经树脂层时，从上到下一层一层地发生交换过程。如果柱中装的是阳离子交换树脂，试液中的阳离子与树脂上的 H^+ 交换而留于柱中，阴离子不交换而存在于流出液中，阳离子和阴离子由此得以分离。阴离子交换树脂上的分离情况与此相似。

交换完毕后应进行洗涤，以洗下残留的溶液及交换时所形成的酸、碱或盐类。合并流出液和洗涤液，分析测定其中的阳离子或阴离子。洗净后的交换柱可以进行洗脱，以洗下交换在树脂上的离子，就可以在洗脱液中测定交换的离子。对于阳离子交换树脂，常用 HCl 溶液作为洗脱液；对于阴离子交换树脂，则常用 HCl、NaCl 或 NaOH 溶液作洗脱液。

为了获得良好的分离，所用树脂粒度、交换柱直径及树脂层厚度，欲交换的试液及洗脱溶液的组成、浓度及流速等条件都需要通过实践适当选择。一般来讲，不同电荷电子的分离，树脂粒度可以粗些，交换柱可以粗短些，交换和洗脱的流速都可以快些。对于相同电荷

❶ 晒干、烘干都会使树脂变质。

离子的分离，即离子交换色谱分离，就应采用粒度较细的树脂，较细长的交换柱，较慢的流速。

(1) 应用示例

前面已经讨论到，用离子交换分离法分离不同电荷的离子是十分方便的，下面举数例简单说明。

① 去离子水的制备　水中常含一些溶解的盐类，如果让自来水先通过 H^+ 型强酸性阳离子交换树脂，以交换除去各种阳离子：

$$Me^{n+}+nR—SO_3H═══(R—SO_3)_nMe+nH^+$$

然后再通过 OH^- 型强碱性阴离子交换树脂，以交换除去阴离子：

$$nH^++X^{n-}+nR—N(CH_3)_3^+OH^-═══[R—N(CH_3)_3]_nX+nH_2O$$

则可以方便地得到不含溶解盐类的去离子水，它可代替蒸馏水使用。交换柱经再生后可以再用。

② 带相反电荷干扰离子的分离　例如硼镁矿的主要成分是硼酸镁，也含有硅酸盐。为了测定硼镁矿中的硼，可把试样熔融分解后溶于稀酸中，然后让试液通过 H^+ 型强酸性阳离子交换树脂，以交换除去阳离子。硼则以 H_3BO_3 形式进入流出液中，这样就可用酸碱滴定法测定硼含量（参阅 6.8 节）。

又如用比色法测定钢铁中的 Al^{3+} 和铸铁中的镁，大量铁的存在会有干扰。可将试样处理成 $4\sim6mol\cdot L^{-1}$ 的 HCl 溶液，此时溶液中 Fe^{3+} 以 $[FeCl_4]^-$ 形式存在，Al^{3+} 或 Mg^{2+} 仍以阳离子形式存在。试液通过 Cl^- 型强碱性阴离子交换树脂，$[FeCl_4]^-$ 配阴离子经交换留于柱上，而 Al^{3+} 或 Mg^{2+} 存在于流出液中，即可加以测定。

③ 痕量组分的富集　当试样中不含大量的其他电解质时，用离子交换法富集痕量组分是比较方便的。例如天然水中 K^+、Na^+、Ca^{2+}、Mg^{2+}、Cl^-、SO_4^{2-} 等组分的测定，可取数升水样，使之流过 H^+ 型阳离子交换柱和 OH^- 型阴离子交换柱，以使各种组分分别交换于柱上。然后用数十毫升到 100mL 的稀盐酸洗脱阳离子，另用数十毫升到 100mL 的稀氨液洗脱阴离子。于流出液中就可比较方便地分别测定各种组分。

(2) 离子交换色谱法

离子交换分离法亦可用来分离各种相同电荷的离子，这是基于各种离子在树脂上的交换能力不同。离子在树脂上交换能力的大小称为离子交换亲和力。

在强酸性阳离子交换树脂上，碱金属离子、碱土金属离子和稀土金属离子的交换亲和力大小的顺序分别如下：

$$Li^+<H^+<Na^+<K^+<Rb^+<Cs^+$$

$$Mg^{2+}<Ca^{2+}<Sr^{2+}<Ba^{2+}$$

$$Lu^{3+}<Yb^{3+}<Er^{3+}<Ho^{3+}<Dy^{3+}<Tb^{3+}<Gd^{3+}<$$
$$Eu^{3+}<Sm^{3+}<Nd^{3+}<Pr^{3+}<Ce^{3+}<La^{3+}$$

不同价数的离子，其交换亲和力，随着原子价数的增加而增大，例如：

$$Na^+<Ca^{2+}<Al^{3+}<Th^{4+}$$

在强碱性阴离子交换树脂上，各种阴离子的交换亲和力顺序如下：

$$F^-<OH^-<CH_3COO^-<Cl^-<Br^-<NO_3^-<HSO_4^-<I^-<CNS^-<ClO_4^-$$

由于带相同电荷离子的交换亲和力存在着差异，因而可以进行离子交换色谱分离。例如为了分离 Li^+、Na^+ 和 K^+，可让这三种离子的中性溶液通过细长的、填充有强酸性阳离子交换树脂的交换柱，这三种离子都留在交换柱的上端。接着以 $0.1mol\cdot L^{-1}$ HCl 溶液洗脱。它们都将被洗下，随着洗脱液流动时，在下面的树脂层又交换上去，接着又被洗脱。如此沿着交换柱不断地发生交换、洗脱、又交换、又洗脱的过程。于是交换亲和力最弱的 Li^+ 将首先被洗下，接着是 Na^+，最后是 K^+。如果洗脱液分段收集，则可把 Li^+、Na^+ 和 K^+ 分离，而后可以分别测定。

由于离子间交换亲和力的差异往往较小，单独依靠交换亲和力的差异来分离离子比较困难，如果采用某种配合剂溶液作洗脱液，则结合洗脱液的配位作用可使分离作用进行得较好。

离子型有机化合物的离子交换色谱也获得日益广泛的应用，尤其在药物分析和生物化学分析方面应用更多。例如对氨基酸的分离，在一根交换柱上已能分离出 46 种氨基酸和其他组分❶。

为使交换和洗脱具有足够的流速，柱填料通常要使用粒度较粗（>100μm）的离子交换剂，这样就影响了固定相的传质扩散和柱效能。但是随着高效液相色谱法的飞速发展和细粒度（10μm）新型高效离子交换剂的出现，离子交换色谱已可在高速、高效下进行，使之在氨基酸、蛋白质、核糖核酸、有机胺及药物等方面的应用越来越广。

11.5 现代分离技术简介

随着科学技术和工农业生产的发展，许多分析试样（如环境分析、生命科学等）浓度低（痕量、超痕量）、组分复杂。对于这些复杂组分的试样，不经过前处理和预分离难以得到预期的分析结果。对许多现代化的分析仪器同样也是如此。因此，高效、快速的试样制备与前处理技术得到了迅速的发展。本节对部分较成熟的分离技术作简要讨论。

11.5.1 固相萃取

溶剂萃取是最常用的试样处理方法，其缺点是所用有机溶剂对环境有不同程度的污染，但在尽量减少溶剂用量和防止污染的前提下，溶剂萃取仍是一种受欢迎的常用简易方法。近年来，一些不用或少用溶剂的方法，如固相萃取（solid-phase extraction）等受到重视和发展。固相萃取是根据试样中不同组分在固相填料上的作用力强弱不同，使被测组分与其他组分分离，即将试样（液相或气相）通过装有填料的短柱进行组分分离或净化，同时又可将其中的痕量组分进行浓缩。改变洗脱剂组成、填料的种类及其他操作参数，可以达到不同的分离目的。若将固相萃取系统与液相色谱相连，可用溶剂（流动相）脱附填料上捕集的欲测组分，使之进入液相色谱仪进行分析；或与气相色谱相连，则可用惰性气体作洗脱剂加热脱附（也可用溶剂脱附），再进行气相色谱分析。由于填料性能的不断完善，商品化的固相萃取设备现已成为许多实验室中试样前处理的重要手段。

目前，用于高效液相色谱柱的填料都可用于固相萃取，但这种固相萃取短柱的缺点是截面积小，允许流量低，容易堵塞，传质慢等。后来研制成两类新型的膜片（又称碟片）：一类是在膜片中混入各种化学键合固定相填料的微粒；另一类是膜片本身直接经化学反应，键合上多种不同的官能团。膜片介质由多孔网络状的聚四氟乙烯、聚氯乙烯等高分子材料或玻璃纤维组成，厚度为 0.5～1mm，直径约几十毫米，其相对截面积大，传质速率快，因而可允许较大流量通过。操作时可将膜片置于砂芯漏斗中，在真空抽气的条件下，于膜片上加进液体试样（如环境水样、饮料等试液），水样中待测组分就选择性地保留在膜片上，固相萃取特别适用于野外现场处理试样，不但避免了大量水样的运输，更重要的优点是吸附在固相介质上的物质比存放在水箱内的水样更稳定，如烃类物质在固相介质中可保存 100 天，而在水样中只能稳定几天。试样经现场处理后送至实验室，分析测定时再用少量溶剂将被测组分

---

❶ 尤因 GW 著. 化学分析的仪器方法. 华东化工学院分析化学考研组译. 北京：高等教育出版社，1986，453。

从膜片上洗脱。固相萃取也可用于大气试样的前处理，根据欲检测的污染物，采用不同的萃取柱或膜片，十八烷基键合相（C_{18}）膜片能有效地对大气中痕量污染物如多氯联苯和农药对硫磷、二嗪农等进行富集。

11.5.2　液膜分离法

由于膜具有选择性的特征，使其作为一种分离技术而得到广泛的重视，如微孔过滤、超滤、反渗透、透析、电渗透等。在分析化学中作为试样制备与前处理的膜技术，近年来也得到迅速发展。现以其中的液膜分离法为例讨论膜分离技术的应用。

液膜分离法（supported liquid membrane）又称液膜萃取法，其原理是用表面涂有与水互不相溶的有机液膜的聚四氟乙烯多孔膜将水溶液分隔成两相——萃取相和被萃取相。与流动的试样水溶液系统相连的一相称为被萃取相，另一静止不动的水相则称为萃取相。试样溶液中的欲测离子进入被萃取相，与其中的某些试剂形成中性分子，这种中性分子扩散入有机液膜后可透过聚四氟乙烯多孔膜而进入另一水相（萃取相），一旦进入萃取相，中性分子受萃取相化学环境的影响，解离成原来的离子，无法再返回有机液膜中去。因此，当试样水溶液不断流动时，其最终结果是被萃取相中的待测离子进入萃取相，而达到分离和富集的目的。

由上述可见，液膜萃取必须将试样中被萃取物转变为中性分子，透过液膜进入萃取相，再分解成离子。提高萃取回收率或选择性的途径是改变被萃取相或萃取相的化学环境，如调节 pH，使具有不同 pK 值的物质有选择性地被分别萃取出来，或者改变液膜中有机溶剂的极性，可增加极性不同物质的溶解度等。

本法的特点是萃取相与被萃取相的体积比高达 1∶1000，且操作易于自动化。特别适合于野外现场各种环境水样的前处理。试样经液膜法分离富集后，与其他分析技术（GC、HPLC）联用，已成功地检测水中酸性农药、金属离子，水、大气和生物试样中的有机胺，以及水中痕量氯代苯氧酸类及磺胺类除莠剂。

图 11-8 是以液膜萃取在流动体系中净化并富集水中痕量有机胺的示意图❶。液膜以聚四氟乙烯多孔膜浸渍正十六烷或正十一烷构成。当切换阀Ⅱ、Ⅲ处于图中所示实线位置时，蠕动泵将试样液及碱性缓冲液泵入混合管Ⅶ内混合，使之呈碱性后进入液膜分离器；当切换阀Ⅱ、Ⅲ换向图中所示虚线时，蠕动泵将酸性缓冲液泵入，并将萃取液（经净化与富集）酸化后，送至紫外分光光度计检测。

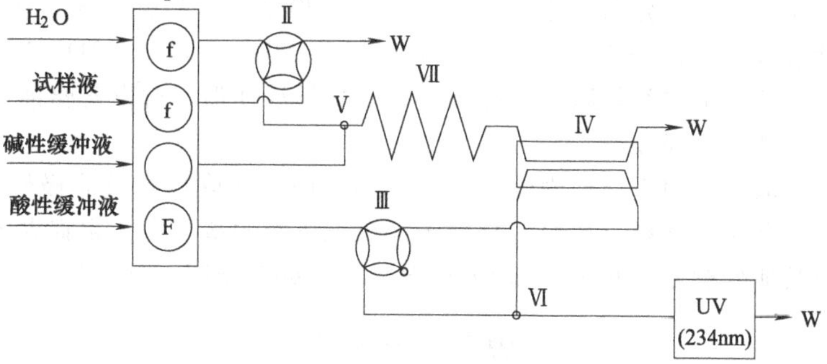

图 11-8　液膜分离法检测有机胺

Ⅰ—蠕动泵；Ⅱ，Ⅲ—切换阀；Ⅳ—液膜分离器；Ⅴ，Ⅵ—混合管；W—废液；UV—检测器（紫外分光光度计）

❶ Audunsson G. Anal. Chem. 1986. 58：2714-2723。

图 11-9 是液膜分离器用于现场采样的装置示意图。该装置成功地用于天然水样的采样，并同时从中萃取出酸性的农药。采样时，水样在采样点以 0.8mL · min^{-1} 的流速与稀硫酸在混合管内混合，进入液膜分离器，萃取相为稀磷酸缓冲液。

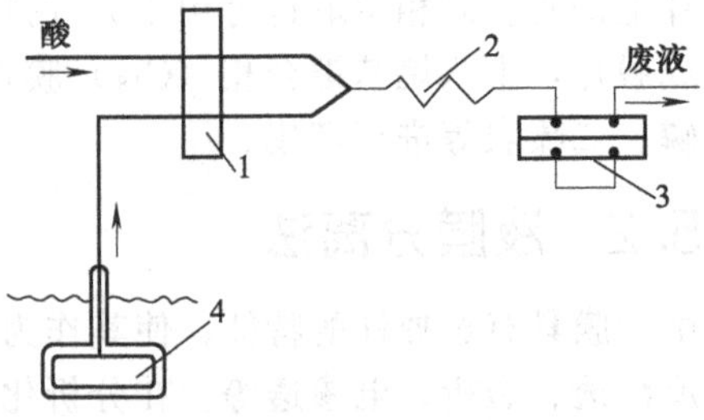

图 11-9 液膜分离器用于现场采样的装置
1—蠕动泵；2—混合管；3—液膜分离器；4—采样头

11.5.3 超临界流体萃取

在日常分析中，对于固体或半导体试样如土壤、沉积物、灰分、高聚物、食品等，需对试样进行预处理，即将待测组分快速、定量地分离出来。过去常使用索氏抽提器（Soxhlet's extractor)，以有机溶剂对试样进行回流抽提，但这一方法既需接触有机溶剂，又费时较长，如萃取高密度聚乙烯中的添加剂时，一般要耗时 1～2 天。当物质处于临界温度和临界压力以上时，是以超临界流体状态存在的，其性质介于气体和液体之间，既有与液体相仿的高密度，具有较大的溶解能力，又有与气体相近的黏度小、渗透力强等特点。以超临界流体作萃取剂能快速、高效地将待测组分从试样基质中分离出来。改变超临界流体的组成、温度、压力，可有选择地将不同的组分从试样中先后连续萃取进行分离，因此超临界流体是一种理想的萃取剂，超临界流体萃取（supercritical fluid extraction，SFE）也得到迅速的发展。

由于萃取过程必须使萃取剂处于超临界状态，因此需要在专门的仪器或设备中进行，其流程如图 11-10 所示。萃取剂（图中为 CO_2）液体由高压泵输入处于恒温的预热管，转换为超临界流体并进入装有试样的萃取管内进行萃取。萃取物随流体经限流管降温后一起进入装有少量填料的吸收管，最后在收集器内收集被萃取的组分。根据试样性质不同，有时可省去吸收管，直接在收集器内收集萃取物。在实际工作中，宜采用临界温度和临界压力较低的物质作萃取剂，用得最多的是 CO_2（超临界温度 31.1℃，超临界压力 72.9MPa)，它无毒、无臭、无味、化学性质稳定、不易与溶质反应、纯度高，又易于与溶质分离，特别适于萃取热不稳定的非极性物质。由于 CO_2 分子极性低，不适于萃取极性和离子型的化合物。此时可用 NH_3、NO_2、$CHClF_2$ 等极性较大的物质作为萃取剂，但由于这类物质处于超临界态时化学活性强，对设备腐蚀严重，且有一定毒性，故不如 CO_2 用得普遍。

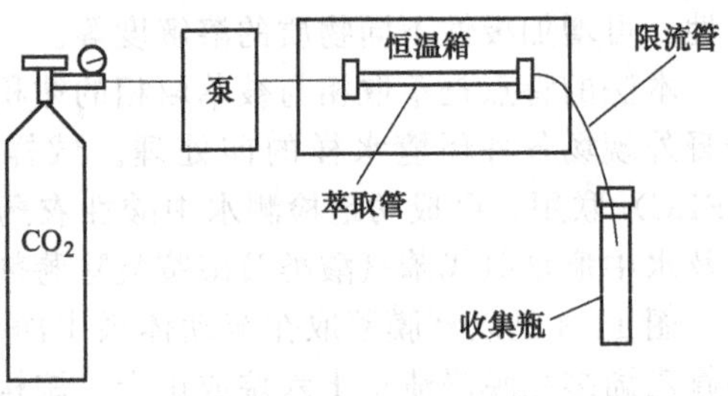

图 11-10 超临界流体萃取流程示意

超临界流体萃取主要用于处理固体试样，特别适用于萃取烃类及非极性脂溶性化合物，已广泛用于环境、食品、饲料、生物、高分子甚至无机物的萃取中。超临界流体萃取的另一特点是很容易与其他分析方法联用，如 SFE-IR、SFE-GC、SFE-HPLC、SFE-GC-MS 等。

思考题与习题

[11-1] 如果试液中含有 Fe^{3+}、Al^{3+}、Ca^{2+}、Mg^{2+}、Mn^{2+}、Cr^{3+}、Cu^{2+} 和 Zn^{2+} 等，加入 NH_4Cl 和氨水缓冲溶液，控制 pH 为 9 左右，哪些离子以什么形式存在于溶液中？哪些离子以什么形式存在于沉淀中？分离是否完全？

[11-2] 为什么难溶化合物的悬浊液可用来控制溶液的 pH？试以 MgO 悬浊液为例说明之。

[11-3] 形成螯合物的有机沉淀剂和形成缔合物的有机沉淀剂分别具有什么特点？各举例说明。

[11-4] 举例说明各种形式共沉淀分离的作用原理，并比较它们的优缺点。

[11-5] 分别说明“分配系数”和“分配比”的物理意义。在溶剂萃取分离中为什么必须引入“分配比”这一参数？

[11-6] 在溶剂萃取分离中萃取剂起什么作用？今欲从 HCl 溶液中分别萃取下列各种组分，应分别采用何种萃取剂？

(1) Hg^{2+}；(2) Ga^{3+}；(3) Al^{3+}；(4) Th^{4+}。

[11-7] 根据形成内络盐萃取体系的平衡过程，试讨论萃取条件的选择问题。

[11-8] 色谱分析法有各种分支，你知道的有哪几种？它们的共同特点是什么？

[11-9] 试举例说明纸色谱和薄层色谱的作用机理。

[11-10] 试举例说明 H-型强酸性阳离子交换树脂和 OH-型强碱性阴离子交换树脂的交换作用。如果要在较浓的 HCl 溶液中分离铁离子和铝离子，应用哪种树脂？这时哪种离子交换在柱上？哪种离子进入流出液中？

[11-11] 已知 $Mg(OH)_2$ 的 $K_{sp}=1.8\times10^{-11}$，试计算 MgO 悬浊液所能控制的溶液的 pH。

[11-12] 含有 Fe^{3+}、Mg^{2+} 的溶液中，若使 $NH_3 \cdot H_2O$ 浓度为 $0.10mol \cdot L^{-1}$，$[NH_4^+]=1.0mol \cdot L^{-1}$，能使 Fe^{3+}、Mg^{2+} 分离完全吗？

[11-13] 25℃时，Br_2 在 CCl_4 和水中的分配比为 29.0，水溶液中的溴用 (1) 等体积；(2) 1/2 体积的 CCl_4 萃取；(3) 1/2 体积的 CCl_4 萃取两次时，萃取效率各为多少？

[11-14] 某一弱酸 HA 的 $K_a=2\times10^{-8}$，它在某种有机溶剂和水中的分配系数为 30.0，当水溶液的 (1) pH=1；(2) pH=5 时，分配比各为多少？用等体积的有机溶剂萃取，萃取效率各为多少？

附录

附录 1　弱酸和弱碱的解离常数

酸

名　称	分子式	温度/℃	解离常数 K_a	pK_a
硼酸	H_3BO_3	20	$K_a=5.7\times10^{-10}$	9.24
碳酸	H_2CO_3	25	$K_{a_1}=4.2\times10^{-7}$	6.38
			$K_{a_2}=5.6\times10^{-11}$	10.25
氢氰酸	HCN	25	$K_a=6.2\times10^{-10}$	9.21
铬酸	H_2CrO_4	25	$K_{a_1}=1.8\times10^{-1}$	0.74
			$K_{a_2}=3.2\times10^{-7}$	6.49
亚硝酸	HNO_2	25	$K_a=4.6\times10^{-4}$	3.37
磷酸	H_3PO_4	25	$K_{a_1}=7.6\times10^{-3}$	2.12
			$K_{a_2}=6.3\times10^{-8}$	7.20
			$K_{a_3}=4.4\times10^{-13}$	12.36
硫化氢	H_2S	25	$K_{a_1}=1.3\times10^{-7}$	6.89
			$K_{a_2}=7.1\times10^{-15}$	14.15
亚硫酸	H_2SO_3	18	$K_{a_1}=1.5\times10^{-2}$	1.82
			$K_{a_2}=1.0\times10^{-7}$	7.00
硫酸	H_2SO_4	25	$K_{a_2}=1.0\times10^{-2}$	1.99
砷酸	H_3AsO_4	18	$K_{a_1}=5.6\times10^{-3}$	2.25
			$K_{a_2}=1.7\times10^{-7}$	6.77
			$K_{a_3}=3.0\times10^{-12}$	11.50
氢氟酸	HF	25	$K_a=3.5\times10^{-4}$	3.46
甲酸	HCOOH	20	$K_a=1.8\times10^{-4}$	3.74
乙酸	CH_3COOH	20	$K_a=1.8\times10^{-5}$	4.74
一氯乙酸	$CH_2ClCOOH$	25	$K_a=1.4\times10^{-3}$	2.86
二氯乙酸	$CHCl_2COOH$	25	$K_a=5.0\times10^{-2}$	1.30
三氯乙酸	CCl_3COOH	25	$K_a=0.23$	0.64
琥珀酸	$(CH_2COOH)_2$	25	$K_{a_1}=6.4\times10^{-5}$	4.19
			$K_{a_2}=2.7\times10^{-6}$	5.57
草酸	$H_2C_2O_4$	25	$K_{a_1}=5.9\times10^{-2}$	1.23
			$K_{a_2}=6.4\times10^{-5}$	4.19
苯酚	C_6H_5OH	20	$K_a=1.1\times10^{-10}$	9.95
苯甲酸	C_6H_5COOH	25	$K_a=6.2\times10^{-5}$	4.21
水杨酸	$C_6H_4(OH)COOH$	18	$K_{a_1}=1.07\times10^{-3}$	2.97
			$K_{a_2}=4\times10^{-14}$	13.40
酒石酸	CH(OH)COOH | CH(OH)COOH	25	$K_{a_1}=9.1\times10^{-4}$	3.04
			$K_{a_2}=4.3\times10^{-5}$	4.37
邻苯二甲酸	$C_6H_4(COOH)_2$	25	$K_{a_1}=1.3\times10^{-3}$	2.89
			$K_{a_2}=2.9\times10^{-6}$	5.54

碱

名　称	分子式	温度/℃	解离常数 K_b	pK_b
羟胺	NH_2OH	20	$K_b=9.1\times10^{-9}$	8.04
苯胺	$C_6H_5NH_2$	25	$K_b=4.6\times10^{-10}$	9.34
氨水	$NH_3\cdot H_2O$	25	$K_b=1.8\times10^{-5}$	4.74
乙二胺	$H_2NCH_2CH_2NH_2$	25	$K_{b_1}=8.5\times10^{-5}$	4.07
			$K_{b_2}=7.1\times10^{-8}$	7.15
六亚甲基四胺	$(CH_2)_6N_4$	25	$K_b=1.4\times10^{-9}$	8.85
吡啶	C_5H_5N	25	$K_b=1.7\times10^{-9}$	8.77

附录 2　常用酸溶液和碱溶液的相对密度和浓度

酸

相对密度 (15℃)	HCl 的含量		HNO_3 的含量		H_2SO_4 的含量	
	w/%	c/mol·L^{-1}	w/%	c/mol·L^{-1}	w/%	c/mol·L^{-1}
1.02	4.13	1.15	3.70	0.6	3.1	0.3
1.04	8.16	2.3	7.26	1.2	6.1	0.6
1.05	10.2	2.9	9.0	1.5	7.4	0.8
1.06	12.2	3.5	10.7	1.8	8.8	0.9
1.08	16.2	4.8	13.9	2.4	11.6	1.3
1.10	20.0	6.0	17.1	3.0	14.4	1.6
1.12	23.8	7.3	20.2	3.6	17.0	2.0
1.14	27.7	8.7	23.3	4.2	19.9	2.3
1.15	29.6	9.3	24.8	4.5	20.9	2.5
1.19	37.2	12.2	30.9	5.8	26.0	3.2
1.20			32.3	6.2	27.3	3.4
1.25			39.8	7.9	33.4	4.3
1.30			47.5	9.8	39.2	5.2
1.35			55.8	12.0	44.8	6.2
1.40			65.3	14.5	50.1	7.2
1.42			69.8	15.7	52.2	7.6
1.45					55.0	8.2
1.50					59.8	9.2
1.55					64.3	10.2
1.60					68.7	11.2
1.65					73.0	12.3
1.70					77.2	13.4
1.84					95.6	18.0

碱

相对密度 (15℃)	$NH_3\cdot H_2O$ 的含量		NaOH 的含量		KOH 的含量	
	w/%	c/mol·L^{-1}	w/%	c/mol·L^{-1}	w/%	c/mol·L^{-1}
0.88	35.0	18.0				
0.90	28.3	15.0				
0.91	25.0	13.4				
0.92	21.8	11.8				
0.94	15.6	8.6				
0.96	9.9	5.6				

续表

相对密度(15℃)	$NH_3 \cdot H_2O$的含量		NaOH的含量		KOH的含量	
	w/%	c/mol·L^{-1}	w/%	c/mol·L^{-1}	w/%	c/mol·L^{-1}
0.98	4.8	2.8				
1.05			4.5	1.25	5.5	1.0
1.10			9.0	2.5	10.9	2.1
1.15			13.5	3.9	16.1	3.3
1.20			18.0	5.4	21.2	4.5
1.25			22.5	7.0	26.1	5.8
1.30			27.0	8.8	30.9	7.2
1.35			31.8	10.7	35.5	8.5

附录3 常用的缓冲液

1. 几种常用缓冲液的配制

pH	配制方法
0	1mol·L^{-1} HCl①
1	0.1mol·L^{-1} HCl
2	0.01mol·L^{-1} HCl
3.6	NaAc·3H_2O 8g,溶于适量水中,加6mol·L^{-1} HAc134mL,稀释至500mL
4.0	NaAc·3H_2O 20g,溶于适量水中,加6mol·L^{-1} HAc134mL,稀释至500mL
4.5	NaAc·3H_2O 32g,溶于适量水中,加6mol·L^{-1} HAc68mL,稀释至500mL
5.0	NaAc·3H_2O 50g,溶于适量水中,加6mol·L^{-1} HAc34mL,稀释至500mL
5.7	NaAc·3H_2O 100g,溶于适量水中,加6mol·L^{-1} HAc13mL,稀释至500mL
7.0	NH_4Ac 77g,用水溶解后,稀释至500mL
7.5	NH_4Cl 60g,溶于适量水中,加15mol·L^{-1}氨水1.4mL,稀释至500mL
8.0	NH_4Cl 50g,溶于适量水中,加15mol·L^{-1}氨水3.5mL,稀释至500mL
8.5	NH_4Cl 40g,溶于适量水中,加15mol·L^{-1}氨水8.8mL,稀释至500mL
9.0	NH_4Cl 35g,溶于适量水中,加15mol·L^{-1}氨水24mL,稀释至500mL
9.5	NH_4Cl 30g,溶于适量水中,加15mol·L^{-1}氨水65mL,稀释至500mL
10.0	NH_4Cl 27g,溶于适量水中,加15mol·L^{-1}氨水197mL,稀释至500mL
10.5	NH_4Cl 9g,溶于适量水中,加15mol·L^{-1}氨水175mL,稀释至500mL
11	NH_4Cl 3g,溶于适量水中,加15mol·L^{-1}氨水207mL,稀释至500mL
12	0.01mol·L^{-1} NaOH②
13	0.1mol·L^{-1} NaOH

① Cl^-对测定有妨碍时,可用HNO_3。

② Na^+对测定有妨碍时,可用KOH。

2. 几种温度下标准缓冲溶液的pH

温度/℃	0.05 mol·L^{-1} 草酸三氢钾	25℃ 饱和酒石酸氢钾	0.05 mol·L^{-1} 邻苯二甲酸氢钾	0.025mol·L^{-1} KH_2PO_4+0.025mol·L^{-1} Na_2HPO_4	0.008695mol·L^{-1} KH_2PO_4+0.03043mol·L^{-1} Na_2HPO_4	0.01 mol·L^{-1} 硼砂	25℃ 饱和氢氧化钙
10	1.670	—	3.998	6.923	7.472	9.332	13.011
15	1.672	—	3.999	6.900	7.448	9.276	12.820
20	1.675	—	4.002	6.881	7.429	9.225	12.637
25	1.679	3.559	4.008	6.865	7.413	9.180	12.460
30	1.683	3.551	4.015	6.853	7.400	9.139	12.292
40	1.694	3.547	4.035	6.838	7.380	9.068	11.975
50	1.707	3.555	4.060	6.833	7.367	9.011	11.697
60	1.723	3.573	4.091	6.836	—	8.962	11.426

3. 25℃时几种缓冲溶液的pH

50mL 0.1mol·L^{-1}三羟甲基氨基甲烷+xmL 0.1mol·L^{-1}HCl，稀释至100mL

pH	x	pH	x
7.00	46.6	8.20	22.9
7.20	44.7	8.40	17.2
7.40	42.0	8.60	12.4
7.60	38.5	8.80	8.5
7.80	34.5	9.00	5.7
8.00	29.2		

50mL 0.025mol·$L^{-1}$$Na_2B_4O_7$+$x$mL 0.1mol·$L^{-1}$HCl，稀释至100mL

pH	x	pH	x
8.00	20.5	8.60	13.5
8.20	18.8	8.80	9.4
8.40	16.6	9.00	4.6

50mL 0.025mol·$L^{-1}$$Na_2B_4O_7$+$x$mL 0.1mol·$L^{-1}$NaOH，稀释至100mL

pH	x	pH	x
9.20	0.9	10.20	20.5
9.40	6.2	10.40	22.1
9.60	11.1	10.60	23.3
9.80	15.0	10.80	24.25
10.00	18.3		

50mL 0.05mol·$L^{-1}$$NaHCO_3$+$x$mL 0.1mol·$L^{-1}$NaOH，稀释至100mL

pH	x	pH	x
9.60	5.0	10.40	16.5
9.80	7.6	10.60	19.1
10.00	10.7	10.80	21.2
10.20	13.8	11.00	22.7

50mL 0.05mol·$L^{-1}$$Na_2HPO_4$+$x$mL 0.1mol·$L^{-1}$NaOH，稀释至100mL

pH	x	pH	x
11.00	4.1	11.60	13.5
11.20	6.3	11.80	19.4
11.40	9.1	12.00	26.9

25mL 0.2mol·L^{-1}KCl+xmL 0.2mol·L^{-1}NaOH，稀释至100mL

pH	x	pH	x
12.00	6.0	12.60	25.6
12.20	10.2	12.80	41.2
12.40	16.2	13.00	66.0

25mL 0.2mol·L^{-1}KCl+xmL 0.2mol·L^{-1}HCl，稀释至100mL

pH	x	pH	x
1.00	67.0	1.60	16.2
1.20	42.5	1.80	10.2
1.40	26.6	2.00	6.5

50mL 0.1mol·L^{-1}邻苯二甲酸氢钾＋xmL 0.1mol·L^{-1} HCl，稀释至100mL

pH	x	pH	x
2.20	49.5	3.20	15.7
2.40	42.2	3.40	10.4
2.60	35.4	3.60	6.3
2.80	28.9	3.80	2.9
3.00	22.3	4.00	0.1

50mL 0.1mol·L^{-1}邻苯二甲酸氢钾＋xmL 0.1mol·L^{-1} NaOH，稀释至100mL

pH	x	pH	x
4.20	3.0	5.20	28.8
4.40	6.6	5.40	34.1
4.60	11.1	5.60	38.8
4.80	16.5	5.80	42.3
5.00	22.6		

50mL 0.1mol·L^{-1} KH_2PO_4＋xmL 0.1mol·L^{-1} NaOH，稀释至100mL

pH	x	pH	x
5.80	3.6	7.00	29.1
6.00	5.6	7.20	34.7
6.20	8.1	7.40	39.1
6.40	11.6	7.60	42.8
6.60	16.4	7.80	45.3
6.80	22.4	8.00	46.7

50mL H_3BO_3 和 HCl 各为 0.1mol·L^{-1}的溶液中加xmL 0.1mol·L^{-1} NaOH，稀释至100mL

pH	x	pH	x
8.00	3.9	9.20	26.4
8.20	6.0	9.40	32.1
8.40	8.6	9.60	36.9
8.60	11.8	9.80	40.6
8.80	15.8	10.00	43.7
9.00	20.8	10.20	46.2

附录 4 金属配合物的稳定常数

金属离子	I/mol·L^{-1}	n	$\lg\beta_n$
氨配合物			
Ag^+	0.1	1,2	3.40,7.40
Cd^{2+}	0.1	1,…,6	2.60,4.65,6.04,6.92,6.6,4.9
Co^{2+}	0.1	1,…,6	2.05,3.62,4.61,5.31,5.43,4.75
Cu^{2+}	2	1,…,4	4.13,7.61,10.48,12.59
Ni^{2+}	0.1	1,…,6	2.75,4.95,6.64,7.79,8.50,8.49
Zn^{2+}	0.1	1,…,4	2.27,4.61,7.01,9.06
氟配合物			
Al^{3+}	0.53	1,…,6	6.1,11.15,15.0,17.7,19.4,19.7
Fe^{3+}	0.5	1,2,3	5.2,9.2,11.9
Th^{4+}	0.5	1,2,3	7.7,13.5,18.0
TiO^{2+}	3	1,…,4	5.4,9.8,13.7,17.4

续表

金属离子	I/mol·L^{-1}	n	$\lg\beta_n$
Sn^{4+}	—	6	25
Zr^{4+}	2	1,2,3	8.8,16.1,21.9
氯配合物			
Ag^+	0.2	1,…,4	2.9,4.7,5.0,5.9
Hg^{2+}	0.5	1,…,4	6.7,13.2,14.1,15.1
碘配合物			
Cd^{2+}	—	1,…,4	2.4,3.4,5.0,6.15
Hg^{2+}	0.5	1,…,4	12.9,23.8,27.6,29.8
氰配合物			
Ag^+	0~0.3	1,…,4	—,21.1,21.8,20.7
Cd^{2+}	3	1,…,4	5.5,10.6,15.3,18.9
Cu^+	0	1,…,4	—,24.0,28.6,30.3
Fe^{2+}	0	6	35.4
Fe^{3+}	0	6	43.6
Hg^{2+}	0.1	1,…,4	18.0,34.7,38.5,41.5
Ni^{2+}	0.1	4	31.3
Zn^{2+}	0.1	4	16.7
硫氰酸配合物			
Fe^{3+}	—	1,…,5	2.3,4.2,5.6,6.4,6.4
Hg^{2+}	1	1,…,4	—,16.1,19.0,20.9
硫代硫酸配合物			
Ag^+	0	1,2	8.82,13.5
Hg^{2+}	0	1,2	29.86,32.26
柠檬酸配合物			
Al^{3+}	0.5	1	20.0
Cu^{2+}	0.5	1	18
Fe^{3+}	0.5	1	25
Ni^{2+}	0.5	1	14.3
Pb^{2+}	0.5	1	12.3
Zn^{2+}	0.5	1	11.4
磺基水杨酸配合物			
Al^{3+}	0.1	1,2,3	12.9,22.9,29.0
Fe^{3+}	3	1,2,3	14.4,25.2,32.2
乙酰丙酮配合物			
Al^{3+}	0.1	1,2,3	8.1,15.7,21.2
Cu^{2+}	0.1	1,2	7.8,14.3
Fe^{3+}	0.1	1,2,3	9.3,17.9,25.1
邻二氮菲配合物			
Ag^+	0.1	1,2	5.02,12.07
Cd^{2+}	0.1	1,2,3	6.4,11.6,15.8
Co^{2+}	0.1	1,2,3	7.0,13.7,20.1
Cu^{2+}	0.1	1,2,3	9.1,15.8,21.0
Fe^{2+}	0.1	1,2,3	5.9,11.1,21.3
Hg^{2+}	0.1	1,2,3	—,19.65,23.35
Ni^{2+}	0.1	1,2,3	8.8,17.1,24.8
Zn^{2+}	0.1	1,2,3	6.4,12.15,17.0
乙二胺配合物			
Ag^+	0.1	1,2	4.7,7.7
Cd^{2+}	0.1	1,2	5.47,10.02
Cu^{2+}	0.1	1,2	10.55,19.60
Co^{2+}	0.1	1,2,3	5.89,10.72,13.82
Hg^{2+}	0.1	2	23.42
Ni^{2+}	0.1	1,2,3	7.66,14.06,18.59
Zn^{2+}	0.1	1,2,3	5.71,10.37,12.08

附录 5 金属离子与氨羧配位剂形成的配合物的稳定常数（lg K_{MY}）

（I=0.1mol·L^{-1}，t=20～25℃）

金属离子	EDTA	EGTA	DCTA	金属离子	EDTA	EGTA	DCTA
Ag^{+}	7.32			Mn^{2+}	13.87	10.7	16.8
Al^{3+}	16.3		17.6	Na^{+}	1.66		
Ba^{2+}	7.86	8.4	8.0	Ni^{2+}	18.60	17.0	19.4
Be^{2+}	9.20			Pb^{2+}	18.04	15.5	19.7
Bi^{3+}	27.94		24.1	Pt^{3+}	16.31		
Ca^{2+}	10.69	11.0	12.5	Sn^{2+}	22.1		
Ce^{3+}	15.98			Sr^{2+}	8.73	6.8	10.0
Cd^{2+}	16.46	15.6	19.2	Th^{4+}	23.2		23.2
Co^{2+}	16.31	12.3	18.9	Ti^{3+}	21.3		
Co^{3+}	36.0			TiO^{2+}	17.3		
Cr^{3+}	23.4			UO_2^{2+}	～10		
Cu^{2+}	18.80	17	21.3	U^{4+}	25.8		
Fe^{2+}	14.33		18.2	VO_2^{+}	18.1		
Fe^{3+}	25.1		29.3	VO^{2+}	18.8		
Hg^{2+}	21.8	23.2	24.3	Y^{3+}	18.09		
La^{3+}	15.50	15.6		Zn^{2+}	16.50	14.5	18.7
Mg^{2+}	8.69	5.2	10.3				

附录 6 一些金属离子的 lg$\alpha_{M(OH)}$ 值

金属离子	离子强度	pH													
		1	2	3	4	5	6	7	8	9	10	11	12	13	14
Al^{3+}	2					0.4	1.3	5.3	9.3	13.3	17.3	21.3	25.3	29.3	33.3
Bi^{3+}	3	0.1	0.5	1.4	2.4	3.4	4.4	5.4							
Ca^{2+}	0.1													0.3	1.0
Cd^{2+}	3									0.1	0.5	2.0	4.5	8.1	12.0
Co^{2+}	0.1								0.1	0.4	1.1	2.2	4.2	7.2	10.2
Cu^{2+}	0.1								0.2	0.8	1.7	2.7	3.7	4.7	5.7
Fe^{2+}	1									0.1	0.6	1.5	2.5	3.5	4.5
Fe^{3+}	3			0.4	1.8	3.7	5.7	7.7	9.7	11.7	13.7	15.7	17.7	19.7	21.7
Hg^{2+}	0.1			0.5	1.9	3.9	5.9	7.9	9.9	11.9	13.9	15.9	17.9	19.9	21.9
La^{3+}	3										0.3	1.0	1.9	2.9	3.9
Mg^{2+}	0.1											0.1	0.5	1.3	2.3
Mn^{2+}	0.1										0.1	0.5	1.4	2.4	3.4
Ni^{2+}	0.1									0.1	0.7	1.6			
Pb^{2+}	0.1							0.1	0.5	1.4	2.7	4.7	7.4	10.4	13.4
Th^{4+}	1				0.2	0.8	1.7	2.7	3.7	4.7	5.7	6.7	7.7	8.7	9.7
Zn^{2+}	0.1									0.2	2.4	5.4	8.5	11.8	15.5

附录 7 标准电极电位值（18～25℃）

半 反 应	$\varphi^{\ominus}$/V	半 反 应	$\varphi^{\ominus}$/V
$F_2+2e^- \rightleftharpoons 2F^-$	2.87	$Hg_2Cl_2+2e^- \rightleftharpoons 2Hg+2Cl^-$（0.1mol·$L^{-1}$NaOH）	0.268
$O_3+2H^++2e^- \rightleftharpoons O_2+H_2O$	2.07	$IO_3^-+3H_2O+6e^- \rightleftharpoons I^-+6OH^-$	0.26
$S_2O_8^{2-}+2e^- \rightleftharpoons 2SO_4^{2-}$	2.00	$AgCl+e^- \rightleftharpoons Ag+Cl^-$	0.22
$Co^{3+}+e^- \rightleftharpoons Co^{2+}$	1.842	$SO_4^{2-}+4H^++2e^- \rightleftharpoons H_2SO_3+H_2O$	0.20
$H_2O_2+2H^++2e^- \rightleftharpoons 2H_2O$	1.776	$BiOCl+2H^++3e^- \rightleftharpoons Bi+Cl^-+H_2O$	0.158
$MnO_4^-+4H^++3e^- \rightleftharpoons MnO_2+2H_2O$	1.679	$Cu^{2+}+e^- \rightleftharpoons Cu^+$	0.158
$HClO+H^++e^- \rightleftharpoons 1/2Cl_2+H_2O$	1.63	$Sn^{4+}+2e^- \rightleftharpoons Sn^{2+}$	0.15
$BrO_3^-+6H^++5e^- \rightleftharpoons 1/2Br_2+3H_2O$	1.52	$S+2H^++2e^- \rightleftharpoons H_2S$(水溶液)	0.141
$Mn^{3+}+e^- \rightleftharpoons Mn^{2+}$	1.51	$AgBr+e^- \rightleftharpoons Ag+Br^-$	0.10
$MnO_4^-+8H^++5e^- \rightleftharpoons Mn^{2+}+4H_2O$	1.491	$S_4O_6{}^{2-}+2e^- \rightleftharpoons 2S_2O_3{}^{2-}$	0.09
$PbO_2+4H^++2e^- \rightleftharpoons Pb^{2+}+2H_2O$	1.46	$TiO^{2+}+2H^++e^- \rightleftharpoons Ti^{3+}+H_2O$	0.10
$ClO_3^-+6H^++6e^- \rightleftharpoons Cl^-+3H_2O$	1.45	$NO_3^-+H_2O+2e^- \rightleftharpoons NO_2{}^-+2OH^-$	0.01
$Ce^{4+}+e^- \rightleftharpoons Ce^{3+}$	1.443	$2H^++2e^- \rightleftharpoons H_2$	0.000
$BrO_3^-+6H^++6e^- \rightleftharpoons Br^-+3H_2O$	1.44	$Fe^{3+}+3e^- \rightleftharpoons Fe$	−0.036
$Cl_2+2e^- \rightleftharpoons 2Cl^-$	1.358	$Ag_2S+2H^++2e^- \rightleftharpoons 2Ag+H_2S$	−0.036
$Cr_2O_7^{2-}+14H^++6e^- \rightleftharpoons 2Cr^{3+}+7H_2O$	1.33	$CrO_4^{2-}+4H_2O+3e^- \rightleftharpoons Cr(OH)_3+5OH^-$	−0.12
$Au^{3+}+2e^- \rightleftharpoons Au^+$	1.29	$Pb^{2+}+2e^- \rightleftharpoons Pb$	−0.126
$O_2+4H^++4e^- \rightleftharpoons 2H_2O$	1.23	$Sn^{2+}+2e^- \rightleftharpoons Sn$	−0.136
$MnO_2+4H^++2e^- \rightleftharpoons Mn^{2+}+2H_2O$	1.23	$AgI+e^- \rightleftharpoons Ag+I^-$	−0.15
$IO_3^-+6H^++5e^- \rightleftharpoons 3H_2O+\frac{1}{2}I_2$	1.195	$Ni^{2+}+2e^- \rightleftharpoons Ni$	−0.246
		$Co^{2+}+2e^- \rightleftharpoons Co$	−0.28
$IO_3^-+6H^++6e^- \rightleftharpoons 3H_2O+I^-$	1.085	$Cu_2O+H_2O+2e^- \rightleftharpoons Cu+2OH^-$	−0.361
$Br_2+2e^- \rightleftharpoons 2Br^-$	1.08	$Cd^{2+}+2e^- \rightleftharpoons Cd$	−0.403
$N_2O_4+4H^++4e^- \rightleftharpoons 2NO+2H_2O$	1.03	$Cr^{3+}+e^- \rightleftharpoons Cr^{2+}$	−0.41
$VO_2{}^++2H^++e^- \rightleftharpoons VO^{2+}+H_2O$	1.00	$Fe^{2+}+2e^- \rightleftharpoons Fe$	−0.409
$HNO_2+H^++e^- \rightleftharpoons NO+H_2O$	0.99	$S+2e^- \rightleftharpoons S^{2-}$	−0.508
$NO_3^-+4H^++3e^- \rightleftharpoons NO+2H_2O$	0.96	$2CO_2+2H^++2e^- \rightleftharpoons H_2C_2O_4$	−0.49
$NO_3^-+3H^++2e^- \rightleftharpoons HNO_2+H_2O$	0.94	$AsO_4^{3-}+2H_2O+2e^- \rightleftharpoons AsO_2{}^-+4OH^-$	−0.71
$2Hg^{2+}+2e^- \rightleftharpoons Hg_2{}^{2+}$	0.907	$Cr^{3+}+3e^- \rightleftharpoons Cr$	−0.74
$Ag^++e^- \rightleftharpoons Ag$	0.799	$Zn^{2+}+2e^- \rightleftharpoons Zn$	−0.763
$Hg^{2+}+2e^- \rightleftharpoons Hg$	0.851	$HSnO_2{}^-+H_2O+2e^- \rightleftharpoons Sn+3OH^-$	−0.79
$Hg_2{}^{2+}+2e^- \rightleftharpoons 2Hg$	0.796	$2H_2O+2e^- \rightleftharpoons H_2+2OH^-$	−0.828
$Fe^{3+}+e^- \rightleftharpoons Fe^{2+}$	0.77	$TiO_2+4H^++4e^- \rightleftharpoons Ti+2H_2O$	−0.89
$O_2+2H^++2e^- \rightleftharpoons H_2O_2$	0.682	$SO_4^{2-}+H_2O+2e^- \rightleftharpoons SO_3{}^{2-}+2OH^-$	−0.92
$MnO_4^-+2H_2O+3e^- \rightleftharpoons MnO_2+4OH^-$	0.58	$Sn(OH)_6{}^{2-}+2e^- \rightleftharpoons HSnO_2{}^-+H_2O+3OH^-$	−0.96
$MnO_4^-+e^- \rightleftharpoons MnO_4^{2-}$	0.56	$Mn^{2+}+2e^- \rightleftharpoons Mn$	−1.18
$H_3AsO_4+2H^++2e^- \rightleftharpoons HAsO_2+2H_2O$	0.56	$ZnO_2{}^{2-}+2H_2O+2e^- \rightleftharpoons Zn+4OH^-$	−1.216
$I_3^-+2e^- \rightleftharpoons 3I^-$	0.534	$Al^{3+}+3e^- \rightleftharpoons Al$	−1.706
$I_2+2e^- \rightleftharpoons 2I^-$	0.535	$Mg^{2+}+2e^- \rightleftharpoons Mg$	−2.375
$IO_3^-+2H_2O+4e^- \rightleftharpoons IO^-+4OH^-$	0.56	$Na^++e^- \rightleftharpoons Na$	−2.711
$Cu^++e^- \rightleftharpoons Cu$	0.522	$Ca^{2+}+2e^- \rightleftharpoons Ca$	−2.76
$2H_2SO_3+2H^++4e^- \rightleftharpoons S_2O_3{}^{2-}+3H_2O$	0.40	$Sr^{2+}+2e^- \rightleftharpoons Sr$	−2.89
$[Fe(CN)_6]^{3-}+e^- \rightleftharpoons [Fe(CN)_6]^{4-}$	0.36	$Ba^{2+}+2e^- \rightleftharpoons Ba$	−2.90
$VO^{2+}+2H^++e^- \rightleftharpoons V^{3+}+H_2O$	0.36	$K^++e^- \rightleftharpoons K$	−2.924
$Cu^{2+}+2e^- \rightleftharpoons Cu$	0.340	$Li^++e^- \rightleftharpoons Li$	−3.045

附录 8 条件电极电位（$\varphi^{\ominus\prime}$）

半反应	$\varphi^{\ominus\prime}$/V	介质
$Ag(II)+e^- \rightleftharpoons Ag^+$	1.927	4mol·L^{-1} HNO_3
$Ce(IV)+e^- \rightleftharpoons Ce(III)$	1.70	1mol·L^{-1} $HClO_4$
	1.61	1mol·L^{-1} HNO_3
	1.44	0.5mol·L^{-1} H_2SO_4
	1.28	1mol·L^{-1} HCl
$Co^{3+}+e^- \rightleftharpoons Co^{2+}$	1.85	4mol·L^{-1} HNO_3
Co(乙二胺)$_3^{3+}+e^- \rightleftharpoons$ Co(乙二胺)$_3^{2+}$	−0.2	0.1mol·L^{-1} KNO_3+0.1mol·L^{-1}乙二胺
$Cr(III)+e^- \rightleftharpoons Cr(II)$	−0.40	5mol·L^{-1} HCl
$Cr_2O_7^{2-}+14H^++6e^- \rightleftharpoons 2Cr^{3+}+7H_2O$	1.00	1mol·L^{-1} HCl
	1.025	1mol·L^{-1} $HClO_4$
	1.08	3mol·L^{-1} HCl
	1.05	2mol·L^{-1} HCl
	1.15	4mol·L^{-1} H_2SO_4
$CrO_4^{2-}+2H_2O+3e^- \rightleftharpoons CrO_2^-+4OH^-$	−0.12	1mol·L^{-1} NaOH
$Fe(III)+e^- \rightleftharpoons Fe(II)$	0.73	1mol·L^{-1} $HClO_4$
	0.71	0.5mol·L^{-1} HCl
	0.68	1mol·L^{-1} H_2SO_4
	0.68	1mol·L^{-1} HCl
	0.46	2mol·L^{-1} H_3PO_4
	0.51	1mol·L^{-1} HCl+0.25mol·L^{-1} H_3PO_4
$H_3AsO_4+2H^++2e^- \rightleftharpoons H_3AsO_3+H_2O$	0.557	1mol·L^{-1} HCl
	0.557	1mol·L^{-1} $HClO_4$
$Fe(EDTA)^-+e^- \rightleftharpoons Fe(EDTA)^{2-}$	0.12	0.1mol·L^{-1} EDTA pH4～6
$Fe(CN)_6^{3-}+e^- \rightleftharpoons Fe(CN)_6^{4-}$	0.48	0.01mol·L^{-1} HCl
	0.56	0.1mol·L^{-1} HCl
	0.71	1mol·L^{-1} HCl
	0.72	1mol·L^{-1} $HClO_4$
I_2(水)$+2e^- \rightleftharpoons 2I^-$	0.628	1mol·L^{-1} H^+
$I_3^-+2e^- \rightleftharpoons 3I^-$	0.545	1mol·L^{-1} H^+
$MnO_4^-+8H^++5e^- \rightleftharpoons Mn^{2+}+4H_2O$	1.45	1mol·L^{-1} $HClO_4$
	1.27	8mol·L^{-1} H_3PO_4
$Os(VIII)+4e^- \rightleftharpoons Os(IV)$	0.79	5mol·L^{-1} HCl
$SnCl_6^{2-}+2e^- \rightleftharpoons SnCl_4^{2-}+2Cl^-$	0.14	1mol·L^{-1} HCl
$Sn^{2+}+2e^- \rightleftharpoons Sn$	−0.16	1mol·L^{-1} $HClO_4$
$Sb(V)+2e^- \rightleftharpoons Sb(III)$	0.75	3.5mol·L^{-1} HCl
$Sb(OH)_6^-+2e^- \rightleftharpoons SbO_2^-+2H_2O+2OH^-$	−0.428	3mol·L^{-1} NaOH
$SbO_2^-+2H_2O+3e^- \rightleftharpoons Sb+4OH^-$	−0.675	10mol·L^{-1}KOH
$Ti(IV)+e^- \rightleftharpoons Ti(III)$	−0.01	0.2mol·L^{-1} H_2SO_4
	0.12	2mol·L^{-1} H_2SO_4
	−0.04	1mol·L^{-1} HCl
	−0.05	1mol·L^{-1} H_3PO_4
$Pb(II)+2e^- \rightleftharpoons Pb$	−0.32	1mol·L^{-1} NaAc
	−0.14	1mol·L^{-1} $HClO_4$
$UO_2^{2+}+4H^++2e^- \rightleftharpoons U(IV)+2H_2O$	0.41	0.5mol·L^{-1} H_2SO_4

附录 9　难溶化合物的溶度积常数（18℃）

难溶化合物	化学式	溶度积 K_{sp}	温度	难溶化合物	化学式	溶度积 K_{sp}	温度
氢氧化铝	$Al(OH)_3$	2×10^{-32}		硫氰酸亚铜	CuSCN	4.8×10^{-15}	
溴酸银	$AgBrO_3$	5.77×10^{-5}	25℃	氢氧化铁	$Fe(OH)_3$	3.5×10^{-38}	
溴化银	AgBr	4.1×10^{-13}		氢氧化亚铁	$Fe(OH)_2$	1.0×10^{-15}	
碳酸银	Ag_2CO_3	6.15×10^{-12}	25℃	草酸亚铁	FeC_2O_4	2.1×10^{-7}	25℃
氯化银	AgCl	1.80×10^{-10}	25℃	硫化亚铁	FeS	3.7×10^{-19}	
铬酸银	Ag_2CrO_4	9×10^{-12}	25℃	硫化汞	HgS	$4\times10^{-53}\sim2\times10^{-49}$	25℃
氢氧化银	AgOH	1.52×10^{-8}	20℃	溴化亚汞	Hg_2Br_2	5.8×10^{-23}	25℃
碘化银	AgI	1.5×10^{-16}	25℃	氯化亚汞	Hg_2Cl_2	1.3×10^{-18}	
硫化银	Ag_2S	1.6×10^{-49}		碘化亚汞	Hg_2I_2	4.5×10^{-29}	25℃
硫氰酸银	AgSCN	4.9×10^{-13}		磷酸铵镁	$MgNH_4PO_4$	2.5×10^{-13}	25℃
碳酸钡	$BaCO_3$	8.1×10^{-9}	25℃	碳酸镁	$MgCO_3$	2.6×10^{-5}	
铬酸钡	$BaCrO_4$	1.6×10^{-10}		氟化镁	MgF_2	7.1×10^{-9}	
草酸钡	$BaC_2O_4\cdot\frac{7}{2}H_2O$	1.62×10^{-7}		氢氧化镁	$Mg(OH)_2$	1.8×10^{-11}	
硫酸钡	$BaSO_4$	8.7×10^{-11}		草酸镁	MgC_2O_4	8.57×10^{-5}	
氢氧化铋	$Bi(OH)_3$	4.0×10^{-31}		氢氧化锰	$Mn(OH)_2$	4.5×10^{-13}	
氢氧化铬	$Cr(OH)_3$	5.4×10^{-31}		硫化锰	MnS	1.4×10^{-15}	
硫化镉	CdS	3.6×10^{-29}		氢氧化镍	$Ni(OH)_2$	6.5×10^{-18}	
碳酸钙	$CaCO_3$	8.7×10^{-9}	25℃	碳酸铅	$PbCO_3$	3.3×10^{-14}	
氟化钙	CaF_2	3.4×10^{-11}		铬酸铅	$PbCrO_4$	1.77×10^{-14}	
草酸钙	$CaC_2O_4\cdot H_2O$	1.78×10^{-9}		氟化铅	PbF_2	3.2×10^{-8}	
硫酸钙	$CaSO_4$	2.45×10^{-5}	25℃	草酸铅	PbC_2O_4	2.74×10^{-11}	
硫化钴	CoS_α	4×10^{-21}		氢氧化铅	$Pb(OH)_2$	1.2×10^{-15}	
	CoS_β	2×10^{-25}		硫酸铅	$PbSO_4$	1.06×10^{-8}	
碘酸铜	$CuIO_3$	1.4×10^{-7}	25℃	硫化铅	PbS	3.4×10^{-28}	
草酸铜	CuC_2O_4	2.87×10^{-8}	25℃	碳酸锶	$SrCO_3$	1.6×10^{-9}	25℃
硫化铜	CuS	8.5×10^{-45}		氟化锶	SrF_2	2.8×10^{-9}	
溴化亚铜	CuBr	4.15×10^{-8}	(18～20℃)	草酸锶	SrC_2O_4	5.61×10^{-8}	
				硫酸锶	$SrSO_4$	3.81×10^{-7}	17.4℃
氯化亚铜	CuCl	1.02×10^{-6}	(18～20℃)	氢氧化锡	$Sn(OH)_4$	1×10^{-57}	
				氢氧化亚锡	$Sn(OH)_2$	3×10^{-27}	
碘化亚铜	CuI	1.1×10^{-12}	(18～20℃)	氢氧化钛	$TiO(OH)_2$	1×10^{-29}	18～20℃
				氢氧化锌	$Zn(OH)_2$	1.2×10^{-17}	
硫化亚铜	Cu_2S	2×10^{-47}	(16～18℃)	草酸锌	ZnC_2O_4	1.35×10^{-9}	
				硫化锌	ZnS	1.2×10^{-23}	

附录 10　国际相对原子质量表（2003 年）

符号	名称	相对原子质量	符号	名称	相对原子质量	符号	名称	相对原子质量
Ac	锕	227.03	Bk	锫	247.07	Cu	铜	63.546
Ag	银	107.8682	Br	溴	79.904	Dy	镝	162.500
Al	铝	26.98154	C	碳	12.0107	Er	铒	167.259
Am	镅	243.06	Ca	钙	40.078	Es	锿	252.08
Ar	氩	39.948	Cd	镉	112.411	Eu	铕	151.964
As	砷	74.92160	Ce	铈	140.116	F	氟	18.99840
At	砹	209.99	Cf	锎	251.08	Fe	铁	55.845
Au	金	196.96655	Cl	氯	35.453	Fm	镄	257.10
B	硼	10.811	Cm	锔	247.07	Fr	钫	223.02
Ba	钡	137.327	Co	钴	58.93320	Ga	镓	69.723
Be	铍	9.01218	Cr	铬	51.9961	Gd	钆	157.25
Bi	铋	208.98038	Cs	铯	132.90545	Ge	锗	72.64

续表

符号	名称	相对原子质量	符号	名称	相对原子质量	符号	名称	相对原子质量
H	氢	1.00794	Ni	镍	58.6934	Sc	钪	44.95591
He	氦	4.00260	No	锘	259.10	Se	硒	78.96
Hf	铪	178.49	Np	镎	237.05	Si	硅	28.0855
Hg	汞	200.59	O	氧	15.9994	Sm	钐	150.36
Ho	钬	164.93032	Os	锇	190.23	Sn	锡	118.710
I	碘	126.90447	P	磷	30.97376	Sr	锶	87.62
In	铟	114.818	Pa	镤	231.03588	Ta	钽	180.9479
Ir	铱	192.217	Pb	铅	207.2	Tb	铽	158.92534
K	钾	39.0983	Pd	钯	106.42	Tc	锝	98.907
Kr	氪	83.798	Pm	钷	144.91	Te	碲	127.60
La	镧	138.9055	Po	钋	208.98	Th	钍	232.0381
Li	锂	6.941	Pr	镨	140.90765	Ti	钛	47.867
Lr	铹	260.11	Pt	铂	195.078	Tl	铊	204.3833
Lu	镥	174.967	Pu	钚	244.06	Tm	铥	168.93421
Md	钔	258.10	Ra	镭	226.03	U	铀	238.02891
Mg	镁	24.3050	Rb	铷	85.4678	V	钒	50.9415
Mn	锰	54.93805	Re	铼	186.207	W	钨	183.84
Mo	钼	95.94	Rh	铑	102.90550	Xe	氙	131.293
N	氮	14.00672	Rn	氡	222.02	Y	钇	88.90585
Na	钠	22.98977	Ru	钌	101.07	Yb	镱	173.04
Nb	铌	92.90638	S	硫	32.065	Zn	锌	65.409
Nd	钕	114.24	Sb	锑	121.760	Zr	锆	91.224
Ne	氖	20.1797						

附录 11 一些化合物的相对分子质量

化合物	相对分子质量	化合物	相对分子质量	化合物	相对分子质量
$AgBr$	187.78	BaC_2O_4	225.35	$Ca(OH)_2$	74.09
$AgCl$	143.32	$BaCl_2$	208.24	$CaSO_4$	136.14
$AgCN$	133.89	$BaCl_2 \cdot 2H_2O$	244.27	$Ca_3(PO_4)_2$	310.18
Ag_2CrO_4	331.73	$BaCrO_4$	253.32	$Ce(SO_4)_2$	332.24
AgI	234.77	BaO	153.33	$Ce(SO_4)_2 \cdot 2(NH_4)_2SO_4 \cdot 2H_2O$	632.54
$AgNO_3$	169.87	$Ba(OH)_2$	171.35		
$AgSCN$	165.95	$BaSO_4$	233.39	CH_3COOH	60.04
				CH_3OH	32.04
Al_2O_3	101.96	$CaCO_3$	100.09	CH_3COCH_3	58.07
$Al_2(SO_4)_3$	342.15	CaC_2O_4	128.10	C_6H_5COOH	122.11
		$CaCl_2$	110.99	C_6H_5COONa	144.09
As_2O_3	197.84	$CaCl_2 \cdot H_2O$	129.00	$C_6H_4COOHCOOK$	204.20
As_2O_5	229.84	CaF_2	78.08	(邻苯二甲酸氢钾)	
		$Ca(NO_3)_2$	164.09	CH_3COONa	82.02
$BaCO_3$	197.34	CaO	56.08	C_6H_5OH	94.11

续表

化合物	相对分子质量	化合物	相对分子质量	化合物	相对分子质量
$(C_9H_7N)_3H_3(PO_4\cdot 12MoO_3)$	2212.73	HI	127.91	Na_2HPO_4	141.96
(磷钼酸喹啉)		HNO_2	47.01	$Na_2H_2Y\cdot 2H_2O$	372.24
		HNO_3	63.01	(EDTA 二钠盐)	
$COOHCH_2COOH$	104.06	H_2O	18.02	NaI	149.89
$COOHCH_2COONa$	126.04	H_2O_2	34.02	$NaNO_2$	69.00
CCl_4	153.82	H_3PO_4	98.00	Na_2O	61.98
CO_2	44.01	H_2S	34.08	NaOH	40.01
		H_2SO_3	82.08	Na_3PO_4	163.94
Cr_2O_3	151.99	H_2SO_4	98.08	Na_2S	78.05
		$HgCl_2$	271.50	$Na_2S\cdot 9H_2O$	240.18
$Cu(C_2H_3O_2)_2\cdot 3Cu(AsO_2)_2$	1013.79	Hg_2Cl_2	472.09	Na_2SO_3	126.04
CuO	79.54	$KAl(SO_4)_2\cdot 12H_2O$	474.39	Na_2SO_4	142.04
Cu_2O	143.09	$KB(C_6H_5)_4$	358.32	$Na_2SO_4\cdot 10H_2O$	322.20
CuSCN	121.62	KBr	119.01	$Na_2S_2O_3$	158.11
$CuSO_4$	159.61	$KBrO_3$	167.01	$Na_2SO_3\cdot 5H_2O$	248.19
$CuSO_4\cdot 5H_2O$	249.69	KCN	65.12	Na_2SiF_6	188.06
		K_2CO_3	138.21		
$FeCl_3$	162.20	K_2SO_4	174.26	$NH_2OH\cdot HCl$	69.49
$FeCl_3\cdot 6H_2O$	270.29			NH_3	17.03
FeO	71.84	$MgCO_3$	84.31	NH_4Cl	53.49
Fe_2O_3	159.69	$MgCl_2$	95.21	$(NH_4)_2C_2O_4\cdot H_2O$	142.11
Fe_3O_4	231.53	$MgNH_4PO_4$	137.33	$NH_3\cdot H_2O$	35.05
$FeSO_4\cdot H_2O$	169.92	MgO	40.31	$NH_4Fe(SO_4)_2\cdot 12H_2O$	480.18
$FeSO_4\cdot 7H_2O$	278.02	$Mg_2P_2O_7$	222.60	$(NH_4)_2HPO_4$	132.05
$Fe_2(SO_4)_3$	399.88	MnO	70.94	$(NH_4)_3PO_4\cdot 12MoO_3$	1876.53
$FeSO_4\cdot (NH_4)_2SO_4\cdot 6H_2O$	392.15	MnO_2	86.94	NH_4SCN	76.12
				$(NH_4)_2SO_4$	132.14
H_3BO_3	61.83	$Na_2B_4O_7$	201.22		
HBr	80.91	$Na_2B_4O_7\cdot 10H_2O$	381.37	$NiC_8H_{14}O_4N_4$	288.91
$H_2C_4H_4O_6$(酒石酸)	150.09	$NaBiO_3$	279.97	(丁二酮肟镍)	
HCN	27.03	NaBr	102.90		
H_2CO_3	62.02	NaCN	49.01	P_2O_5	141.95
$H_2C_2O_4$	90.03	Na_2CO_3	105.99		
$H_2C_2O_4\cdot 2H_2O$	126.07	$Na_2C_2O_4$	134.00	$PbCrO_4$	323.18
HCOOH	46.03	NaCl	58.44	PbO	223.19
HCl	36.46	NaF	41.99	PbO_2	239.19
$HClO_4$	100.46	$NaHCO_3$	84.01	Pb_3O_4	685.57
HF	20.01	NaH_2PO_4	119.98	$PbSO_4$	303.26

续表

化合物	相对分子质量	化合物	相对分子质量	化合物	相对分子质量
SO_2	64.06	TiO_2	79.87	KI	166.01
SO_3	80.06			KIO_3	214.00
Sb_2O_3	291.52	WO_3	231.84	$KIO_3 \cdot HIO_3$	389.92
Sb_2S_3	339.72			$KMnO_4$	158.04
		$ZnCl_2$	136.30	KNO_2	85.10
SiF_4	104.08	ZnO	81.39	K_2O	94.20
SiO_2	60.08	$Zn_2P_2O_7$	304.72	KOH	56.11
		$ZnSO_4$	161.45	KSCN	97.18
$SnCO_3$	178.72	$K_2Cr_2O_7$	294.19	KCl	74.56
$SnCl_2$	189.62	$KHC_2O_4 \cdot H_2C_2O_4 \cdot 2H_2O$	254.19	$KClO_3$	122.55
SnO_2	150.71	$KHC_2O_4 \cdot H_2O$	146.14	$KClO_4$	138.55
				K_2CrO_4	194.20

参考文献

[1] 李发美. 分析化学. 第 7 版. 北京：人民卫生出版社，2011.
[2] 华东理工大学分析化学教研组，四川大学工科化学基础课程教学基地. 分析化学. 第 6 版. 北京：高等教育出版社，2009.
[3] 邹学贤. 分析化学. 北京：人民卫生出版社，2006.
[4] 华中师范大学等. 分析化学：上册. 第 4 版. 北京：高等教育出版社，2011.
[5] 武汉大学. 分析化学：上册. 第 5 版. 北京：高等教育出版社，2006.
[6] 史建军. 定性分析：上册. 武汉：武汉大学出版社，2014.
[7] I. M. 科尔索夫等. 定量化学分析：上册. 南京化工学院分析化学教研组译. 北京：人民教育出版社，1981.
[8] I. M. 科尔索夫等. 定量化学分析：中册. 南京化工学院分析化学教研组译. 北京：高等教育出版社，1987.
[9] Harvey D. Modern Analytical Chemistry. McGraw-Hill，2000.
[10] 刘捷，司学芝. 分析化学. 第 2 版. 北京：化学工业出版社，2015.
[11] 吕海涛，宋祖伟. 分析化学. 北京：中国农业出版社，2014.
[12] 戴大模，何英，王桂英. 分析化学. 第 2 版. 上海：华东师范大学出版社，2014.